U0285246

80C51 单片机实用教程
——基于 Keil C 和 Proteus

80C51 Danpianji Shiyong Jiaocheng
—— Jiyu Keil C He Proteus

□ 张志良 编著

高等教育出版社·北京

内容简介

本书内容包括 80C51 单片机片内结构和工作原理，汇编指令及程序设计，C51 程序设计，中断、定时/计数器和串行口，并、串行扩展技术，显示、键盘、A－D、D－A、时钟、测温和驱动电动机等接口电路，Keil 和 Proteus 编译和仿真软件操作基础等。

本书系传统型与项目式两种编写形式结合的单片机教材，由"理论引领实验"，且随原理理论逐步深入而展开。 有 36 例实验操作项目，覆盖面广，能适用和满足绝大多数院校和专业的教学需求。 读者可从网上免费下载实验操作仿真文件包，在 PC 机上，不涉及具体硬件实验设备，虚拟仿真运行本书全部案例项目。 电路与程序（双解汇编和 C51）真实可靠可信可行，能直接用于或移植于实际工程项目。 程序条例清晰，每条语句均有注释，便于阅读理解。 文字叙述浅显易懂，对不易理解和容易混淆的概念，讲细讲透，便于自学。

本书可用于各类高等工科院校"单片机"课程教材，也可供工程技术人员参考。

图书在版编目（CIP）数据

80C51 单片机实用教程：基于 Keil C 和 Proteus／张志良编著． －－北京：高等教育出版社，2016.1（2020.8重印）
ISBN 978－7－04－044532－9

Ⅰ.①8… Ⅱ.①张… Ⅲ.①单片微型计算机 － 高等学校 － 教材 Ⅳ.①TP368.1

中国版本图书馆 CIP 数据核字（2015）第 311819 号

策划编辑　王耀锋	责任编辑　王耀锋	封面设计　张申申		版式设计　王艳红
插图绘制　杜晓丹	责任校对　刘娟娟	责任印制　尤　静		

出版发行　高等教育出版社	网　　址	http://www.hep.edu.cn
社　　址　北京市西城区德外大街 4 号		http://www.hep.com.cn
邮政编码　100120	网上订购	http://www.hepmall.com.cn
印　　刷　北京市大天乐投资管理有限公司		http://www.hepmall.com
开　　本　787mm×1092mm　1/16		http://www.hepmall.cn
印　　张　28.5		
字　　数　640 千字	版　　次	2016 年 1 月第 1 版
购书热线　010 － 58581118	印　　次	2020 年 8 月第 2 次印刷
咨询电话　400 － 810 － 0598	定　　价	37.00 元

本书如有缺页、倒页、脱页等质量问题，请到所购图书销售部门联系调换

版权所有　侵权必究

物 料 号　44532－00

前　言

目前，单片机教材有两种形式：一种是传统的"原理理论+例题"型；另一种是"项目任务驱动"式。前一种显然不太符合单片机课程实践性强的特点，后一种"原理理论"呈碎片化，且不全面，项目不能系统覆盖"原理理论"。本书欲探索两者结合的单片机教材编写方式，具体情况如下。

（1）保持传统型"原理理论"系统全面阐述方式，在每章后编入实验操作项目，这与项目式教材"项目驱动理论"不同，是"理论引领实验"，且随原理理论逐步深入而展开。

（2）一般项目式教材中的项目，少则不满十例，多则十几例，不超过二十例。本书精选实验操作项目36例，覆盖面广，能适用和满足绝大多数院校和专业的教学需求，便于读者根据本校、本专业需要选择部分项目实验操作。

（3）36例实验均可Proteus仿真演示。单片机教学实验和开发应用需要配备价格不菲的开发装置，且各校硬件实验设备各不相同，因而教学实验相对不便。本书基于Keil C51和Proteus软件，读者可在无单片机和开发装置实体硬件的条件下，利用PC机，实现单片机软件和硬件的同步仿真。这既能教学演示观赏，又可让学生课后边学边练、实验操作，使单片机教学变得相对方便和有效。

（4）36例实验为常见常用教学和工程案例，全部通过Keil调试和Proteus虚拟仿真，电路与程序真实可靠可信可行，能直接用于或移植于实际工程项目。但软件仿真不宜完全替代单片机实际硬件实验，编者建议，读者可根据本校硬件实验设备情况和专业需要，从中选择部分案例，进一步硬件实验操作，以增强教学效果。

（5）为降低书价，本书不配光盘，读者所需的文件可从网上免费下载（不设门槛），内含Proteus仿真电路DSN文件和驱动程序Hex文件，Hex文件由书中相应程序在Keil编译时自动生成。

（6）给出全部习题、思考题解答（主要在《单片机学习指导及习题解答》中）。同时，根据部分习题编成"仿真练习60例"，同样配发免费下载的Proteus仿真电路DSN文件和驱动程序Hex文件，便于读者对照练习。

（7）双解汇编和C51，书中例题同时给出具有同等功效的汇编和C51两种程序。读者若能在学习C51编程的同时，对照学习汇编程序，将能更深刻、更清晰地理解80C51单片机工作原理和运行过程，从而加深理解，提高学习效果，也有助于编制高质量的应用程序。

（8）本书程序条理清晰，每条语句均有注释，便于阅读理解。后文用到读者容易产生疑问、但前文已经叙述过的概念时，注出该概念所在前文章节、例题或图编号，便于初学者查阅理解。遇有外围接口电路芯片时，均给出该电路芯片的功能和应用介绍。文字叙述深入浅出，对不易理解和容易混淆的概念，讲细讲透。因此，本书最大的特点是便于自学。

　　本书由张志良主编，邵瑛、邵菁、刘剑昀参编。其中第 1、2 章由邵菁编写，第 3、4、5 章由邵瑛编写，第 6、7 章由刘剑昀编写，其余部分由张志良编写并统稿。

　　限于编者水平，书中错误不妥之处，恳请读者批评指正。读者阅读本书中电路和程序，若有疑问，可来信询疑（Email：zzlls@126.com），编者负责答疑，有信必复。

张志良

2015.6

目　　录

第 1 章

80C51 单片机片内结构和工作原理

1.1 单片机概述

电子计算机是 20 世纪人类最伟大的发明之一，而微型计算机的发展，使人类社会大步跨入电脑时代，改变了社会生活的各个方面。微型计算机可以分成以下两大分支。

一类是个人计算机，也称为 PC 机（Personal Computer），以 Intel 公司的 8086、80286、386、486、586、奔Ⅱ、奔Ⅲ、奔Ⅳ、酷睿……为代表，以满足海量高速数值计算为己任，其数据宽度不断更新，迅速从 8 位、16 位过渡到 32 位、64 位、双核处理器……不断完善其通用操作系统，突出发展高速海量数值计算能力，并在数据处理、模拟仿真、人工智能、图像处理、多媒体和网络通信中得到了广泛的应用。

另一类是嵌入式微处理器，通常是我们说的单片机，以面对工业控制领域为对象，突出控制能力，实行嵌入式应用。以 Intel 公司的 MCS-48、MCS-51（80C51）、PIC、ARM……为代表，在工业测控系统、智能仪表、智能通信产品、智能家用电器和智能终端设备等众多领域内得到了广泛应用。

嵌入式微处理器的出现是微型计算机发展史上的一个重要里程碑。嵌入式系统和 PC 机系统形成了微型计算机技术发展的两大分支。PC 机系统全力实现海量高速数据处理，兼顾控制功能；嵌入式系统全力满足测控对象的测控功能，兼顾数据处理能力。同时，两大分支之间串行通信，优势互补，形成了网络控制系统，使功能更强大，更完善。两大分支的形成与发展，实现了近代计算机技术的突飞猛进。

1.1.1 单片机发展概况

1. 什么是单片机？

单片机一词最初源于"Single Chip Micro Computer"，它忠实地反映了早期单片机的形态和本质。随后按照面向对象，突出控制功能，在片内集成了许多功能电路及 I/O 接口电路，突破了传统意义的单芯片结构，发展成微控结构，目前国外已普遍称之为微控制器 MCU（Micro Controller Unit）。鉴于它完全作为嵌入式应用，故又称为嵌入式微控制器。对"单片机"一词的理解，不应再限于"Single Chip Microcomputer"，而应接轨于国际上对单片机的标准称呼"MCU"。由于国内对单片机一词已约定俗成，因此仍沿用至今，本书中也用该词称呼。

单片机的发展有个过程，在单片机之前，曾出现过单板机形式的微型计算机。单板机是将微处理器芯片、存储器芯片和输入输出接口芯片安装在同一块印制电路板上，构成具有一定功能的计算机系统，因此称为单板微型计算机，简称单板机。而单片机是将微处理器、存储器和输入输出接口电路集成在一块集成电路芯片上，构成具有一定功能的计算机系统，因此称为单片微型计算机，简称单片机。

2. 单片机应用

单片机应用领域之广，几乎到了无所不在的地步。其主要应用领域有：智能化家用电器、办公自动化设备、商业营销设备、工业自动化控制、智能化仪表、智能化通信产品、汽车电子产品、医疗器械和设备、航空航天系统和国防军事、尖端武器等领域。

单片机应用的意义不仅在于它的广阔范围及所带来的经济效益，更重要的意义在于，单片机的应用从根本上改变了控制系统传统的设计思想和设计方法。以前采用硬件电路实现的大部分控制功能，正在用单片机通过软件方法来实现。例如，以前自动控制中的 PID 调节，现在可以用单片机实现具有智能化的数字计算控制、模糊控制和自适应控制。这种以软件取代硬件并能提高系统性能的控制技术称为微控制技术。随着单片机应用的推广，微控制技术将不断发展完善。

3. 单片机发展概况

单片机的发展大致可分为四个阶段。

第一阶段：单片机探索阶段。以 Intel 公司 MCS－48、Motorola 公司 6801 为代表，属低档型 8 位机。

第二阶段：单片机完善阶段。以 Intel 公司 MCS－51、Motorola 公司 68HC05 为代表，属高档型 8 位机。此阶段，8 位单片机体系进一步完善，特别是 MCS－51 系列单片机在世界范围内得到了广泛的应用，奠定了它在单片机领域的经典地位，形成了事实上的 8 位单片机标准结构。

第三阶段：8 位机与 16 位机争艳阶段，也是单片机向微控制器发展的阶段。此阶段 Intel 公司推出了 16 位的 MCS－96 系列单片机，世界其他芯片制造商也纷纷推出了性能优异的 16 位单片机，但由于价格不菲，其应用面受到一定限制。相反 MCS－51 系列单片机，由于其性能价格比高，却得到了广泛的应用，并吸引了世界许多知名芯片制造厂商加盟，竞相使用以 80C51 为内核，扩展部分测控系统中使用的电路技术、接口技术、Flash ROM、A/D、D/A 和看门狗等功能部件，推出了许多与 80C51 兼容的 8 位单片机，强化了微控制器的特征，进一步巩固和发展了 8 位单片机的主流地位。

第四阶段：微控制器全面发展阶段。随着单片机在各个领域全面深入发展和应用，世界各大电气、半导体厂商普遍投入，出现了高速、大寻址范围、强运算能力的通用型单片机以及小型廉价的专用型单片机，百花齐放，单片机技术得到了飞速发展和巨大提高。32 位、64 位微处理器相继问世，例如 ARM（Advanced RISC Machines）系列微处理器，内存越来越大，主频越来越高，并且驻入嵌入式操作系统，甚至可以直接使用 PC 机使用的 Windows 和 Linux 操作系统。高端嵌入式微处理器的功能已经开始接近 PC 机，例如 iPhone、Pad 等。因此，编者认为，微型计算机原来的一分为二的发展已有向合二为一方向靠拢的趋势。

1.1.2　80C51 系列单片机

单片机中，目前在我国应用最广泛的仍然是 80C51 系列单片机，80C51 单片机属于 Intel 公司 MCS – 51 系列单片机。

1. MCS – 51 系列单片机

MCS – 51 单片机是 20 世纪 80 年代由 Intel 公司推出的，最初是 HMOS 制造工艺，其基本型芯片根据片内 ROM 结构可分为 8031（片内无 ROM）、8051（片内有 4 KB 掩模 ROM）、8751（片内有 4 KB EPROM），统称为 51 系列单片机。其后又有增强型 52 系列，包括 8032、8052、8752 等。

HMOS 工艺的缺点是功耗较大，随着 CMOS 工艺的发展，Intel 公司生产了 CHMOS 工艺的 80C51 芯片，大大降低了功耗，并引入了低功耗管理模式，使低功耗具有可控性。CHMOS 工艺的 80C51 芯片，根据片内 ROM 结构，也有基本型 80C31、80C51、87C51 和增强型 80C32、80C52、87C52 三种类型，引脚与 51 系列兼容，指令相同，其性能分类如表 1–1 所示。

表 1–1　80C51 系列单片机

型号名称		片内 ROM	片内 RAM	定时/计数器
51 子系列 （基本型）	8031、80C31	无	128 B	2 × 16b
	8051、80C51	4 KB 掩模 ROM	128 B	2 × 16b
	8751、87C51	4 KB EPROM	128 B	2 × 16b
52 子系列 （增强型）	8032、80C32	无	256 B	3 × 16b
	8052、80C52	8 KB 掩模 ROM	256 B	3 × 16b
	8752、87C52	8 KB EPROM	256 B	3 × 16b

随后，Intel 公司将 80C51 内核使用权以专利互换或出售形式转让给世界许多著名 IC 制造厂商，例如 Philips、NEC、Atmel、AMD、Dallas、Siemens、Fujitsu、OKI、Winbond、LG 等。在保持与 80C51 单片机兼容的基础上，这些公司融入了自身的优势，扩展了针对满足不同测控对象要求的外围电路，如满足模拟量输入转换的 A/D、满足伺服驱动的 PWM、满足高速输入/输出控制的 HSI/HSO、满足串行扩展要求的串行扩展总线 I^2C 或 SPI、保证程序可靠运行的"看门狗" WDT、引入使用方便且价廉的 Flash ROM 等，开发出几百种功能各异的新品种。这样，80C51 单片机就变成了有众多芯片制造厂商支持的大家族，包括采用 CHMOS 工艺的 MCS – 51 单片机，被统称为 80C51 系列单片机，简称为 C51 系列单片机或 51 单片机。

客观事实表明，80C51 系列单片机已成为 8 位单片机的主流，成了事实上的标准 MCU 芯片。现在，虽然世界上 MCU 品种繁多，功能各异，且 16 位/32 位芯片肯定比 8 位芯片功能强大，但 80C51 系列单片机因其性能价格比高、开发装置多、国内技术人员熟悉、芯片功能够用适用并可广泛选择等特点，再加上众多芯片制造厂商加盟等因素，在中、小应用系统，仍占据主流地位。因此，选择 80C51 系列单片机作为研究分析对象，既符合教学特点的典型性，又不失教学内容的先进性。

目前，在我国国内，应用最广泛的是具有 Flash ROM 并与 80C51 兼容的 C51 单片机，实际使用的芯片主要有：Atmel 公司的 AT89 系列和宏晶公司的 STC 系列单片机芯片。

2. AT89 系列单片机

Atmel 是一家美国公司，以 E^{2}PROM 和 Flash ROM 技术见长。1994 年，该公司通过专利互换取得了 80C51 内核的授权，推出了与 80C51 完全兼容的 AT89 系列单片机，其最突出的优点是片内 ROM 为 Flash ROM，读写方便，可多次擦写，价格低廉，性价比高。

80C51 单片机按其 ROM 类型可分为 MaskROM、OTPROM、EPROM 和 ROMLess。MaskROM 型和 OTPROM 型不适宜中小批量或未定型产品；EPROM 型擦写不方便，且成本较高；ROM-Less 型片内无 ROM，需扩展外 ROM。从某种意义上来说，AT89 系列使单片机成为真正的"单片"机，开创了单片机应用的新时代。

AT89 系列可以分为标准型、低档型和高档型三大类。标准型以 AT89C51 为代表，低档型以 AT892051 为代表，高档型以 AT89S××系列（串行下载）和 AT89LV××系列（低电压）为代表。表 1-2 为 AT89 系列单片机片内功能配置概况。

表 1-2 AT89 系列单片机片内功能配置

型 号		片内存储器			定时/ 计数器	I/O 引脚	串行口		双数据 指针	在系统 编程	内部 看门狗	加密级
		Flash ROM	E^{2}PROM	RAM			UART	SPI				
标 准 型	89C51	4 KB	无	128 B	2	32	1	无	无	无	无	3
	89C52	8 KB	无	256 B	3	32	1	无	无	无	无	3
	89C53	12 KB	无	256 B	3	32	1	无	无	无	无	3
	89C55	20 KB	无	256 B	3	32	1	无	无	无	无	3
低 档 型	89C1051	1 KB	无	64 B	1	15	1	无	无	无	无	2
	89C2051	2 KB	无	128 B	2	15	1	无	无	无	无	2
	89C4051	4 KB	无	128 B	2	15	1	无	无	无	无	2

此外，Atmel 公司还推出了许多与 51、52 子系列兼容的新型芯片。例如，大容量片内 RAM 和 Flash ROM、低工作电压、双数据指针、A/D、PWM（Pulse Width Modulation，脉宽调制）、WDT（Watch Dog Timer，片内硬件看门狗）、SPI（Serial Peripheral Interface，串行外设接口）、ISP（In - System Programming，在系统编程）、三级保密封锁位等功能。限于篇幅，未予展开，感兴趣的读者可参阅有关技术书籍。

3. STC 系列单片机

宏晶公司是我国本土的一家微处理器设计公司,2005 年起步,业务发展迅猛。目前已拥有 STC89/90、STC10/11/12/15 等几大系列 51 单片机。其中 89 系列与 AT89 系列完全兼容,90 系列是基于 89 系列的改进型产品。10/11/12/15 系列是 1T 单片机(即 1 个时钟周期效率相当于原 51 单片机 1 个机器周期)。主要特点如下。

(1)超低价,高性价比。目前,STC 公司 51 系列单片机价格低廉,最低不足 1 元,且其性能优越(Flash 寿命超 10 万次)、指令执行效率高(主频最高 35 MHz,可设置每机器周期 1 时钟)、超强抗干扰性(ESD 保护、经 2/4 kV 快速脉冲干扰测试)、低 EMI(Electro Magnetic Interference,电磁辐射)、保密性强(第 9 代加密技术)、可靠性好、功耗低(掉电模式 0.1 μA、空闲模式 2 mA、正常工作模式 4~7 mA),并向下兼容 Atmel、Philips、Winbond 等公司的同类芯片。

(2)品种繁多,选择面宽。STC 提供了从大容量片内 RAM(最多 4 KB)、Flash ROM(最多 63.5 KB)、E^2PROM(最多 53 KB)、宽工作电压(2.5~5.5 V)、多封装形式(DIP、SOP、PDIP、LQFP、PLCC 等 20 余种)、小体积(引脚最少 8P,体积最小 4 mm×4 mm)、多 I/O 口和串口(最多 62 个 I/O 端口,4 UART)和多品种资源功能(A/D、PWM、WDT、SPI、ISP、IAP 等)等多方面选择,可最大限度满足单片机应用的适用需求。

(3)技术资料丰富,便于应用。宏晶公司建有中文网站(www.STCMCU.com),提供较为详细的中文资料,包括芯片选型指南、芯片数据手册、片内资源应用指导、以汇编语言或 C51 语言编写的程序样例和头文件等。

因此,编者认为,STC 系列堪称目前世界上性价比最高的 51 单片机。宏晶公司自称是全球最大的 51 单片机设计公司,全球第一品牌。表 1-3 为 STC89 系列单片机片内功能配置,STC 品种繁多,性能优越,限于篇幅,不能详细展开,若需选用,可查阅有关技术资料。

表 1-3 STC89 系列单片机片内功能配置

| 型号 | 最高时钟频率/MHz | 片内存储器 | | | 定时/计数器 | P4口 | 数据指针 | 在系统编程 | 在应用编程 | 内部看门狗 | A/D | 降低电磁辐射 | 双倍速 |
		Flash ROM /KB	E^2PROM /KB	RAM/B									
STC89C51RC	45	4	2^+	512	3	√	2	√	√	√		√	√
STC89C52RC	45	8	2^+	512	3	√	2	√	√	√		√	√
STC89C53RC	45	14		512	3	√	2	√	√	√		√	√
STC89C54RD +	45	16	16^+	1280	3	√	2	√	√	√		√	√
STC89C55RD +	45	16	16^+	1280	3	√	2	√	√	√		√	√
STC89C58RD +	45	32	16^+	1280	3	√	2	√	√	√		√	√
STC89C516RD +	45	63		1280	3	√	2	√	√	√		√	√

续表

型号	最高时钟频率/MHz	片内存储器			定时/计数器	P4口	数据指针	在系统编程	在应用编程	内部看门狗	A/D	降低电磁辐射	双倍速
		Flash ROM/KB	E²PROM/KB	RAM/B									
STC89LE516RD +	90	64		512	3	√	2	√				√	√
STC89LE516X2	90	64		512	3	√	2	√				√	√	√

1.2　80C51 单片机片内结构和引脚功能

无论是 8051 系列，还是 80C51 系列或其他厂商开发的与 80C51 兼容的增强型芯片，其片内基本结构相同。虽然增强型芯片的功能更强大、性价比更高，但学习和掌握 80C51 单片机片内基本结构和功能，是各类兼容增强型芯片的应用基础。因此，本章仅介绍 80C51 单片机片内基本结构和功能，不涉及 52 子系列和增强型芯片的扩展功能。而且，重点讨论其面向用户的部分，特别是应用特性和外部特性，也就是站在用户的角度上分析 80C51 单片机向我们提供了哪些资源、如何去应用它们，使读者对 80C51 单片机的片内结构和工作原理有较为详细的了解。

1.2.1　片内结构

图 1-1 为 80C51 单片机功能结构框图。从图中看到 80C51 单片机芯片内部集成了 CPU、RAM、ROM、定时/计数器和 I/O 口等各功能部件，并由内部总线把这些部件连接在一起。这些功能部件主要是如下部件：

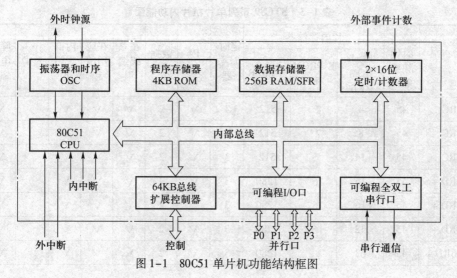

图 1-1　80C51 单片机功能结构框图

(1) 一个 8 位 CPU；

(2) 一个片内振荡器和时钟电路；

(3) 4 KB ROM（80C51 有 4 KB 掩模 ROM，87C51 有 4 KB EPROM，80C31 片内无 ROM）；

(4) 256 B 片内 RAM（包括特殊功能寄存器）；

(5) 可寻址 64 KB 片外 ROM 和片外 RAM 的控制电路；

(6) 两个 16 位定时/计数器；

(7) 21 个特殊功能寄存器；

(8) 4 个 8 位并行 I/O 口，共 32 条可编程 I/O 端线；

(9) 一个可编程全双工串行口；

(10) 可设置成 2 个优先级的 5 个中断源。

1.2.2 引脚功能

80C51 单片机一般采用双列直插 DIP 封装，共 40 个引脚。图 1-2（a）为引脚排列图。图 1-2（b）为逻辑符号图。40 个引脚大致可分为四类：电源、时钟、控制和 I/O 引脚。

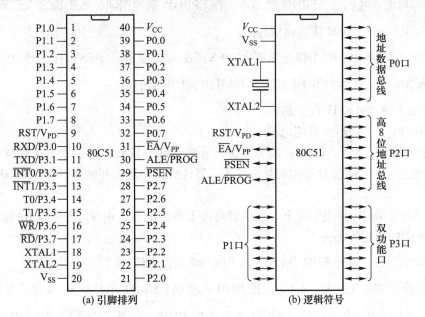

图 1-2 80C51 单片机引脚图

1. 电源

(1) V_{CC} —— 芯片电源，接 +5 V。

(2) V_{SS} —— 接地端。

2. 时钟

XTAL1、XTAL2 —— 晶体振荡电路反相输入端和输出端。使用内部振荡电路时外接石英晶体。

3. 控制线

控制线共有 4 根，其中 3 根是复用线。所谓复用线是指具有两种功能，正常使用时是一种功能，在某种条件下是另一种功能。

（1）ALE/$\overline{PROG}$ —— 地址锁存允许/片内 EPROM 编程脉冲。

① ALE 功能：用来锁存 P0 口送出的低 8 位地址。

80C51 在并行扩展外存储器（包括并行扩展 I/O 口）时，P0 口用于分时传送低 8 位地址和数据信号，且均为二进制数。那么如何区分是低 8 位地址还是 8 位数据信号呢？当 ALE 信号有效时，P0 口传送的是低 8 位地址信号；ALE 信号无效时，P0 口传送的是 8 位数据信号。用户可在 ALE 信号的下降沿，锁定 P0 口传送的内容，即低 8 位地址信号。

ALE 端可驱动 8 个 LSTTL 门电路。

② $\overline{PROG}$ 功能：片内有 EPROM 的芯片，在 EPROM 编程期间，此引脚输入编程脉冲。

（2）$\overline{PSEN}$ —— 外 ROM 读选通信号。

80C51 读外 ROM 时，每个机器周期内 $\overline{PSEN}$ 两次有效输出。$\overline{PSEN}$ 可作为外 ROM 芯片输出允许 OE 的选通信号。在读内 ROM 或读外 RAM 时，$\overline{PSEN}$ 无效。

$\overline{PSEN}$ 可驱动 8 个 LSTTL 门电路。

（3）RST/V_{PD} —— 复位/备用电源。

① 正常工作时，RST（Reset）端为复位信号输入端，只要在该引脚上连续保持 2 个机器周期以上高电平，80C51 芯片即实现复位操作，复位后一切从头开始，CPU 从 0000H 开始执行指令。

② V_{PD} 功能：在 V_{CC} 掉电情况下，该引脚可接上备用电源，由 V_{PD} 向片内 RAM 供电，以保持片内 RAM 中的数据不丢失。

（4）$\overline{EA}$/V_{PP} —— 内外 ROM 选择/片内 EPROM 编程电源。

① $\overline{EA}$ 功能：正常工作时，$\overline{EA}$ 为内外 ROM 选择端。80C51 单片机 ROM 寻址范围为 64 KB，其中 4 KB 在片内，60 KB 在片外（80C31 芯片无内 ROM，全部在片外）。当 $\overline{EA}$ 保持高电平时，先访问内 ROM，但当 PC（程序计数器）值超过 4 KB（0FFFH）时，将自动转向执行外 ROM 中的程序。当 $\overline{EA}$ 保持低电平时，则只访问外 ROM，不管芯片内有否内 ROM。对 80C31 芯片，片内无 ROM，因此 $\overline{EA}$ 必须接地。

② V_{PP} 功能：片内有 EPROM 的芯片，在 EPROM 编程期间，用于施加编程电源 V_{PP}。

严格来讲，80C51 的控制线还应包括 P3 口的第二功能。

4. I/O 线

80C51 共有 4 个 8 位并行 I/O 端口，P0、P1、P2 和 P3 口，每口 8 位，共 32 个引脚。4 个 I/O 口，各有各的用途。在并行扩展外存储器（包括并行扩展 I/O 口）时，P0 口专用于分时传送低 8 位地址信号和 8 位数据信号，P2 口专用于传送高 8 位地址信号。P3 口根据需要常用于第二功能，用于特殊信号输入输出和控制信号（属控制总线），如表 1-4 所示。真正可提供给用户使用的 I/O 口是 P1 口和一部分未用作第二功能的 P3 口端线。在不并行扩展外存储器（包括并行扩展 I/O 口）时，4 个 I/O 口都可作为双向 I/O 口用。

表 1-4　P3 口第二功能

位编号	位定义名	功能
P3.0	RXD	串行口输入端
P3.1	TXD	串行口输出端
P3.2	$\overline{\text{INT0}}$	外部中断 0 请求输入端
P3.3	$\overline{\text{INT1}}$	外部中断 1 请求输入端
P3.4	T0	定时/计数器 0 外部信号输入端
P3.5	T1	定时/计数器 1 外部信号输入端
P3.6	$\overline{\text{WR}}$	外 RAM 写选通信号输出端
P3.7	$\overline{\text{RD}}$	外 RAM 读选通信号输出端

【复习思考题】

1.1　什么叫 51 单片机？与 80C51、MCS-51 有什么关系？

1.2　80C51 单片机控制线有几根？每一根控制线的作用是什么？

1.3　存储空间配置和功能

80C51 的存储器配置方式与其他常用的微机系统不同，属哈佛结构。它把程序存储器和数据存储器分开，有各自的寻址系统、控制信号和功能。程序存储器用于存放程序、表格和常数；数据存储器用于存放程序运行数据和结果。

80C51 的存储器组织结构可以分为 3 个不同的存储空间，分别是：

（1）64 KB 程序存储器（ROM），包括片内 ROM 和片外 ROM；

（2）64 KB 外部数据存储器（简称外 RAM）；

（3）256 B（包括特殊功能寄存器）内部数据存储器（简称内 RAM）。

图 1-3 为 80C51 存储空间配置图。3 个不同的存储空间用不同的指令和控制信号实现读、写功能操作。

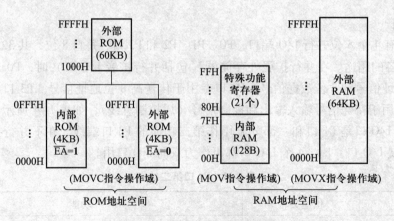

图 1–3 80C51 存储空间配置图

（1）ROM 空间用 MOVC 指令实现只读功能操作，用$\overline{\text{PSEN}}$信号选通读外 ROM。

（2）外 RAM 空间用 MOVX 指令实现读写功能操作，用$\overline{\text{RD}}$信号选通读外 RAM，用$\overline{\text{WR}}$信号选通写外 RAM。

（3）内 RAM（包括特殊功能寄存器）用 MOV 指令实现读、写功能操作。

1.3.1 程序存储器（ROM）

80C51 系列单片机 ROM 空间共 64 KB。其中 60 KB 在片外，地址范围 1000H ～ FFFFH；还有低段 4 KB ROM 因芯片而异，如表 1–1 所示：80C51 和 87C51 在片内，80C31 不在片内，地址范围为 0000H ～ 0FFFH。无论片内片外，ROM 地址空间是统一的，不重叠。对于有内 ROM 的芯片（80C51 和 87C51），$\overline{\text{EA}}$应接高电平，复位后先从内 ROM 0000H 开始执行程序，当 PC 值超出内 ROM 4 KB 空间时，会自动转向外 ROM 1000H 依次执行程序。对 80C31 芯片，$\overline{\text{EA}}$必须接地。

读 ROM 是以程序计数器 PC 作为 16 位地址指针，依次读相应地址 ROM 中的指令或数据，每读一个字节，PC + 1→PC，这是 CPU 自动形成的。但是有些指令有修改 PC 的功能，例如转移类指令和 MOVC 指令，CPU 将按修改后 PC 的 16 位地址读 ROM。

读外 ROM 的过程：CPU 从 PC 中取出当前 ROM 的 16 位地址，分别由 P0 口（低 8 位）和 P2 口（高 8 位）同时输出，ALE 信号有效时由地址锁存器锁存低 8 位地址信号，地址锁存器输出的低 8 位地址信号和 P2 口输出的高 8 位地址信号同时加到外 ROM 16 位地址输入端，当$\overline{\text{PSEN}}$信号有效时，外 ROM 将相应地址存储单元中的数据送至数据总线（P0 口），CPU 读入后存入指定单元。

需要指出的是，64 KB 中有一小段范围是 80C51 系统专用单元，在地址 0003H ～ 0023H 范围有 5 个中断源的服务程序入口地址，用户不能安排其他内容。80C51 复位后，PC = 0000H，CPU 从地址为 0000H 的 ROM 单元中读取指令和数据。从 0000H 到 0003H 只有 3 个字节，根本不可能安排一个完整的系统程序，而 80C51 又是依次读 ROM 字节的，因此，这 3 个字节只能用来安排一条跳转指令，跳转到其他合适的地址范围去执行真正的主程序。

1.3.2 外部数据存储器（外 RAM）

80C51 系列单片机外部数据存储器共 64 KB，读写外 RAM 用 MOVX 指令，控制信号是 P3 口中的 $\overline{\text{WR}}$ 和 $\overline{\text{RD}}$。

（1）读外 RAM 的过程。

外 RAM 16 位地址分别由 P0 口（低 8 位）和 P2 口（高 8 位）同时输出，ALE 信号有效时由地址锁存器锁存低 8 位地址信号，地址锁存器输出的低 8 位地址信号和 P2 口输出的高 8 位地址信号同时加到外 RAM 16 位地址输入端。当 $\overline{\text{RD}}$ 信号有效时，选通外 RAM 读允许控制，外 RAM 将相应地址存储单元中的数据送至数据总线（P0 口），CPU 读入后存入指定单元。

（2）写外 RAM 的过程。

外 RAM 16 位地址分别由 P0 口（低 8 位）和 P2 口（高 8 位）同时输出，ALE 信号有效时，由地址锁存器锁存低 8 位地址信号，地址锁存器输出的低 8 位地址信号和 P2 口输出的高 8 位地址信号同时加到外 RAM 16 位地址输入端。接着 CPU 将需要写入的 8 位数据放在 P0 口上，此时 P0 口已变为数据总线。$\overline{\text{WR}}$ 信号有效时，选通外 RAM 写允许控制，P0 口上的数据写入外 RAM 相应地址存储单元中。

因此，写外 RAM 的过程与读外 RAM 的过程相同，只是控制信号不同。

外部数据存储器主要用于存放数据和运算结果。一般情况下，只有在内 RAM 不能满足应用要求时，才外接外 RAM。但外 RAM 存储空间有一个非常重要的用途，可以用来扩展 I/O 口，扩展 I/O 口与扩展外 RAM 统一编址。从理论上讲，每一个字节都可以扩展为一个 8 位 I/O 口，因此扩展 I/O 口个数可达 65536 个，可根据需要灵活应用。扩展外 ROM、外 RAM 和 I/O 口将分别在第 6 章详细叙述。

1.3.3 内部数据存储器（内 RAM）

从广义上讲，80C51 内 RAM（128 B）和特殊功能寄存器（128 B）均属于片内 RAM 空间，读写指令均用 MOV 指令，但为加以区别，内 RAM 通常指 00H～7FH 的低 128 B 空间。80C51 内 RAM 结构如表 1-5 所示，它又可以分成三个物理空间：工作寄存器区、位寻址区和数据缓冲区。

表 1-5　80C51 内部 RAM 结构

地 址 区 域		功 能 名 称
00H～1FH	00H～07H	工作寄存器 0 区
	08H～0FH	工作寄存器 1 区
	10H～17H	工作寄存器 2 区
	18H～1FH	工作寄存器 3 区

地 址 区 域	功 能 名 称
20H ~ 2FH	位寻址区
30H ~ 7FH	数据缓冲区

1. 工作寄存器区

从 00H ~ 1FH 共 32 字节属工作寄存器区。工作寄存器是 80C51 的重要寄存器，指令系统中有专用于工作寄存器操作的指令，读写速度比一般内 RAM 要快，指令字节比一般直接寻址指令要短，另外工作寄存器还具有间址功能，能给编程和应用带来方便。

工作寄存器区分为 4 个区：0 区、1 区、2 区、3 区。每区有 8 个寄存器：R0 ~ R7，寄存器名称相同。但是，当前工作的寄存器区只能打开一个，至于哪一个工作寄存器区处于当前工作状态，则由程序状态字 PSW 中的 D4、D3 位决定。若用户程序不需要 4 个工作寄存器区，则不用的工作寄存器区单元可作一般内 RAM 使用。

2. 位寻址区

从 20H ~ 2FH，共 16 字节，属位寻址区。16 字节（Byte，缩写为大写 B）每 B 有 8 位（bit，缩写为小写 b），共 128 位，每一位均有一个位地址。表 1-6 为位寻址区的位地址映象表。

表 1-6 位寻址区的位地址映象表

字节地址	位 地 址							
	D7	D6	D5	D4	D3	D2	D1	D0
2FH	7FH	7EH	7DH	7CH	7BH	7AH	79H	78H
2EH	77H	76H	75H	74H	73H	72H	71H	70H
2DH	6FH	6EH	6DH	6CH	6BH	6AH	69H	68H
2CH	67H	66H	65H	64H	63H	62H	61H	60H
2BH	5FH	5EH	5DH	5CH	5BH	5AH	59H	58H
2AH	57H	56H	55H	54H	53H	52H	51H	50H
29H	4FH	4EH	4DH	4CH	4BH	4AH	49H	48H
28H	47H	46H	45H	44H	43H	42H	41H	40H
27H	3FH	3EH	3DH	3CH	3BH	3AH	39H	38H
26H	37H	36H	35H	34H	33H	32H	31H	30H
25H	2FH	2EH	2DH	2CH	2BH	2AH	29H	28H
24H	27H	26H	25H	24H	23H	22H	21H	20H
23H	1FH	1EH	1DH	1CH	1BH	1AH	19H	18H
22H	17H	16H	15H	14H	13H	12H	11H	10H
21H	0FH	0EH	0DH	0CH	0BH	0AH	09H	08H
20H	07H	06H	05H	04H	03H	02H	01H	00H

在 80C51 单片机中，RAM、ROM 均以字节为单位，每个字节有 8 位，每一位可容纳一位二进制数 **1** 或 **0**。但是，一般 RAM 只有字节地址，操作时只能 8 位整体操作，不能按位单独操作。而位寻址区的 16 个字节，非但有字节地址，而且字节中每一位有位地址，可位寻址、位操作。所谓位寻址位操作是指按位地址对该位进行置 **1**、清零、求反或判转。

位寻址区的主要用途是存放各种标志位信息和位数据。

需要指出的是，位地址 00H ~7FH 和内 RAM 字节地址 00H ~7FH 编址相同，且均用 16 进制数表示，怎么区别呢？在 80C51 指令系统中，有位操作指令和字节操作指令。位操作指令中的地址是位地址，字节操作指令中的地址是字节地址，虽然编址相同，在指令执行中 CPU 不会搞错，但用户，特别是初学者却容易搞错，应用中应予以注意。

3. 数据缓冲区

内 RAM 中 30H ~7FH 为数据缓冲区，属一般内 RAM，用于存放各种数据和中间结果，起到数据缓冲的作用。

1.3.4 特殊功能寄存器（SFR）

80C51 系列单片机内的锁存器、定时器、串行口、数据缓冲器及各种控制寄存器、状态寄存器都以特殊功能寄存器（Special Flag Register，缩写为 SFR）的形式出现，共有 21 个，它们离散地分布在高 128 B 片内 RAM 80H ~ FFH 中，表 1-7 为特殊功能寄存器地址映象表。

表 1-7 特殊功能寄存器地址映象表

SFR 名称	符号	位地址/位定义名/位编号								字节地址
		D7	D6	D5	D4	D3	D2	D1	D0	
B 寄存器	B	F7H	F6H	F5H	F4H	F3H	F2H	F1H	F0H	（F0H）
累加器 A	ACC	E7H	E6H	E5H	E4H	E3H	E2H	E1H	E0H	（E0H）
		ACC. 7	ACC. 6	ACC. 5	ACC. 4	ACC. 3	ACC. 2	ACC. 1	ACC. 0	
程序状态字寄存器	PSW	D7H	D6H	D5H	D4H	D3H	D2H	D1H	D0H	（D0H）
		Cy	AC	F0	RS1	RS0	OV	F1	P	
		PSW. 7	PSW. 6	PSW. 5	PSW. 4	PSW. 3	PSW. 2	PSW. 1	PSW. 0	
中断优先级控制寄存器	IP	BFH	BEH	BDH	BCH	BBH	BAH	B9H	B8H	（B8H）
		—	—	—	PS	PT1	PX1	PT0	PX0	
I/O 端口 3	P3	B7H	B6H	B5H	B4H	B3H	B2H	B1H	B0H	（B0H）
		P3. 7	P3. 6	P3. 5	P3. 4	P3. 3	P3. 2	P3. 1	P3. 0	

续表

SFR 名称	符号	位地址/位定义名/位编号								字节地址
		D7	D6	D5	D4	D3	D2	D1	D0	
中断允许控制寄存器	IE	AFH	AEH	ADH	ACH	ABH	AAH	A9H	A8H	(A8H)
		EA	—	—	ES	ET1	EX1	ET0	EX0	
I/O 端口 2	P2	A7H	A6H	A5H	A4H	A3H	A2H	A1H	A0H	(A0H)
		P2.7	P2.6	P2.5	P2.4	P2.3	P2.2	P2.1	P2.0	
串行数据缓冲器	SBUF									99H
串行控制寄存器	SCON	9FH	9EH	9DH	9CH	9BH	9AH	99H	98H	(98H)
		SM0	SM1	SM2	REN	TB8	RB8	TI	RI	
I/O 端口 1	P1	97H	96H	95H	94H	93H	92H	91H	90H	(90H)
		P1.7	P1.6	P1.5	P1.4	P1.3	P1.2	P1.1	P1.0	
定时/计数器 1（高字节）	TH1									8DH
定时/计数器 0（高字节）	TH0									8CH
定时/计数器 1（低字节）	TL1									8BH
定时/计数器 0（低字节）	TL0									8AH
定时/计数器方式选择	TMOD	GATE	C/$\overline{\text{T}}$	M1	M0	GATE	C/$\overline{\text{T}}$	M1	M0	89H
定时/计数器控制寄存器	TCON	8FH	8EH	8DH	8CH	8BH	8AH	89H	88H	(88H)
		TF1	TR1	TF0	TR0	IE1	IT1	IE0	IT0	
电源控制及波特率选择	PCON	SMOD	—	—	—	GF1	GF0	PD	IDL	87H
数据指针（高字节）	DPH									83H
数据指针（低字节）	DPL									82H
堆栈指针	SP									81H
I/O 端口 0	P0	87H	86H	85H	84H	83H	82H	81H	80H	(80H)
		P0.7	P0.6	P0.5	P0.4	P0.3	P0.2	P0.1	P0.0	

注：带括号的字节地址表示每位有位地址可位操作。

表中罗列了这些特殊功能寄存器的名称、符号和字节地址，其中字节地址能被 8 整除的特殊功能寄存器（字节地址末位为 0 或 8）可位寻址位操作。可位寻址的特殊功能寄存器每一位都有位地址，有的还有位定义名。如 PSW.0 是位编号，代表程序状态字寄存器 PSW 最低位，它的位地址为 D0H，位定义名为 P，编程时三者均可使用。有的特殊功能寄存器有位定义名，却无位地址，也不可位寻址位操作。例 TMOD，每一位都有位定义名：GATE、C/$\overline{\text{T}}$、M1、M0，但无位地址，因此不可位寻址位操作。不可位寻址位操作的特殊功能寄存器只有字节地址，无位地址。

下面对部分特殊功能寄存器先作介绍，其余部分将在后续有关章节中叙述。

（1）累加器 ACC（Accumulator）

累加器 ACC 是 80C51 单片机中最常用的寄存器。许多指令的操作数取自于 ACC，许多运算的结果存放在 ACC 中。

乘除法指令必须通过 ACC 进行。累加器 ACC 的指令助记符为 A。

（2）寄存器 B

在 80C51 乘除法指令中要用到寄存器 B。此外，B 可作为一般寄存器用。

（3）程序状态字寄存器 PSW（Program Status Word）

PSW 也称为标志寄存器，存放当前指令执行的状态和各有关标志。其结构和定义如表 1-8 所示。

表 1-8 PSW 结构和定义

位编号	PSW.7	PSW.6	PSW.5	PSW.4	PSW.3	PSW.2	PSW.1	PSW.0
位地址	D7H	D6H	D5H	D4H	D3H	D2H	D1H	D0H
位定义名	Cy	AC	F0	RS1	RS0	OV	未定义	P

① Cy——进位标志。在累加器 A 执行加减法运算中，若最高位有进位或借位，Cy 置 1，否则清零。在进行位操作时，Cy 是位操作累加器，指令助记符用 C 表示。

② AC——辅助进位标志。累加器 A 执行加减运算时，若低半字节 ACC.3 向高半字节 ACC.4 有进（借）位，AC 置 1，否则清零。

③ RS1、RS0——工作寄存器区选择控制位。工作寄存器区有 4 个，但当前工作的寄存器区只能打开一个。RS1、RS0 的编号用于选择当前工作的寄存器区。

RS1、RS0 = **00**—— 0 区（00H ~ 07H）

RS1、RS0 = **01**—— 1 区（08H ~ 0FH）

RS1、RS0 = **10**—— 2 区（10H ~ 17H）

RS1、RS0 = **11**—— 3 区（18H ~ 1FH）

④ OV——溢出标志。用于表示 ACC 在有符号数算术运算中的溢出。

溢出和进位是两个不同的概念。进位是指 ACC.7 向更高位进位，用于无符号数运算。溢

出是指有符号数运算时，运算结果数超出 +127 ～ −128 范围。溢出标志可由下式求得

$$OV = C_6{}' \oplus C_7{}'$$

其中 $C_6{}'$ 为 ACC.6 向 ACC.7 进位或借位，有进位或借位时置 1，否则清零；$C_7{}'$ 为 ACC.7 向更高位进位或借位，有进位或借位时置 1，否则清零。当次高位 ACC.6 向最高位 ACC.7 有进位或借位，且 ACC.7 未向更高位进位或借位时，发生溢出。或者 ACC.6 未向 ACC.7 进位或借位，且 ACC.7 却向更高位有进位或借位时，发生溢出。

发生溢出时 OV 置 1，否则清零。

⑤ P——奇偶标志。表示 ACC 中 1 的个数的奇偶性。如果 A 中 1 的个数为奇数，则 P 置 1，反之清零。奇偶标志 P 主要用于信号传输过程中奇偶校验。

⑥ F0——用户标志。与位操作区 20H ～ 2FH 中的位地址 00H ～ 7FH 功能相同。区别在于位操作区内的位仅有位地址，而 F0 可有三种表示方法：位地址 D5H，位编号 PSW.5 和位定义名 F0。

PSW 是 80C51 单片机中的一个重要寄存器，其中 Cy、AC、OV、P 反映了累加器 ACC 的状态或信息，RS1、RS0 决定工作寄存器区，F0 和 PSW.1 提供用户位操作使用。对 PSW 操作时，既可按字节整体操作，也可对其中某一位单独进行位操作。

（4）数据指针 DPTR（Data Pointer）

数据指针 DPTR 是一个 16 位的特殊功能寄存器，由两个 8 位寄存器 DPH、DPL 组成。DPH 是 DPTR 高 8 位，DPL 是 DPTR 低 8 位，既可合并作为一个 16 位寄存器，又可分开按 8 位寄存器单独操作。相对于地址指针 PC，DPTR 称为数据指针。但实际上 DPTR 主要用于存放一个 16 位地址，作为访问外部存储器（外 RAM 和 ROM）的地址指针。

（5）堆栈指针 SP（Stack Pointer）

堆栈是 CPU 用于暂时存放特殊数据的"仓库"，如子程序断口地址、中断断口地址和其他需要保存的数据。在 80C51 中，堆栈由内 RAM 中若干连续存储单元组成，存储单元的个数称为堆栈的深度（可理解为仓库容量）。

堆栈指针 SP 专用于指出堆栈顶部数据的地址。无论存入还是取出数据，SP 始终指向堆栈最顶部有效数据的地址。

堆栈中数据存取按先进后出、后进先出的原则。相当于冲锋枪的子弹夹，子弹一粒粒压进去，射击时，最后压进去的子弹先打出去（后进先出），最先压进去的子弹最后打出去（先进后出）。

堆栈操作分自动方式和指令方式。自动方式是在调用子程序或发生中断时，CPU 自动将断口地址存入或者取出；指令方式是使用进出栈指令进行操作。

需要指出的是，80C51 单片机的特殊功能寄存器共有 21 个，离散地分布在 80H ～ FFH 范围内，中间并不连续。对未命名的字节进行操作无意义，其结果将是一个随机数。

另外，各种增强型 80C51 单片机增加了几个特殊功能寄存器，例如 T2（定时/计数器 2）、DPTR1（双数据指针）等，本书不予讨论，有兴趣的读者可查阅有关技术书籍。

1.3.5　程序计数器 PC

程序计数器 PC 不属于特殊功能寄存器，不可访问，在物理结构上是独立的。PC 是一个 16 位的地址寄存器，用于存放将要从 ROM 中读出的下一字节指令码的地址，因此也称为地址指针。PC 的基本工作方式如下。

（1）自动加 1。CPU 从 ROM 中每读一个字节，自动执行 PC +1→PC。

（2）执行转移指令时，PC 会根据该指令要求修改下一次读 ROM 新的地址。

（3）执行调用子程序或发生中断时，CPU 会自动将当前 PC 值压入堆栈，将子程序入口地址或中断入口地址装入 PC；子程序返回或中断返回时，恢复原有被压入堆栈的 PC 值，继续执行原顺序程序指令。

【复习思考题】

1.3　试述 80C51 存储空间结构，各用什么指令操作？用什么信号控制？

1.4　80C51 内 RAM 的组成是如何划分的，各有什么功能？

1.5　位地址 00H ~7FH 和内 RAM 字节地址 00H ~7FH 编址相同，读写时会不会搞错，为什么？

1.6　简述程序状态字寄存器 PSW 各位定义名、位编号和功能作用。

1.7　溢出与进（借）位有何区别？在什么条件下 OV 置 **1**？

1.8　DPTR 是什么寄存器？它是如何组成的？主要功能是什么？

1.9　堆栈的作用是什么？在堆栈中存取数据时有什么原则？如何理解？SP 是什么寄存器？SP 中的内容表示什么？

1.10　PC 是否属于特殊功能寄存器？它有什么作用？PC 的基本工作方式有几种？

1.4　I/O 端口结构及工作原理

80C51 单片机含有 4 个 8 位并行 I/O 口：P0、P1、P2 和 P3 口，每一个 I/O 口都能用作输入或输出，P0 口又能作为地址总线和数据总线，P2 口能传送高 8 位地址，P3 口还有第二功能。各个端口的功能有所不同，其结构也有差别，但工作原理相似。下面分别叙述各个端口的结构、功能和使用方法。

1. P0 口

P0 口既能用作通用 I/O 口，又能用作地址/数据总线。图 1-4 所示的是 P0 口的一位结构图。

（1）用作通用 I/O 口

用作通用 I/O 口时，CPU 令"控制"端信号为低电平，其作用有两个：一是使多路开关 MUX 接通 B 端，即锁存器输出端$\overline{Q}$；二是令**与门**输出低电平，V1 截止，致使输出级为开漏输

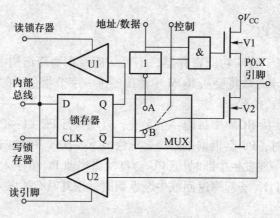

图 1-4   P0 口一位结构图

出电路。

① 作为输出口。当 P0 口用作输出口时，因输出级处于开漏状态，必须外接上拉电阻。当"写锁存器"信号加在锁存器的时钟端 CLK 上，此时 D 触发器将"内部总线"上的信号反相后输出到 $\overline{Q}$ 端，若 D 端信号为 **0**，$\overline{Q}=1$，V2 导通，P0.X 引脚输出 **0**；若 D 端信号为 **1**，$\overline{Q}=0$，V2 截止，虽然 V1 截止，因 P0.X 引脚已外接上拉电阻，P0.X 引脚输出 **1**。

② 作为输入口。当 P0 口用作输入时，必须保证 V2 截止。因为若 V2 导通，则从 P0.X 引脚上输入的信号被 V2 短路。为使 V2 截止，必须先向该端口锁存器写入 **1**，$\overline{Q}=0$，V2 截止。

输入信号从 P0.X 引脚输入后，先进入输入缓冲器 U2。CPU 执行端口输入指令后，"读引脚"信号使输入缓冲器 U2 开通，输入信号进入内部数据总线。

③ "读-修改-写"。80C51 对端口的操作除了输入输出外，还能对端口进行"读-修改-写"操作。例如，执行"ANL P0，A"指令，是将 P0 口（锁存器）的状态信号（读）与累加器 A 内容相与（修改）后，再重新从 P0 口输出（写）。其中"读"不是读 P0 口引脚上的输入信号，而是读 P0 口端口原来输出的信号，即读锁存器 Q 端的信号，所用的缓冲器是 U1，防止错读 P0.X 引脚上的电平信号。"读锁存器"信号使 U1 开通，锁存器 Q 端的信号进入内部数据总线。

（2）用作地址/数据总线

P0 口除一般输入输出作用外，还能用作地址总线低 8 位和数据总线，供系统并行扩展时使用。

① 地址/数据总线输出。作总线输出时，这时"控制"端信号为高电平，其作用有两个：一是使多路开关 MUX 接通 A 端，与锁存器断开；二是令与门开通，输出取决于"地址/数据"端。从"地址/数据"端输入的地址或数据信号同时作用于与门和反相器，并分别驱动 V1、V2，结果在引脚上得到地址或数据输出信号。例如，若"地址/数据"端信号为 **1**，则与门输出 **1**，V1 导通；反相器输出 **0**，V2 截止，引脚输出 **1**。若"地址/数据"端信号为 **0**，则与门

输出 **0**，V1 截止；反相器输出 **1**，V2 导通，引脚输出 **0**。

② 数据总线输入。此时与 P0 口作一般输入口时情况相同，CPU 使 V1、V2 均截止，从引脚上输入的外部数据经缓冲器 U2 进入内部数据总线。

80C51 单片机，在不并行扩展外存储器时，P0 口能作为通用 I/O 口使用。在并行扩展外存储器时，P0 口只能用作地址/数据总线。

P0 口的负载能力能驱动 8 个 LSTTL 门电路（1 个 LSTTL 门电路的驱动电流，低电平时为流入 0.36 mA，高电平时为流出 20 μA）。

2. P1 口

P1 口只用作通用 I/O 口，其一位结构如图 1-5 所示。

与 P0 口相比，P1 口的位结构图中少了地址/数据的传送电路和多路开关，上面一只 MOS 管改为上拉电阻。

P1 口作为一般 I/O 口的功能和使用方法与 P0 口相似。当用作输入口时，应先向端口写入 **1**。它也有读引脚和读锁存器两种方式。所不同的是当输出数据时，由于内部有了上拉电阻，所以不需要再外接上拉电阻。

P1 口的负载能力为 4 个 LSTTL 门电路。

3. P2 口

P2 口能用作通用 I/O 口或地址总线高 8 位，图 1-6 为其一位结构图。

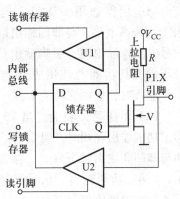

图 1-5　P1 口一位结构图

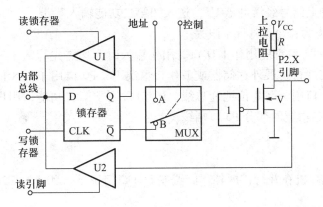

图 1-6　P2 口一位结构图

（1）作为通用 I/O 口。当"控制"端信号为低电平时，多路开关 MUX 接到 B 端，P2 口作为通用 I/O 口使用，其功能和使用方法与 P0、P1 口相同。用作输入时，也需先写入 **1**。

（2）作为地址总线。当"控制"端信号为高电平时，多路开关 MUX 接到 A 端，"地址"信号经反相器和 V 管二次反相后从引脚输出。这时 P2 口输出地址总线高 8 位，供系统并行扩展用。

对于 80C51、87C51 单片机，P2 口能作为 I/O 口或地址总线用。对于 80C31 单片机，P2 口只能用作地址总线高 8 位。

P2 口的负载能力为 4 个 LSTTL 门电路。

4. P3 口

P3 口可用作通用 I/O 口，同时每一引脚还有第二功能（见表 1-4）。图 1-7 为其一位结构图。

（1）用作通用 I/O 口。此时"第二功能输出"端为高电平，**与非门**输出取决于锁存器 Q 端信号。用作输出时，引脚输出信号与内部总线信号相同。其功能与使用方法与 P1、P2 口相同。用作输入时，也需先写入 **1**。

（2）用作第二功能。当 P3 口的某一位作为第二功能输出使用时，CPU 将该位的锁存器置 **1**，使**与非门**和输出状态只受"第二功能输出"端控制，"第二功能输出"信号经**与非门**和 V 管二次反相后输出到该位引脚上。

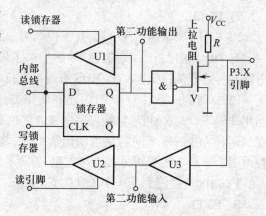

图 1-7 P3 口一位结构图

当 P3 口的某一位作为第二功能输入使用时，该位的"第二功能输出"端和锁存器自行置 **1**，V 管截止，该位引脚上信号经缓冲器 U3，送入"第二功能输入"端。

P3 口的负载能力为 4 个 LSTTL 门电路。

综上所述，P0~P3 口都能用作 I/O 口。用作输入时，均需先写入 **1**；用作输出时，P0 口应外接上拉电阻。在并行扩展外存储器或 I/O 口情况下，P0 口用于低 8 位地址总线和数据总线（分时传送），P2 口用于高 8 位地址总线，P3 口常用于第二功能，用户能使用的 I/O 口只有 P1 口和未用作第二功能的部分 P3 口端线。

【复习思考题】

1.11 80C51 单片机在并行扩展外存储器或 I/O 口情况下，P0 口、P2 口、P3 口各起什么作用？

1.12 P0~P3 口负载能力各是多少？用作输入口时，有什么前提？

1.5 时钟和时序

前几节介绍了 80C51 系列单片机的片内结构、引脚功能、存储空间配置、特殊功能寄存器和 I/O 端口，看来 80C51 单片机是一个比较复杂的电路，要使这个比较复杂的电路有条不紊地工作，必须有一个指挥员统一口令、统一指挥。这个统一口令即 80C51 的时钟，统一指挥即按一定节拍操作的时序。本节主要介绍时钟电路、机器周期以及 CPU 几种主要操作的时序。

1.5.1 时钟电路和机器周期

1. 时钟电路

80C51 单片机内有一高增益反相放大器，按图 1-8（a）连接即可构成自激振荡电路，振荡频率取决于石英晶体的振荡频率，范围可取 1.2 MHz ~ 12 MHz（目前已有部分 C51 增强型芯片最高频率可达 90 MHz），C_1、C_2 主要起频率微调和稳定作用，电容值一般可取 30 pF。

当采用外振荡输入时，8051（HMOS）可按图 1-8（b）连接，80C51（CHMOS）可按图 1-8（c）连接。

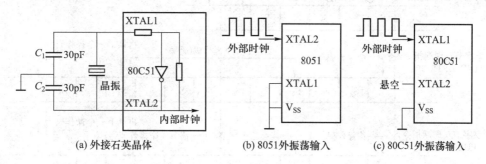

图 1-8　80C51 单片机时钟电路

2. 时钟周期和机器周期

首先介绍有关 80C51 时序的几个基本概念和名称。

（1）时钟周期。是 80C51 振荡器产生的时钟脉冲频率的倒数，是最基本最小的定时信号。

（2）状态周期。是将时钟脉冲二分频后的脉冲信号。状态周期是时钟周期的两倍。状态周期又称 S 周期（Status）。在 S 周期内有两个时钟周期，即分为两拍，分别称为 P_1 和 P_2，参阅图 1-9。

（3）机器周期。是 80C51 单片机工作的基本定时单位，简称机周。在后述课文中，对 80C51 单片机操作的分析均以机周为单位。一个机器周期含有 6 个状态周期，分别为 S_1、S_2、…、S_6，每个状态周期有两拍，分别为 S_1P_1、S_1P_2、S_2P_1、S_2P_2、…、S_6P_1、S_6P_2，如图 1-9 所示。机器周期与时钟周期有着固定的倍数关系。机器周期是时钟周期的 12 倍。当时钟频率为 12 MHz 时，机器周期为 1 μs；当时钟频率为 6 MHz 时，机器周期为 2 μs。12 MHz 和 6 MHz 时钟频率是 80C51 单片机常用的两个频率，因此，当 80C51 采用这两个频率的晶振时，机器周期 1 μs 与 2 μs 就是一个重要的数据，应该记住。

（4）指令周期。指 CPU 执行一条指令占用的时间（用机器周期表示）。80C51 执行各种指令时间是不一样的，可分成三类：单机周指令、双机周指令和四机周指令。其中单机周指令有 64 条，双机周指令有 45 条，四机周指令只有 2 条（乘法和除法指令），无三机周指令。

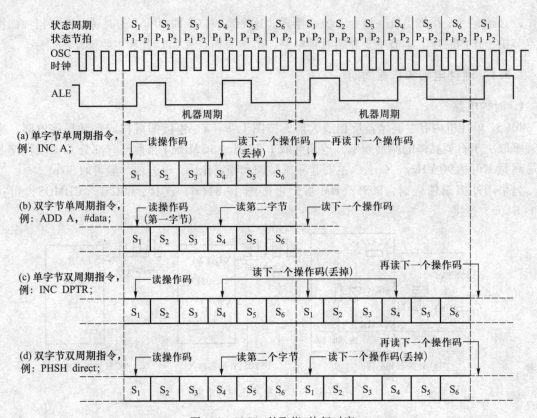

图 1-9   80C51 的取指/执行时序

1.5.2   时序

每一条指令的执行都可以包括取指和执行两个阶段。从图 1-9 中可以看出，ALE 信号在一个机周内两次有效，第一次在 S_1P_2 和 S_2P_1 期间，第二次在 S_4P_2 和 S_5P_1 期间，ALE 信号的有效宽度为一个 S 状态。每出现一次 ALE 信号，CPU 就可以进行一次取指操作。根据这一特性，80C51 指令字节长度有以下规律。

（1）三字节指令执行时间均为双周期。三字节指令，CPU 必须取指三次，不可能在一个机周内完成，所以三字节指令，指令周期均为双周期。

（2）读 ROM（MOVC）指令和读写外 RAM（MOVX）指令执行时间均为双周期。因为这些指令既要取指，又要第二次访问外存储器，因此执行时间较长。

（3）只有乘除法指令执行时间是 4 机周。

（4）其余指令执行时间为 1～2 个机器周期，根据字节长短可分为：单字节单机周、双字节单机周、单字节双机周、双字节双机周 4 种指令。

图 1-9（a）为单字节单机周指令时序；图 1-9（b）为双字节单机周指令时序；图 1-9

（c）为单字节双机周指令时序；图 1-9（d）为双字节双机周指令时序。这些时序的共同特点是：每一次 ALE 信号有效，CPU 均从 ROM 中读取指令码（包括操作码和操作数），但不一定有效，读了以后再丢弃（假读）。有效时 PC + 1→PC，无效时 PC 不变。其余时间用于执行指令操作功能，但在图 1-9 中没有完全反映出来，如双字节单机周指令，分别在 S_1、S_4 读操作码和操作数，执行指令就一定在 S_2、S_3、S_5、S_6 中完成。

【复习思考题】

1.13 什么叫时钟周期和机器周期？有什么关系？当时钟频率分别为 12 MHz 和 6 MHz 时，一个机器周期是多少时间？

1.14 在读外 ROM 和读写外 RAM 中，ALE、$\overline{PSEN}$、$\overline{EA}$、$\overline{RD}$、$\overline{WR}$ 各有什么作用？

1.15 80C51 单片机外 RAM 和 ROM 使用相同的 16 位地址，是否会在总线上出现竞争（读错或写错对象）？为什么？

1.6 复位和低功耗工作方式

80C51 单片机的工作方式共有四种：复位方式、程序执行方式、低功耗方式和片内 ROM 编程（包括校验）方式。

程序执行方式是单片机的基本工作方式，CPU 按照 PC 所指出的地址从 ROM 中取指并执行。每取出一个字节，PC + 1→PC，因此一般情况下，CPU 是依次执行程序。当调用子程序、中断或执行转移指令时，PC 会相应产生新的地址，CPU 仍然根据 PC 所指出的地址取指并执行。

片内 ROM 编程（包括校验）一般由专门的编程器实现，用户只需使用而不需了解编程方法。限于篇幅，本书不予展开。

1.6.1 复位

复位是计算机的一个重要工作状态。在单片机工作时，上电要复位，断电后要复位，发生故障后要复位，所以必须弄清 80C51 单片机的复位条件、复位电路和复位后状态。

1. 复位条件

实现复位操作，必须使 RST 引脚（编号 9）保持 2 个机器周期以上的高电平。例如，若时钟频率为 12 MHz，每机周为 1 μs，则只需持续 2 μs 以上时间的高电平；若时钟频率为 6 MHz，每机周为 2 μs，则需要持续 4 μs 以上时间的高电平。

2. 复位电路

图 1-10（a）为 80C51 上电复位电路。RC 构成微分电路，在上电瞬间，产生一个微分脉冲，其宽度若大于 2 个机器周期，80C51 将复位。为保证微分脉冲宽度足够大，RC 时间常数应大于 2 个机器周期。一般取 10 μF 电容、10 kΩ 电阻。

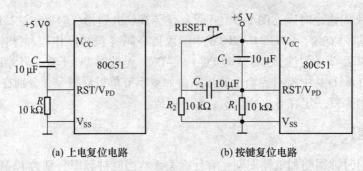

(a) 上电复位电路　　　　　　(b) 按键复位电路

图 1-10　80C51 复位电路

图 1-10（b）为按键复位电路。R_1C_1 构成上电复位电路，R_1C_2 构成按键复位电路。若要复位，只需按下图中 ＜RESET＞ 键，R_1C_2 使 RST 端产生一个微分脉冲复位，复位完毕 C_2 经 R_2 放电，等待下一次按下复位按键。

3. 复位后 CPU 状态

80C51 单片机复位后片内各寄存器状态如表 1-9 所示。

表 1-9　80C51 复位后 SFR 状态

SFR	复位后状态	SFR	复位后状态
PC	0000H	TMOD	00H
ACC	00H	TCON	00H
B	00H	TH0	00H
PSW	00H	TL0	00H
SP	07H	TH1	00H
DPTR	0000H	TL1	00H
P0 ～ P3	FFH	SCON	00H
IP	× × ×00000B	SBUF	不定
IE	0 × ×00000B	PCON	0 × × ×0000B

×号表示无关位，是一个随机数值。

从表 1-9 中，我们注意到以下情况。

（1）复位期间不产生 ALE 和 $\overline{PSEN}$ 信号，表明 80C51 单片机复位期间，不会有任何取指操作。

（2）复位后 PC 值为 0000H，表明复位后程序从 0000H 开始运行。

（3）SP 值为 07H，表明堆栈底部在 07H。对于汇编程序，要考虑堆栈的重新设置。若 SP =07H，就会占用原属于工作寄存器区的 08H ～ 1FH 单元和 20H 以上的位寻址区，妨碍工作寄存器和位寻址区的特殊功能。因此，在汇编程序初始化中，必须改变 SP 值，一般可置 SP 值为 50H 或 60H，堆栈深度相应为 48 字节和 32 字节。对于 C51 程序，编译器会自动安排堆栈，即不需要考虑堆栈如何设置。

（4）P0 ~ P3 口值为 FFH。上一节曾叙述：P0 ~ P3 口用作输入口时，必须先写入 1。实际上 80C51 在复位后，已使 P0 ~ P3 口每一端线为 1，为这些端线用作输入口做好了准备。也正因为此，若将 P0 ~ P3 口用作输出，宜用低电平有效驱动，以避免在复位时造成误动作。

（5）其余各寄存器在复位后均为 0，且使用时一般应先赋值，因此可不作记忆。

1.6.2 低功耗工作方式

80C51 单片机有两种低功耗工作方式：待机休闲方式（Idle）和掉电保护方式（Power Down）。在 $V_{CC} = 5$ V，$f_{osc} = 12$ MHz 条件下，正常工作时电流约 20 mA；待机休闲方式时电流约 5 mA；掉电保护方式时电流仅 75 μA。但这两种低功耗工作方式不是自动产生的，而是可编程的，即必须由软件来设定，其控制由电源控制寄存器 PCON 确定，PCON 格式如图 1-11 所示。

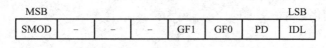

图 1-11　80C51 单片机 PCON 格式

图 1-11 中，SMOD：　　　　波特率倍增位（在串行通信中使用）

　　　　　GF1、GF0：　　　　通用标志位

　　　　　PD：　　　　　　　掉电方式控制位，PD = 1，进入掉电工作方式

　　　　　IDL：　　　　　　　待机休闲方式控制位，IDL = 1，进入待机休闲工作方式

PCON 字节地址 87H，不能位寻址。读写时，只能整体字节操作，不能按位操作。

1. 待机休闲方式

（1）状态

80C51 处于待机休闲方式时，片内时钟仅向中断源提供，其余被阻断。PC、特殊功能寄存器和片内 RAM 状态保持不变。I/O 引脚端口值保持原逻辑值，ALE、$\overline{PSEN}$ 保持逻辑高电平，即 CPU 不进行读写工作，但中断功能继续存在。

（2）进入方式

只要使 PCON 中 IDL 位置 1，即可进入待机休闲状态。例如执行指令：

MOV　PCON，#01H；（设 SMOD = 0）。

注意，PCON 不能按位操作，即用"SETB　IDL"指令无效。

（3）退出方式

由于在待机休闲方式下，中断功能继续存在，因此任一中断请求被响应都可使 PCON.0（IDL）清零，从而退出待机休闲状态。

　　另一种退出待机休闲状态的方法是单片机芯片复位，但复位操作将使片内特殊功能寄存器处于复位初始状态，程序从 0000H 执行。而上述中断退出待机休闲状态则可避免这一情况发生，精心编程可使进入待机休闲状态前的程序继续执行。

2. 掉电保护方式

（1）状态

　　80C51 处于掉电保护方式时，片内振荡器停振，所有功能部件停止工作，仅保存片内 RAM 数据信息，ALE、$\overline{\text{PSEN}}$ 为低电平。V_{CC} 可降至 2 V，但不能真正掉电。

（2）进入方式

　　只要使 PCON 中 PD 位置 1，即可进入掉电保护状态。一般情况下，可在检测到电源发生故障，但尚能保持正常工作时，将需要保存的数据存入片内 RAM，并置 PD 为 1，进入掉电保护状态。

（3）退出方式

　　掉电保护状态退出的唯一方法是硬件复位，复位后片内 RAM 数据不变，特殊功能寄存器内容按复位状态初始化。

【复习思考题】

1.16　80C51 单片机复位的条件是什么？复位后 PC、SP 和 P0 ~ P3 的值是多少？

1.17　80C51 初始化设置 SP 值时，应如何考虑？

1.18　80C51 待机休闲方式有什么作用？如何进入退出？

1.19　简述掉电保护方式下，80C51 片内状态，如何进入和退出？

第2章

编译和仿真软件操作基础

单片机应用系统在软、硬件设计过程中，通常需要借助于单片机开发工具来仿真调试。目前，最流行及常用的编译和仿真软件是 Keil C51 和 Proteus。

2.1　Keil C51 编译软件

Keil C51 是 Keil Software 公司推出的单片机开发软件，支持汇编和 C 语言，能从网上下载，界面友好，易学易用，功能强大，可以完成从工程建立到管理、编译、链接、目标代码生成、软件仿真、硬件仿真等完整的开发流程。

Keil C51 可在 μVision 集成开发环境中简便地进行操作，大致包括以下 5 个环节。

（1）创建或打开一个工程项目，并向其中添加文件；

（2）设置项目和文件的工程属性；

（3）编写源程序文件，并添加到项目管理器中；

（4）编译、链接源程序，并修改纠正其中的语法错误；

（5）项目调试，检验运行结果，通过后生成可执行 Hex 代码文件。

2.1.1　项目建立和设置工程属性

1. 创建工程项目

（1）启动

鼠标左键双击桌面图标 μVsion（▨）后，弹出如图 2-1 所示启动界面。然后进入工程编辑界面，如图 2-2 所示。

（2）创建新项目

鼠标左键单击主菜单"Project"，弹出下拉菜单，选择"New Project"；若打开已有项目，可选择"Open Project"，如图 2-3 所示。

鼠标左键单击"New Project"后，弹出创建新项目对话框，如图 2-4 所示。然后输入新项目名，选择路径，保存新项目，默认扩展名为".Uv2"。

（3）选择单片机型号

保存新项目后，系统弹出选择单片机型号的对话框，如图 2-5 所示。用户可按需选择使用的单片机型号。例如，选择 Atmel 公司的 AT89C51 单片机，如图 2-6 所示。

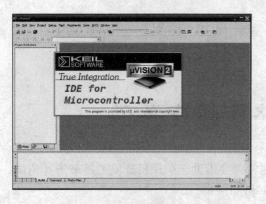

图2-1 Keil C51 启动界面

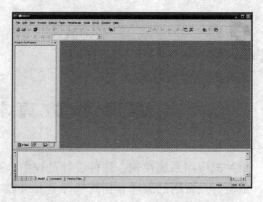

图2-2 Keil C51 工程编辑界面

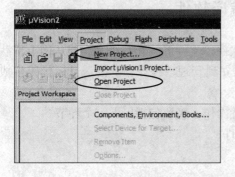

图2-3 Project 下拉菜单

图2-4 保存新文件对话框

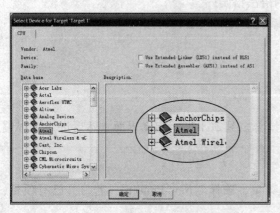

图2-5 选择单片机型号对话框

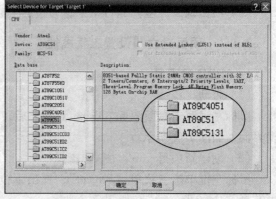

图2-6 选择 AT89C51 单片机

此后，会弹出一个对话框："Copy Standard 8051 Startup Code to Project Folder and Add File to Project ?"，点击"是（Y）"按钮即可。

2. 设置工程属性

设置工程属性，首先，鼠标右键单击左侧项目工作区窗口（Project Workspace）中的

"Target 1"，弹出右键菜单如图 2-7 所示，单击菜单中的"Options for Target 'Target 1'"；或鼠标左键单击"Project"→"Options for Target 'Target 1'"，弹出工程属性设置对话框如图 2-8 所示。对话框中有 10 个选项卡：Device（设备）、Target（目标）、Output（输出）、Listing（清单）、C51（编译器 C51 操作相关属性）、A51（汇编器 A51 操作相关属性）、BL51 Locate（BL51 定位）、BL51 Misc（BL51 混合）、Debug（调试）、Utilities（功能），大部分设置项都可以按默认值设置，其中，Device 是选择 CPU 芯片，已在上节介绍。另有几项需要注意、选择或修改的，说明如下。

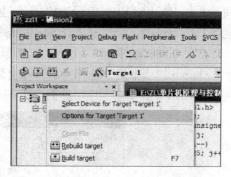

图 2-7   选择设置工程属性界面

（1）Target 选项卡

Target 选项卡用于选择目标系统的基本属性，包括时钟频率、是否使用片内 ROM、存储器编译模式、代码规模、片外 ROM、RAM 配置情况等，如图 2-8 所示。

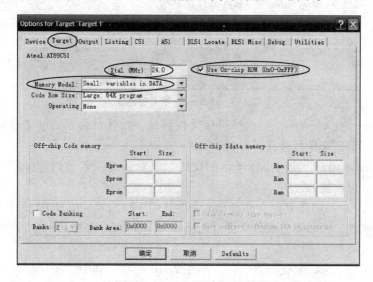

图 2-8   Target 选项卡对话框

① Xtal（MHz）：设置单片机的工作频率。该设置项与最终产生的目标代码无关，仅用于 Keil C51 软件模拟调试时显示程序执行时间，一般宜将其设置为实际使用的晶振频率。

② Use On-chip Rom：选择是否使用片内 ROM，应打钩。

③ Memorl Model：设置存储器编译模式。有 3 个选项：Small、Compact 和 Large，默认选项为 Small。Small 模式默认的存储器类型是 data，访问速度很快。但由于片内 RAM 容量有限，堆栈易溢出，所以适用于小型应用程序。Compact 模式属于紧凑型，默认的存储器类型是 pdata，访问速度比 Small 模式慢，比 Large 模式快。Large 模式默认的存储器类型是 xdata，访问空间是片外 RAM 64 KB，编译为机器代码时效率很低，访问速度很慢；优点是变量空间大。因此，只要有可能，应尽量选择 Small 模式。

（2）Output 选项卡

Output 选项卡用于选择输出目标文件的目录、文件名、生成代码形式及后续有关事务，如图 2-9 所示。其中有 3 项可能需要重新设置，其余选项一般可默认。

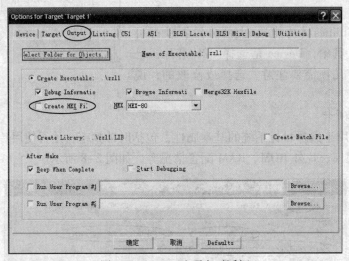

图 2-9　Output 选项卡对话框

① Select Folder for Objects …：选择目标文件目录，默认目录是当前工程项目所在目录路径。如有需要，可重新选择目录路径。

② Name of Executable：执行工程项目的文件名，默认文件名是创建工程项目时输入的项目名。如有需要，可重新修改。

③ Create Hex File：创建 Hex 文件，Hex 文件是用于写入单片机 ROM 的十六进制代码可执行文件，默认为未选。若需要生成该文件（Proteus 虚拟仿真时需要），则应选中打钩。

（3）Listing 选项卡

Listing 选项卡用于选择生成列表文件，如图 2-10 所示。其中"Assembly Code"选项默认为未选，若需要生成汇编代码，则应选中打钩。

（4）C51 选项卡

C51 选项卡用于设置编译器 C51 操作的相关属性，如图 2-11 所示。

① Level：优化等级。对 C51 源程序编译时，有 0 ~ 9 级优化等级，默认为第 8 级。一般不必修改，若编译中出现问题可降低优化等级试一试。

② Emphasis：编译优先方式。对 C51 源程序编译时，有 3 种选择。第一种是代码量优先"Favor size"（生成代码量小，占据 ROM 空间少）；第二种是速度优先"Favor speed"（生成代码执行速度快）；第三种是缺省（无所谓，不需考虑）；默认的是速度优先。

图 2-10   Listing 选项卡对话框

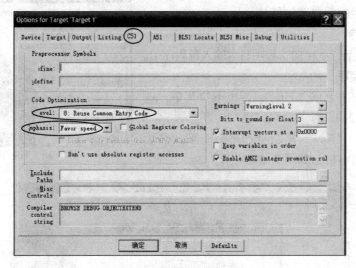

图 2-11   C51 选项卡对话框

（5）Debug 选项卡

Debug 选项卡用于设置调试方式和调试参数，分为两部分：左半部分为软件仿真，右半部分为硬件仿真，如图 2-12 所示。

① Use Simulator：选择 Keil 内置的软件模拟调试，默认有效。

② Use：选择硬件仿真，默认未选。若要硬件电路板仿真或与 Proteus 虚拟电路联合仿真，则需选中 Use（选中后出现小圆点），并在同一行右侧下拉菜单中选择硬件系统。Keil 硬件电路板选"Keil Monitor-51 Drive"；与 Proteus 虚拟电路联合仿真调试时选"Proteus VSM Monitor-51 Driver"。

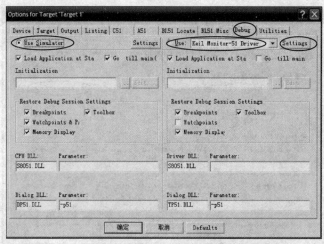

图 2-12　Debug 选项卡对话框

③ Settings 按钮：鼠标左键单击该按钮后，可选
择硬件仿真后所用的端口和波特率。

3. 输入源程序

设置工程属性后，就可向工程项目内输入源程序了。

（1）输入源程序

鼠标左键单击主菜单"File"，弹出下拉菜单，选
择"New"，如图 2-13 所示。

鼠标左键单击"New"后，会产生一个默认名为
Text 的源程序编辑窗口，如图 2-14 所示。

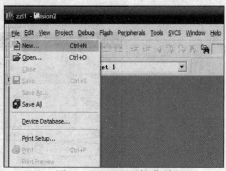

图 2-13　File 下拉菜单

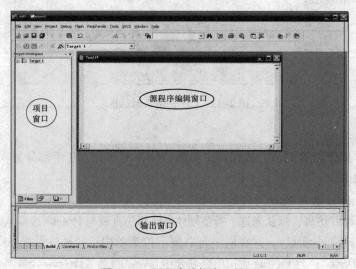

图 2-14　源程序编辑窗口界面

    然后就可以在该编辑窗口输入用户的源程序了，输入完毕后，在主菜单"File"中选择"Save as"，保存源程序文件（可修改默认文件名），如图 2-15 所示。若源程序文件是 C51 文本，则扩展名用".c"；若源程序文件是汇编文本，则扩展名用".asm"。

（2）源程序文件添加到目标项目组

    编写好的源程序文件还必须添加到目标项目组，先用鼠标左键单击图 2-16 中"Target"前面的"＋"号，展开"Target 1"的下属子目录——源文件组"Source Group 1"，鼠标右键单击"Source Group 1"，弹出右键菜单，如图 2-16 所示。

图 2-15　保存源程序对话框

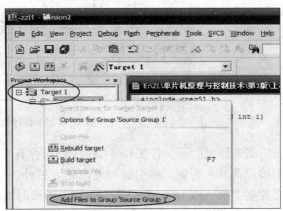

图 2-16　Source Group 1 右键菜单界面

    选择并鼠标左键单击"Add Files to Group 'Source Group 1'"，弹出添加源程序文件对话框，如图 2-17 所示，选择源程序文件，单击 < Add > 按钮，源程序文件就添加到"Target"项目了，然后关闭对话框。注意，单击 < Add > 按钮后，对话框不会自动关闭，而是等待继续加入其他文件，初学者往往误认为未操作成功，会再次单击 < Add > 按钮，此时会弹出如图 2-18 中所示的提示窗口，用户应点击 < 确定 > 按钮，并关闭对话框。此时，若鼠标左键单击"Source Group 1"左侧的"＋"号，可以看到，该源程序文件已经装在"Source Group 1"文件夹中，如图 2-19 中项目文件窗口所示。然后，就可进入编译调试了。

图 2-17　添加源程序文件对话框

图 2-18　添加源程序文件对话框

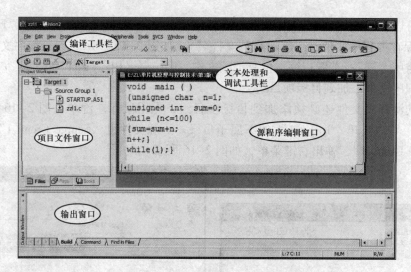

图2-19　源程序输入完毕后的界面

　　需要注意的是，若在 Keil C51 中同时存有 C51 程序和汇编程序，宜分在两个目标项目中分别编译调试，否则，易引起冲突出错。另外，编译调试汇编程序，应删除"Source Group 1"文件夹中的"STARTUP. A51"，否则，链接时编译器会发出"Warning"，调试时也会出错。

　　需要说明的是，输入源程序与设置工程属性的次序不分先后，可先设置工程属性，后输入源程序；也可先输入源程序，后设置工程属性。

2.1.2　程序编译运行

程序编译运行可利用菜单、快捷键或图标操作。其中，用图标操作较为方便。

1. 程序编译链接

（1）编译工具栏

编译工具栏在图2-19中左上方，如图2-20所示。

（2）编译

程序编译（Build）就是对源程序进行编译、软件纠错。首先，鼠标左键单击图2-20中第一个编译图标（🥞），此时，编译信息将出现在屏幕下方输出窗口的 Build 页中，如图2-21所示。如果源程序中有语法错误，会有错误报告示出。左键双击该行，可以定位到出错的位置（注意，不一定是问题的产生处），修改后重新编译，直至出现"0 Error(s)，0 Warning(s)"。

　　需要注意的是，程序语句中不能加入全角符号。例如全角的分号、逗号、圆括号、引号、大于小于号等。否则，编译器都将这些全角符号视作语法出错。

（3）链接

全部修正完毕，鼠标左键单击编译链接图标（📖），会在输出窗口出现如图2-22所示的信息。可进入下一步调试工作。而且，源程序必须经过编译和链接，才能进入调试工作。

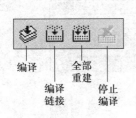

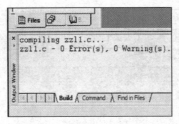

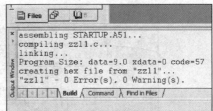

图 2-20 编译工具栏　　　图 2-21 编译制作信息窗口　　　图 2-22 编译链接后的信息窗口

2. 程序运行调试

程序编译和软件纠错只能确定源程序有否语法错误，至于源程序中是否存在其他错误，能否实现程序目标，必须通过调试才能发现和解决。实际上，除了少数简单程序外，绝大多数的源程序都要通过反复调试才能达到程序目标。

（1）调试工具栏

在图 2-19 中右上方，文本处理和调试工具栏如图 2-23 所示。

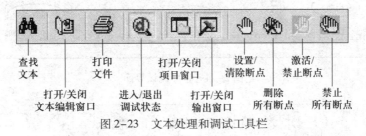

图 2-23 文本处理和调试工具栏

在对项目程序成功地进行编译和链接后，可在图 2-23 所示工具栏中，鼠标左键单击进入/退出调试状态的图标按钮（⊗），此时，会出现如图 2-24 所示程序调试界面，并在工具栏中多出一行用于运行和调试的工具条，如图 2-25 所示。

（2）程序运行命令

在图 2-25 所示工具条左半部分，有 7 个调试常用的程序运行命令，说明如下。

① 全速运行（⤓）是执行整个程序中间不停顿，程序执行速度很快，可得到最终结果，但若程序有错，难以确认错在哪里。

② 单步执行（⮡）是每执行一行语句停一停，等待下一行执行命令。此时可以观察该行指令执行效果，若有错便于及时发现和修改。

③ 过程单步（⮧）是将 C 程序中的子函数（或汇编程序中的子程序）当作一条语句全速运行，弥补单步执行速度慢、效率低的缺陷。

④ 执行完当前子程序（⮤）工具图标只有在执行到该子程序时才能有效（变亮），有些子程序没有必要单步执行（已知其正确或已调试过，例如延时程序等），此时可运用"执行完当前子程序"图标，一步跳过。

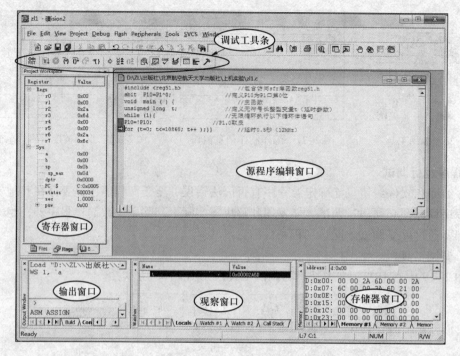

图 2-24   程序调试界面

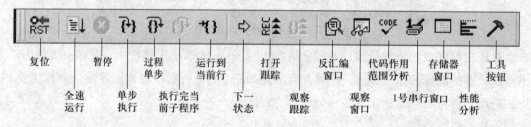

图 2-25   运行和调试工具条

⑤ 运行到当前行（🛠）是预先将光标置于某行需要停顿观察的语句，执行该调试命令后，系统会全速运行至该行，可以快速得到运行到该行语句的结果。

⑥ CPU 复位（🔑）是将单片机芯片 80C51 复位。

⑦ 暂停（⊗）图标原为灰色，当程序运行结束或需要暂停，等待用户操作指令时，会变成红色，此时鼠标左键单击该图标，会复原为灰色。

（3）断点设置

"单步执行"、"过程单步"程序运行很慢；"全速运行"虽快但难以发现程序中的错误；"运行到当前行"只能操作一行。这些调试命令都比较单调，有时较难达到快速调试纠错的目的。此时，可以运用设置断点的方法，观察程序即时运行的信息。所谓"断点"，就是事先设置某几个具体位置或某种具体条件，程序运行至该位置处或满足该条件时，让运行的程序停顿下来，以便观察程序运行情况，确定程序有否问题或该采取何种措施。

在图 2-23 所示的调试工具栏右侧，有 4 个与断点有关的图标按钮，说明如下。

① 设置/清除断点（🖐）。将光标置于需要设置断点的语句，鼠标左键单击该图标按钮，该行语句前会出现一个红色小方块标记。再次单击图标按钮，可删除光标所在行的断点功能。断点设置可以设一个，也可设置多个断点。

② 删除所有断点（🖐）。

③ 禁止所有断点（🖐）。禁止与删除是有区别的，删除是彻底删除，若以后再需要该断点，需重新设置；禁止是暂停该断点功能，需要时可再次激活。

④ 激活/禁止断点（🖐）。该按钮只有运行到有断点程序行（包括被禁止）时才能有效（变亮），其作用是禁止或激活当前行的断点。

此外，Keil C51 仿真软件还提供了功能更强大的断点调试方法，进入调试状态后，在主菜单 Debug 的下拉菜单中，选择 Breakpoints，会弹出断点设置对话框，涉及 Keil 软件内置的一套断点调试语法，可用于条件断点、存取断点等复杂断点的调试，限于篇幅，本书未予展开，读者可参阅有关书籍。

2.1.3　常用窗口介绍

Keil 仿真软件在调试程序时提供了多个变量观察窗口，主要有源程序编辑窗口、项目文件/寄存器窗口、输出窗口、变量观察窗口、存储器窗口和外围设备窗口（中断、定时/计数器、串行口、并行 I/O 口）等。鼠标左键单击主菜单 View，弹出下拉菜单，如图 2-26 所示。打开/关闭各窗口，也可直接利用图 2-23 和图 2-25 中的图标按钮。

源程序编辑窗口，创建新项目、打开已有项目和输入源程序已在 2.1.1 节中介绍，此处不再赘述。

1. 项目文件/寄存器窗口

鼠标左键单击图 2-23 工具栏中图标（🗔），或按图 2-26 所示，鼠标左键单击主菜单"View" → "Project Window"，就能打开/关闭该窗口（Project Workspace），如图 2-27 所示。该窗口有 3 个选项卡，鼠标左键单击该窗口下方相应标签，就能相互切换。

（1）Files 选项卡

Files 选项卡如图 2-19 中左侧"项目文件窗口"所示。实际上，该选项卡是一个项目文件管理器，一般分为 3 级结构：项目目标（Target）、文件组（Group）和文件（File）。

（2）Regs 选项卡

Regs 选项卡（Register）如图 2-27 中左侧所示。该选项卡分为两部分：上方为通用寄存器组"Regs"，即 r0 ~ r7；下方为系统特殊功能寄存器组"Sys"，包括 a、b、sp、pc、dptr、psw 等。

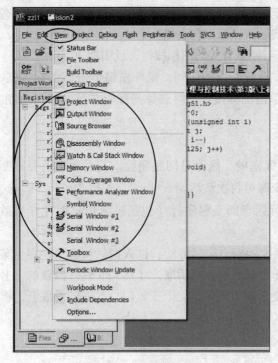
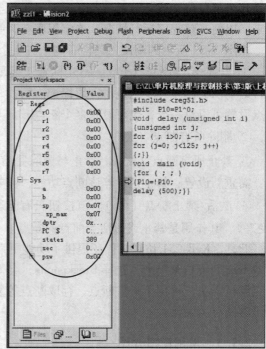

图 2-26   View 下拉菜单界面   图 2-27   寄存器窗口界面

　　每当程序执行到对其中某个寄存器操作时，该寄存器会以反色显示，此时若用鼠标左键单击后按下 F2 键，即可修改该值。或预先用鼠标左键两次单击（不是双击）某寄存器数据值（Value），该数据值也会以反色显示，此时可对其进行设置和修改。

　　其中，系统特殊寄存器组 "Sys" 中有一项 "sec" 和 "states"，可查看程序执行时间和运行周期数。例如，执行到延时子程序时，记录进入该子程序的 sec 值，然后按过程单步键，快速执行该子程序完毕，再读取 sec 值，两者之差，即为该子程序执行时间。也可根据周期数 states 与图 2-8 中设置的晶振频率计算程序运行时间。

　　（3）Books 选项卡

　　Books 页显示系统提供的参考资料和说明手册，鼠标左键单击某一对象，可打开阅读。

2. 输出窗口

　　鼠标左键单击图 2-23 工具栏中图标（图），或按图 2-26 所示，鼠标左键单击主菜单 "View" → "Output Window"，就能打开/关闭位于屏幕下方的输出窗口，如图 2-28 中左侧窗口所示。该窗口有 3 个选项卡，鼠标左键单击该窗口下方相应标签，就能相互切换。

　　（1）Build 选项卡

　　Build 选项卡用于制作（编译和链接）过程中产生的实时信息，包括编译和链接过程中产生的错误和警告，错误发生的位置、原因和数量，有否生成目标及目标名、目标占用资源等情

图 2-28　输出窗口、变量观察窗口和存储器窗口

况。启动制作和制作结果已在图 2-21 和图 2-22 中表达，此处不再赘述。

若在编译阶段显示错误和警告，左键双击该错误提示，光标将迅速定位到错误发生处。但是，需要提醒读者的是，错误发生处不一定是错误产生处，错误产生处常常是在前面。

需要说明的是，Keil C51 编译器只能指出程序的语法错误，而对程序本身的逻辑或功能错误，则无法辨别，只能在下阶段功能调试和仿真中查找和纠错。

（2）Command 选项卡

Command 选项卡分为上下两部分，上半部分显示系统已执行过的命令，下半部分用于输入用户命令，用户可在提示符"＞"后输入用户命令。

（3）Find in Files 选项卡

Find in Files 页用于在多个文件中查找字符串。

3. 变量观察窗口

鼠标左键单击图 2-25 工具栏中图标（　），或按图 2-26 所示，鼠标左键单击主菜单"View"→"Watch & Call Stack Window"，就能打开/关闭位于屏幕下方的变量观察窗口。该窗口有 4 个选项卡，鼠标左键单击该窗口下方相应标签，就能相互切换，如图 2-28 中的中间窗口所示。

（1）Locals 选项卡

Locals 选项卡用于观察和修改当前运行函数的所有局部变量，如图 2-29 所示。当前尚未运行函数的局部变量暂不显示。

（2）Watch#1 和 Watch#2 选项卡

Watch#1 选项卡和 Watch#2 选项卡均可以观察被调试的变量（包括全局变量和各函数的局部变量），但需要设置。设置的方法是：在该选项卡窗口中鼠标左键单击＜type F2 to edit＞（单击后会出现虚线框），然后按 F2 键（或再次鼠标左键单击），再输入变量名，回车。若需同时观察几个变量，可再次点击＜type F2 to edit＞，重复上述操作，如图 2-30 所示。

Locals 选项卡和 Watch#1、Watch#2 选项卡中的显示值形式可选择十进制数（Decimal）或十六进制数（Hex），鼠标左键单击"Value"，弹出"Number Base"选项及其下拉式菜单，如图 2-31 所示，可选择显示值形式。

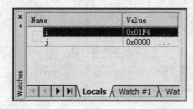
图 2-29 Locals 选项卡界面

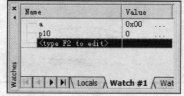
图 2-30 Watch#1 选项卡界面

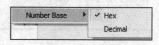
图 2-31 选择显示值形式

变量显示值也可修改，方法同上，即：鼠标左键单击"Value"→按 F2 键（或再次鼠标左键单击）→输入修改值→回车。

若 Locals 选项卡和 Watch#1、Watch#2 选项卡中的变量是数组变量，则仅显示数组首地址，可根据该首地址在相应存储器窗口观测或修改数组元素。

（3）Call Stack 选项卡

Call Stack 选项卡主要给出堆栈和调用子程序的信息。

以上 4 个选项卡不能同时打开，但可逐个打开。

4. 存储器窗口

鼠标左键单击图 2-25 工具栏中图标（▦），或按图 2-26 所示，鼠标左键单击主菜单"View"→"Memory Window"，就能打开/关闭位于屏幕下方的存储器窗口，如图 2-28 中右侧窗口所示。该窗口有 4 个选项卡，鼠标左键单击该窗口下方相应标签，就能相互切换。4 个选项卡：Memory#1、#2、#3、#4，功能相同，均可观察不同的存储空间，但需先设置。程序运行中，被涉及存储单元中的数据会动态变化，也可由用户修改存储数据。

（1）设置存储空间首地址

在任一存储空间选项卡 Address 编辑框内输入"字母：数字"。其中，字母有 4 个，分别是 c、d、i 和 x（字母也可大写）。c 代表 code（ROM）；d 代表 data（直接寻址片内 RAM）；i 代表 idata（间接寻址片内 RAM）；x 代表 xdata（片外 RAM）。数字代表想要查看存储单元的首地址（十进制、十六进制数字均可）。例如，在 Address 编辑框内键入"d：100"，则从直接寻址片内 RAM 0x64 单元起开始显示；键入 x：101，则从片外 RAM 0x65 单元起显示。

（2）选择存储数据显示值形式

存储数据显示值可有多种形式：十进制、十六进制、字符等；还可以有不同数据类型、不同字节组合显示。方法是鼠标对准显示值右键单击，弹出右键菜单，如图 2-32 所示。

其中，"Decimal"是一个开关，在十进制与十六进制之间切换；"Unsigned"和"Signed"分别是无符号数和有符号数，选择时还会弹出下拉子菜单："Char"（8 位）、"Int"（16 位）、"Long"（32 位）；"Ascii"是以 ASCII 字符形式显示；"Float"是浮点型。系统按用户选择的数据形式组成多字节显示单元。例如，若选择"Char"型，则每一字节单独显示；选择"Int"型，则从起始单元起每 2 个字节（16 位）组合在一起显示；选择"Long"型，则从起始单元起每 4 个字节（32 位）组合在一起显示。

（3）修改存储数据

存储单元中的数据，用户可在程序运行前或运行中修改设置。修改的方法是，先用鼠标对准需要修改的存储单元，右键单击，弹出右键菜单，如图 2-32 所示。鼠标左键单击最下面一条"Modify Memory at ×:×"，会弹出修改存储器值对话框，如图 2-33 所示。键入修改值，然后鼠标左键单击 <OK> 按钮即可。

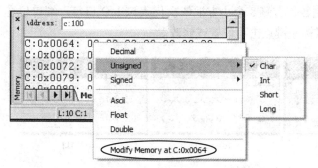

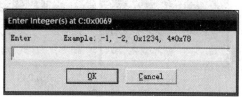

图 2-32　存储数据显示值形式右键菜单界面　　　图 2-33　修改存储器值对话框

5. 功能部件运行对话窗口

鼠标左键单击主菜单"Peripherals"，会弹出下拉菜单，如图 2-34 所示。"Peripherals"的西文含义是外围设备，可能是根据早期单片机结构取的名字。实际上，该主菜单下拉菜单中涉及的是中断、定时/计数器、并行 I/O 口和串行口等，均是 80C51 片内功能部件，不是单片机的外围设备。鼠标左键点击图 2-34 中某项，可打开该项功能部件运行对话窗口。程序运行中，可观测这些功能部件 SFR 单元中动态变化的数据，也可由用户修改这些数据。

（1）中断对话窗口

鼠标左键点击图 2-34 所示下拉菜单中"Interrupt"，会弹出图 2-35 所示中断对话窗口。上半部分为 5 个中断源和相关控制寄存器状态，可鼠标左键点击选择某个中断源。下半部分为被选中中断源的控制位状态，可鼠标左键点击设置或修改：置 1（打钩）、清零（空白）。

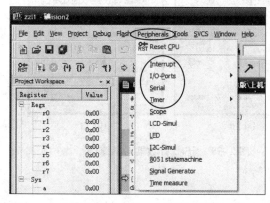

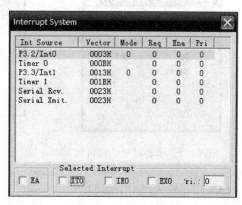

图 2-34　Peripherals 下拉菜单　　　　　　　图 2-35　中断对话窗口

（2）并行 I/O 对话窗口

光标指向图 2-34 所示下拉菜单中"I/O – Port"，会弹出子下拉菜单：Port0 ~ Port3（P0 口 ~ P3 口），选择并鼠标左键点击观察调试所需 I/O 口，会弹出图 2-36 所示相应的并行 I/O 对话窗口。

其中，上面一行（标记"Px"）为 I/O 口输出变量，下面一行（标记"Pins"）为模拟 I/O 口引脚输入信号。左侧框是该变量十六进制数，右侧 8 个小方框依次代表该 I/O 口每一端口位变量值："打钩"表示 **1**，"空白"表示 **0**，鼠标左键点击可设置或修改。

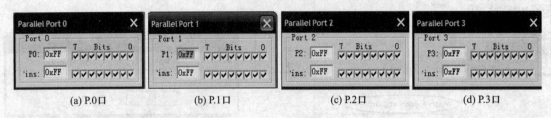

(a) P.0 口　　　　　(b) P.1 口　　　　　(c) P.2 口　　　　　(d) P.3 口

图 2-36　并行 I/O 对话窗口

（3）串行口对话窗口

鼠标左键点击图 2-34 所示下拉菜单中"Serial"，会弹出图 2-37 所示串行口对话窗口。该对话窗口用于观察调试 80C51 片内串行口功能部件和相关 SFR 参数，可设置或修改。

（4）定时/计数器对话窗口

光标指向图 2-34 所示下拉菜单中"Timer"，弹出下拉式菜单：Timer0、Timer1，选择并鼠标左键点击观察调试所需 Timer，会弹出图 2-38 所示相应的定时/计数器对话框，可设置或修改定时/计数器 SFR 参数。

图 2-37　串行口对话窗口

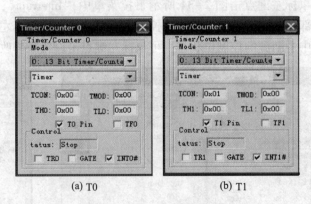

(a) T0　　　　　(b) T1

图 2-38　定时/计数器对话窗口

（5）串行输入/输出信息窗口

串行输入/输出信息窗口并非 80C51 串行口功能部件的信息窗口，而是 C51 编译器利用

80C51 串行口，通过 C51 库函数"Stdio. h"在 PC 机上输入/输出数据信息。

鼠标左键单击图 2-25 工具栏中图标（🖳），或按图 2-26 所示，鼠标左键单击主菜单"View"→"Serial Window #1"，就能打开/关闭"Serial #1"串行输入/输出信息窗口。由于有的 80C51 系列增强型芯片具有双串口，所以 Keil 提供了两个串行窗口，但对于只有一个串口的 80C51 系列芯片，"Serial #2"不起作用。

需要说明的是，使用串行输入/输出信息窗口，需先行串行口初始化，对波特率（根据时钟频率）和工作方式进行设置。然后用 C51 库函数"Stdio. h"中的 printf 语句输出程序运行的结果，或用 scanf 语句输入程序需要的参数。需要注意的是，scanf 语句输入时，一定要先将"Serial #1"窗口激活为当前窗口，才能有效输入操作。具体操作可参阅例 4-22 ~ 例 4-24。

2.2 Proteus ISIS 虚拟仿真软件

Proteus 软件由英国 Lab Center Electronics 公司推出，采用虚拟仿真技术，可在无单片机实际硬件的条件下，利用 PC 机，实现单片机软件和硬件的同步仿真。仿真结果可直接用于真实设计，极大地提高了单片机应用系统的设计效率，并使学习单片机应用开发过程变得直观和简单。

Proteus 软件主要包括原理图设计及仿真 ISIS（Intelligent Schematic Input System）和印制板设计 ARES（Advanced Routing and Editing Software）两项功能。其中，ISIS 除可以进行电路模拟仿真 SPICE（Simulation Program with Integrated Circuit Emphasis）外，还可以进行虚拟单片机系统仿真 VSM（Virtual System Modelling）。

Proteus ISIS 在 Windows 环境下运行，对 PC 的配置要求不高，一般在网上就能找到 Proteus 下载软件。

2.2.1 用户编辑界面

1. 启动 Proteus ISIS

安装 Proteus ISIS 后，鼠标左键单击软件图标"🔲"，启动即时界面如图 2-39 所示，然后弹出两个是否打开和显示示例电路的对话框，若读者不需阅览示例，关闭即可。为避免每次弹出该两个对话框，可在第一个对话框中"Don't show this dialogue again"选择框内打钩，如图 2-40 所示。以后再打开 Proteus ISIS，就不会再受这两个对话框的干扰。

关闭示例电路对话框后，弹出用户编辑界面如图 2-41 所示（为便于读者阅览，编者稍加处理，与实图略有不同）。该界面中有主菜单栏、主工具栏、辅工具栏、仿真运行工具栏、信息状态栏、原理图预览窗口、原理图编辑窗口和元器件选择窗口等。

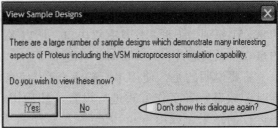

图 2-39   Proteus ISIS 7 启动即时界面   图 2-40   是否打开示例电路的对话框

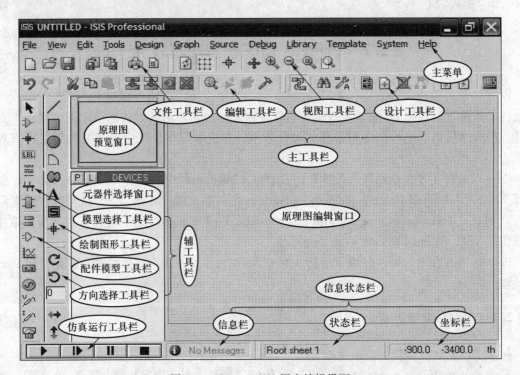

图 2-41   Proteus ISIS 用户编辑界面

2. Proteus ISIS 主菜单

Proteus ISIS 的主菜单栏包括 File（文件）、View（视图）、Edit（编辑）、Tools（工具）、Design（设计）、Graph（图形）、Source（源文件）、Debug（调试）、Library（库）、Template（模板）、System（系统）和 Help（帮助），单击任一主菜单后还有子菜单弹出。

（1）File：文件菜单。用于文件的新建、打开、保存、打印、显示和退出等文件操作功能。

（2）View：视图菜单。用于显示网格、设置格点间距、显示或隐藏各种工具栏、放大缩小电路图等。

其中，View 子菜单中有几项需要说明一下。

Grid：网格。网格形式可有点状、网状和消隐，鼠标左键点击可切换。

Snap：捕获栅格尺寸。有 4 个选项：10th、50th、0.1 in 和 0.5 in（英寸），默认 50th（0.05 in）。Proteus ISIS 元件引脚之间的距离一般为 0.1 in，少数元件为 50th。因此，选 0.1 in，画起图来更方便快捷。但遇有图中有 50th 引脚距离的元件，需切换至 50th。

另外，View 子菜单中，有一项"Toolbars"，可打开或关闭主工具栏中的 4 个子工具栏（参阅图 2-42）。

（3）Edit：编辑菜单。用于撤销/恢复操作、元器件查找与编辑、元器件剪切/复制/粘贴、设置多个对象的层叠关系等。

（4）Tools：工具菜单。用于实时标注、自动布线、查找并标记、属性分配工具、材料清单、电气规则检查、网络标号编译、模型编译、将网络标号导入 PCB 或从 PCB 返回原理设计等。

（5）Design：设计菜单。用于编辑设计属性、编辑图纸属性、编辑注释属性、配置电源线、新建或删除原理图、设计浏览等功能。

（6）Graph：图形菜单。用于编辑仿真图形、添加跟踪曲线、查看日志、导出数据、图形一致性分析等功能。

（7）Source：源文件菜单。用于添加/删除源文件、定义代码生成工具、设置外部文本编辑器和编译等。

（8）Debug：调试菜单。用于启动/停止调试、执行仿真、单步或断点运行、使用远程调试监控程序、重新排布弹出窗口等。

另外，暂停仿真运行后，Debug 子菜单，还能打开并查看虚拟电路中元器件片内寄存器和存储器状态。

（9）Library：库操作菜单。用于选择元器件及符号、制作元器件及符号、设置封装工具、分解元器件、编译到库、自动放置到库、校验封装和调用库管理器等。

（10）Template：模板菜单。用于设置图纸图形格式、文本格式、颜色、节点形状等。

（11）System：系统菜单。用于设置输出清单（BOM）格式、系统环境、路径、图纸尺寸、标注字体、快捷键以及仿真参数和模式等。

（12）Help：帮助菜单。包括版权信息、Proteus ISIS 学习教程和示例等。

3. Proteus ISIS 工具栏

Proteus ISIS 的快捷工具栏分为主工具栏、辅工具栏、仿真运行工具栏和信息状态栏。

（1）主工具栏

主工具栏位于主菜单下方，以图标形式给出，分为文件（File）工具栏、视图（View）工具栏、编辑（Edit）工具栏和设计（Design）工具栏 4 个部分，如图 2-42 所示。每个工具栏包括若干快捷按钮，均对应一个具体的菜单命令。通过执行菜单"View"→"Toolbar"，可打开或关闭上述 4 个工具栏。

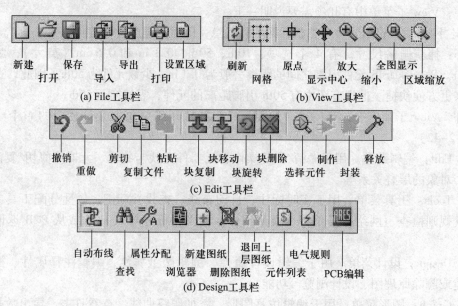

(a) File工具栏　　　　　　　　　(b) View工具栏

(c) Edit工具栏

(d) Design工具栏

图 2-42　Proteus ISIS 主工具栏

（2）辅工具栏

辅工具栏位于原理图预览窗口和元器件选择窗口左侧，包括模型选择、配件模型、绘制图形和方向选择 4 个部分，如图 2-43 所示。每个工具栏包括若干快捷按钮，其中多数按钮还有下拉子菜单。

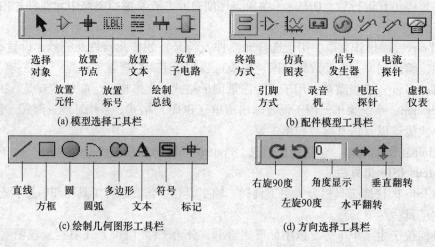

(a) 模型选择工具栏　　　　　　　　(b) 配件模型工具栏

(c) 绘制几何图形工具栏　　　　　　(d) 方向选择工具栏

图 2-43　Proteus ISIS 辅工具栏

（3）仿真运行工具栏

仿真运行工具位于原理图编辑窗口左下方，如图 2-44 所示。可在 Proteus ISIS 编辑窗口中运行原理电路图的源程序，观测运行效果。

（4）信息状态栏

信息状态栏包括信息栏、状态栏和坐标栏，如图 2-45 所示。

图 2-44　仿真运行工具栏　　　　　图 2-45　信息状态工具栏

2.2.2　电路原理图设计和编辑

学习电路原理图的设计和编辑，可以先浏览一下 Proteus ISIS 的示例。鼠标左键单击主菜单栏"File"→"Open Design"，弹出"Load ISIS Design File"对话框，在"Sample"文件夹中列举了许多示例文件夹，选择"VSM for 8051"鼠标左键双击，弹出下属 7 个示例文件夹，可选择其中几个浏览学习。

电路原理图的设计和编辑的流程如图 2-46 所示。

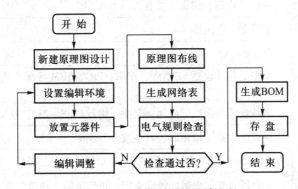

图 2-46　电路原理图的设计流程

1. 新建原理图设计

（1）新建原理图设计

原理图设计之前，需先构思好原理电路，即明确所设计的项目需要哪些电路和元件来完成，用何种模板等。鼠标左键单击主菜单"File"→"New Design"，弹出新建模板对话框，一般可选择"DEFAULT"模板。然后，鼠标左键单击"File"→"Save Design"，取名保存，再打开文档，继续设计编辑。

（2）设置编辑环境

设置编辑环境一般可按默认值，后面还可随时调整。例如，图纸尺寸可以随时在系统菜单

"System" → "Set Sheet Sizes" 中修改。

2. 选择和放置元器件

（1）Proteus ISIS 元件库

Proteus ISIS 提供了丰富的电路元器件，共分为 38 个大类，每个大类还有下属子类，品种齐全，几乎包罗万象。目前，仍在不断扩充之中。为便于读者了解和应用，现列其常用且与单片机应用有关的元器件，如表 2-1 所示。

表 2-1　Proteus ISIS 元件库中常用元器件

大 类 名 称	子类常用元器件
Analog Ics	模拟集成电路（运放、电压比较器、滤波器、稳压器和各种模拟集成电路）
Capacitors	各种电容器
CMOS 4000 series	CMOS 4000 系列数字集成电路
Connectors	连接器（插头、插座、各种连接端子）
Data Converters	模－数、数－模转换器、采样保持器、光传感器、温度传感器
Debugging Tools	调试工具（逻辑激励源、逻辑状态探针、断点触发器）
Diodes	各种二极管（整流、开关、稳压、变容等）、桥式整流器
Electromechanical	电机（步进、伺服、控制）
Inductors	电感器、变压器
Memory Ics	存储器
Microprocessor Ics	微控制器（包括 51 系列、AVR、PIC、ARM 等单片机芯片和各类外围辅助芯片）
Miscellaneous	多种器件（天线、电池、晶振、熔丝、RS－232、模拟电压表、电流表）
Operational Amplifiers	运算放大器（单运放、双运放、3 运放、4 运放、8 运放、理想运放）
Optoelectronics	光电器件（LCD 显示屏、LED 显示器、发光二极管、光耦合器、灯）
Resistors	电阻器（普通电阻、线绕电阻、可变电阻、热敏电阻、排阻）
Simulator Primitives	仿真源（触发器、门电路、直流/脉冲波/正弦波电压源、直流/脉冲波/正弦波电流源、数字方波源等）
Speakers & Sounders	扬声器与音响器（压电式蜂鸣器）
Switches & Relays	开关与继电器（键盘、开关、按钮、继电器）
Switching Devices	开关器件（单、双向晶闸管）
Transducers	传感器（距离、湿度、温度、压力、光敏电阻）
Transistors	晶体管（双极型晶体管、结型场效晶体管、MOS 场效晶体管、IGBT、单结晶体管）

续表

大类名称	子类常用元器件
TTL74LS series	74LS 系列低功耗肖特基数字集成电路
TTL 74HC series	74HC 系列数字集成电路
TTL 74HCT series	74HCT 系列数字集成电路

（2）选择和放置元器件

现以选择和放置元件 80C51 为例，说明选择和放置元器件的操作步骤。

① 打开元器件选择对话窗口。鼠标左键单击图 2-41 中左上侧放置元件图标" ➡ "，再鼠标左键单击图 2-41 中元器件选择窗口左上方的" P "，即弹出" Pick Devices "对话框，如图 2-47 所示。其中，左侧元器件种类窗口（Category）中列出如表 2-1 所示元器件大类名称，其余为空白。

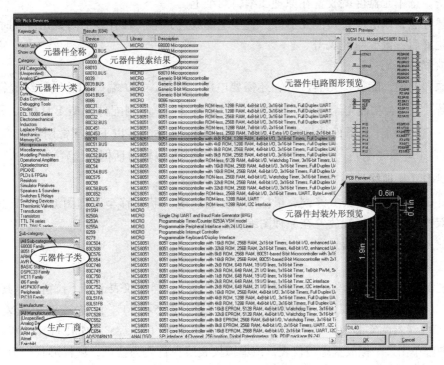

图 2-47　元器件选择对话框（选择 AT89C51）

② 选择元器件所在大类。根据表 2-1，在图 2-47 左侧元器件大类窗口（Category）中，选择元器件所在大类，鼠标左键单击。例如，选择" Microprocessor Ics "（微控制器）鼠标左键单击，元器件搜索结果窗口（Results）弹出大量微控制器芯片。

③ 选择所需元器件。在元器件搜索结果窗口（Results）中选择所需元器件，鼠标左键单击。例如，选择"AT89C51"鼠标左键单击；也可在左上角"keywords"栏内直接键入"AT89C51"，右侧元器件电路图形预览和元器件封装外形预览窗口会分别弹出电路图形和封装外形，如图2-47右侧所示。观察电路图形和封装外形是否符合要求，若不符合要求，则重选；若符合要求，则鼠标左键双击元器件搜索结果窗口的选中对象。此时，"AT89C51"会罗列在图2-41中左侧元器件选择窗口中。

④ 选择其他元器件。不必关闭"Pick Devices"对话框，按上述操作步骤继续选择其他元器件，宜一次性完成全部元器件选择。需要说明的是，由于元器件库十分庞大，有的元器件搜索过程时间较长，读者需耐心等待。

⑤ 在虚拟仿真电路图上放置元器件。全部完成元器件选择后，关闭"Pick Devices"对话框。选择已列在图2-41中左侧元器件选择窗口中的元器件，鼠标左键单击，被选中元器件名所在行变为蓝色，将鼠标移进原理图编辑窗口，鼠标形状变为"笔"状，选择适当位置，鼠标左键双击，选中元器件就放置在原理图编辑图纸上。

按上述方法，依次放置其他元器件，直至全部放置完毕。若有多个同类元器件时，可连续多次移动位置后，鼠标左键双击。

（3）放置终端

电路原理图中，除放置元器件外，还需要电源、接地、I/O端口和总线等终端符号，Proteus ISIS提供了该类功能电路符号。鼠标左键单击图2-41左侧配件模型工具栏中图标"▤"[参阅图2-43（b）]，元器件选择窗口列出终端选项。其中，有以下两项常用终端。

POWER（电源终端）：↑，电源电压可在元器件特性编辑对话框内设置。

GROUND（接地终端）：⏚

选择并鼠标左键单击某一终端，鼠标形状变为"笔"状，移至原理图编辑窗口适当位置，鼠标左键双击，可将该终端放置在原理图编辑图纸上。

（4）放置测量仪表和信号源

① 放置测量仪表

鼠标左键单击图2-43（b）中虚拟仪表图标"▨"，弹出仪表选择下拉窗口，其中常用的测量仪表有：示波器（OSCILLOSCOPE）（参阅实验8图5-15）、直流/交流电压表（DC/AC VOLTMETER）（参阅实验30图9-16）、直流/交流电流表（DC/AC AMMETER）等。

鼠标左键单击某一拟放置虚拟仪表，该虚拟仪表所在行变为蓝色，鼠标形状变为"笔"状，移至原理图编辑窗口适当位置，鼠标左键双击，可将该虚拟仪表放置在原理图编辑图纸上。

② 信号源

鼠标左键单击图2-43（b）中信号发生器图标"◉"，弹出信号发生器下拉窗口，其中常用的信号发生器有：脉冲信号发生器（PULSE）、时钟信号发生器（DPULSE）等，放置方法同上。

此外，还有电压、电流探针等也可按上述方法放置。

（5）放置文字说明

鼠标左键单击图2-43（c）中放置文字图标"A"，弹出编辑文字对话框，可对文字内容、字体、大小、位置等进行编辑，然后按上述方法放置。

3. 对象操作

所谓"对象操作"是指对元器件（对象）移动、编辑和删除等操作。操作方法与Protel相似，同一操作要求，一般有多种手法：菜单操作、快捷键、图标、鼠标等，读者可根据自己的习惯来运用。其中，菜单操作不需记忆，适宜于初学者。

鼠标指向对象元件，右键单击，弹出右键菜单如图2-48所示（不同元件对象，弹出的右键菜单略有不同），鼠标左键单击右键菜单中某项，可对该元件进行相应的功能操作。

（1）选中与激活

鼠标指向对象元件，此时鼠标变为手形，对象四周生成红色（默认色）虚线框，表示对象被"选中"。鼠标左键单击对象，虚线框内对象也变为红色（默认色），且在对象右下角生成十字箭头"✛"标志。此时对象被"激活"。被激活对象就可以对其进行移动、编辑和删除等操作。

需要说明的是，元件的显示内容除元件图形外，还有元件编号、型号（标称值）等。选中与激活，既可针对元件整体，也可针对元件部分属性进行操作。若针对元件整体激活，需元件图形带红色虚线框；若针对元件部分属性激活，只需元件部分属性带红色虚线框。

（2）移动与定位

对象被选中激活后，按下鼠标左键，可将对象拖曳至其他位置；释放左键，即可定位。若需精确定位，按下鼠标左键后，再按键盘上的上下左右方向键精细移位。

若需同时移动几个对象或某个整体电路，可用块操作方法，按下鼠标左键，用拖曳的方法，拉出一个虚框，框住该几个对象，然后按上述单个对象移动与定位方法操作。或鼠标右键单击，弹出块操作右键菜单如图2-49所示。鼠标左键单击右键菜单中"Block Move"块移动。

图2-48　对象操作右键菜单

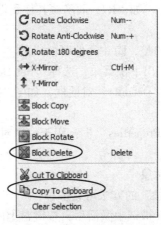

图2-49　块操作右键菜单

若需将某一电路整体复制至另一电路图文件中，可用上述方法框住该复制电路后，鼠标左键单击图2-49中"Copy To Clipboard"；然后在另一电路图文件中鼠标右键单击，在随之弹出的右键菜单中鼠标左键单击"Paste From Clipboard"，即出现带十字箭头的粉红色框，移至适当位置，鼠标左键单击即可。

（3）属性编辑

对象被选中激活后，鼠标左键单击；或鼠标直接指向对象，鼠标左键双击，可弹出对象属性编辑对话框如图2-50所示。也可鼠标右键单击，弹出右键菜单（图2-48）后，鼠标左键单击"Edit Properties"。需要说明的是，不同元件对象，属性编辑对话框略有不同。

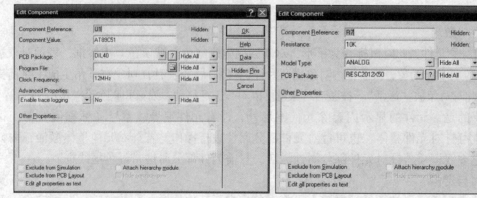

(a) 无标称值元件属性编辑　　　　　　　　(b) 电阻、电容、电感等属性编辑

图2-50　属性编辑对话框

①"Component Reference"框：元件编号。

②"Component Value"框：元件型号或标称值。例如，AT89C51，如图2-50（a）所示；若元件为电阻电容时，该位置显示元件标称值，例如，10 K，如图2-50（b）所示。

③"Hidden"框：用于显示或隐藏元件的某些属性。例如，为了使图面清晰整洁，通常只显示元件的编号，例如，R7；而隐藏其他属性，例如，10K。隐藏时，可在其相应的"Hidden"框内打钩。

需要说明的是，隐藏元件属性中的"＜Text＞"，需改变模板设置。鼠标左键单击主菜单"Template"，弹出下拉菜单，选择"Set Design Defaults"鼠标左键单击，如图2-51所示。弹出"Edit Design Defaults"对话框，如图2-52所示，去除该框左下方"Show hidden text?"右侧方框内的钩。

④"Other Properties"框：用于编辑对象其他属性。输入内容将在元件下方的＜TEXT＞位置显示。

（4）删除对象

删除"对象"的方法可有多种：

①"对象"被选中激活后，按键盘上的"Delete"键；

②将鼠标移至拟删除元件，待该元件周围出现红色虚线方框（表示被选中），右键双击；

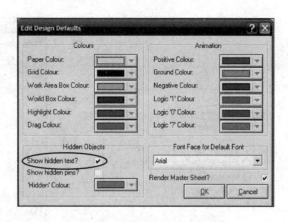

图2-51 Template 下拉菜单　　　　　图2-52 编辑设计默认值对话框

③ 鼠标右键单击，弹出右键菜单如图2-48所示，鼠标左键单击删除图标"✖ Delete Object"（删除连线为"Delete Wire"）即可。

若需同时删除几个对象，可按下鼠标左键，用拖曳的方法，拉出一个虚框，框住该几个对象，然后按"Delete"键；或鼠标右键单击，弹出块操作右键菜单如图2-49所示，鼠标左键单击右键菜单中"Block Delete"，块删除。

4. 布线

在原理图编辑窗口将元器件适当放置、排列后，就可以用导线将它们连接起来，构成一幅完整的电路原理图，这个过程称为布线。一般可分为3种形式：普通连接、终端无线连接和总线连接。

（1）普通连接

普通连接就是两个元件之间的连接。连接时，将白色箭形鼠标指向一个元件的引脚端点，此时白色箭形鼠标变为绿色笔形鼠标，并在该引脚端点处出现一个红色小虚线方框后，鼠标左键单击；然后拖曳至另一元件的引脚端点，在该引脚端点处出现一个红色小虚线方框后，再次鼠标左键单击。若需中途拐弯，可在拐弯处再鼠标左键单击一次；若需中途放弃连线，可鼠标右键单击。注意，连线的起点和终点必须是元件的引脚端点。

需要说明的是，根据图中元件引脚之间的距离，恰当设置 Snap（在主菜单 View 中）尺寸，有助于准确快捷连线。连接0.1 in引脚距离元件时，设置 Snap 0.1in；连接50th引脚距离元件时，设置 Snap 50th。

（2）终端无线连接

两个设有相同网络标号的终端符号，在电气上是等效于直接连接的。因此，为简洁图面，避免连接导线绕行过于繁杂，常用这种终端无线连接的形式。

首先在需要无线连接的两个端点装上终端符号，然后鼠标右键单击，弹出右键菜单如图2-53所示，选择"Edit Properties"鼠标左键单击，弹出编辑终端标号对话框如图2-54所示，在"String"栏内直接键入终端标号，两个连接在一起的终端网络标号必须一致。

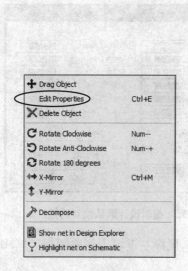

图 2-53   终端编辑右键菜单

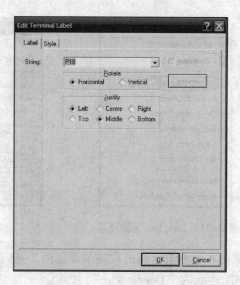

图 2-54   终端标号编辑对话框

无线连接还可用相同的导线标号设置，两条设有相同导线标号的导线，在电气上也等效于直接连接。选中导线，鼠标右键单击，弹出右键菜单如图 2-55 所示，选择 " LBL Place Wire Label" 鼠标左键单击，弹出编辑导线标号对话框如图 2-56 所示，在 "String" 栏内直接键入导线网络标号，两条连接在一起的导线网络标号必须一致。

图 2-55   导线编辑右键菜单

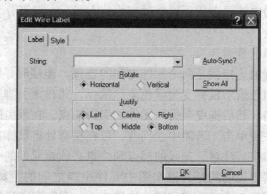

图 2-56   导线标号编辑对话框

需要注意的是，初学者往往将编辑终端标号（Edit Terminal Label）与编辑导线标号（Edit Wire Label）混淆。即使两者具有相同标号，在电气规则检查时，仍将显示 "ERC errors found"。

（3）总线连接

在单片机电路图中，为使图面清晰整洁，常用总线代替多条 I/O 线。鼠标左键单击模型选择工具栏［参阅图 2-43 (a)］中总线图标 " ┽ "，鼠标变为笔形，在拟放置总线的起始点鼠标左键单击；然后用笔形鼠标拖曳画出一条总线；若需拐弯，鼠标左键单击后拐弯；最后在总线的终止点鼠标左键双击。然后再将导线与总线连接，若需与总线斜线连接，可同时按 <Ctrl> 键，或鼠标左键单击自动布线图标"⬚"。若需与总线自动布线，画完第一条后，鼠标左键双击其余起始点，即可自动完成与第一条布线形式相同的总线连接。

需要注意的是，两条需要通过总线连接在一起的导线应编辑相同的标号，才能确立连接关系。

布线连接及放置标号后，电路原理图就基本完成了。

5. 电气规则检查

虚拟电路图画好后，还有几项后续工作。

（1）生成网络表

生成网络表的方法是：鼠标左键单击主菜单"Tools"→"Netlist Compiler"，如图 2-57 所示；弹出网络编辑器对话框，如图 2-58 所示。

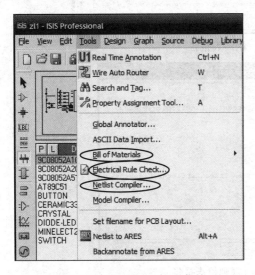

图 2-57 "Tools" 下拉子菜单

图 2-58 网络编辑器对话框

鼠标左键单击 <OK> 按钮。若原理图网络连接无错，则弹出网络表报告，如图 2-59 所示，鼠标左键单击 <Save As> 按钮可存盘（TXT 文件）。若原理图网络连接有错，则弹出网络连接有错报告，可根据报告中列出的错误，修正后再重新生成网络表。

（2）电气规则检查（ERC）

Proteus 仿真电路画好以后，还需要检测一下有否错误（指电气规则上的错误，例如短路）。鼠标左键单击主菜单"Tools"→"Electrical Rule Check"（缩写为 ERC），如图 2-57 中所示，或鼠标左键单击主工具栏中电气规则检查图标"⬚"。若电气规则检查通过，则弹出电气规则检查报告，如图 2-60 所示，其中有 "No ERC errors found"（未发现 ERC 错误）语句。鼠标左键单击 <Save As> 按钮可存盘（ERC 文件）。若有 ERC 错误，必须排除，否则无法进行 VSM 虚拟单片机仿真。

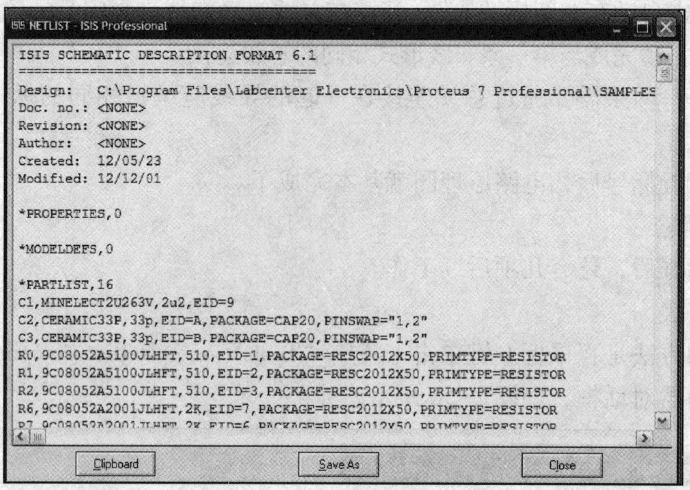

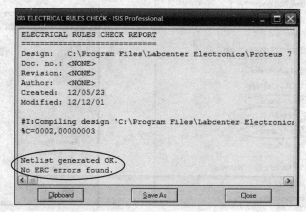

图 2-59 网络表报告

图 2-60 电气规则检查报告

（3）生成 BOM 文件存盘

鼠标左键单击主菜单"Tools"，弹出下拉菜单，如图 2-57 中所示，选择"Bill Of Materials"（元器件清单，缩写为 BOM），再弹出下拉子菜单，有 4 种 BOM 文件格式，都可以。一般可选"Compact CSV Output"（紧凑格式输出），用鼠标左键单击，弹出该格式 BOM 文件，鼠标左键单击 File 菜单，选择＜Save As＞左键单击可存盘，然后关闭该格式 BOM 文件。至此，原理图设计完成。

2.2.3 虚拟仿真运行

Proteus ISIS 设计的电路原理图可在无单片机实际硬件的条件下，利用 PC 机，协同 Keil C51 虚拟仿真。

1. 仿真运行

（1）软硬件准备

单片机应用系统在虚拟仿真之前，除了画好虚拟电路图 DSN 文件（硬件准备）外，还应在 Keil C51 中完成原理图电路应用程序的编译、链接和调试，并生成单片机可执行的十六进制代码 Hex 文件（软件准备）。

（2）装入 Hex 文件

在 Proteus ISIS 设计的虚拟单片机电路原理图中，鼠标左键双击单片机芯片 AT89C51，弹出元件编辑对话框，如图 2-61 所示。鼠标左键单击"Program File"栏右侧图标"⬛"，打开"Select File Name"对话框，如图 2-62 所示。调节 Hex 文件路径，鼠标左键单击 < 打开 > 按钮，返回图 2-61 后，鼠标左键单击 < OK > 按钮，完成装入 Hex 文件操作。

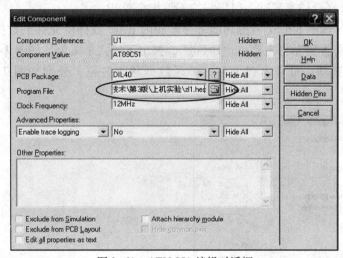

图 2-61 AT89C51 编辑对话框

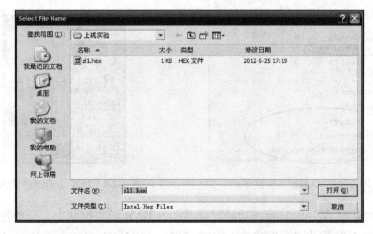

图 2-62 打开 Hex 文件对话框

（3）仿真运行

AT89C51 装入 Hex 文件后，只要鼠标左键单击位于原理图编辑窗口左下方的仿真运行工具栏（参阅图 2-44）中全速运行按钮"▶"（运行后按钮颜色变为绿色），该单片机应用系统就开始虚拟仿真运行。运行后的原理图中，各端点会出现红色或蓝色小方块，红色小方块代表高电平，蓝色小方块代表低电平。终止程序运行，可左键单击停止按钮"■"。

若虚拟仿真运行不合要求，应从硬件和软件两个方面分析、查找原因，修改后重新仿真运行。

（4）查看 80C51 特殊功能寄存器和内 RAM 的数据状态

若需要查看程序单步运行的电路状态，可鼠标左键单击单步运行按钮"▶"。需要说明的是，单步运行是按汇编指令单步，而不是按 C51 语句单步。因此，C51 程序无法单步运行，除非 Proteus 与 Keil 联合仿真调试，但仍需按汇编指令单步。

若需要查看某一瞬时 80C51 特殊功能寄存器和内 RAM 或外围元件的数据状态，按暂停按钮"■■"后，鼠标左键单击主菜单"Debug"，弹出下拉式子菜单，如图 2-63 所示。左键分别单击下方的有关选项，可弹出有关存储单元数据状态栏框，分别如图 2-64、图 2-65 和图 2-66 等所示。

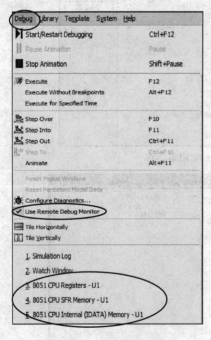

图 2-63　Debug 下拉菜单

图 2-64　特殊功能寄存器状态

除了可观察 80C51 某一瞬时特殊功能寄存器和内 RAM 的数据状态，一些智能 IC 芯片，也能在运行暂停后，观察其片内数据状态。例如 8255、AT24C02、DS1302 等。

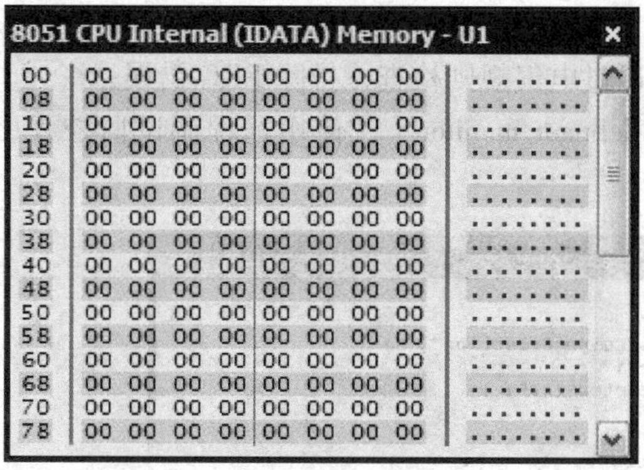

图 2-65　80C51 内 RAM 数据状态	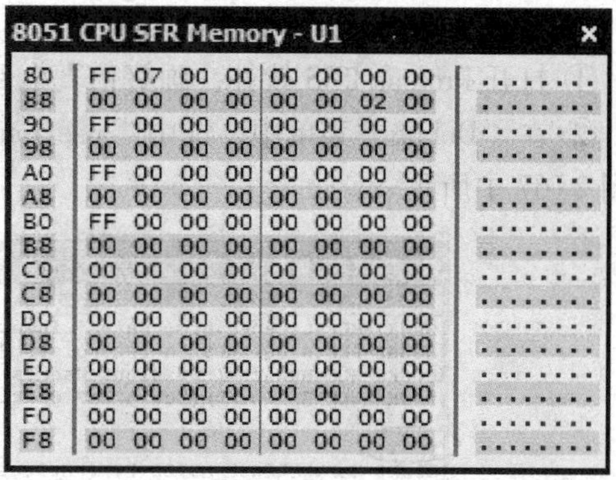	图 2-66　80C51 SFR Memory 数据状态	

需要说明的是，Proteus ISIS 中虚拟存储器中的数据，刷新后会显示黄色。RAM 在重新运行后复位，每次均会显示黄色，而 ROM 写入数据后即保持不变，包括很早以前写入的，并不因重新运行而复位"FF"。因此，重新运行后，若 ROM 新写入的数据与原数据相同，则不会显示黄色。这样，就分辨不清 ROM 中的数据是以前写入还是本次写入。为清楚查看 ROM 中的数据是否是本次新写入的，可鼠标左键单击主菜单"Debug"→"Reset Persistent Model Data"，弹出对话框："Reset all Persistent Model Data to initial values?" 鼠标左键单击 < OK > 按钮，即可清除 ROM 中原数据（复位"FF"），使重新运行后写入的数据显示黄色。

2. Proteus 与 Keil 联合仿真调试

一般来讲，Proteus 与 Keil 通常分别调试。即先用 Keil C51 软件调试，特别是一些不涉及外围电路的程序段，可一段段纠错调试，然后合并调试。软件调试通过后，再用 Proteus ISIS 画出单片机应用电路，载入在 Keil 调试中生成的 Hex 文件，进行虚拟仿真调试。但是，Keil 软件调试只能发现不涉及外围电路的程序错误，而 Proteus 仿真又很难观察到程序运行过程中出现的一些问题。因此，有时很有必要让这两个软件同时运行，进行联合仿真调试。

Proteus 与 Keil 联合仿真调试，首先需要将这两个软件相互链接，其方法和步骤如下。

（1）复制 VDM51. dll 文件

将 Proteus 安装目录下的\MODELS\VDM51. dll 文件复制到 Keil 安装目录下的\C51\BIN 目录中，若没有 VDM51. dll 文件，可以从网上下载。

（2）修补 TOOLS. INI 文件

打开 Keil 安装目录下的 TOOLS. INI 文件（记事本），如图 2-67 所示，在 [C51] 栏目下加入一条：

TDRV5 = BIN\VDM51. DLL（"Proteus VSM Monitor – 51 Driver"）

注意，其中"TDRV5"中的序号"5"应根据实际情况编写，不要与文件中原有序号重复。

（3）在 Proteus ISIS 中设置远程调试

① 打开 Proteus ISIS 软件，画好仿真电路，通过电气规则检查，排除 ERC 错误；

② 在"Debug"菜单中，选中"use romote debuger monitor"（使用远程调试监控程序），如图 2-67 中所示。

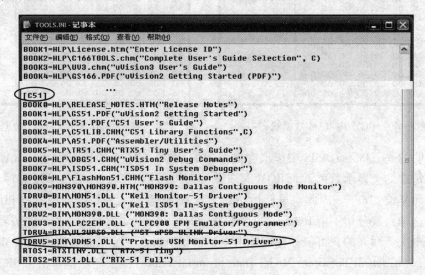

图 2-67　修补 TOOLS. INI 文件示意图

（4）在 Keil C51 中设置 Proteus 虚拟仿真

① 打开 Keil C51 软件，创建新项目。注意：此项目必须保存在与上述 Proteus ISIS 仿真电路同一文件夹中，并在菜单"Project"→"Options for Target Target 1"→"Debug"选项，右半部硬件仿真对话框中选择"Use"（鼠标左键点击圆框，选中后会出现小圆点），如图 2-68（a）所示。

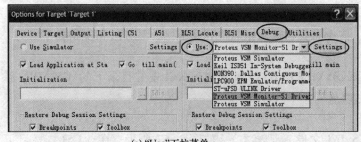

(a)"Use"下拉菜单　　　　　　　　　　(b)"Settings"对话框

图 2-68　设置 Debug 有关项

② 在同一行右侧下拉菜单里选中"Proteus VSM Monitor－51 Driver"。

③ 鼠标左键单击同一行右侧"Settings"按钮，弹出对话框。若 Keil 与 Proteus 属同一台电

脑,则"Host"框内为"127.0.0.1";若不属同一台电脑,则应填入另一台电脑的IP地址。在"Port"框内填入"8000",如图2-68(b)所示。

④ 编写C51程序,并通过编译链接,排除程序中语法错误。

完成上述设置和操作后,就可以开始联合仿真调试了。鼠标左键单击Keil C51图标按钮(💷),Keil C51和Proteus ISIS同时进入联调状态,单步、断点,全速运行均可,如图2-69所示。

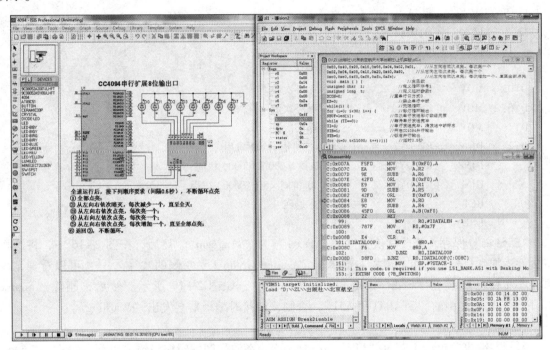

图2-69 Proteus与Keil联合仿真调试图

2.3 实 验 操 作

实验1 流水循环灯程序输入和仿真运行

为了进一步了解Keil C51编译软件和Proteus虚拟仿真软件,本节通过输入"流水循环灯"项目的源程序并仿真运行,来初步学习Keil C51输入源程序和Proteus仿真运行的过程和方法。

1. 创建新项目和设置工程属性

按2.1.1节,打开μVision平台,创建一个新工程项目,文件名可任取,选择路径,保存在一个合适的文件夹中,本书单独设置一个"实验操作"文件夹。

单片机型号选AT89C51;"Xtal(MHz)"框改为12 MHz;"Use On - chip Rom"框打钩;

"Create Hex File" 框打钩（能自动生成 Proteus 仿真 Hex 文件）；其余均默认。

2. 输入源程序

"流水循环灯" 源程序有汇编程序和 C51 程序，按 2.1.1 节中步骤，分别输入。

（1）汇编程序

鼠标左键单击主菜单 "File" → "New"，在源程序编辑窗口输入下列程序：

```
MAIN:   MOV     A,#0FEH         ;置亮灯初值
LOOP:   MOV     P1,A            ;点亮
        LCALL   DY05s           ;延时 0.5 s
        RL      A               ;左移一位
        SJMP    LOOP            ;返回循环
DY05s:  MOV     R5,#5           ;置外循环次数
DY0:    MOV     R6,#200         ;置中循环次数
DY1:    MOV     R7,#250         ;置内循环次数
DY2:    DJNZ    R7,DY2          ;250×2 机周 = 500 机周
        DJNZ    R6,DY1          ;500 机周×200 = 100000 机周
        DJNZ    R5,DY0          ;100000 机周×5 = 500000 机周
        RET                     ;子程序返回
        END                     ;源程序结束
```

"Save as" 保存，修改默认文件名 "Text1" 为 "s1a. asm"。然后，按图 2-16 中，将源程序文件添加到目标项目组。鼠标左键单击 "Source Group 1" 左侧的 "+" 号，可以看到，该源程序文件已经装在 "Source Group 1" 文件夹中，如图 2-19 所示。然后，删除 "Source Group 1" 文件夹中的 "STARTUP. A51"，否则，链接时编译器会发出 "Warning"。

（2）C51 程序

鼠标左键再次单击主菜单 "File" → "New"，在源程序编辑窗口输入下列程序：

```
#include < reg51. h >              //包含访问 sfr 库函数 reg51. h
void delay(unsigned int i) {        //定义双循环延时函数 delay
  unsigned char j;                  //定义无符号字符型变量 j
  for ( ;i > 0;i -- )               //第 1 轮 for 循环,若 i > 0,则 i = i-1
  for ( j = 244;j > 0;j -- );}      //第 2 轮 for 循环,若 j > 0,则 j = j-1
void   main ( ) {                   //主函数
  unsigned char x;                  //定义亮灯状态字 x
  unsigned char   n;                //定义循环次数 n
  while(1){                         //无限循环
    x = 0x01;                       //亮灯状态字 x 赋初值
    for ( n = 0;n < 8;n ++ ){       //循环亮灯
      P1 = ~ x;                     //亮灯
      delay (1000);                 //调用延时子函数 delay,实参 1000,约延时 0.5 s
```

    x = x << 1;↓↓↓   //亮灯左移一位

"Save as" 保存，修改默认文件名"Text2"为"s1c.c"。然后，按图 2-16 中，将源程序文件添加到目标项目组。

3. 程序编译链接

按 2.1.2 节，对两源程序分别编译链接。

鼠标左键先后单击编译、链接图标，若有错误示出，应检查排除，直至出现图 2-21、图 2-22 所示"0 Error(s)，0 Warning(s)"。

4. Keil 调试运行

按 2.1.2 节，对两源程序分别调试运行。

(1) 鼠标左键单击调试图标按钮（🔍），进入调试运行状态。

(2) 按图 2-34 或图 2-36 操作，打开 P1 对话框窗口。

(3) 鼠标左键单击全速运行图标（≣↓），观测到 P1 对话框窗口中，"空白"（低电平，表示亮灯）从 P1.0 逐位快速移至 P1.7，并不断循环，表示发光二极管 VD0 ~ VD7 循环点亮。若用 **1** 替代打钩，**0** 替代空白，则 P1 口状态依次为 **1111 1110**、**1111 1101**、**1111 1011**、…、**1011 1111**、**0111 1111**。

需要说明的是，在 Keil C51 软件 P1 对话框中，"空白"变化速率并不反映 P1 口实时变化速率，它是经过编译软件处理过的。为清晰观测"空白"（亮灯）移动循环，可修改延长延时时间：汇编程序中"MOV R5,#5"改为"MOV R5,#250"；C51 程序中"delay（1000）"改为"delay（50000）"。然后，重新编译链接、调试运行。

(4) 从变量观测窗口 Watch#1 中观察程序运行后 P1 口的状态变化。

鼠标左键单击图 2-25 工具栏中图标（🔲），打开变量观察窗口 Watch#1 标签页。按图 2-30、图 2-31，设置变量 P1。然后，全速运行，可看到 P1 值依次显示为 0xfe、0xfd、0xfb、0xf7、0xef、0xdf、0xbf、0x7f，同样表明发光二极管 VD0 ~ VD7 循环点亮。该 16 进制数值与 P1 对话框窗口左侧长方形框中的 16 进制数值一致（鼠标左键单击屏幕左上角红色暂停图标按钮"⊗"，可清晰对比观测）。

5. 在 Proteus 中画"流水循环灯"虚拟仿真电路图

"流水循环灯"电路如图 2-70 所示。按 2.2.2 节和表 2-2，画出"流水循环灯"Proteus 虚拟仿真电路如图 2-71 所示。

表 2-2 循环灯 Proteus 仿真电路元器件

名称	编号	大类	子类	型号/标称值	数量
80C51	U1	Microprocessor Ics	80C51 family	AT89C51	1
石英晶体	X1	Miscellaneous	CRYSTAL	12MHz	1
电阻		Resistors	Chip Resistor 1/8W 5%	10kΩ、220Ω	9

续表

名称	编号	大类	子类	型号/标称值	数量
电容	C00	Capacitors	Miniature Electronlytic	2μ2	1
	C01	Capacitors	Ceramic Disc	33P	2
发光二极管	VD0 ~ VD7	Optoelectronics	LEDs	YELLOW	8

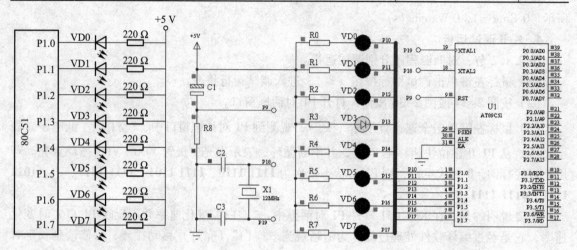

图 2-70   循环灯电路   图 2-71   循环灯 Proteus 虚拟仿真电路

6. 虚拟仿真运行

（1）按图 2-61、图 2-62，鼠标左键双击 Proteus 仿真电路中 AT89C51，装入 Keil 调试后自动生成的 Hex 文件（两种程序生成 2 份 Hex 文件，可先装任一种）。

（2）鼠标左键单击全速运行按钮，电路虚拟仿真运行。8 个发光二极管 VD0 ~ VD7 会按题目要求循环点亮，不断循环，观赏效果很好。

（3）终止程序运行，可按停止按钮。

（4）终止运行后，再次鼠标左键双击 AT89C51，装入另一种程序的 Hex 文件，全速运行，观测运行效果。

第 **3** 章

80C51 指令系统和汇编语言程序设计

一台计算机要充分发挥作用，除了硬件设施外，还必须配以适当的软件。硬件主要是指片内功能部件和外部设备，软件主要是指指令系统和各种程序。而指令系统是软件的基础，学习和使用单片机的一个很重要的环节就是理解和熟练掌握它的指令系统。第 1 章已经学习了 80C51 单片机的片内结构和工作原理，本章介绍 80C51 指令系统和汇编语言程序设计。

3.1 指令系统基本概念

计算机所有指令的集合称为该计算机的指令系统，不同种类单片机，其指令系统一般是不同的，单片机的功能需要通过它的指令系统来实现。

3.1.1 指令基本格式

指令的表示方法称为指令格式。80C51 单片机汇编指令的基本格式由以下几个部分组成（方括号内允许缺省）：

［标号:］　操作码　［操作数］　［;注释］

（1）标号：指令的符号地址。

① 标号不属于指令的必须部分，可根据需要设置。一般用于一段功能程序的识别标记或控制转移的符号地址。

② 指令前的标号代表该指令的地址，是用符号表示的地址。一般用英文字母和数字组成，但不能用指令助记符、伪指令码、特殊功能寄存器名、位定义名和 80C51 在指令系统中用的符号 "#"、"@" 等，长度以 2~6 个字符为宜，第一个字符必须是英文字母。

③ 标号必须用冒号 ":" 与操作码分隔。

④ 同一标号在一个程序中只能定义一次，不能重复定义。

（2）操作码：表示指令的操作功能。

① 操作码用规定的助记符表示，它代表了指令的操作功能。

② 操作码是指令的必须部分，是指令的核心，不可缺少。

（3）操作数：参加操作的数据或数据地址。

① 操作数可以是数据，也可以是数据的地址（包括数据所在的寄存器名），还可以是数据地址的地址或操作数的其他信息。

② 操作数可分为目的操作数和源操作数，源操作数是参加操作的原始数据或数据地址，目的操作数是操作后结果数据或该数据存放单元的地址。目的操作数写在前面，源操作数写在后面。

③ 操作数可用二进制数、十进制数或十六进制数表示。

④ 操作数的个数可以是 0 ~ 3 个。

⑤ 操作数与操作码之间用空格分隔，操作数与操作数之间用逗号"，"分隔。

（4）注释：指令功能说明。

① 注释属于非必须项，可有可无，是为便于阅读，对指令功能作出的说明和注解。

② 注释必须以"；"开始。

3.1.2　指令系统中的常用字符

80C51 指令系统中，有一些常用字符，除第二章中的特殊功能寄存器外，说明如下。

（1）#：立即数符

80C51 指令系统中，数据和地址均用十六进制数表示，为便于区别，用"#"号表示数据（立即数）。"#"号是立即数的标记，凡数据前有"#"，代表该十六进制数为立即数，凡立即数必须在前面标记"#"。

#data：8 位立即数。

#data16：16 位立即数。

例：#12H 表示 8 位立即数 12H，无"#"号的 12H 表示 8 位地址。

　　#1234H 表示 16 位立即数 1234H，无"#"号的 1234H 表示 16 位地址。

（2）direct：8 位直接地址

direct 代表内 RAM 00H ~ 7FH 或 SFR 80H ~ FFH 的 8 位地址，代表 SFR 时，可用寄存器名替代其既定的 8 位地址。例如用 ACC 代表 E0H，用 P3 代表 B0H。

（3）@：间接寻址符

例如：@ Ri，@ DPTR，@ A + PC，@ A + DPTR。

80C51 指令系统中，有 Ri 与 Rn 之分，Ri 与 Rn 都是工作寄存器，i 与 n 的取值范围不同：i = 0、1；n = 0 ~ 7。@ Ri 可以间接寻址，即 R0 ~ R7 中只有@ R0、@ R1 可以间接寻址。

（4）addr：目的地址

目的地址有以下两种。

addr11：11 位目的地址。用于 ACALL 和 AJMP 指令，可在下条指令首地址所在的同一 2 KB ROM 范围内调用或转移。

addr16：16 位目的地址。用于 LCALL 和 LJMP 指令，能在 64 KB ROM 范围内调用或转移。

（5）rel：带符号的 8 位偏移地址

rel 用于转移指令，其范围是相对于下一条指令第 1 字节地址的 − 128 ~ + 127 个字节。rel ≤ 7FH，属 0 ~ + 127 B，程序向后转移；rel ≥ 80H（补码），属 − 128 B ~ 0，程序向前转移。

(6) bit：位地址

bit 代表片内 RAM 中的可寻址位 00H ~ 7FH 及 SFR 中的可寻址位。

3.1.3 寻址方式

寻址就是寻找操作数的地址。绝大多数指令执行时都需要使用操作数，这就存在着到哪里去取操作数的问题。因为在计算机中只要给出单元地址，就能得到所需要的操作数。因此，所谓寻址，其实质就是如何确定操作数的单元地址。80C51 单片机指令系统共有七种寻址方式，即：立即寻址、直接寻址、寄存器寻址、寄存器间接寻址、变址寻址（基址寄存器加变址寄存器间接寻址）、相对寻址和位寻址。

1. 立即寻址

立即寻址是直接给出操作数，操作数前有立即数符 "#"。例：

MOV   A,#30H   ;将立即数 30H 传送至 A 中
MOV   DPTR,#5678H   ;将立即数 5678H 传送至 DPTR 中

2. 直接寻址

直接寻址是给出操作数的直接地址。直接寻址范围为内 RAM 128 B 和特殊功能寄存器。例如：

MOV   A,3AH   ;将内 RAM 3AH 单元中的数据传送至 A 中
MOV   A,P0   ;将特殊功能寄存器 P0 中的数据传送至 A 中

3AH 和 P0 是以 direct 形式出现的直接地址。

3. 寄存器寻址

寄存器寻址的操作数在规定的寄存器中。规定的寄存器有：工作寄存器 R0 ~ R7、累加器 A、双字节 AB、数据指针 DPTR 和位累加器 Cy。这些被寻址寄存器中的内容就是操作数。例如：

MOV A,R0   ;将 R0 中的数据传送至 A 中

注意：除上述罗列的特殊功能寄存器外，其余特殊功能寄存器寻址方式仍为直接寻址，这取决于指令译成机器码时有否特殊功能寄存器的字节地址。若有，则属直接寻址；若无，则属寄存器寻址。如 "MOV   A,B"（机器码：E5 F0）中 B 属直接寻址。"MUL   AB"（机器码：A4）中 AB 属寄存器寻址。又如 "INC   A"（机器码：04）属寄存器寻址。"INC   ACC"（机器码：05 E0）属直接寻址。"MOV   A,R0"（机器码：E8H = 11100000B），前 5 位 11100 为 "MOV   A,Rn" 的操作码，后 3 位 000 为 R0 的地址编码，地址编码隐含在 8 位操作码中，而 R0 的字节地址 00H（设当前工作寄存器 0 区）未出现，因此属寄存器寻址，而具有同样功能的 "MOV   A,00H"（机器码：E5 00）则属直接寻址。

4. 寄存器间接寻址

间接寻址是根据操作数地址的地址寻找操作数。打个比喻，要寻找张三，不知道张三的地址，但李四知道张三的地址，先找到李四，从李四处得到张三的地址，最后找到张三。

间接寻址用间址符"@"作为前缀。80C51 指令系统中，可作为间接寻址的寄存器有 R0、R1、数据指针 DPTR 和堆栈指针 SP（堆栈操作时，不用间接寻址符"@"）。例如：

```
MOV      A,@ R0              ;将 R0 中内容作为地址的存储单元中的数据送至 A 中
MOVX     A,@ DPTR            ;将外 RAM DPTR 所指存储单元中的数据传送至 A 中
PUSH     PSW                 ;将 PSW 中内容送至堆栈指针 SP 所指的存储单元中
```

5. 变址寻址

在变址寻址中，操作数地址 = 基址 + 变址。

基址存放在指定的基址寄存器（程序计数器 PC 或数据指针 DPTR）中，变址存放在累加器 A 中，相加后形成操作数的地址。这种方式用于读 ROM 数据操作。例如：

```
MOVC     A,@ A + DPTR        ;从 ROM(A + DPTR)单元中读取数据送入 A 中
```

操作数地址是 A 与 DPTR 相加，得到一个新地址，从该地址 ROM 中读取数据送入 A 中。

6. 相对寻址

相对寻址一般用于相对转移指令，程序转移目的地址 = 当前 PC 值 + 相对偏移量 rel。所谓"当前 PC 值"是执行这条指令后，下一条指令的首地址。rel 是一个带符号的 8 位二进制数，用补码表示，其范围为 − 128 B ~ + 127 B。例如：

```
2000H: SJMP     08H          ;转移到 PC = (2000H + 2H + 8H)
```

原 PC：2000H；执行这条指令后，当前 PC：2000H + 2H = 2002H（其中 2H 是"SJMP 08H"指令的字节数）；相对偏移量 rel = 08H。转移目的地址：PC = 当前 PC + rel = 2002H + 08H = 200AH，程序就跳转至 200AH 去执行了，如图 3–1 所示。

图 3–1　"SJMP 08H"相对寻址示意图

7. 位寻址

位寻址是对内 RAM 和特殊功能寄存器中的可寻址位进行操作的寻址方式。这种寻址方式属于直接寻址方式，因此与直接寻址方式执行过程基本相同，但参与操作的数据是 1 位而不是 8 位，使用时需予以注意。例如：

```
MOV      C,07H               ;将位地址 07H(字节地址 20H 中最高位)中的位数据传送至 Cy。
```

注意：位寻址与直接寻址的区别。例如：

```
MOV      A,07H               ;将字节地址 07H 中的数据传送至累加器 A。
```

　　同样是07H，在位操作指令中代表位地址，在字节操作指令中代表字节地址，不能混淆。

　　说明：80C51 指令系统中，操作数可以是 0～3 个，每个操作数的寻址方式可以不一样，因此一条指令的寻址方式可能有几种。一般来说，指令的寻址方式是指源操作数的寻址方式。

　　80C51 寻址方式与相应的寻址范围如表 3-1 所示。

表 3-1　寻址方式与相应的存储器空间

寻 址 方 式	存储器空间
立即寻址	程序存储器 ROM
直接寻址	片内 RAM 低 128 字节和特殊功能寄存器 SFR
寄存器寻址	工作寄存器 R0～R7，A，双字节 AB，DPTR，Cy
寄存器间接寻址	片内 RAM 低 128 字节（@R0、@R1、SP），片外 RAM（@R0、@R1、@DPTR）
变址寻址	程序存储器（@A＋PC，@A＋DPTR）
相对寻址	程序存储器当前 PC－128 B～＋127 B 字节范围（PC＋rel）
位寻址	片内 RAM 的 20H～2FH 字节地址中的所有位和 SFR 中字节地址能被 8 整除单元的位

【复习思考题】

3.1　简述 80C51 汇编语言指令格式。

3.2　30H 与 #30H 有什么区别？

3.3　Rn 与 Ri 有什么区别？n 与 i 值的范围是多少？@Ri 表示什么含义？

3.4　什么是寻址方式？80C51 单片机指令系统有几种寻址方式？试述各种寻址方式所能访问的存储空间。

3.5　是否所有特殊功能寄存器寻址都属于寄存器寻址？如何判断寄存器寻址？

3.6　变址寻址与相对寻址有什么区别？

3.2　80C51 指令系统

　　计算机的指令系统是表征计算机性能的重要标志。80C51 指令系统采用汇编语言指令，共有 42 种助记符来表示 33 种指令功能。这些助记符与操作数各种寻址方式相结合，共生成 111 条指令。按指令字节长度分，有 1 字节指令 49 条，2 字节指令 47 条，3 字节指令 15 条。按指令执行时间分，又可分为 1 机周指令 64 条，2 机周指令 45 条，4 机周指令 2 条（乘法和除法）。按指令功能分类，可分为数据传送类、算术运算类、逻辑运算类、位操作类和控制转移类五大类指令。本节将按指令功能分别叙述五大类指令的功能。80C51 指令系统具有存储效率高、执行速度快和使用方便灵活的特点。

3.2.1 数据传送类指令

80C51 指令系统中，各类数据传送指令共有 29 条，是运用最频繁的一类指令。这类指令一般不影响标志位，但当执行结果改变累加器 A 的值时，会影响奇偶标志 P，如表 3-2 所示。

表 3-2 80C51 数据传送类指令表

类型	指令助记符		功能	对标志位影响				机器代码	字节数	周期数
				Cy	AC	OV	P			
片内RAM传送指令	MOV A,	Rn	Rn→A	×	×	×	√	E8 ~ EF	1	1
		@Ri	(Ri)→A	×	×	×	√	E6/E7	1	1
		direct	(direct)→A	×	×	×	√	E5 dir	2	1
		#data	data→A	×	×	×	√	74 dat	2	1
	MOV Rn,	A	A→Rn	×	×	×	×	F8 ~ FF	1	1
		direct	(direct)→Rn	×	×	×	×	A8 ~ AF dir	2	2
		#data	data→Rn	×	×	×	×	78 ~ 7F dat	2	1
	MOV direct,	A	A→(direct)	×	×	×	×	F5 dir	2	1
		Rn	Rn→(direct)	×	×	×	×	88 ~ 8F dir	2	2
		@Ri	(Ri)→(direct)	×	×	×	×	86/87 dir	2	2
		direct2	(direct2)→(direct)	×	×	×	×	85 dir2 dir	3	2
		#data	data→(direct)	×	×	×	×	75 dir dat	3	2
	MOV @Ri,	A	A→(Ri)	×	×	×	×	F6/F7	1	1
		direct	(direct)→(Ri)	×	×	×	×	A6/A7 dir	2	2
		#data	data→(Ri)	×	×	×	×	76/77 dat	2	1
	MOV DPTR,#data16		data16→DPTR	×	×	×	×	90 datH datL	3	2
片外RAM传送指令	MOVX A,@Ri		外 RAM(Ri)→A	×	×	×	√	E2/E3	1	2
	MOVX A,@DPTR		外 RAM(DPTR)→A	×	×	×	√	E0	1	2
	MOVX @Ri,A		A→外 RAM(Ri)	×	×	×	×	F2/F3	1	2
	MOVX @DPTR,A		A→外 RAM(DPTR)	×	×	×	×	F0	1	2
读ROM指令	MOVC A,@A+PC		PC+1→PC, ROM(A+PC)→A	×	×	×	√	83	1	2
	MOVC A,@A+DPTR		ROM(A+DPTR)→A	×	×	×	√	93	1	2

续表

类型	指令助记符	功能	对标志位影响				机器代码	字节数	周期数
			Cy	AC	OV	P			
交换指令	XCH　A,Rn	A⟷Rn	×	×	×	√	C8 ~ CF	1	1
	XCH　A,@Ri	A⟷(Ri)	×	×	×	√	C6/C7	1	1
	XCH　A,direct	A⟷(direct)	×	×	×	√	C5　dir	2	1
	XCHD　A,@Ri	$A_{3\sim0}$⟷$(Ri)_{3\sim0}$	×	×	×	√	D6/D7	1	1
	SWAP　A	$A_{3\sim0}$⟷$A_{7\sim4}$	×	×	×	×	C4	1	1
堆栈指令	PUSH　direct	SP+1→SP,(direct)→(SP)	×	×	×	×	C0　dir	2	2
	POP　direct	(SP)→(direct),SP-1→SP	×	×	×	×	D0　dir	2	2

数据传送类指令的一般格式为：

指令助记符　目的字节,源字节

指令功能是将源字节的内容传送到目的字节，传送过程具有复制性质，因此源字节中的内容不变。指令书写顺序是"目的字节"在前，"源字节"在后，不能写错。

数据传送类指令还可细分为内 RAM 传送（MOV）、外 RAM 传送（MOVX）、读 ROM（MOVC）、交换（XCH）和堆栈进出等指令。

1. 内 RAM 数据传送指令

内 RAM 数据传送指令均用 MOV 作为指令操作符，目的字节可以是累加器 A、工作寄存器 Rn、直接地址 direct、寄存器间址@Ri 和数据指针 DPTR 等。

【例 3-1】若 R0=40H，（30H）=60H，（40H）=50H，将执行下列指令后结果写在注释区。

```
MOV　A,R0          ;将工作寄存器 R0 中的数据传送至 A 中,A=40H
MOV　A,@R0         ;将以 R0 中内容为地址的存储单元中的数据送至 A 中,A=50H
MOV　A,30H         ;将直接地址 30H 存储单元中的数据传送至 A 中,A=60H
MOV　A,#30H        ;将立即数#30H 送入 A 中,A=30H
```

请注意上述第 1 条与第 2 条指令、第 3 条与第 4 条指令的区别。需要说明如下。

① 有间接寻址符@为前缀的@R0 和 R0 二者含义不同，R0 是寄存器寻址，@R0 是寄存器间接寻址，而且@Ri 与 Rn 应用范围也不同，i 的范围为 0~1，n 的范围为 0~7。

② 直接地址和立即数在指令中均以十六进制数形式出现，但二者含义不同。在指令中用#作为立即数的前缀，以示区别。

③ 为表达简洁清晰，本书工作寄存器 Rn 和特殊功能寄存器中的内容不加括号，用工作寄存器 Rn 和特殊功能寄存器直接表示，如 R0=40H,A=40H。直接地址中的内容则必须加括号，

如(40H)=50H。工作寄存器 Ri 加括号时表示间接寻址,以 Ri 中内容为地址的存储单元中的数据,如(R0)=(40H)=50H。后续章节中均以此为准。

【例 3-2】 试将 R1 中的数据传送到 R2。

```
MOV  A,R1                ;R1→A
MOV  R2,A                ;A→R2
```

初学者常写出错误的指令:MOV R2,R1。注意,运用指令时,必须严格按照指令的格式书写,不能"发明创造"。否则,汇编软件不能识别,也无法产生单片机能执行的机器码。

【例 3-3】 若 A=70H,R1=30H,(30H)=60H,(40H)=50H,将执行下列指令后的结果写在注释区。

```
MOV  @R1,A              ;将 A 中数据送入以 R1 中数据为地址的存储单元,(30H)=70H
MOV  @R1,40H            ;将 40H 单元中数据送入以 R1 中数据为地址的存储单元,(30H)=50H
MOV  @R1,#40H           ;将立即数 40H 送入以 R1 中数据为地址的存储单元,(30H)=40H
```

请注意,30H 单元中原内容为 60H,执行指令后 R1 中内容没有改变,而是改变了以 R1 中数据为地址的存储单元 30H 中的内容,这就是寄存器间接寻址的作用。

【例 3-4】 设内 RAM(30H)=60H,分析以下程序连续运行的结果。

```
MOV  60H,#30H           ;30H→(60H),(60H)=30H
MOV  R0,#60H            ;60H→R0,R0=60H
MOV  A,@R0             ;(R0)→A,A=(R0)=(60H)=30H
MOV  R1,A               ;A→R1,R1=30H
MOV  40H,@R1            ;(R1)→(40H),(40H)=(R1)=(30H)=60H
MOV  60H,30H            ;(30H)→(60H),(60H)=(30H)=60H
```

运行结果是:A=30H,R0=60H,R1=30H,(60H)=60H,(40H)=60H;(30H)=60H 内容未变。

【例 3-5】 将立即数 1234H 送入数据指针 DPTR。

```
MOV  DPTR,#1234H        ;DPTR=1234H
```

该指令也可以用两条 8 位数据传送指令实现:

```
MOV  DPH,#12H           ;DPH=12H
MOV  DPL,#34H           ;DPL=34H,DPTR=1234H
```

DPH、DPL 属于直接寻址,DPH、DPL 代表它们的直接地址 83H、82H。

2. 外 RAM 数据传送指令

外 RAM 数据传送指令用 MOVX 作为指令操作符,采用间接寻址方式,且无论读或写,均需通过累加器 A。间接寻址寄存器有以下两类。

① 8 位间址寄存器 R0、R1,寻址范围为片外 RAM 最低 256 B 地址空间 (00H ~ FFH),但若 P2 口同时提供高 8 位地址,寻址范围可达片外 RAM 64 KB 地址空间。

② 16 位间址寄存器 DPTR,寻址范围为片外 RAM 64 KB 地址空间 (0000H ~ FFFFH)。

【例3-6】按下列要求传送数据。

(1) 内 RAM 10H 单元数据送外 RAM 10H 单元；设内 RAM(10H) = ABH。

```
MOV     A,10H           ;读内 RAM 10H 单元数据,A = ABH
MOV     R0,#10H         ;置外 RAM 10H 单元间址,R0 = 10H
MOVX    @ R0,A          ;将数据送外 RAM 10H 单元,外 RAM(10H) = ABH
```

上述程序也可按下列指令执行：

```
MOV     A,10H           ;
MOV     DPTR,#0010H     ;
MOVX    @ DPTR,A        ;
```

注：用 DPTR 读写外 RAM 低 256 B 时，需用 00 补足 16 位地址。

(2) 外 RAM 30H 单元数据送内 RAM 30H 单元；设外 RAM(30H) = 64H。

```
MOV     R0,#30H         ;R0 = 30H
MOVX    A,@ R0          ;A = (外 RAM 30H) = 64H
MOV     @ R0,A          ;(内 RAM 30H) = 64H
```

上述程序也可按下列指令执行：

```
MOV     R0,#30H         ;
MOVX    A,@ R0          ;
MOV     30H,A           ;
```

(3) 外 RAM 1000H 单元数据送内 RAM 20H 单元；设外 RAM(1000H) = 12H。

```
MOV     DPTR,#1000H     ;DPTR = 1000H
MOVX    A,@ DPTR        ;A = (1000H) = 12H
MOV     20H,A           ;(20H) = 12H
```

(4) 外 RAM 2010H 单元数据送外 RAM 2020H 单元；设外 RAM(2010H) = FFH。

```
MOV     DPTR,#2010H     ;置外 RAM 读出单元地址,DPTR = 2010H
MOVX    A,@ DPTR        ;读外 RAM 2010H 单元的数据,A = FFH
MOV     DPTR,#2020H     ;置外 RAM 写入单元地址,DPTR = 2020H
MOVX    @ DPTR,A        ;写入外 RAM 2020H 单元,(2020H) = FFH
```

也可按下列指令执行：

```
MOV     DPTR,#2010H     ;置外 RAM 读出单元地址
MOVX    A,@ DPTR        ;读外 RAM 2010H 单元的数据
MOV     DPL,#20H        ;修改外 RAM 低 8 位地址
MOVX    @ DPTR,A        ;写入外 RAM 2020H 单元
```

需要说明的是：① 在执行读外 RAM 的 MOVX 指令时，$\overline{RD}$信号会自动有效；在执行写外 RAM 的 MOVX 指令时，$\overline{WR}$信号会自动有效。

② 由于 80C51 指令系统中没有专门的片外扩展 I/O 接口电路输入/输出指令，且片外扩展的 I/O 接口电路与片外 RAM 是统一编址的，所以上面 4 条指令也可以作为片外扩展 I/O 接口

电路的数据输入/输出指令。

3. 读 ROM 指令

80C51 单片机的程序指令是按 PC 值依次自动读取并执行的，一般不需要人为去读，但程序中有时会涉及一些数据（或称为表格），放在 ROM 中，需要去读，读 ROM 指令即属于这种情况。因此，这类指令也称为查表指令。

读 ROM 指令属变址寻址，都是一字节指令。若用 DPTR 作为基址寄存器，寻址范围为整个程序存储器的 64 KB 空间；若用 PC 作为基址寄存器，寻址范围只能是该指令后 256 B 的地址空间，而且设置麻烦，易出错。

【例 3-7】 设 ROM(2000H) = ABH，试将其读入，并存入内 RAM 10H 单元。

```
MOV    DPTR,#2000H    ;置基址 2000H,DPTR = 2000H
MOV    A,#00H         ;置变址 0,A = 00H
MOVC   A,@ A + DPTR   ;读 ROM 2000H,A = (2000H) = ABH
MOV    10H,A          ;存内 RAM 10H 单元,(10H) = ABH
```

综上所述，三个不同的存储空间用三种不同的指令传送：内 RAM（包括特殊功能寄存器）用 MOV 指令传送；外 RAM 用 MOVX 指令传送；ROM 用 MOVC 指令传送。虽然三个不同的存储空间地址是重叠的，但由于采用三种不同的指令传送，因此单片机本身不会搞错。

4. 堆栈操作指令

```
PUSH   direct    ;SP + 1→SP,(direct)→(SP)
POP    direct    ;(SP)→(direct),SP - 1→SP
```

说明如下。（1）PUSH 为入栈指令，是将其指定的直接寻址单元中的数据压入堆栈。由于 80C51 是向上生长型堆栈，所以进栈时堆栈指针要先加 1，然后再将数据压入堆栈。例如，设堆栈原始状态如图 3-2（a）所示，（30H）= 2BH。执行指令：PUSH 30H。具体操作是：① 先将堆栈指针 SP 的内容（0FH）加 1，指向堆栈顶上的一个空单元，此时 SP = 10H，如图 3-2（b）所示；② 然后将指令指定的直接寻址单元 30H 中的数据（2BH）送到该空单元中。执行指令结果：（10H）= 2BH,SP = 10H，如图 3-2（c）所示。

（2）POP 为出栈指令，是将当前堆栈指针 SP 所指示单元中的数据弹出到指定的内 RAM 单元，然后将 SP 减 1，SP 始终指向栈顶地址。例如，设堆栈原始状态如图 3-3（a）所示，SP = 0FH，（0FH）= 4CH，执行指令：POP 40H。具体操作是：① 先将 SP 所指单元 0FH（栈顶地址）中的数据（4CH）弹出，送到指定的内 RAM 单元 40H，（40H）= 4CH，如图 3-3（b）所示；② 然后 SP - 1→SP，SP = 0EH，SP 仍指向栈顶地址，0FH 中数据不变，仍等于 4CH，但已作废，如图 3-3（c）所示。

（3）由于堆栈操作时只能以直接寻址方式来取得操作数，故不能用累加器 A 和工作寄存器 Rn 作为操作对象。若要把 A 的内容推入堆栈，应用指令"PUSH ACC"，这里 ACC 表示 A 的直接地址 E0H。若要把 R0 的内容推入堆栈，应用指令"PUSH 00H"，这里 00H 表示 R0 的直接地址（设当前工作寄存器区为 0 区）。

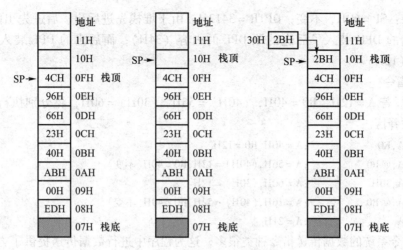

图 3-2 入栈操作

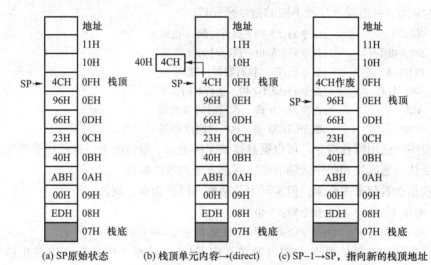

图 3-3 出栈操作

【例3-8】已知 SP = 60H，求执行下列程序指令后的结果。

MOV	DPTR,#1234H	;DPTR = 1234H,DPH = 12H,DPL = 34H
PUSH	DPH	;SP + 1→SP,SP = 61H,(DPH)→(SP),(SP) = (61H) = 12H
PUSH	DPL	;SP + 1→SP,SP = 62H,(DPL)→(SP),(SP) = (62H) = 34H
MOV	DPTR,#5678H	;DPTR = 5678H
POP	DPH	;DPH = (62H) = 34H,SP - 1→SP,SP = 61H
POP	DPL	;DPL = (61H) = 12H,SP - 1→SP,SP = 60H

执行结果：SP = 60H，不变；DPTR = 3412H。由于堆栈先进后出、后进先出的操作原则，出栈时，先出的 DPH 装入了后进的原 DPL 的内容（34H）；而后出的 DPL 装入了先进的原 DPH 的内容（12H）。

5. 交换指令

【例 3-9】若 A = 12H，R0 = 40H，（40H）= 56H，（30H）= 60H，将分别执行下列指令后的结果写在注释区。

```
XCH     A,R0          ;A = 40H,R0 = 12H
XCH     A,@ R0        ;A = 56H,(40H) = 12H,R0 = 40H(不变)
XCH     A,30H         ;A = 60H,(30H) = 12H
XCHD    A,@ R0        ;A = 16H,(40H) = 52H,R0 = 40H(不变)
SWAP    A             ;A = 21H
```

80C51 指令系统的数据传送指令种类很多，这为程序中进行数据传送提供了方便。在使用中，尚需注意如下问题。

（1）同样的数据传送，可以使用不同寻址方式的指令来实现。例如，要把 A 中的内容送至内 RAM 40H 单元，可由以下几种不同的指令来完成。

```
① MOV  40H,A          ;指令码:F5 40。执行时间:1 机周
② MOV  R0,#40H        ;指令码:78 40。执行时间:1 机周
   MOV  @ R0,A         ;指令码:F6。执行时间:1 机周
③ MOV  40H,ACC        ;指令码:85 E0 40。执行时间:2 机周
④ PUSH ACC            ;指令码:C0 E0。执行时间:2 机周
   POP  40H            ;指令码:D0 40。执行时间:2 机周
```

在实际应用中选用哪种指令，可根据具体情况决定。一般情况下，选用指令条数少，指令字节少，指令执行速度快和程序条理清晰、阅读方便的方法编程。

（2）有些指令看起来很相似，但实际上是两种不同的指令。例如：

```
MOV     40H,A         ;指令码:F5 40
MOV     40H,ACC       ;指令码:85 E0 40(注意 E0 在前,40 在后)
```

这两条指令的功能都是把 A 中的内容送入内 RAM 40H 单元中，指令功能相同且外形相似，但实际上它们却是两种不同寻址方式的指令。前一条指令的源操作数是寄存器寻址方式，指令长度为 2 个字节，指令执行时间是一个机器周期；而后一条指令的源操作数则是直接寻址方式，指令长度为 3 个字节，指令执行时间是 2 个机器周期。

3.2.2　算术运算类指令

80C51 单片机的算术运算类指令，共 24 条，包括加、减、乘、除、加 1、减 1 等指令。这类指令涉及 A 时，会影响标志位。算术运算类指令如表 3-3 所示。

表 3-3　80C51 算术运算类指令

类型		指令助记符		功能	对 PSW 的影响				机器代码	字节数	周期数
					Cy	AC	OV	P			
加法	不带 Cy	ADD A,	Rn	A + Rn→A	√	√	√	√	28 ~ 2F	1	1
			@Ri	A + (Ri)→A	√	√	√	√	26/27	1	1
			Direct	A + (direct)→A	√	√	√	√	25　dir	2	1
			#data	A + data→A	√	√	√	√	24　dat	2	1
	带 Cy	ADDC A,	Rn	A + Rn + Cy→A	√	√	√	√	38 ~ 3F	1	1
			@Ri	A + (Ri) + Cy→A	√	√	√	√	36/37	1	1
			Direct	A + (direct) + Cy→A	√	√	√	√	35　dir	2	1
			#data	A + data + Cy→A	√	√	√	√	34　dat	2	1
减法		SUBB A,	Rn	A − Rn − Cy→A	√	√	√	√	98 ~ 9F	1	1
			@Ri	A − (Ri) − Cy→A	√	√	√	√	96/97	1	1
			Direct	A − (direct) − Cy→A	√	√	√	√	95　dir	2	1
			#data	A − data − Cy→A	√	√	√	√	94　dat	2	1
加 1		INC	A	A + 1→A	×	×	×	√	04	1	1
			Rn	Rn + 1→Rn	×	×	×	×	08 ~ 0F	1	1
			@Ri	(Ri) + 1→(Ri)	×	×	×	×	06/07	1	1
			Direct	(direct) + 1→(direct)	×	×	×	×	05　dir	2	1
			DPTR	DPTR + 1→DPTR	×	×	×	×	A3	1	2
减 1		DEC	A	A − 1→A	×	×	×	√	14	1	1
			Rn	Rn − 1→Rn	×	×	×	×	18 ~ 1F	1	1
			@Ri	(Ri) − 1→(Ri)	×	×	×	×	16/17	1	1
			Direct	(direct) − 1→(direct)	×	×	×	×	15　dir	2	1
乘法		MUL　AB		A × B→BA	0	×	√	√	A4	1	4
除法		DIV　AB		A ÷ B, 商→A, 余数→B	0	×	√	√	84	1	4
BCD 调整		DA　A		十进制调整	√	√	×	√	D4	1	1

1. 加减法指令

加减法指令对 PSW 中状态标志位的影响说明如下。

① 当加法运算结果的最高位有进位, 或减法运算的最高位有借位时, 进位位 Cy 置位, 否

则 Cy 清零。

② 当加法运算时低 4 位向高 4 位有进位，或减法运算时低 4 位向高 4 位有借位时，辅助进位位 AC 置位，否则 AC 清零。

③ 在加减运算过程中，位 6 和位 7 未同时产生进位或借位时，溢出标志位 OV 置位，否则清零。溢出标志 OV = 1，说明运算结果产生溢出（即大于 + 127 或小于 − 128）。溢出表达式 OV = $C_6' \oplus C_7'$（参阅 1.3.4 节），溢出主要用于带符号数运算。

④ 当运算结果 A 中各位的 1 的个数为奇数时，奇偶标志 P 置位，否则清零。

【例 3-10】设有两个 2 字节数，分别存在 31H、30H 和 33H、32H 中（高位在前），试编写其加法程序，运算结果存入 32H、31H、30H 单元中，如图 3-4 所示。

解：加数和被加数是 16 位二进制数，不能用一条指令完成，需按下列步骤完成计算。首先，将两数的低 8 位相加，结果存入 30H 单元中。然后，再将两数的高 8 位连同低 8 位相加后的进位 Cy 相加，结果存入 31H 单元中。最后，把高 8 位相加后的进位 Cy 存入 32H 单元中。但 Cy 是 1 位存储单元，32H 是 8 位存储单元，不可以直接传送，必须把 Cy 变换为等量的 8 位数，才能存入 8 位存储单元中。程序如下：

MOV	A,30H	;取一个加数的低 8 位		
ADD	A,32H	;低 8 位相加		31H 30H
MOV	30H,A	;存低 8 位和	+	33H 32H
MOV	A,31H	;取一个加数的高 8 位		
ADDC	A,33H	;高 8 位连同 Cy 相加		32H 31H 30H
MOV	31H,A	;存高 8 位和		图 3-4 16 位数
MOV	A,#00H	;		加法示意图
ADDC	A,#00H	;把 Cy 变换为等量的 8 位数		
MOV	32H,A	;存进位		

【例 3-11】例 3-10 中，若两个加数分别为 BCD 码，试编程再求其和。

解：BCD 码调整指令只能用于 BCD 码加法运算，需紧跟在加法指令之后，由计算机内部硬件电路自动完成调整操作。编程如下：

```
MOV    A,30H      ;取一个加数低 8 位
ADD    A,32H      ;低 8 位相加
DA     A          ;低 8 位和 BCD 码调整
MOV    30H,A      ;低 8 位和存入 30H
MOV    A,31H      ;取一个加数高 8 位
ADDC   A,33H      ;高 8 位连同进位相加
DA     A          ;高 8 位和 BCD 码调整
MOV    31H,A      ;高 8 位和存入 31H
MOV    A,#00H     ;A 清零
ADDC   A,#00H     ;把进位位置入 A 中
```

```
MOV      32H,A                    ;进位存入 32H
```

【例 3-12】 被减数存在 R3、R2 中（高位在前），减数存在 R1、R0 中，试编写其减法程序，差值存入 R1、R0 中，借位存入 R2 中，如图 3-5 所示。

解： 在 80C51 指令系统中，减法必须带 Cy。本题在低 8 位相减时，不需要减 Cy，可先将 Cy 清零。但在此之前还未学过 Cy 清零的指令，就得用学过的指令将 Cy 清零。程序如下：

```
ADD      A,#00H                   ;产生 Cy = 0
MOV      A,R2                     ;取被减数低 8 位
SUBB     A,R0                     ;低 8 位相减
MOV      R0,A                     ;存低 8 位差值
MOV      A,R3                     ;取被减数高 8 位
SUBB     A,R1                     ;高 8 位连同 Cy 相减
MOV      R1,A                     ;存高 8 位差值
MOV      A,#00H                   ;
ADDC     A,#00H                   ;把 Cy 变换为等量的 8 位数
MOV      R2,A                     ;存借位
```

```
        R3   R2
    -   R1   R0
    ─────────────
    R2   R1   R0
```

图 3-5 16 位数减法示意图

2. 加 1 减 1 指令

加 1 减 1 指令与加减法指令中加 1 减 1 运算的区别是，加 1 减 1 指令不影响标志位，特别是不影响进位标志 Cy，即加 1 等于 256 时不向 Cy 进位，Cy 保持不变；减 1 不够减时向高位借位，Cy 保持不变。加 1 减 1 指令涉及 A 时，会影响奇偶标志 P。

3. 乘除法指令

乘除法指令需要说明如下。

（1）乘法指令和除法指令是 80C51 指令系统中执行时间最长的指令，需 4 个机器周期。只能实现两个 8 位无符号数之间的乘除运算。

（2）乘法指令必须将两个乘数分别存放在 A 和 B 中，才能进行。指令执行后，乘积为 16 位，积低 8 位存于 A 中，积高 8 位存于 B 中。如果积大于 255（即积高 8 位 B≠0），则 OV 置 **1**，否则 OV 清零，而该指令执行后，Cy 总是清零。

（3）除法指令必须将被除数放在 A 中、除数放在 B 中，才能进行。指令执行后，商放在 A 中，余数放在 B 中。进位位 Cy 和溢出标志位 OV 均清零。只有当除数为 0 时，运算结果为不确定值，OV 位置 1，说明除法溢出。

【例 3-13】 已知一个 2 字节乘数存在 32H、31H 中（高位在前），另一个 1 字节乘数存在 30H 中，试编程实现 32H31H×30H→R7R6R5。

解： 16 位乘 8 位，需将 16 位分为两个 8 位，先乘低 8 位，后乘高 8 位，再相加。解题思路如图 3-6 所示，具体程序如下：

```
MOV      A,31H                    ;被乘数低 8 位(31H)→A
MOV      B,30H                    ;乘数(30H)→B
```

```
MUL    AB              ;(31H)×(30H)
MOV    R5,A            ;[(31H)×(30H)]低8位→R5
MOV    R6,B            ;[(31H)×(30H)]高8位→R6(暂存)
MOV    A,32H           ;被乘数高8位(32H)→A
MOV    B,30H           ;乘数(30H)→B
MUL    AB              ;(32H)×(30H)
ADD    A,R6            ;[(32H)×(30H)]低8位+[(31H)×(30H)]高8位→A
MOV    R6,A            ;[(32H)×(30H)]低8位+[(31H)×(30H)]高8位→R6
MOV    A,B             ;[(32H)×(30H)]高8位→A
ADDC   A,#00H          ;[(32H)×(30H)]高8位+(进位)→A
MOV    R7,A            ;[(32H)×(30H)]高8位+(进位)→R7
```

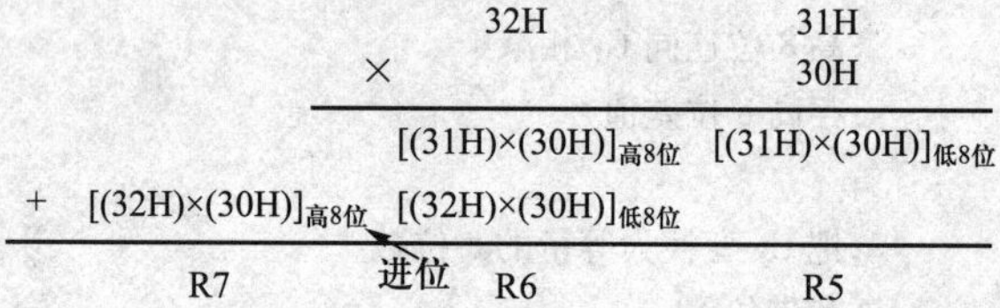

$$
\begin{array}{cccc}
 & 32H & & 31H \\
\times & & & 30H \\
\hline
 & & [(31H)\times(30H)]_{高8位} & [(31H)\times(30H)]_{低8位} \\
+ & [(32H)\times(30H)]_{高8位} & [(32H)\times(30H)]_{低8位} & \\
\hline
R7 & 进位 & R6 & R5
\end{array}
$$

图3-6　32H31H×30H→R7R6R5 示意图

【例3-14】试编程把20H中的二进制数转换为3位BCD码。百位数放在20H，十位、个位数放在21H中。

解：先将要转换的二进制数除以100，商数即为百位数，余数部分再除以10，商数和余数分别为十位数和个位数，再通过SWAP、ADD指令组合成一个压缩BCD数，十位数放在21H高4位，个位数放在21H低4位，百位数放在20H低4位，如图3-7所示。编程如下：

20H		21H	
高4位	低4位	高4位	低4位
0000	百位数	十位数	个位数

图3-7　例3-14 转换示意图

```
MOV    A,20H           ;读被除数
MOV    B,#100          ;置除数100
DIV    AB              ;除以100
MOV    20H,A           ;百位数(商)→20H
MOV    A,B             ;余数→A
MOV    B,#10           ;置除数10
DIV    AB              ;除以10,十位数→A、个位数→B
SWAP   A               ;十位数→A高4位,A低4位=0
ADD    A,B             ;个位数→A低4位,十位数→A高4位,组合成压缩BCD码
MOV    21H,A           ;存十位、个位BCD码
```

3.2.3　逻辑运算及移位类指令

逻辑运算类指令共24条，包括**与**、**或**、**异或**、清零、取反及移位等操作指令。这些指令

涉及 A 时，影响奇偶标志 P，但对 Cy（除带 Cy 移位）、AC、OV 无影响。逻辑运算类指令如表 3-4 所示。

表 3-4 80C51 逻辑运算类指令

类型	指令助记符		功能	对 PSW 的影响				机器代码	字节数	周期数
				Cy	AC	OV	P			
与	ANL A,	Rn	$A \wedge Rn \rightarrow A$	×	×	×	√	58～5F	1	1
		@Ri	$A \wedge (Ri) \rightarrow A$	×	×	×	√	56/57	1	1
		direct	$A \wedge (direct) \rightarrow A$	×	×	×	√	55 dir	2	1
		#data	$A \wedge data \rightarrow A$	×	×	×	√	54 dat	2	1
	ANL direct,	A	$(direct) \wedge A \rightarrow (direct)$	×	×	×	×	52 dir	2	1
		#data	$(direct) \wedge data \rightarrow (direct)$	×	×	×	×	53 dir dat	3	2
或	ORL A,	Rn	$A \vee Rn \rightarrow A$	×	×	×	√	48～4F	1	1
		@Ri	$A \vee (Ri) \rightarrow A$	×	×	×	√	46/47	1	1
		direct	$A \vee (direct) \rightarrow A$	×	×	×	√	45 dir	2	1
		#data	$A \vee data \rightarrow A$	×	×	×	√	44 dat	2	1
	ORL direct,	A	$(direct) \vee A \rightarrow (direct)$	×	×	×	×	42 dir	2	1
		#data	$(direct) \vee data \rightarrow (direct)$	×	×	×	×	43 dir dat	3	2
异或	XRL A,	Rn	$A \oplus Rn \rightarrow A$	×	×	×	√	68～6F	1	1
		@Ri	$A \oplus (Ri) \rightarrow A$	×	×	×	√	66/67	1	1
		direct	$A \oplus (direct) \rightarrow A$	×	×	×	√	65 dir	2	1
		#data	$A \oplus data \rightarrow A$	×	×	×	√	64 dat	2	1
	XRL direct,	A	$(direct) \oplus A \rightarrow (direct)$	×	×	×	×	62 dir	2	1
		#data	$(direct) \oplus data \rightarrow (direct)$	×	×	×	×	63 dir dat	3	2
循环移位	RL A		$\leftarrow[A_7 \leftarrow \cdots \leftarrow A_0]\leftarrow$	×	×	×	×	23	1	1
	RLC A		$\leftarrow[Cy]\leftarrow[A_7 \leftarrow \cdots \leftarrow A_0]\leftarrow$	√	×	×	√	33	1	1
	RR A		$\rightarrow[A_7 \leftarrow \cdots \leftarrow A_0]\rightarrow$	×	×	×	×	03	1	1
	RRC A		$\rightarrow[Cy]\rightarrow[A_7 \leftarrow \cdots \leftarrow A_0]\rightarrow$	√	×	×	√	13	1	1

续表

类型	指令助记符	功能	对 PSW 的影响				机器代码	字节数	周期数
			Cy	AC	OV	P			
求反	CPL　A	$\overline{A} \rightarrow A$	×	×	×	×	F4	1	1
清零	CLR　A	$0 \rightarrow A$	×	×	×	√	E4	1	1

【例 3-15】有两个 1 位 BCD 数，分别存在 21H 和 20H，试将其合并压缩到 20H 单元，如图 3-8 所示。

解： 程序如下：

```
MOV    A,21H        ;读高位 BCD 数
SWAP   A            ;移至高 4 位,(21H)₃~₀→A₇~₄
ORL    20H,A        ;组合且回存
```

【例 3-16】将 R7 中的压缩 BCD 码拆分为两个字节，低 4 位送到 P1 口的低 4 位，高 4 位送到 P3 口的低 4 位，P1、P3 口的高 4 位不变，如图 3-9 所示。

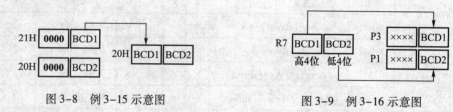

图 3-8　例 3-15 示意图　　　　图 3-9　例 3-16 示意图

解： 根据题意，可编程如下：

```
MOV    A,R7          ;读压缩 BCD 码
ANL    A,#00001111B  ;高 4 位清零,低 4 位保留
MOV    B,A           ;暂存 B
MOV    A,P1          ;读 P1 口
ANL    A,#11110000B  ;高 4 位不变,低 4 位清零
ORL    A,B           ;组合
MOV    P1,A          ;压缩 BCD 码低 4 位→P1 口低 4 位,P1 口高 4 位不变
MOV    A,R7          ;取原数据
ANL    A,#11110000B  ;高 4 位保留,低 4 位清零
SWAP   A             ;高低 4 位互换,A₇~₄←→A₃~₀
MOV    B,A           ;暂存 B
MOV    A,P3          ;读 P3 口
ANL    A,#11110000B  ;高 4 位不变,低 4 位清零
ORL    A,B           ;组合
MOV    P3,A          ;压缩 BCD 码高 4 位→P3 口低 4 位,P3 口高 4 位不变
```

【例 3-17】已知某数存在 R4 中, 试将其乘 2 存在 R3 中, 除以 2 存在 R2 中。

解: 程序如下:

```
CLR     A           ;A = 0
RLC     A           ;产生 Cy = 0
MOV     A,R4        ;读已知数
RLC     A           ;带 Cy(Cy = 0)循环左移相当于乘 2
MOV     R3,A        ;乘 2 后存 R3
CLR     A           ;A = 0
RLC     A           ;产生 Cy = 0
MOV     A,R4        ;读已知数
RRC     A           ;带 Cy(Cy = 0)循环右移相当于除以 2
MOV     R2,A        ;除以 2 后存 R2
```

说明: 80C51 单片机汇编程序中, 通常用带 Cy (Cy = 0) 循环左移实现乘 2 操作, 用带 Cy (Cy = 0) 循环右移实现除以 2 操作。

【例 3-18】已知 16 位数依次存放在内 RAM 21H、20H 单元 (高位在前, 并设移位后的数小于 65 535)。试编程实现其算术左移。

解: 算术左移是指将操作数整体左移一位, 最低位补充 0, 相当于完成对 16 位数的乘 2 操作, 如图 3-10 所示。程序如下:

图 3-10 例 3-18 示意图

```
CLR     A           ;
RLC     A           ;Cy = 0
MOV     A,20H       ;取操作数低 8 位
RLC     A           ;低 8 位带 Cy 左移一位
MOV     20H,A       ;回存
MOV     A,21H       ;指向操作数高 8 位
RLC     A           ;高 8 位带 Cy 左移一位
MOV     21H,A       ;回存
```

3.2.4 位操作类指令

80C51 硬件结构中有一个布尔处理器, 它是一个一位处理器, 有自己的累加器 (借用进位位 Cy), 自己的存储器 (即位寻址区中的各位), 也有完成位操作的运算器等。从指令系统中, 与此相对应的有一个进行布尔操作的指令集, 包括位变量的传送、修改和逻辑操作等。

位操作类指令如表 3-5 所示。

表3-5　80C51位操作类指令

类型		指令助记符	功能	对PSW的影响				机器代码	字节数	周期数
				Cy	AC	OV	P			
位传送		MOV　C,bit	(bit)→C	√	×	×	×	A2　bit	2	1
		MOV　bit,C	C→(bit)	×	×	×	×	92　bit	2	1
位修正	清零	CLR　C	0→C	√	×	×	×	C3	1	1
		CLR　bit	0→(bit)	×	×	×	×	C2　bit	2	1
	取反	CPL　C	$\overline{C}$→C	√	×	×	×	B3	1	1
		CPL　bit	$\overline{(bit)}$→(bit)	×	×	×	×	B2　bit	2	1
	置1	SETB　C	1→C	√	×	×	×	D3	1	1
		SETB　bit	1→(bit)	×	×	×	×	D2　bit	2	1
位逻辑	与	ANL　C,bit	C∧(bit)→C	√	×	×	×	82　bit	2	2
		ANL　C,/bit	C∧$\overline{(bit)}$→C	√	×	×	×	B0　bit	2	2
	或	ORL　C,bit	C∨(bit)→C	√	×	×	×	72　bit	2	2
		ORL　C,/bit	C∨$\overline{(bit)}$→C	√	×	×	×	A0　bit	2	2

【例3-19】 将位存储单元24H.4中的内容传送到位存储单元24H.0。

```
MOV    C,24H.4              ;(24H.4)→C
MOV    24H.0,C              ;C→(24H.0)
```

或写成：

```
MOV    C,24H               ;(24H)→C,(24H=24H.4)
MOV    20H,C               ;C→(20H),(20H=24H.0)
```

注意：① 后两条指令中的24H和20H分别为位地址24H.4和24H.0，而不是字节地址。在80C51指令系统中，位地址和字节地址均用2位十六进制数表示。区别的方法是：在位操作指令中出现的直接地址均为位地址，而在字节操作指令中出现的直接地址均为字节地址。

② 不能写成"MOV　24H.4,24H.0"，在80C51指令系统中bit与bit之间不能直接传送，必须通过C。

【例3-20】 设X、Y、F都代表位地址，试编程实现X、Y中内容**异或**操作，结果存入F中。

解： 80C51指令中没有位**异或**指令，位**异或**操作可按**异或**定义F＝X$\overline{Y}$＋Y$\overline{X}$，用若干条位操作指令来实现，程序如下：

```
MOV    C,X                ;读X
ANL    C,/Y               ;C=X Y̅
```

MOV	F,C	;暂存 F,F = X $\overline{Y}$
MOV	C,Y	;读 Y
ANL	C,/X	;C = Y $\overline{X}$
ORL	C,F	;C = X $\overline{Y}$ + Y $\overline{X}$
MOV	F,C	;结果存入 F 中

3.2.5 控制转移类指令

控制转移类指令包括无条件转移指令、条件转移指令、调用和返回指令。这类指令通过修改 PC 的内容来控制程序的执行过程，可极大提高程序的效率。这类指令（除比较转移指令）一般不影响标志位。控制转移类指令如表 3-6 所示。

表 3-6　80C51 控制转移类指令

类型		指令助记符	功能	对 PSW 的影响				机器代码	字节数	周期数
				Cy	AC	OV	P			
无条件转移	转移	LJMP addr16	addr16→PC	×	×	×	×	02　adrH　adrL	3	2
		AJMP addr11	PC + 2→PC,addr11→PC	×	×	×	×	*1　adrL	2	2
		SJMP rel	PC + 2 + rel→PC	×	×	×	×	80　rel	2	2
		JMP @ A + DPTR	A + DPTR→PC	×	×	×	×	73	1	2
	调用	LCALL addr16	PC + 3→PC,断点入栈,addr16→PC	×	×	×	×	12　adrH　adrL	3	2
		ACALL addr11	PC + 2→PC,断点入栈,addr11→PC	×	×	×	×	※1　adrL	2	2
	返回	RET	子程序返回	×	×	×	×	22	1	2
		RETI	中断返回	×	×	×	×	32	1	2
条件转移		JZ rel	A = 0,则 PC + 2 + rel→PC	×	×	×	×	60　rel	2	2
		JNZ rel	A≠0,则 PC + 2 + rel→PC	×	×	×	×	70　rel	2	2
		JC rel	Cy = 1,则 PC + 2 + rel→PC	×	×	×	×	40　rel	2	2
		JNC rel	Cy = 0,则 PC + 2 + rel→PC	×	×	×	×	50　rel	2	2
		JB bit,rel	(bit) = 1,则 PC + 3 + rel→PC	×	×	×	×	20　bit　rel	3	2
		JNB bit,rel	(bit) = 0,则 PC + 3 + rel→PC	×	×	×	×	30　bit　rel	3	2
		JBC bit,rel	(bit) = 1,则 PC + 3 + rel→PC,0→(bit)	√	×	×	×	10　bit　rel	3	2
		CJNE A,#data,rel	A≠data,则 PC + 3 + rel→PC	√	×	×	×	B4　dat　rel	3	2
		CJNE A,direct,rel	A≠(direct),则 PC + 3 + rel→PC	√	×	×	×	B5　dir　rel	3	2
		CJNE Rn,#data,rel	Rn≠data,则 PC + 3 + rel→PC	√	×	×	×	B8 ~ BF　dat　rel	3	2

续表

类型	指令助记符	功能	对 PSW 的影响				机器代码	字节数	周期数
			Cy	AC	OV	P			
条件转移	CJNE @ Ri,#data,rel	(Ri) ≠ data,则 PC + 3 + rel→PC	√	×	×	×	B6/B7　dat　rel	3	2
	DJNZ Rn,rel	Rn − 1→Rn,Rn ≠ 0, 则 PC + 2 + rel→PC	×	×	×	×	D8 ~ DF　rel	2	2
	DJNZ direct,rel	(direct) − 1→(direct), 若(direct) ≠ 0,则 PC + 3 + rel→PC	×	×	×	×	D5　dir　rel	3	2
空操作	NOP	PC + 1→PC	×	×	×	×	00	1	1

注:＊1、＊表示 0、2、4、…、C、E;※1、※表示 1、3、5、…、D、F。

1. 无条件转移指令

无条件转移指令根据其转移范围可分为长转移(LJMP)、短转移(AJMP)、相对转移(SJMP)和间接转移(JMP)四种指令。其区别如下。

(1)前三条无条件转移指令的转移范围不一样。LJMP 转移范围是 64 KB;AJMP 转移范围是与当前 PC 值同一 2 KB;SJMP 转移范围是当前 PC − 128 B ~ + 127 B。使用 AJMP 和 SJMP 指令应注意转移目标地址是否在转移范围内,若超出范围,程序将出错。

(2)指令字节不一样。LJMP 是 3 字节指令;AJMP、SJMP 是 2 字节指令。

(3)间接转移(JMP)指令为一字节指令,转移目标地址由累加器 A 内容与数据指针 DPTR 内容之和来决定,主要用于散转。

2. 条件转移指令

条件转移指令根据判断条件可分为判 C 转移、判 bit 转移、判 A 转移、减 1 非 0 转移和比较不相等转移指令。满足条件,则转移;不满足条件,则程序顺序执行。

其中,需要说明的是,比较转移指令影响标志位。CJNE 指令执行后的 Cy 状态相当于减法指令,实际上,CJNE 指令是做了一次没有差值的减法(试减),并不改变两个操作数的大小。当目的操作数大于等于源操作数时,Cy = 0;目的操作数小于源操作数时,Cy = 1。

【例3-21】试编写程序,将内 RAM 20H ~2FH 共 16 个连续单元清零。

解: 有两种方法,分别用减 1 非 0 转移和比较不相等转移指令。编程如下:

(1)减 1 非 0 转移

```
CLR1:MOV     R0,#20H       ;置清零区首址
     MOV     R2,#16        ;置数据长度
     CLR     A             ;A = 0
LOP1:MOV     @R0,A         ;清零
     INC     R0            ;修改间址
     DJNZ    R2,LOP1       ;判清零循环结束否?
     SJMP    0FEH          ;原地等待
```

（2）比较不相等转移

```
CLR2:MOV    R0,#20H          ;置清零区首址
     CLR    A                ;A＝0
LOP2:MOV    @R0,A            ;清零
     INC    R0               ;修改间址
     CJNE   R0,#30H,LOP2     ;判清零循环结束否?
     SJMP   $                ;原地等待
```

说明：① 0FEH＝FEH。之所以在 FEH 前加 0，是为了键入电脑时便于仿真软件识别。仿真软件要求：凡用英文字母开头的地址或数据，在英文字母前要加 0，这并非是 80C51 指令系统本身需要。在后续文字中，有 0 无 0 具有同等效果，以后不再赘述。

② "SJMP　0FEH" 是常用的在原地踏步等待的指令，转移目标地址 0FEH 常用符号 "＄" 替代，"＄" 表示本指令首字节地址，80C51 指令系统中并无此符号，但仿真软件均能识别。因此，"SJMP　＄" 即表示在原地踏步等待。

3. 调用和返回指令

在一个程序中经常会遇到反复多次执行某程序段的情况，如果重复书写这个程序段，会使程序变得冗长而杂乱。对此，可把重复的程序编写为一个子程序，在主程序中调用子程序。这样，不仅减少了编程的工作量，而且也缩短了程序的总长度。另外，子程序还增加了程序的可移植性，一些常用的运算程序写成子程序形式，可以被随时引用、参考，为广大单片机用户提供方便。

调用子程序的程序称为主程序，主程序与子程序间的调用关系如图 3-11（a）所示。在一个比较复杂的子程序中，往往还可能在已调用子程序中再调用另一个子程序，称为子程序嵌套，如图 3-11（b）所示。从图中可看出，调用和返回构成了子程序调用的完整过程。为了实现这一过程，必须有子程序调用和返回指令，调用指令在主程序中使用，而返回指令则应该是子程序的最后一条指令。

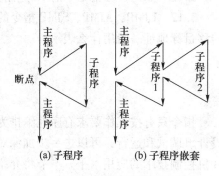

(a) 子程序　　(b) 子程序嵌套

图 3-11　子程序及其嵌套示意图

为保证正确返回，每次调用子程序时，CPU 将自动把断口地址保存到堆栈中，返回时按后进先出原则把地址弹回到 PC 中，从原断口地址开始继续执行主程序。

（1）调用指令

调用指令根据其调用子程序范围分为长调用和短调用两种，其特点类似于长转移和短转移指令。说明如下。

① LCALL 与 ACALL 的区别和 LJMP 与 AJMP 的区别类同，但执行转移指令不考虑返回，而执行调用指令后需要返回，因此在将新的地址送入 PC 之前，先要把原 PC 值压入堆栈保存。

② LCALL 可以调用存储在 64 KB ROM 范围内任何地方的子程序；ACALL 只能调用与当前 PC 同一 2 KB 范围内的子程序。

③ ACALL 指令的缺点与 AJMP 指令相同，容易出错，建议尽量不用。

（2）返回指令

返回指令分子程序返回和中断返回两种，两者不能混淆。子程序返回对应于子程序调用，其功能是从堆栈中取出断点地址，送入 PC，使程序从主程序断点处继续执行。中断返回应用于中断服务子程序中，中断服务子程序是在发生中断时 CPU 自动调用的。中断返回指令除了具有返回断点的功能以外，还对中断系统有影响，有关内容将在 5.1 节中分析。

4. 空操作指令

NOP 指令的功能仅使 PC 加 1，然后继续执行下条指令，无任何其他操作。NOP 为单机周指令，在时间上占用一个机器周期，因而在延时或等待程序中常用于时间"微调"。

【复习思考题】

3.7　三个不同存储空间的数据传送指令如何区分？

3.8　读 ROM 指令有两种基址，寻址范围各为多少？用 PC 作为基址寄存器时，有什么缺点？

3.9　加 1 减 1 指令与加法减法指令中加 1 减 1 运算有什么区别？

3.10　"DA　A"指令能否随意对二进制数作出 BCD 码调整？

3.11　如何区分指令中的 16 进制数是位地址还是字节地址？读写时会不会搞错？

3.12　LJMP、AJMP、SJMP 指令的区别是什么？使用 AJMP 和 SJMP 指令有什么注意事项？转移目标地址一般用什么表示？

3.3　汇编语言程序设计

指令只有按工作要求有序地编排为一段完整的程序，才能完成某一特定任务。通过程序的设计、调试和运行，可以进一步加深对指令系统的了解和掌握，从而也在一定程度上提高了单片机控制技术的应用水平，本节将介绍 80C51 常用的汇编语言程序设计方法和一些具有代表性的汇编语言程序实例，作为程序设计的参考。

3.3.1　汇编语言程序设计基本概念

1. 汇编

用汇编语言编写的源程序便于人们阅读和记忆，但计算机并不能识别，计算机能识别的是用二进制数表示的指令代码（称为机器语言）。因此，必须将其转换为由二进制码组成的机器代码后，计算机才能执行。将汇编语言源程序转换为机器代码的过程称为汇编。反之，将由二进制码组成的机器代码程序转换为汇编语言源程序的过程称为反汇编。

汇编的方法可分为手工汇编和计算机汇编。

（1）手工汇编

手工汇编是由汇编者对照指令表，分别查出源程序每条指令的指令代码，然后用这些指令代码以字节为单位从源程序的起始地址依次排列，形成的源程序代码。

在手工汇编过程中，若碰到与后面程序有关的地址标号或变量，则暂时将这些单元空出，继续往后汇编，最后再根据后面的汇编结果，将这些空出的单元填好。

【例3-22】对下段程序进行手工汇编

地址	指令代码			源程序		
				ORG	2000H	
2000H	D2	91		START:	SETB	P1.1
2002H	75	30	03	DL:	MOV	30H,#03H
2005H	75	31	F0	DL0:	MOV	31H,#0F0H
2008H	D5	31	rel1	DL1:	DJNZ	31H,DL1
200BH	D5	30	rel2		DJNZ	30H,DL0
200EH	B2	91			CPL	P1.1
2010H	空1	空2			AJMP	DL

首先，查指令表，写出每条指令的指令代码及第一字节的地址，然后对空格中的值进行计算。

① 计算偏移量

已知偏移量、PC值与目标地址的关系为：偏移量 + 当前PC值（源地址）= 目标地址。

所以：rel1 = 目标地址1 – 源地址1 = 2008H – 200BH = –3

以补码表示：rel1 = 0FDH

同理：rel2 = 2005H – 200EH = –9

以补码表示：rel2 = 0F7

② 计算转移地址

AJMP addr11的指令代码为：$a_{10}a_9a_8 00001 a_7 \cdots a_0$，其中 $a_{10}a_9a_8a_7 \cdots a_0$ 即 addr11。已知：DL = 2002H，取其低11位，即 addr11 = 00000000010B，所以，空1 = $a_{10}a_9a_8 00001$ = 01H，空2 = $a_7 \cdots a_0$ = 02H，分别用求得的数将4个空格填好，手工汇编结束。

需要说明的是，手工汇编繁琐、效率低、易出错，仅在单片机应用初期和无编译软件时采用。本节介绍手工汇编过程是为了帮助读者理解汇编原理。

（2）计算机汇编

计算机汇编是通过编译软件来自动完成的，如第2章中的Keil C51，这里不作具体介绍。

2. 伪指令

在计算机汇编过程中，需要为编译软件提供一些有关汇编信息的指令。如指定程序或数据存放的起始地址、给一些连续存放的数据确定存储单元等。这些指令在汇编时起控制作用，但自身并不产生机器码，不属于指令系统，而仅是为汇编服务，因此称为伪指令。常用的伪指令有以下几种。

（1）起始伪指令 ORG（Origin）。格式如下：

ORG 16 位地址

功能：规定 ORG 下面的目标程序的起始地址。例如：

```
        ORG     0100H
START:  MOV     A,#05H
        ADD     A,#08H
        MOV     20H,A
```

ORG 0100H 表示该伪指令下面第一条指令的起始地址是 0100H，即"MOV A，#05H"指令的第一个字节地址为 0100H，或标号 START 代表的地址为 0100H。

（2）结束伪指令 END。格式如下：

END

功能：汇编语言源程序的结束标志。在 END 以后所写的指令，汇编程序不再处理。一个源程序只能有一个 END 指令，应放在所有指令的最后。需要注意的是，用 Keil 编译器调试汇编程序时，末尾必须以 END 结尾，否则编译器将视为出错。

（3）等值伪指令 EQU（Equate）。格式如下：

字符名 EQU 数据或汇编符号

功能：将一个数据或特定的汇编符号赋予规定的字符名。例如：

```
PP      EQU     R0          ;PP = R0
MOV     A,PP                ;A←R0
```

这里将 PP 等值为汇编符号 R0，在指令中 PP 就可以代替 R0 来使用。又例如：

```
ABC     EQU     30H         ;ABC = 30H
DELY    EQU     1234H       ;DELY = 1234H
MOV     A,#ABC              ;A = 30H
LCALL   DELY                ;调用首地址为 1234H 的子程序
```

（4）数据地址赋值伪指令 DATA。格式如下：

字符名 DATA 地址表达式

功能：将数据地址或代码地址赋予规定的字符名。

DATA 与 EQU 的功能有些相似，区别是：EQU 定义的符号必须先定义后使用，而 DATA 可以先使用后定义。

（5）定义字节伪指令 DB（Define Byte）。格式如下：

DB　8 位二进制数据表

功能：从指定的地址单元开始，定义若干字节的存储单元为 8 位数据，而不是指令代码。数据与数据之间用逗号"，"分割。例如：

```
        ORG     4000H
TAB：DB         73H,45,"A","2"
TAB1：DB        101B
```

以上指令经汇编后，将对 4000H 开始的若干字节存储单元赋值。其中：（4000H）=73H，（4001H）=2DH（注：45 的 16 进制数），（4002H）=41H（注：A 的 ASCII 码），（4003H）=32H（注：2 的 ASCII 码），（4004H）=05H。

（6）定义字伪指令 DW（Define Word）。格式如下：

DW　16 位二进制数据表

功能：从指定的地址单元开始，定义若干双字节存储单元为 16 位数据。双字节中数据高 8 位在前，低 8 位在后；不足 16 位者，高位用 0 填充。例如：

```
        ORG     1000H
HTAB：DW        7856H,89H,30
```

汇编后：（1000H）=78H，（1001H）=56H；（1002H）=00H，（1003H）=89H；（1004H）=00H，（1005H）=1EH。

（7）定义位地址伪指令 BIT。格式如下：

字符名　BIT　位地址

功能：将位地址赋予所规定的字符名称。例如：

```
AQ      BIT     P0.0
DEF     BIT     30H
```

把 P0.0 的位地址赋给字符 AQ，把位地址 30H 赋给字符 DEF。在其后的编程中，AQ 可作 P0.0 使用，DEF 可作位地址 30H 使用。

3. 程序设计基本要求

程序设计基本要求是：占用内存少（字节数少）、执行速度快（机周数少）和条理清晰、阅读方便。

程序设计一般有顺序、分支、循环、查表以及散转等基本结构。

3.3.2　顺序程序

顺序程序是指按顺序依次执行的程序，也称为简单程序或直线程序。顺序程序结构虽然比较简单，但也能完成一定的功能任务，是构成复杂程序的基础。3.2 节中例 3-10 ~ 例 3-20 即为顺序程序，本节不再赘述。

3.3.3　分支程序

在许多情况下，需要根据不同的条件转向不同的处理程序，这种结构的程序称为分支程序。80C51 指令系统中设置了条件转移指令、比较转移指令和无条件转移指令，可以实现分支程序。

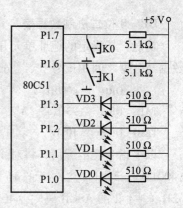

图 3-12　信号灯电路

【例 3-23】已知电路如图 3-12 所示，要求实现：

① K0、K1 均未按下，VD0 亮，其余灯灭；

② K0 单独按下，VD1 亮，其余灯灭；

③ K1 单独按下，VD2 亮，其余灯灭；

④ K0、K1 均按下，VD3 亮，其余灯灭。

解：程序如下

```
MAIN:ORL   P1,#11001111B      ;置 P1.7、P1.6 输入态,P1.5、P1.4 状态不变,灯全灭
SL0： JNB   P1.7,SL1           ;K0 按下,转判 K1
      JNB   P1.6,VD2           ;K0 未按下,K1 按下,转 VD2 亮
VD0： CLR   P1.0               ;K0、K1 均未按下,VD0 亮
      ORL   P1,#00001110B      ;VD1~VD3 灯灭,其余状态不变
      SJMP  SL0                返回循环
SL1： JNB   P1.6,VD3           ;K0、K1 均按下,转 VD3 亮
VD1： CLR   P1.1               ;K0 按下,K1 未按下,VD1 亮
      ORL   P1,#00001101B      ;VD0、VD2、VD3 灯灭,其余状态不变
      SJMP  SL0                返回循环
VD2： CLR   P1.2               ;VD2 亮
      ORL   P1,#00001011B      ;VD0、VD1、VD3 灯灭,其余状态不变
      SJMP  SL0                返回循环
VD3： CLR   P1.3               ;VD3 亮
      ORL   P1,#00000111B      ;VD1~VD2 灯灭,其余状态不变
      SJMP  SL0                返回循环
      END                      ;伪指令,C51 编译器调试需有 END 结尾
```

本例 Keil C51 调试和 Proteus 仿真见实验 2。

3.3.4　循环程序

在许多实际应用中，往往需要多次反复执行某种相同的操作，而只是参与操作的操作数不同，这时就可采用循环结构。循环程序常用于求和、统计、查找、排序、延时、求平均值等程序。循环程序可以缩短程序量，减少程序所占的内存空间。循环程序一般包括以下几个部分。

（1）循环初值：在进入循环之前，要对循环中需要使用的寄存器和存储器赋予规定的初始

值。比如循环次数、循环体中工作单元的初值等。

（2）循环体：循环体就是循环程序中需要重复执行的部分，是循环结构中的主体部分。

（3）循环修改：每执行一次循环，要对有关参数进行修改，使指针指向下一数据所在的位置，为进入下一轮循环做准备。

（4）循环控制：在程序中还需根据循环计数器的值或其他条件，来控制循环是否该结束。

以上四部分可以有两种组织形式，其结构如图 3-13 所示。

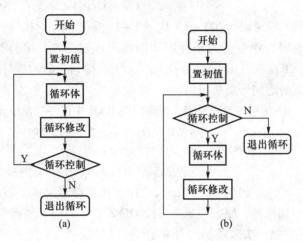

图 3-13　循环程序组织形式

【例 3-24】延时程序是单片机应用系统常用的模块程序。试按下列要求编写延时子程序：

（1）延时 1 ms，$f_{OSC} = 6$ MHz；

（2）延时 10 ms，$f_{OSC} = 12$ MHz；

（3）延时 0.5 s，$f_{OSC} = 12$ MHz。

解：（1）延时 1 ms。$f_{OSC} = 6$ MHz，一个机器周期为 2 μs，DJNZ 指令为 2 个机器周期。

```
DY1ms:    MOV    R7,#250        ;置循环次数(指令为 1 个机器周期)
LOP:      DJNZ   R7,LOP         ;250×2 机周=500 机周
          RET                   ;子程序返回(单独 Keil 调试时,需用 END 替代 RET)
```

上述子程序实际延时（500 + 1）机周 × 2 μs/机周 = 1002 μs。

（2）延时 10 ms。$f_{OSC} = 12$ MHz，一个机器周期为 1 μs。

```
DY10ms:   MOV    R6,#20         ;置外循环次数
DY1:      MOV    R7,#250        ;置内循环次数
DY2:      DJNZ   R7,DY2         ;250×2 机周=500 机周
          DJNZ   R6,DY1         ;500 机周×20=10000 机周
          RET                   ;子程序返回(单独 Keil 调试时,需用 END 替代 RET)
```

实际延时 $[(500 + 2 + 1) \times 20 + 1]$ 机周 × 1 μs/机周 = 10061 μs。

（3）延时 0.5 s。$f_{OSC} = 12$ MHz，一个机器周期为 1 μs。

DY05s:	MOV	R5,#5	;置外循环次数
DY0:	MOV	R6,#200	;置中循环次数
DY1:	MOV	R7,#250	;置内循环次数
DY2:	DJNZ	R7,DY2	;250 ×2 机周 = 500 机周
	DJNZ	R6,DY1	;500 机周 ×200 = 100000 机周
	DJNZ	R5,DY0	;100000 机周 ×5 = 500000 机周
	RET		;子程序返回(单独 Keil 调试时,需用 END 替代 RET)

实际延时 $\{[(2 \times 250 + 2 + 1) \times 200 + 2 + 1] \times 5 + 1\}$ 机周 $\times 1 \mu s/$ 机周 = 503016 μs。

说明:① RET(返回)指令需与子程序调用指令成对出现,单独执行时会出错。因此,Keil 调试时,需去除 RET 指令,用 END 替代 RET,才能得到正确的延时时间。但实际调用时,仍需加上 RET 指令,延时时间增加 2 机周。

② 工作寄存器 R0 ~ R7 使用一般较频繁,也可用内 RAM 中任一存储单元构成延时程序。例如:

DY1ms:	MOV	30H,#250	;置循环次数(指令为 2 个机器周期)
LOP:	DJNZ	30H,LOP	;250 ×2 机周 = 500 机周
	RET		;子程序返回(单独 Keil 调试时,需用 END 替代 RET)

实际延时 $(500 + 2) \times 2 \mu s/$ 机周 = 1004 μs,比用工作寄存器时多 2 μs。

③ 以上延时程序不太精确,原因是未考虑除 DJNZ 指令外的其他指令的运行时间。若要求比较精确,还可微调某一循环次数或加入 NOP 指令。例如:

DY05s:	MOV	R5,#5	;置外循环次数(1 机周)
DY0:	MOV	R6,#200	;置中循环次数(1 机周)
DY1:	MOV	R7,#248	;置内循环次数(1 机周)
DY2:	DJNZ	R7,DY2	;(2 机周)
	NOP		;空操作(1 机周)
	DJNZ	R6,DY1	;(2 机周)
	DJNZ	R5,DY0	;(2 机周)
	RET		;子程序返回(单独 Keil 调试时,需用 END 替代 RET)

实际延时 $\{[(2 \times 248 + 2 + 1 + 1) \times 200 + 2 + 1] \times 5 + 1\}$ 机周 $\times 1 \mu s/$ 机周 = 500016 μs。

若需要更精确延时,一般可采用定时/计数器,将在第 5 章中介绍。

④ 适当选择外、中、内循环次数可以编制其他要求的延时子程序,若需要实现更长时间的延时,可采用多重循环。例如,采用 7 重循环,延时可达几年。

本例 Keil C51 调试见实验 3。

【例 3-25】试编制 2 字节除以 1 字节子程序:(R7R6 ÷ R5),商→R6,余数→R7

解:16 位除法不能用 8 位除法指令,编程如下:

DIVH:	MOV	R4,#8	;置循环数
DH1:	LCALL	RLC2	;调用 2 字节左移子程序
	MOV	F0,C	;存移出位

	CLR	C	;准备减,C 先清零
	MOV	A,R7	;被除数 R7→A
	SUBB	A,R5	;减除数:R7 – R5
	JB	F0,DH2	;移出位 =1,表示够减,转 DH2
	JC	DH3	;否则不够减。再判:若 C = 1,转 DH3(商上 0)
DH2:	MOV	R7,A	;若 C = 0 或从够减转来,则回存差值
	INC	R6	;商上 1
DH3:	DJNZ	R4,DH1	;判循环结束否? 未结束,转下一位
	RET		;
RLC2:	CLR	C	;2 字节左移子程序: C←R6←R7
	MOV	A,R6	;R6→A,准备在 A 中左移
	RLC	A	;R6 带 C 左移一位
	MOV	R6,A	;回存 R6
	MOV	A,R7	;R7→A,准备在 A 中左移
	RLC	A	;R7 带 C(R6 左移移出位)左移一位
	MOV	R7,A	;回存 R7
	RET		;

3.3.5 查表程序

单片机应用系统中,查表程序是一种常用的程序,它可以完成数据计算、转换、补偿等各种功能,具有程序简单、执行速度快等优点。数据表格一般存放在程序存储器 ROM 中,编程时,可以通过 DB 伪指令将表格的内容存入 ROM 中。用于查表的指令有两条:

(1) MOVC   A,@ A + DPTR

(2) MOVC   A,@ A + PC

用 DPTR 作为基址寄存器时,表格位置可放在 64 KB 范围内;用 PC 作为基址寄存器时,其读取单元地址与当前 PC 值间距不能超过 256 字节。

【例 3−26】已知 ROM 中存有 0 ~ 9 的平方表,首地址为 2000H,试根据累加器 A(设 A = 3)中的数值查找对应的平方值,存入内 RAM 30H。

解:(1) 用 DPTR 作为基址寄存器

SQUR:	MOV	A,#3	;A 赋值
	MOV	DPTR,# TAB	;置 ROM 平方表首地址
	MOVC	A,@ A + DPTR	;读平方值,A = 9
	MOV	30H,A	;平方值存入内 RAM 30H 中
	RET;		
…	…		
TAB:	DB	0,1,4,9,16,25,36,49,64,81	;平方表,首地址为 2000H

(2) 用 PC 作为基址寄存器

1F04H：	MOV	A，#3	；A 赋值
1F06H：	ADD	A，#F7H	；加上地址偏移量，A = A + F7H = FAH
1F08H：	MOVC	A，@ A + PC	；当前 PC = PC + 1 = 1F09H，A + PC = FAH + 1F09H = 2003H
1F09H：	MOV	30H，A	；(30H) = A = (2003H) = 09H
	RET		；
...	...		
2000H：	00H		；平方表：0^2 = 0
2001H：	01H		；　　 1^2 = 1
2002H：	04H		；　　 2^2 = 4
2003H：	09H		；　　 3^2 = 9
...	...		
2009H：	51H		；　　 9^2 = 81→51H(81 的 16 进制数)

说明：（1）当用 DPTR 作基址寄存器时，查表的步骤分三步：

① 变址值（表中要查的项与表格首地址之间的间隔字节数）→A；

② 基址值（表格首地址）→DPTR；

③ 执行读 ROM 指令"MOVC　A，@ A + DPTR"。

（2）当用 PC 作基址寄存器时，由于 PC 本身是一个程序计数器，与指令的存放地址有关，所以查表时其操作有所不同。也可分为三步：

① 变址值（表中要查的项与表格首地址之间的间隔字节数）→A；

② 偏移量 + A→A；偏移量即查表指令下一条指令的首地址（称为当前 PC，例如上述程序中 1F09H）到表格首地址（例如 2000H）之间的间隔字节数：2000H – 1F09H = F7H；

③ 执行读 ROM 指令"MOVC　A，@ A + PC"，注意执行该指令后的当前 PC 值（例如 1F09H）与表格末地址（例如 2009H）之间的间距不能超过 256 字节。

（3）从上述两种程序中得出：用 PC 作基址寄存器，优点是不占用 DPTR；缺点是查表范围有限，且计算麻烦，易出错。因此建议一般不用 PC 作基址寄存器，只有在 DPTR 很忙不能用不得已时才用 PC 作为基址寄存器。

【例 3-27】已知花样循环灯电路如图 3-14 所示，P1.0 ~ P1.7 端口分别接 8 个发光二极管，f_{osc} = 12 MHz，试按下列顺序要求（间隔 0.5 秒），编制程序。

① 全亮，全暗，并重复一次。

② 从上至下，每次亮 2 个。

③ 从下至上，每次亮 2 个。

④ 从上至下，每次亮 4 个，并重复一次。

⑤ 从上至下，每次间隔亮 2 个。

⑥ 每次间隔亮 4 个，并重复一次。

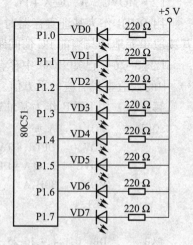

图 3-14　花样循环灯电路

⑦ 返回①,不断循环。

解: 编程如下:

DISP:	MOV	DPTR,#TAB	;置发光二极管亮灯控制字表首址
LP1:	MOV	R2,#0	;置初始顺序编号0
LP2:	MOV	A,R2	;读顺序编号
	MOVC	A,@A+DPTR	;读亮灯控制字
	MOV	P1,A	;输出亮灯
	LCALL	DY05s	;调用延时0.5 s子程序($f_{osc}=12\text{MHz}$)
	INC	R2	;指向下一控制字编号
	CJNE	R2,#25,LP2	;判本轮循环操作完否? 未完继续
	SJMP	LP1	;本轮循环依次操作完毕,转重新从0开始循环

;亮灯控制字表

TAB:	DB	0,0FFH,0,0FFH	;全亮,全暗,并重复一次
	DB	0FCH,0F3H,0CFH,3FH	;从上至下,每次亮2个
	DB	0CFH,0F3H,0FCH	;从下至上,每次亮2个
	DB	0F0H,0FH,0F0H,0FH	;从上至下,每次亮4个,并重复一次
	DB	0FAH,0F5H,0EBH	;从上至下,每次间隔亮2个
	DB	0D7H,0AFH,5FH	;
	DB	0AAH,55H,0AAH,55H	;每次间隔亮4个,并重复一次
DY05s:	⋯		;延时0.5 s子程序,略,见例3-24(3),Keil调试时需插入
	END		

从上述程序可悟出,只需编写花样循环码数组,然后按序输出,几乎可以随心所欲实现各种花样的亮灯循环。

本例Keil C51调试和Proteus仿真见实验4。

【复习思考题】

3.13 什么叫汇编、反汇编? 为什么要汇编?

3.14 什么叫伪指令? 有什么作用? 常用的伪指令有几种?

3.15 循环程序一般包括哪几个部分?

3.16 在Keil软件调试单独调试一个延时子程序时,为什么需去除"RET"指令后,才能得到正确的调试结果?

3.4 实 验 操 作

实验2 双键控4灯

双键控4灯电路及程序已在例3-23中给出。

1. Keil 调试

按实验1所述步骤，编译链接，语法纠错，并进入调试状态。程序运行结果可分别在变量观测窗口 Watch#1 标签页（图2-30）和 P1 对话框窗口（图2-36）中观测，程序运行过程可有断点、单步和全速运行3种方式。

（1）断点运行

① 断点设置。按2.1.2节所述，将光标移至"JB　P1.7，SL1"程序行前左键双击；或光标移至该程序行以后，左键单击图2-23 中断点设置图标（✋），该行语句前会出现一个红色小方块标记，表示此处被设置为断点。用同样方法分别在"JB　P1.6，VD2"和"JB　P1.6，VD3"程序行设置断点。

② 断点运行。左键单击图2-25 中全速运行图标（📑），由于预先设置了断点，因此当程序全速运行至断点时，就停了下来。若程序运行之初，P1.7 P1.6（K0、K1）状态已被设置为 **11**（两键断开），则 P1 口 P1.3 ~ P1.0 状态为 **1110**，表示 VD0 亮，其余灯灭。若改变 P1.7 P1.6（K0、K1）的状态 [鼠标左键点击图2-36（b）相应位（下面一行）可设置或修改]，例如设置为 **01**、**10** 或 **00**，并再次左键单击全速运行图标，则 P1.3 ~ P1.0 状态会变成 **1101**、**1011** 和 **0111**，即分别表示 VD1 亮（其余灯灭）、VD2 亮（其余灯灭）和 VD3 灯亮（其余灯灭）。

与此同时，屏幕下方变量观测窗口 Watch#1 标签页中，P1 口输出值依次相应为 0xFE、0xFD、0xFB、0xF7，该值对应了 VD0 ~ VD3 灯亮灭状态。

（2）单步运行。单步运行需先去除原来设置的断点，左键单击图2-23 中删除断点图标（🖐），标志断点的红色小方块标记会全部消失，表示断点被删除。

然后设置 P1.7 P1.6 状态，左键不断单击图2-25 中单步运行图标（👣），从 P1 口或 Watch#1 标签页都可看到程序运行结果。我们注意到：不同的 P1.7 P1.6 设置，不但程序运行最终结果不同，而且程序运行路径也不同。

（3）全速运行。全速运行也要先去除原来设置的断点，然后依次设置4种不同的 P1.7 P1.6 状态，全速运行后，从 P1 口或 Watch#1 标签页都可看到程序运行结果。

2. Proteus 虚拟仿真

（1）画 Proteus 虚拟仿真电路

根据图3-12 电路和表3-7，按2.2.2节，画出"双键控4灯"Proteus 仿真电路如图3-15 所示。

表 3-7　双键控 4 灯 Proteus 仿真电路元器件

名　　称	编　　号	大　　类	子　　类	型号/标称值	数　　量
80C51	U1	Microprocessor Ics	80C51 family	AT89C51	1
石英晶体	X1	Miscellaneous	CRYSTAL	12MHz	1
电阻		Resistors	Chip Resistor 1/8W 5%	10kΩ、330Ω	7

续表

名　称	编　号	大　类	子　类	型号/标称值	数　量
电容	C00	Capacitors	Miniature Electronlytic	2μ2	1
	C01	Capacitors	Ceramic Disc	33P	2
按键	K0、K1	Switches & Relays	Switches	BUTTON	2
发光二极管	VD0 ~ VD3	Optoelectronics	LEDs	红、绿、黄、蓝	4

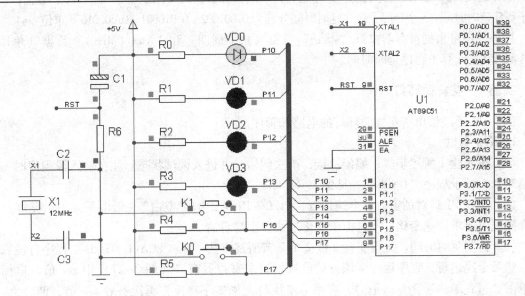

图 3-15　双键控 4 灯 Proteus 仿真电路

（2）鼠标左键双击 Proteus 仿真电路中 AT89C51，装入 Keil 调试后自动生成的 Hex 文件。

（3）鼠标左键单击全速运行按钮，电路虚拟仿真运行。设置按键 K0、K1 不同状态，可看到 VD0 ~ VD3 按题目要求亮暗。

① 程序之初，因 K0、K1 均未按下，所以 VD0 亮，其余灯灭。

② 鼠标左键单击 K0 右侧小红点，K0 单独按下，VD1 亮，其余灯灭。

③ 鼠标左键单击 K1 右侧小红点，K0、K1 均按下，VD3 亮，其余灯灭。

④ 再次左键单击 K0 右侧小红点，K0 断开、K1 单独按下，VD2 亮，其余灯灭。

⑤ 再次左键单击 K1 右侧小红点，K0、K1 均断开，VD0 亮，其余灯灭。

需要说明的是，本例选用的 BUTTON 按键有两种运行功能：有锁运行和无锁运行。作有锁运行时，鼠标左键单击按键图形中小红圆点，单击第一次闭锁，第二次开锁。作无锁运行时，鼠标左键单击按键图形中键盖帽"⌶⌶"，单击一次，键闭合后弹开一次，不闭锁。

（4）终止程序运行，可按停止按钮。

实验 3   查看延时程序延时时间

例 3-24 已经给出了几个延时子程序，其延时时间可在 Keil C 调试中予以查看和验证。

需要注意的是，输入源程序时，需将程序中子程序返回指令 RET 用 END 替代，原因是 RET 指令需与子程序调用指令成对出现，单独执行会出错。另外，在 Target 选项卡中，应将 "Xtal（MHz）"（图 2-8）设置为与程序要求相同的单片机工作频率。

编译链接，进入调试运行状态。全速运行，观测寄存器窗口（图 2-27）中 "sec" 数据，即为该子程序延时时间。3 个延时子程序延时时间分别为 0.001002、0.010061、0.503016（单位：s）。

另外，还可根据寄存器窗口 "states" 数据（机器周期）和 "Xtal（MHz）" 数据（单片机工作频率），计算子程序延时时间。

实验 4   花样循环灯

例 3-27 已经给出了花样循环灯的电路和程序。

1. Keil 调试

（1）按实验 1 所述步骤，编译链接，语法纠错，并进入调试状态。注意输入源程序时，需将延时 0.5 秒子程序 "DY05s"［见例 3-24（3）］插入。

（2）打开 P1 口对话窗口，全速运行，P1.0～P1.7 中的 "空白"（低电平，表示亮灯）位置会按题目要求快速变化，不过由于变化过快，不易看清。

（3）检测延时时间。先按实验 2 或 2.1.2 节所述方法，在 "LCALL DY05s" 程序行设置断点。然后全速运行，程序运行至该行后停顿，记录寄存器窗口（图 2-27）中 sec 值。鼠标左键单击 "过程单步" 图标（⚙），程序一步执行完毕该子程序，再次查看 sec 值，两者之差，即为该子程序延时时间。

（4）为了看清 P1 口对话窗口中的 "空白" 变化过程，可将程序中 "MOV R5，#5" 改为 "MOV R5，#250"。然后，重新编译链接、全速运行，可看到亮灯变化过程完全按程序要求运行变化。

需要说明的是，在 Keil C51 软件 P1 对话框中，"空白" 变化速率并不反映 P1 口实时变化速率，它是经过编译软件处理过的。在 Proteus 虚拟仿真中，我们将会看到亮灯间隔时间与程序设置的延时时间相同。

2. Proteus 虚拟仿真

（1）画 Proteus 虚拟仿真电路

按图 3-14 电路，画出 "花样循环灯" Proteus 虚拟仿真电路，或直接引用实验 1 中 "循环灯 Proteus 虚拟仿真电路"（图 2-71）。

（2）鼠标左键双击 Proteus 仿真电路中 AT89C51，装入 Keil 调试后自动生成的 Hex 文件。

（3）鼠标左键单击全速运行按钮，电路虚拟仿真运行，可看到亮灯变化过程完全按程序要求运行变化。

习　　题

3.1　指出下列指令中画线操作数的寻址方式。

(1) MOV　　R0,#30H　　　　；　　　(2) MOV　　A,30H　　　　　；

(3) MOV　　A,@ R0　　　　　；　　　(4) MOV　　@ R0,A　　　　　；

(5) MOVC　A,@ A + DPTR　；　　　(6) CJNE　　A,#00H,30H　　；

(7) MOV　　C,30H　　　　　；　　　(8) MUL　　AB　　　　　　　；

(9) MOV　　DPTR,#1234H　；　　　(10) POP　　ACC　　　　　　　；

3.2　选择题：

(1) 80C51 指令按指令长度分类没有_____。（A. 1 字节指令；B. 2 字节指令；C. 3 字节指令；D. 4 字节指令）

(2) 80C51 指令按指令执行时间分类没有_____。（A. 1 机周指令；B. 2 机周指令；C. 3 机周指令；D. 4 机周指令）

(3) 80C51 汇编语言指令格式中的必须项为_____。（A. 标号；B. 操作码；C. 操作数；D. 注释）

(4) 下列指令中，属于非法指令（多选）的是_____。

　　A. MOV　R5,R2；　　　B. MOV　@ R2,#60H；　　　C. MOV　60H,@ R0；

　　D. MOV　DPTR,#30H；　E. MOVC A,@ R0；　　　　F. MOVX　@ R0,ACC；

(5) 下列指令中，属于非法指令（多选）的是_____。

　　A. PUSH　B；　　　　　B. POP　A；　　　　　　C. SWAP　R0；

　　D. XCH　30H,A；　　　E. XCH　A,#30H；　　　F. XCHD　A,30H；

(6) 下列指令中，属于非法指令（多选）的是_____。

　　A. ADD　B,A；　　　　B. MUL　BA；　　　　　C. SUBB　A,@ R1；

　　D. ADD　A,ACC；　　　E. INC　DPTR；　　　　F. DEC　DPTR；

(7) 下列指令中，属于非法指令（多选）的是_____。

　　A. ANL　A,@ R2；　　　B. ORL　30H,40H；　　C. ORL　30H,#40H；

　　D. RLC　30H；　　　　E. LRC　A；　　　　　　F. CPL　30H；

(8) 下列指令中，属于非法指令（多选）的是_____。

　　A. SJMP　ABC；　　　　B. LJMP　DEC；　　　　C. LACLL　ABC；

　　D. JZ　30H,ABC；　　　E. JBC　FFH,ABC；　　F. JBC　B,ABC；

(9) 下列指令中，属于非法指令（多选）的是_____。

　　A. CJNE　R7,30H,ABC；B. CJNE　@ R1,#30H,ABC；C. DJNE　R1,ABC；

　　D. DJNZ　A,ABC；　　　E. CJNE　R1,#30H,ABC；　F. DJNZ　PSW,ABC；

3.3　试按下列要求传送数据。

（1）将 R2 中的数据传送到 40H。　　（2）将 R2 中的数据传送到 R3。

（3）将 R2 中的数据传送到 B。　　　（4）将 30H 中的数据传送到 40H。

（5）将 30H 中的数据传送到 R7。　　（6）将 30H 中的数据传送到 B。

（7）将立即数 30H 传送到 R7。　　　（8）将立即数 30H 传送到 40H。

（9）将立即数 30H 传送到以 R0 中内容为地址的存储单元中。

（10）将 30H 中的数据传送到以 R0 中内容为地址的存储单元中。

（11）将 R1 中的数据传送到以 R0 中内容为地址的存储单元中。

（12）将 R1 中的数据传送到以 R2 中内容为地址的存储单元中。

3.4　已知（30H）= 11H、（11H）= 22H、（40H）= 33H，试求下列程序依次连续运行后 A、R0 和 30H、40H、50H、60H 单元中的内容。

```
MOV      50H,30H      ;
MOV      R0,#40H      ;
MOV      A,11H        ;
MOV      60H,@R0      ;
MOV      @R0,A        ;
MOV      30H,R0       ;
```

3.5　已知内 RAM（20H）= ABH，外 RAM（4000H）= CDH，ROM（4000H）= EFH，试按下列要求传送数据。

（1）内 RAM 20H 单元数据送外 RAM 20H 单元；

（2）内 RAM 20H 单元数据送外 RAM 2020H 单元；

（3）外 RAM 4000H 单元数据送内 RAM 20H 单元；

（4）外 RAM 4000H 单元数据送外 RAM 1000H 单元；

（5）ROM 4000H 单元数据送外 RAM 20H 单元；

（6）ROM 4000H 单元数据送内 RAM 20H 单元。

3.6　试将 30H、R7、B、A、PSW、DPTR 中的数据依次压入堆栈。并指出每次堆栈操作后，SP =？（SP）=？设原 SP = 60H，当前工作寄存器区为 0 区，（30H）= 11H，R7 = 22H，B = 33H，A = 44H，PSW = 55H，DPTR = 6677H。

3.7　已知条件同上题堆栈操作结果，试将堆栈中数据依次弹出存入 DPH、DPL、A、B、PSW、30H、R7，求 DPTR、A、B、PSW、30H、R7 中的内容和当前工作寄存器区编号。

3.8　已知两个 2 字节数，分别存在 R7R6 和 R5R4 中（高位在前），试编写其加法程序，运算结果存入 R7R6R5 中。

3.9　已知被减数存在 31H30H、减数存在 33H32H 中（高位在前），试编写其减法程序，差值存入 31H30H 单元，借位存入 32H 单元。

3.10　已知两乘数分别存在 R1 和 R0，试编程求其积，并存入 R3R2。

3.11　已知 R0 = 24H，Cy = 1，（1FH）= 59H，（20H）= 24H，（24H）= B6H，试求下列程

序依次运行后有关单元中的内容。

```
MOV       A,1FH      ;
ADDC      A,20H      ;
CLR       A          ;
ORL       A,@R0      ;
RL        A          ;
ANL       A,#39H     ;
RRC       A          ;
CPL       A          ;
```

3.12　已知延时子程序，$f_{osc}=6$ MHz（2 μs/机周），试计算运行该子程序延时时间，并在 Keil C 调试中验证。

```
DELAY：MOV    R3,#56H     ;
DY1：  MOV    R2,#ABH     ;
DY2；  NOP                ;
       DJNZ   R2,DY2      ;
       DJNZ   R3,DY1      ;
       RET;
```

3.13　80C51 指令中，常用字符代表立即数或存储单元地址，试判断下列字符 ABC 的含义。

(1) MOV   A,#ABC   ;　　　　　(2) MOV   A,ABC   ;
(3) MOV   C,ABC   ;　　　　　(4) MOV   DPTR,#ABC   ;
(5) SJMP   ABC   ;　　　　　(6) AJMP   ABC   ;
(7) LJMP   ABC   ;　　　　　(8) LCALL ABC   ;

3.14　分别用一条指令实现下列功能：

(1) 若 Cy=**0**，则转 PROM1 程序段执行。

(2) 若位寻址区 30H≠0，则将 30H 清零，并使程序转至 PROM2。

(3) 若 A 中数据不等于 200，则程序转至 PROM3。

(4) 若 A 中数据等于 0，则程序转至 PROM4。

(5) 将 40H 中数据减 1，若 40H 中数据不等于 0，则程序转至 PROM5。

(6) 若以 R0 中内容为地址的存储单元中的数据不等于 10，则程序转至 PROM6。

(7) 调用首地址为 1000H 的子程序。

(8) 使 PC=3000H。

3.15　按下列要求编写延时子程序：

(1) 延时 20 ms，$f_{osc}=12$ MHz；(2) 延时 1 s，$f_{osc}=12$ MHz；(3) 延时 1 min，$f_{osc}=6$ MHz。

3.16　已知花样循环灯电路如图 3-14 所示，要求每个灯闪烁（亮灭各 0.5 s）10 次，再转移到下一个灯闪烁 10 次，循环不止，试编程并 Proteus 仿真。

3.17 内部 RAM 30H 单元开始存有 8 个数, 试找出其中最大的数, 送入 MAX 单元。

3.18 试编制程序, 采用冒泡排序法, 将内 RAM 50H ~ 57H 中的无符号数, 从小到大排序后存入内 RAM 50H ~ 57H 中 (50H 中最小)。

3.19 试编程, 将外 RAM 1000H ~ 1050H 单元的内容清零。

3.20 试编写程序, 将外部 ROM 2000H ~ 20FFH 数据块, 传送到外部 RAM 3000H ~ 30FFH 区域。

第**4**章

C51 语言及程序设计

80C51 系列单片机的编程语言除了汇编语言外，还有几种高级语言支持编程。例如，PL/M、C、BASIC 等。其中，以 C 语言的应用最为广泛和便利。本章叙述 80C51 系列单片机用 C 语言编程的方法。

4.1　C51 概述

1. C 语言概述

C 语言最早源于英国剑桥大学 1963 年推出的 CPL（Combined Programming Language）语言；1972 年，贝尔实验室的 D. M. Ritchie 正式推出了 C 语言；后来几经改进，于 1983 年，美国国家标准化协会（ANSI）为 C 语言制定了一套 ANSI 标准，成为现行 C 语言标准，通常称为 ANSI C。

C 语言是一种结构化语言，简洁、紧凑，层次清晰，便于按模块化方式编写程序；有丰富的运算符和数据类型，能适应并实现各种复杂的数据处理；能实现位（bit）操作，生成目标代码效率较高，可移植性好，兼有高级语言和低级语言的优点。因此，C 语言应用范围越来越广泛。目前，各种操作系统和单片机，都可以用 C 语言编程，C 语言是一种通用的程序设计语言，在大型、中型、小型和微型计算机上都得到了广泛应用。

2. C51 概述

用 C 语言编写的单片机应用程序，必须经 C 语言编译器编译转换成单片机可执行的代码程序，这种用于 80C51 系列单片机编程的 C 语言，通常称为 C51。C51 实际上是一个编译系统，种类很多。其中，Keil Software 公司推出的 Keil C51 软件应用最为广泛而方便，已在 2.1 节介绍。为简便起见，本书后文中所述 C51 均指 Keil C51。

C51 与标准 C 相比，还是有一定差异的。由于工作环境和存储资源的区别，C51 的数据类型、存储器类型、中断函数属性、库函数等都增加了一些新概念。

需要指出的是，许多教材和技术资料都提到"C51 单片机"和"C51 编程"，常使读者，特别是初学者对"C51"产生概念混淆。"C51 单片机"中的"C"指单片机的制造工艺是 CHMOS，在 1.1.2 节中已经阐述了 80C51 的发展过程，80C51 属于 MCS – 51 系列，最初是 HMOS 工艺，后来改进制造工艺为 CHMOS，统称为 80C51 系列，简称 C51 单片机，而"C51 编程"中的"C"是指 C 语言，是 C 语言应用于 80C51 系列单片机编程，本书的"C51"均指

C51编译系统。"C51单片机"与"C51编程"中的"C51"是两个完全不同的概念，两者不可混淆。为防止误解，本书一般不简称"C51单片机"，而用"80C51单片机"。

3. C51编程的特点

C51编程与80C51汇编语言相比，主要具有以下特点。

（1）编程相对方便。

用汇编语言编程，几乎每一条指令操作都与具体的存储单元有关，80C51单片机的片内存储空间容量有限，编程之初即需安排好片内存储单元的用途，且一般不宜重复使用。当一些应用项目程序量较大时，片内存储单元有可能捉襟见肘，稍有不慎就将出错，编程相对复杂。而C51编译系统能自动完成对变量存储单元的分配和使用，且对函数内局部变量占用的存储单元，仅在调用时临时分配，使用完毕即行释放，大大提高了80C51片内有限存储空间的使用效率。因此，使用者只需专注于软件编程，不需过多关注涉及的具体存储单元及其操作指令，编程相对方便。

（2）便于实现各种复杂的运算和程序。

C语言具有丰富且功能强大的运算符，能以简单的语句方便地实现各种复杂的运算和程序。相比之下，汇编语言要实现较复杂的运算和程序，就比较困难。例如，双字节的乘除法，汇编语言要用许多条指令操作才能完成；而C51只需一条语句便能方便实现。又例如，循环、查表和散转等程序，C51语句实现起来也相对简单方便（当然C51语句编译转换为汇编语言指令后仍然复杂，只是不用程序员操心，由编译器自动完成罢了）。

（3）可方便地调用各已有程序模块。

已有程序模块包括C51编译器中丰富的库函数、用户自编的常用接口芯片功能函数和以前已开发项目中的功能函数。读者可能会说，汇编程序不也一样可以调用吗？不一样。汇编程序调用时，涉及模块中具体的存储单元，这些存储单元很可能与主调用程序有重复，会引起冲突而出错。而C51程序函数中的变量一般为局部变量，主函数调用前不占用存储单元，仅在调用时由C51编译器根据存储区域空余情况临时分配，使用完毕即行释放，一般不会发生冲突而出错。因此，C51程序可方便地调用各已有程序模块，减少重复劳动，利于团队合作开发，大大提高编程效率。

（4）可读性较好。

C语言属于高级语言。一条C51语句，会编译为多条甚至许多条汇编指令（例如数学运算和循环程序等），相对来说，C51程序简洁而清晰，可读性较好。

（5）实时性较差。

汇编语言指令每一条对应1~3字节机器码，每一步的执行动作都很清楚，程序大小和堆栈调用情况都容易控制，响应及时，实时性较好。而C51程序并不能被单片机直接执行，需编译转换为汇编语言指令。一条C51语句编译后，会转换成很多机器码，占用单片机片内较多资源，可能出现ROM、RAM空间不够，堆栈溢出等问题；且执行步骤不很明确，有时还会兜圈子，因而实时性较差（参阅例9-3），甚至会因时序配合不好而出错。然而，随着单片机芯片技术的发展，其运行速度和内存容量有了较大提高，这些都为 C51 的应用创造了有利条件。

　　需要说明的是，完整的 C51 是一个较庞大的体系，名词概念较多，语法较复杂多变。欲在相对较短的课时内，完全掌握和熟悉 C51 是一件比较困难的事情。好在单片机在大多数情况下的主要任务是实时控制，这就大大降低了学习 C51 的要求和难度。更重要的是，学习本书的目的，不是为了系统学习 C 语言，而是为了学习单片机 C51 编程。因此，一般读者只要求重点熟悉和掌握 C51 中与实时控制有关的常用语句和编程方法，而并不过分追求全面、完整和严密，本章即按这一要求向读者展开 Keil C51。

【复习思考题】

4.1　"C51" 与 C 语言有什么关系？

4.2　"C51 单片机" 中的 "C51" 与 "C51 编程" 中的 "C51" 有什么区别？

4.3　C51 编程与 80C51 汇编语言相比，主要有什么优势？

4.2　C51 数据与运算

4.2.1　数据与数据类型

　　具有某种特定格式的数字或字符称为数据。数据是计算机操作的对象，计算机能够直接识别的只有二进制数据，但作为编程语言，只要符合该语言规定的格式，并最终能用二进制编码表示，都可以作为该语言的数据。

1. 数据类型

　　数据的不同格式称为数据类型。C51 的数据类型主要可分为基本类型、构造类型、指针类型和空类型。其中，基本类型又可分为位型 bit、字符型 char、整型 int、长整型 long 和浮点型 float（也称为实型）；构造类型又可分为数组 array、结构体 struct、共用体 union 和枚举 enum 等，如图 4−1 所示。

　　数据类型决定了该数据占用存储空间的大小、表达形式、取值范围及可参与运算的种类。

图 4-1　C51 的数据类型分类

2. 数据长度

　　数据长度，即数据占用存储器空间的大小（字节数）。不同的数据类型，其数据长度是不同的。其中，字符型 char 为单字节（8bit），整型 int 为双字节（16bit），长整型 long 和浮点型 float 均为 4 字节（32bit），位型 bit 的数据长度只有 1bit。位型 bit 和特殊功能寄存器 sfr 是 C51 针对 80C51 系列单片机扩展的特有数据类型。

数据存放在存储器中的存储结构是数据的高位字节存放在地址的低位字节，数据的低位字节存放在地址的高位字节，称为"大端对齐"。例如，字符型数据 0x12、整型数据 0x1234 和长整型数据 0x12345678 存放在存储器中的存储结构如图 4-2 所示。

(a) 字符型（单字节） (b) 整型（双字节） (c) 长整型（4字节）

图 4-2 不同数据类型的存储结构

根据有、无符号，字符型、整型和长整型又可分别分为有符号 signed 和无符号 unsigned，有符号时 signed 一般可省略不写。无符号时全部为正值；有符号时，其值域有正有负，最高位用于表示正负，**0** 表示正，**1** 表示负。因此，同类型数据有、无符号，其数据长度是相同的，但值域不同。C51 的数据长度和值域如表 4-1 所示。

表 4-1 C51 数据长度和值域

数据类型			长　　度	值　　域
ANSI C 标准	字符型	无符号 unsigned char	8 bit（单字节）	0 ~ 255
		有符号 char	8 bit（单字节）	− 128 ~ + 127
	整型	无符号 unsigned int	16 bit（双字节）	0 ~ 65535
		有符号 int	16 bit（双字节）	− 32768 ~ + 32767
	长整型	无符号 unsigned long	32 bit（4 字节）	0 ~ 4294967295
		有符号 long	32 bit（4 字节）	− 2147483648 ~ + 2147483647
	浮点型（实型）	float	32 bit（4 字节）	± 1. 175494E − 38 ~ ± 3. 402823E + 38
	指针型	*	1 ~ 3 字节	对象的地址
C51 特有	位型	bit	1 bit	0 或 1
		sbit	1 bit	0 或 1
	特殊功能寄存器	sfr	8 bit（单字节）	0 ~ 255
		sfr 16	16 bit（双字节）	0 ~ 65535

3. 位型数据（bit）

位型数据占据存储空间 1bit，只有两种形式：**0** 和 **1**。

4. 字符型数据 （char）

字符型数据不能单纯地理解为表示字符的数据，而应理解为一个 8bit 的数据，数值小于 256。它可以代表数据，也可以代表用 8bit 数据表示的 ASCII 字符。字符型数据有以下三种表达形式。

① 十进制整数：由数字 0 ~ 9 和正负号表示，例如：12，- 34，0。

② 八进制整数：由数字 0 开头，后跟数字 0 ~ 7 表示，例如 012，034，077。

③ 十六进制整数：由 0x （或 0X） 开头，后跟数字 0 ~ 9 或字母 a ~ f （大小写均可） 表示，例如 0x12，0x3A，0Xff。

需要说明的是，八进制数是 20 世纪 70 年代微型计算机初级阶段 （4 位机） 用的，进入 80 年代末 90 年代初就已彻底淘汰。但八进制数是 C 语言认可的常整数，本书录入的原意，并不是为了使用八进制数，而是提醒读者，在 C51 程序中，不能随意在十进制整数前加 0，否则 C51 编译器将误作八进制数处理而出错。但是，在汇编程序中，编译器却要求字母开头的十六进制数码前加 "0"，两者不能混淆。

实际上，C51 所用的字符型数据只需十进制数和十六进制数。

5. 整型数据

相对于浮点型数据，整型 （整数） 数据可分为 8 位 （char）、16 位 （int） 和 32 位 （long），但整型数据一般泛指 16 位 （int），8 位数据称为字符型 （char），32 位数据称为长整型 （long）。区别是数据长度不同。字符型数据是 8bit，其无符号最大值 $\leqslant 2^8 - 1 = 255$；整型 （int） 数据是 16bit，其无符号最大值 $\leqslant 2^{16} - 1 = 65535$。长整型 （long） 数据是 32bit，其无符号最大值 $\leqslant 2^{32} - 1 = 4294967295$。

6. 浮点型数据 （float）

浮点型又称为实型，就是带小数点或用浮点指数表示的数。浮点型有以下两种表示形式。

① 十进制小数，例如 0.123，45.6789。

② 指数形式，例如 1.23E4 （表示 1.23×10^4），- 1.23E4 （表示 $- 1.23 \times 10^4$），1.23E - 4 （表示 1.23×10^{-4}）。字母 E （e） 之前必须有数字，且 E （e） 后面的指数必须是整数，否则都是不合法的。

【例 4-1】试判断下列数据中哪些是错误的表达形式？在正确表达形式的数中指出整数或浮点数，以及十进制、八进制或十六进制数。

1234，0332，0x3a，0398，- 5.12，3.2e - 10，0xeh，6f。

解： 正确表达形式：1234 （整型数据）；0332 （八进制数）；0x3a （16 进制数）；- 5.12 （浮点型数据）；3.2e - 10 （浮点型数据）。

错误表达形式：0398。数字 0 开头的数是八进制数据，但数字不能是 8 或 8 以上。

0xeh。数字 0x 开头的数是 16 进制数据，但数字只能是 0 ~ 9，a ~ f，16 进制数中无 h。

6f。16 进制数据需 0x 开头，十进制数中无 f。

7. 标识符

在 C 语言程序中，数据、数据类型、变量、数组、函数和语句等常用标识符表示，实际上标识符就是一个代号，是上述这些数据和函数的名字。C 语言标识符命名规定如下。

① 标识符只能由字母、数字和下划线三种字符组成，且需以字母或下划线开头。

② 标识符不能与"关键词"同名。关键词是 C 语言中一种具有固定名称和特定含义的专用标识符，用户不能用它自行定义其他用途。ANSI C 和 Keil C51 的关键词分别如表 4-2 和表 4-3 所示。

③ 英文字母区分大小写。即标识符中的英文字母大小写不能通用。

④ 有效长度随编译系统而异，一般多于 32 个字符，已足够用了。

表 4-2   ANSI C 标准中的关键词

关 键 词	用 途	功 能 说 明
auto	存储种类声明	用以声明局部变量
break	程序语句	退出最内层循环体
case	程序语句	switch 语句中的选择项
char	数据类型声明	单字节整型数或字符型数据
const	存储种类声明	在程序执行过程中不可修改的常量
continue	程序语句	转向下一次循环
default	程序语句	switch 语句中的失败选择项
do	程序语句	构成 do…switch 循环结构
double	数据类型声明	双精度浮点数
else	程序语句	构成 if…else 选择结构
enum	数据类型声明	枚举
extern	存储种类声明	在其他程序模块中，声明全局变量
float	数据类型声明	单精度浮点数
for	程序语句	构成 for 循环结构
goto	程序语句	构成 goto 转移结构
if	程序语句	构成 if…else 选择结构
int	数据类型声明	基本整型数
long	数据类型声明	长整型数
register	存储种类声明	使用 CPU 内部寄存器的变量
return	程序语句	函数返回

关　键　词	用　　途	功　能　说　明
short	数据类型声明	短整型数
signed	数据类型声明	有符号数
sizeof	运算符	取表达式或数据类型的字节数
static	存储种类声明	静态变量
struct	数据类型声明	结构类型数据
switch	程序语句	构成 switch 选择结构
typedef	数据类型声明	重新进行数据类型定义
union	数据类型声明	联合数据类型
unsigned	数据类型声明	无符号数据
void	数据类型声明	无类型数据
volatile	数据类型声明	声明该变量在程序执行中可被隐含地改变
while	程序语句	构成 while 和 do…while 循环结构

表 4-3　C51 扩展的关键词

关　键　词	用　　途	功　能　说　明
_at_	地址定位	为变量进行存储器绝对空间地址定位
alien	函数特性声明	用于声明与 PL/M51 兼容的函数
bdata	存储器类型声明	可位寻址的 8051 内部数据存储器
bit	位变量声明	声明一个位变量或位类型的函数
code	存储器类型声明	8051 程序存储器空间
compact	存储器模式	指定使用 8051 外部分页寻址数据存储器空间
data	存储器类型声明	直接寻址的 8051 内部数据存储器
far	存储器类型声明	访问超越 64 KB 的扩展存储器（ROM 和 RAM）空间
idata	存储器类型声明	间接寻址的 8051 内部数据存储器
interrupt	中断函数声明	定义一个中断服务函数
large	存储器模式	指定使用 8051 外部数据存储空间
pdata	存储器类型声明	分页寻址的 8051 外部数据存储器
_ priority_	多任务优先声明	规定 RTX51 或 RTX51Tiny 的任务优先级
reentrant	再入函数声明	定义一个再入函数

关　键　词	用　途	功 能 说 明
sbit	位变量声明	声明一个可位寻址变量
sfr	特殊功能寄存器声明	声明一个 8 位的特殊功能寄存器
sfr16	特殊功能寄存器声明	声明一个 16 位的特殊功能寄存器
small	存储器模式	指定使用 8051 内部数据存储空间
_ task_	任务声明	定义实时多任务函数
using	寄存器组定义	定义 8051 工作寄存器组
xdata	存储器类型声明	8051 外部数据存储器

需要说明的是，标识符命名通常宜简单而含义清晰，便于阅读理解，最好能达到见名知义的效果，即选用有英文含义的单词或其缩写。例如 Number_Of_Students，一看就容易明白是"学生人数"，而若取 aa、bb 之类的标识符，就无法见名知义。但标识符名也不宜取得过长，以 3 ~ 8 个字符为宜，标识符名过长，输入不便且易出错。例如上述"学生人数"的标识符若取 num_stud，就比较简洁明了。

【例 4-2】试判断下列标识符是否符合 C51 要求？不符合的请指出原因。

numb　Numb　Yeah.net　7days　char　Char　MCS－51　$12　_above

解：不合法的有：

Yeah.net、$12	有不合法字符"."、"$"；
7days	数字不能开头；
char	ANSI C 关键词；
MCS－51	有不合法字符"－"，但若改为下划线，则符合要求。

需要说明的是，ANSI C 规定，英文字母区分大小写，因此，numb 与 Numb 是两个不同的标识符；Char 因有一个字母大写，就不属于 ANSI C 关键词。

8. 常量

C51 数据可分为常量和变量。程序运行过程中，其值不能被改变的量称为常量。

（1）字符常量

字符常量可以表示单个字符和控制字符。其长度为 8 bit，数值就是该字符的 ASCII 代码值，用单引号' '括起来表示，例如'a'、'？'、'n'。

ASCII 码中，除了可显示的字母、标点符号和数字外，还有一些控制字符，这些控制字符也是用英文字母表示的，称为转义字符。为了避免混淆，使用时需在前面加反斜杠"＼"表示，反斜杠后面跟该控制字符或该字符的 ASCII 代码值。例如'\n'（请注意'n'与'\n'的区别），C51 常用转义字符如表 4-4 所示。

表 4-4　C51 常用转义字符表

转义字符	含义	ASCII 码	转义字符	含义	ASCII 码	转义字符	含义	ASCII 码
\o	空字符 NUL	0	\n	换行符 LF	10	\"	双引号	34
\b	退格符 BS	8	\f	换页符 FF	12	\'	单引号	39
\t	水平制表符 HT	9	\r	回车符 CR	13	\\	反斜杠	92

字符常量与字符型数据常量长度均为 8 bit，数值范围均为 0~255，有什么区别呢？从数据长度、数值范围上看，没有区别。从表达形式上看，字符常量通常指用单引号括起来的字符（也可用数值表示），字符型数据常量通常指用 0~255 数值表示的常量数据（也可代表 ASCII 字符）。读者可能会问，那么一个 8 bit 的数字到底是代表一个字符常量还是一个字符型数据常量呢？答案是都可以。它们既可以字符形式输出（用格式控制符"% c"，参阅表 4-17），也可以数字形式输出（用格式控制符"% bd"或"% bu"）。因此，从本质上看，字符常量是字符型数据常量的一种表达形式，字符型数据常量的内涵概念更广。

（2）字符串常量

用双引号" "括起来的字符序列称为字符串常量。字符串常量与字符常量不同：字符常量只能表示单个字符，用单引号' '括起来；字符串常量可同时表示多个字符，用双引号" "括起来；例如字符串"hello"、"h"。

需要指出的是，每个字符串在存储时，末尾会自动加一个' \ 0 '（空字符）作为字符串结束标志。因此，若字符串的字符数为 n，则其占用存储空间字节数为 n + 1。例如'h'与"h"，输出（打印或显示）时是相同的，但占用存储空间长度不同，"h"要比'h'多占用内存一个字节。

（3）符号常量

C51 中，也可用标识符代表常量，称为符号常量。用标识符代替常量，可提高程序的可读性和灵活性，便于检查和修改。为便于识别和防止误读误用，建议符号常量用大写字母书写。符号常量有以下两种定义方式。

① 宏定义符号常量。定义格式如下：

#define　宏名称标识符　常量值

例如：#define　PAI　3. 1416

在以后的程序中，PAI 就表示常量 3. 1416。

定义符号常量属于宏定义，不属于 C 语句。因此，其末尾不需加分号"；"，否则 C51 将"；"和常量一起赋给标识符而出错。另外，宏定义是预处理命令，应放在程序之初，即在 C51 程序正式编译前，就将预处理完成。

② C 语句定义符号常量。定义格式如下：

const[数据类型]　标识符 = 常量值；

例如：const　float　PAI = 3. 1416；

常量定义必须以 const 开头（const 的作用是指明常量，而不是变量），且定义与赋值同时完成，句末加分号 ";"（C 语句均要加分号）。数据类型允许缺省（本书表达允许缺省时一律用中括号 [ ] 括起），缺省时数据类型默认为 int。因此，若上例改为：const PAI = 3.1416；则编译器会将其默认为 int，此时 PAI = 3。

4.2.2 变量及其定义方法

C51 数据可分为常量和变量。程序运行过程中，其值可以改变的量称为变量。

1. 变量概述

变量有两个要素：变量名和变量值。变量名要求按标识符规则定义；变量值存储在存储器中。变量必须先定义，后使用。程序运行中，通过变量名引用变量值。

变量分类按数据类型可分为字符型变量、整型变量、实型变量、位变量和指针变量。

其中，位变量只能有两种取值，**1**（真）和 **0**（假）。位变量是 C51 为 80C51 硬件特性操作而设置的，它只能存储在 80C51 系列单片机片内 RAM 的可位寻址空间中。

需要注意的是，符号常量与变量均用字母标识符表示，为易于识别，习惯上，符号常量一般用大写字母书写，变量一般用小写字母书写。

变量的数据长度如表 4-1 所示。从表中看到，字符型、整型和长整型变量都有有符号（signed）和无符号（unsigned）之分，C51 默认的是有符号格式。80C51 为 8 位机，本身并不支持有符号运算。若变量使用有符号格式，C51 编译器要进行符号位检测并需调用库函数，生成的代码比无符号时长得多，占用的存储空间会变大，程序运行速度会变慢，出错的机会也会增多。80C51 单片机主要用于实时控制，变量一般为 8 bit 无符号格式，16 bit 较少，有符号和有小数点的数值计算也很少。因此，在已知变量长度及变量为正整数的情况下，应尽量采用 8 bit 无符号格式：unsigned char。

2. 变量的存储区域

C51 程序中使用的常量和变量必须定位在 80C51 不同的存储区域。有关存储区域的要素是存储器类型和编译模式。

（1）存储器类型

C51 存储器类型有 data、bdata、idata、pdata、xdata 和 code，完全支持 80C51 单片机的硬件结构，可访问 80C51 硬件系统的所有存储单元，其与 80C51 存储空间的对应关系如表 4-5 所示。

表 4-5 C51 存储器类型与 80C51 存储空间的对应关系

存储器类型	地 址 长 度	地址值域范围	与 80C51 存储空间的对应关系
data	8 bit（1 字节）	0 ~ 127	片内 RAM 00H ~ 7FH，直接寻址（对应 MOV 指令），共 128 字节
bdata	8 bit（1 字节）	32 ~ 47	片内 RAM 20H ~ 2FH，直接寻址，共 16 字节 128 位，允许位与字节混合访问

存储器类型	地址长度	地址值域范围	与80C51存储空间的对应关系
idata	8 bit（1字节）	0~255	片内RAM 00H~FFH，间接寻址（对应MOV @Ri指令），共256字节
pdata	8 bit（1字节）	0~255	片外RAM 00H~FFH，分页间接寻址（对应MOVX @Ri指令），共256字节
xdata	16 bit（2字节）	0~65535	片外RAM 0000H~FFFFH，间接寻址（对应MOVX @DPTR指令），共64 KB
code	16 bit（2字节）	0~65535	ROM区0000H~FFFFH，间接寻址（对应MOVC指令），共64 KB

由于数据定位在80C51不同的存储区域中，其访问方式和速度也就不同。data、bdata和idata类型是访问片内RAM，对应汇编语言中的"MOV"指令，是直接寻址或寄存器间接寻址，因而读写速度很快；pdata类型是访问片外RAM某一页256字节，只有低8位地址：00H~FFII，对应汇编语言中的"MOVX @Ri"指令间接寻址，访问速度相对data和idata要慢；xdata类型是访问片外RAM 64 KB，有16位地址：0000H~FFFFH，对应汇编语言中的"MOVX @DPTR"指令；而code类型是访问ROM，对应汇编语言中的"MOVC"指令。

因此，由于80C51片内RAM空间有限，不同性质的数据应区别对待。位变量只能定位在片内RAM位寻址区，使用bdata存储器类型；常用的数据应定位在片内RAM中，使用data和idata存储器类型；不太常用的数据可定位在片外RAM中，使用pdata和xdata存储器类型；常量可采用code存储器类型。

（2）编译模式

若用户不对变量的存储器类型作出定义，系统将采用由源程序、函数或C51编译器设置的编译模式默认存储器类型（参阅2.1.1节图2-8）。C51编译模式选项有3种，如表4-6所示。可对变量的存储器类型和编译后的代码规模作出选择，缺省时，系统默认的模式为Small。

表4-6 C51存储器编译模式

存储器编译模式	默认存储器类型	可访问存储空间
Small（小模式）	data	直接访问片内RAM，堆栈在片内RAM中
Compact（紧凑模式）	pdata	用R0、R1间址访问片外分页RAM，堆栈在片内RAM中
Large（大模式）	xdata	用DPTR间址访问片外RAM 64 KB

Small模式默认的存储器类型是data，堆栈也放在片内RAM中，因而访问速度很快，但由于片内RAM容量有限，堆栈易溢出，所以适用于小型应用程序。

Compact模式属于紧凑型，默认的存储器类型是pdata，堆栈也放在片内RAM中，因而访问速度比Small模式慢，比Large模式快。

Large模式默认的存储器类型是xdata，访问空间是片外RAM 64 KB，编译为机器代码时效率很低，访问速度很慢；优点是变量空间大。

因此，只要有可能，应尽量选择 Small 模式。而且，不论源程序和函数选择哪一种模式，用户仍可以用关键字（data、bdata、idata、pdata、xdata、code）分别定义源程序和函数中各变量的存储器类型。或者，用关键字（Small、Compact、Large）分别设置程序中某个子函数的存储器编译模式。

3. 局部变量和全局变量

变量按使用范围可分为局部变量和全局变量。

（1）局部变量

局部变量是某个函数内部定义的变量，其使用范围仅限于该函数内部。C51 程序在一个函数开始运行时才对该函数的局部变量分配存储单元，函数运行结束，即释放该存储单元。这正是 C 语言的优点之一，可大大提高内部存储单元的利用率。需要说明如下。

① 不同函数中允许使用相同的局部变量名，但其含义可以不同，不会相互干扰。

② 主函数中的局部变量也仅在主函数中有效，不能理解为在整个文件或程序中有效，主函数也不能使用其他函数中定义的局部变量。

③ 在复合语句（由若干条单语句组合而成的语句，参阅 4.3.1 节）中定义的局部变量只在该复合语句中有效。

（2）全局变量

全局变量定义在函数外部，在整个文件或程序中有效，可供各函数共用。使用全局变量可以增加各函数间数据联系的渠道，例如，在一个函数中改变了某全局变量的值，就能影响到也要使用该全局变量的其他函数。全局变量一经定义，系统就给它分配了一个固定的存储单元，在整个文件或程序的执行过程中始终有效。因此，全局变量定义应放在所有函数（包括主函数）之外。

需要说明的是，使用全局变量也存在一些缺点。

① 始终占用一个固定的存储单元，降低了内部存储单元的利用率。

② 降低了函数的通用性。若函数涉及某一全局变量，该函数移植到其他文件时需同时将全局变量一起移植。否则，若全局变量名与其他文件中的变量同名，就会出现问题。

③ 过多使用全局变量，降低了程序的清晰度。若程序较大，人们较难清晰地判断程序执行过程中每个瞬间全局变量的变化状况，易出错。

因此，应尽量减少全局变量的使用，能不用就尽量不用。

4. 变量的定义方式

C51 要求，所有变量均应先定义，后使用。定义时，除定义变量名外，一般还应包含变量的数据类型和存储器类型等内涵。其格式如下：

数据类型　［存储器类型］　变量名表

该 3 项要素的含义已在前面阐述。其中，带中括号［］者为非必须项，缺省时，由 C51 编译器默认。变量定义应集中放在函数的开头，可单个定义，也可多个一起定义（必须是同类型）；定义时，可赋值，也可不赋值。变量定义语句必须以";"结束。例如：

unsigned int a;	//定义无符号整型变量 a
char b = 100,c;	//定义字符型变量 b 和 c,其中 b 赋值 100
char data var;	//定义字符型变量 var,存储器类型为 data
float idata x,y,z;	//定义 3 个浮点型变量 x、y、z,存储器类型为 idata
unsigned int pdata sum;	//定义无符号整型变量 sum,存储器类型为 pdata
char code text[ ] = "CHINA";	//定义字符型数组 text[],并赋值 CHINA,存储器类型为 code
unsigned char xdata *ap;	//定义无符号字符型指针变量 ap,存储器类型为 xdata

需要注意的是，虽然在一条语句中可多个变量同时定义（例如上述第 2、4 句）；也可在变量定义时同时赋值（例如上述第 2、6 句）。但不能在一条变量定义语句中给几个具有相同初值的变量用连等号赋值。例如，不能写成：

int u = v = w = 0;	//定义 u = v = w,表示变量 u、v、w 始终相等,初值为 0

应写成：

int u = 0,v = 0,w = 0;	//定义变量 u、v、w,它们的初值分别为 0

或分成 2 句，写成：

int u,v,w;	//定义变量 u、v、w
u = v = w = 0;	//u、v、w 均赋值为 0

在书写 C51 程序时，部分用户感觉 unsigned char 等数据类型字符冗长，常用简化形式定义变量的无符号数据类型。方法是必须在源程序开头使用#define 语句自定义简化的类型标识符。例如：

#define uchar unsigned char	//用 uchar 表示 unsigned char
#define uint unsigned int	//用 uint 表示 unsigned int

这样，在编程中，就可以用 uchar 代替 unsigned char,用 uint 代替 unsigned int。

5. 80C51 特殊功能寄存器定义方式

80C51 片内有 21 个特殊功能寄存器，在 C51 的文件夹里，有一个取名 reg51. h 的库函数文件，对 80C51 片内 21 个特殊功能寄存器按 MCS－51 中取的名字（必须大写）全部作了定义，并赋予了既定的字节地址。因此，该 21 个特殊功能寄存器已不需重复定义，只需在程序开头的头文件部分写一条预处理命令：#include < reg51. h >，表示程序可以调用该库函数 reg51. h（52 系列单片机应用#include <reg52. h>）。但对于不符合 MCS－51 中特殊功能寄存器名的标识符，或未在头文件中写入上述预处理命令的，则应重新定义，否则出错。

Keil C51 编译器扩充了关键词 sfr 和 sfr16，用于对特殊功能寄存器定义。其格式如下：

sfr 特殊功能寄存器名 = 地址常数

sfr16 特殊功能寄存器名 = 地址常数(低 8 位地址)

其中，sfr 用于定义 80C51 片内 8 位的特殊功能寄存器，sfr16 用于定义与 80C51 兼容的增强型单片机片内 16 位的特殊功能寄存器，例如 80C52 的定时/计数器 T2。

重新定义的特殊功能寄存器名可按 C51 标识符要求任取，地址常数必须是该特殊功能寄存器既定的真实地址。例如：

　　sfr　　　APSW = 0xd0；　//定义 APSW 地址为 D0H，即程序状态字寄存器 PSW（地址为 D0H）

　　sfr　　　BP1 = 0x90；　　//定义 BP1 地址为 90H，即 P1 口（地址为 90H）

　　sfr16　CT2 = 0xcc；　　//定义 CT2 地址为 CCH，即 52 系列定时/计数器 T2（低 8 位地址为 CCH）

需要注意的是，特殊功能寄存器定义应放在函数外（即作为全局变量）。

需要说明的是，虽然 C51 允许用关键词 sfr 和 sfr16 定义 80C51 特殊功能寄存器，体现了 C51 编译功能的多样性和完整性，但编者还是建议读者不要去重新定义，而直接使用预处理命令，既省事又不易出错。

6. 位变量定义方式

80C51 片内 RAM 有 16 字节 128 位的可寻址位（字节地址 20H ~ 2FH，位地址 00H ~ 7FH），还有 11 个特殊功能寄存器是可位寻址的，C51 编译器扩充了关键词 bit 和 sbit，用于定义这些可寻址位。位变量也需先定义，后使用。

（1）定义 128 位可寻址位的位变量

bit　位变量名

例如：

　　bit　　　u,v；　　　　　　//定义位变量 u,v。

C51 编译器将自动为其在位寻址区安排一个位地址（1bit）。

对于表 4-5 中已经按存储器类型 bdata 定位的字节，其每一可寻址位，可按如下方法定义：

　　unsigned char　bdata　flag；　　//定义字符型变量 flag，存储器类型 bdata

　　bit　f0 = flag^0；　　　　//定义位标识符 f0，为 flag 第 0 位

　　bit　f1 = flag^1；　　　　//定义位标识符 f1，为 flag 第 1 位

上述第一条语句先定义了一个字符型变量 flag，存储器类型 bdata，C51 编译器将自动为其在片内 RAM 位寻址区（20H ~2FH）安排一个字节（8 bit），第 2、3 条语句则分别定义 f0、f1 为该字节第 0、1 位的位标识符。注意，"^" 不是运算符，仅指明其位置，相当于汇编中的 "."。

（2）定义 11 个特殊功能寄存器可寻址位的位变量

80C51 单片机 11 个可寻址位的特殊功能寄存器中，有 6 个 SFR（PSW、TCON、SCON、IE、IP 和 P3），它们每一可寻址位有位定义名称，C51 库函数 reg51. h 也已对其按 MCS - 51 中取的位定义名称（必须大写）全部作了定义，并赋予了既定的位地址。只要在头文件中声明包含库函数 reg51. h，就可按位定义名称直接引用。但是，还有 5 个 SFR（ACC、B、P0、P1 和 P2），可寻址位没有专用的位定义名称，只有位编号，但这些位编号不符合 ANSI C 标识符要求，例如，ACC. 0、P1. 0 等（C51 标识符规定不可用小数点），应重新定义。其格式如下：

sbit　位变量名 = 位地址常数

其中，位地址常数必须是该位变量既定的真实地址。例如：

　　sbit　P10 = 0x90；　　　　　　//定义位标识符 P10，位地址为 90H（P1. 0）

sbit　P10＝0x90^0;　　　　　//定义位标识符 P10,为 90H(P1 口)第 0 位
sbit　P10＝P1^0;　　　　　//定义位标识符 P10,为 P1 口第 0 位

上述第 1 条语句是直接用 P1.0 的位地址,第 2 条语句是用 P1 口的字节地址加位编号,第 3 条语句是用 P1 口特殊功能寄存器名加位编号。

需要说明的是,若用户不按既定的位定义名称引用 6 个 SFR 中的可寻址位,另起位变量名,则也需对其重新定义。虽然 C51 允许用关键词 sbit 定义这些位变量,体现了 C51 编译功能的多样性和完整性,但编者还是建议读者不要去重新定义 6 个 SFR 中的可寻址位,而直接使用预处理命令,既省事又不易出错。

需要指出的是,使用 sbit 定义 11 个特殊功能寄存器可寻址位的位变量,因其具有不变的真实地址,属于全局变量,应放在主函数之前(参阅例 4-6)。

需要注意的是,不要混淆 bit 与 sbit 的区别。bit 用于普通位变量,而 sbit 位用于特殊功能寄存器中可位寻址的位变量(有既定位地址)。

7. 绝对地址变量定义方式

单片机应用系统,硬件电路设计定型以后,片外扩展 I/O 口变量的地址也就固定了,而在 C51 程序中通常不固定变量的存储单元地址,由编译系统自动完成地址的分配和使用。因此,在需要指定变量的存储单元地址(例如,片外扩展 I/O 口)时,就需要对该绝对地址变量定义。一般有以下两种方法。

(1)应用关键词

应用关键词"_at_"就可以将变量存放到指定的绝对存储单元。其格式如下:

数据类型　[存储器类型]　变量名_at_绝对地址

存储器类型允许缺省,缺省时使用存储器编译模式默认的存储器类型。例如:

unsigned char xdata PA_at_0x7fff ;

上述语句表示,无符号字符型变量 PA 的绝对地址固定在片外 RAM 7FFFH 存储单元。

(2)应用绝对地址访问

应用绝对地址访问,需引用 C51 库函数 absacc. h,将在 4.5.4 节常用库函数中详述。

需要说明的是,定义绝对地址应放在头文件中。绝对地址属于全局变量,在整个项目程序系统中有效,常用于各函数间传递参数。

4.2.3　运算符和表达式

表示各种运算的符号称为运算符。C 语言与汇编语言相比的一个突出优点,是 C 语言具有丰富且功能强大的运算符,能以简单的语句实现各种复杂的运算和操作。

C51 的运算符按运算类型主要可分为赋值运算符、算术运算符、关系运算符、逻辑运算符、位逻辑运算符、复合赋值运算符、逗号运算符等。按参与运算对象的个数可分为单目运算符、双目运算符和三目运算符。

由运算符和运算对象(常量、变量和函数等)组成的具有特定含义的运算式称为表达式。

1. 赋值运算符

赋值运算符即大家所熟悉的 " = " 号。由赋值运算符组成的表达式称为赋值表达式，其一般格式为：

变量 = 表达式

有关赋值表达式，说明如下。

（1）赋值运算的含义是将赋值运算符右边表达式的值赋给左边的变量，即将赋值存放在左边变量名所标识的存储单元中。

（2）赋值运算符的左边必须是变量，右边既可以是常量、变量，也可以是函数调用或由常量、变量、函数调用组成的表达式。例如：x = y + 10、s = sum( )。其中 sum( ) 是被调用的自定义函数返回值（参阅 4.5.2 节）。

（3）赋值符 " = " 不同于数学的等号，它没有相等的含义。例如 y = y + 1，在 C51 中是合法的，但该式在数学中一般是不合法的。

（4）赋值表达式的运算过程是：先计算赋值运算符右边 "表达式" 的值，然后将运算结果值赋给左边的变量。若两边数据类型不同时，系统将自动把右边表达式的数据类型转换为左边变量的数据类型（参阅 4.2.4 节）。

2. 算术运算符

算术运算符如表 4-7 所示。需要说明如下。

表 4-7　C51 算术运算符表

算术运算符	功　　能	算术运算符	功　　能
+	加法或取正	++	自增 1
-	减法或取负	--	自减 1
*	乘法	%	求余
/	除法		

（1）自增 1 和自减 1 有两种写法。①双加（减）号写在变量前面：++i 和 --i。此时，变量先加（减）1，后使用。②双加（减）号写在变量后面：i++ 和 i--。此时，变量先使用，后加（减）1。例如：设 i = 10，执行 y = ++i 时：先加 1，i = i + 1 = 11；后使用。y = i = 11。而执行 y = i++ 时：先使用，y = i = 10；后加 1，i = i + 1 = 11。

（2）自增和自减运算符只能用于变量，而不能用于常量或表达式。例如，2++ 和（a + b）++ 都是不合法的。

（3）除法运算的结果与参与运算数据的类型有关。若两个数据都是浮点数，则运算结果也为浮点数。若两个数据都是整数，则运算结果也为整数，即使有余数，也只取整数，舍去小数。例如，7/3，运算结果为 2。

（4）求余运算时，"%" 运算符左侧为被除数，右侧为除数。且要求参与运算的数据都是整型，运算结果为两数相除的余数。例如，7%3，运算结果为 1。

（5）算术运算符是双目运算符，即参与运算的对象必须有两个，但"＋"、"－"用于取正、取负运算时属于单目运算符，即参与运算的对象只需一个。

3. 关系运算符

关系运算符如表4-8所示。关系运算符用于两个数据之间进行比较判断，用关系运算符连接起来的运算式称为关系表达式，关系表达式运算的结果只能有两种：条件满足，运算结果为 **1**（真）；条件不满足，运算结果为 **0**（假）。

表4-8 C51 关系运算符表

关系运算符	功能	关系运算符	功能
>	大于	<	小于
>=	大于等于	<=	小于等于
==	等于	! =	不等于

【例4-3】 已知 i = 3，j = 5，试求下列表达式的运算结果。

① k = (i > j)；结果：k = **0**。

② k = (i < j)；结果：k = **1**。

③ k = (i! = j)；结果：k = **1**。

④ k = (i == j)；结果：k = **0**。

需要注意的是，不要混淆关系运算符" == "与赋值运算符" = "的区别，" = "用于给变量赋值；而" == "用于判断是否相等，其结果是一个逻辑值：**1**（真）或 **0**（假）。

4. 逻辑运算符

逻辑运算符用于求条件表达式整体之间逻辑运算的逻辑值。条件表达式的值只有两种：**1**（非0或真）或 **0**（假）；运算结果也只有两种：**1**（真）或 **0**（假）。C51 逻辑运算符如表4-9所示。逻辑运算表达式的一般形式为：

逻辑与：（条件表达式1）&&（条件表达式2）

逻辑或：（条件表达式1）‖（条件表达式2）

逻辑非：！（条件表达式）

在数字电路中，我们曾得出两个逻辑变量之间逻辑运算的口诀是：两数相**与**，有 **0** 出 **0**，全 **1** 出 **1**；两数相或，有 **1** 出 **1**，全 **0** 出 **0**。因此，C51 表达式整体之间求逻辑**与**时，两个条件表达式中只要有一个是 **0**，则运算结果就为 **0**；求逻辑**或**时，两个条件表达式中只要有一个是 **1**，则运算结果就为 **1**。

【例4-4】 已知下列 C51 程序段，试求运行结果。

```
unsigned char   x,y,z;              //定义无符号字符型变量x、y、z
unsigned char   a = 2,b = 4,c = 3;   //定义无符号字符型变量a、b、c并赋值
x = (a > b)&&(b > c);               //(a > b) = 0,(b > c) = 1,x = 0
y = (a < b)‖(b < c);               //(a > b) = 1,(b > c) = 0,y = 1
```

```
z = ! (a > c);                          //(a > c) = 0, z = 1
```

运行结果：x = 0；y = 1；z = 1。

5. 位逻辑运算符

C51 位逻辑运算符如表 4-10 所示。前述 C51 逻辑运算是两个条件表达式整体（值只有两种：**1** 或 **0**）之间的逻辑运算，而位逻辑运算是变量数据本身（值可以是任意整常数）按位（化为二进制数）进行逻辑与、或、非、**异或**和左移、右移的逻辑运算。

表 4-9　C51 逻辑运算符

逻辑运算符	功　能
&&	逻辑与
‖	逻辑或
！	逻辑非

表 4-10　C51 位逻辑运算符表

位逻辑运算符	功　能	位逻辑运算符	功能
&	按位逻辑与	~	按位取反
︱	按位逻辑或	≫	右移
^	按位逻辑异或	≪	左移

例如，若 a = 211，b = 185，则 "a&b" 的结果是 145，但 "a&&b" 的结果却是 **1**。

位左移时，低位移进 **0**，移出位作废。位右移时，无符号数和正数高位移进 **0**，负数补码移进 **1**，移出位作废。有符号数无论位左移右移，符号位均不参与移位。

【例 4-5】 已知下列 C51 程序段，试求运行结果。

```
unsigned char   a = 100, x, y;      //定义无符号字符型变量 a、x、y，并赋值 a = 100 = 01100100B
char   b = - 100, u, v;             //定义有符号字符型变量 b、u、v，并赋值 b = - 100 = 10011100B(补码)
x = a ≫ 2;                          //a 右移 2 位后赋给 x, x = 00011001B = 0x19
y = a ≪ 4;                          //a 左移 4 位后赋给 y, y = 01000000B = 0x40
u = b ≫ 3;                          //b 右移 3 位后赋给 u, u = 11110011B = 0xf3
v = b ≪ 3;                          //b 左移 3 位后赋给 v, v = 11100000B = 0xe0
```

运行结果：x = 0x19，y = 0x40，u = 0xf3，v = 0xe0。

6. 复合赋值运算符

复合赋值运算符由运算符和赋值运算符叠加组合，如表 4-11 所示。

表 4-11　C51 复合赋值运算符表

复合赋值运算符	功　能	复合赋值运算符	功　能	复合赋值运算符	功　能
+=	加法赋值	& =	逻辑与赋值	≪=	左移赋值
- =	减法赋值	︱=	逻辑或赋值	≫=	右移赋值
* =	乘法赋值	~ =	逻辑非赋值	% =	求余赋值
/ =	除法赋值	^=	逻辑异或赋值		

复合赋值运算符是先进行运算符所要求的运算，再把运算结果赋值给复合赋值运算符左侧的变量。例如，x += y 等同于 x = x + y；x/ = y + 10 等同于 x = x/(y + 10)。复合赋值运算符可以简化程序编译代码，提高效率。但对于初学者，可能会降低程序的可读性。

除上述 6 类运算符外，尚有强制类型转换运算符、条件运算符、数组下标运算符、指针和地址运算符等，将分别在后续有关章节介绍。

需要特别提醒的是，读者在输入上述各类运算符时，必须在西文状态下以半角字符键入，否则 Keil C51 编译器不认可，将显示出错。

4.2.4 数据类型转换和运算顺序的优先级、结合性

C51 在对程序编译时，对数据和表达式的赋值、运算等有一定的处理规则，主要是数据类型转换和运算顺序的优先级、结合性。

1. 数据类型转换

C51 语言中的数据，不但有不同的类型，而且还有不同的长度。两个不同类型、不同长度的数据之间进行运算时，其类型和长度必须一致。若不一致，需转换一致后再进行运算。转换的方法有两种。

（1）自动转换

自动转换也称为隐式转换，是由 C51 在对程序编译时自动完成的。自动转换的规则在算术运算或赋值运算时是不同的。

① 算术运算

两个不同类型、不同长度的数据之间进行算术运算时自动转换的主要原则是：

a. 长度短的向长度长的转换；

b. 无符号 unsigned 型向有符号 signed 型转换；

c. 长整型 long 向实型 float 转换。

例如：有两数据 x 和 y 进行算术运算。若 x 是 char 型，y 是 int 型，x 自动转换为 int 型；若 x 是 unsigned 型，y 是 signed 型，x 自动转换为 signed 型；若 x 是 long 型，y 是 float 型，虽然数据长度相同，x 会自动转换为 float 型。

② 赋值运算

赋值运算"="号两边的数据类型不同时，C51 将"="号右侧的数据类型自动转换为左侧变量的数据类型。具体规则如下。

a. float 型数据赋给 int 型变量时，舍去小数部分；int 型数据赋给 float 型变量时，数值不变，但以 float 型形式存储在变量中。

例如，若 a 为 int 型变量，执行"a = 2.34"后，a 的值为 2，小数部分".34"被舍去，而若 a 为 float 变量，执行"a = 23"后，存储在变量 a 中的值为"23.00000"。

b. 长度不同的数据类型相互赋值时，若赋值数据长度多于被赋值变量的数据长度时，高位截断作废；若赋值数据长度少于被赋值变量的数据长度时，赋值数据占据被赋值变量的低位字节，高位补 **0**（负数补码高位补"**1**"）。

例如，下列程序段：

```
unsigned int   a = 54321;        //定义无符号整型变量a并赋值
unsigned char   b;               //定义无符号字符型变量b
```

```
unsigned char   c = 100;          /定义无符号字符型变量 c 并赋值
unsigned int    d;                //定义无符号整型变量 d
b = a;                            //b 赋值
d = c;                            //d 赋值
```

执行程序结果：a = 54321 = 0xd431，b = 0x31 = 49，c = 100 = 0x64，d = 0x0064 = 100，如图 4-3 所示。

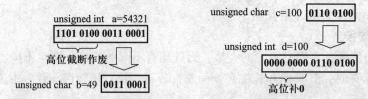

(a) 被赋值变量数据长度少于赋值数据长度   (b) 被赋值变量数据长度多于赋值数据长度

图 4-3   无符号数或有符号正数赋值于数据长度不同变量时的示意图

又例如，下列程序段：

```
signed int   u = - 11215;         //定义有符号整型变量 u 并赋值
unsigned char   v;                //定义无符号字符型变量 v
signed char   x = - 100;          //定义有符号字符型变量 x 并赋值
unsigned int   y;                 //定义无符号整型变量 y
v = u;                            //v 赋值
y = x;                            //y 赋值
```

执行程序结果：u = - 11215 = 0xd431，v = 0x31 = 49，x = - 100 = 0x9c，y = 0xff9c = 65436，如图 4-4 所示。

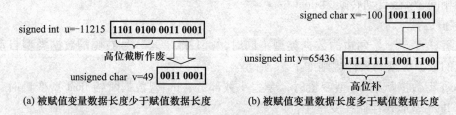

(a) 被赋值变量数据长度少于赋值数据长度   (b) 被赋值变量数据长度多于赋值数据长度

图 4-4   有符号负数赋值于数据长度不同变量时的示意图

从上述几例中看到，C51 语言程序中，不同类型数据间赋值时，常会出现意想不到的结果，而编译系统并不提示出错，需依靠编程人员凭经验找出问题。这就要求编程人员对出现问题的原因有所了解，以便迅速排除故障。

（2）强制转换

在 C51 语言中，只有基本数据类型（即 char、int、long 和 float）能进行自动转换，其余类型则不能。例如，不能把整型数利用自动转换赋值给指针变量，此时就需要利用强制转换。强制转换也称为显式转换，转换的一般格式为：

（转换后的数据类型）（表达式）

其功能是表达式的运算结果被强制转换成格式中规定的类型。例如，

（int）x：将 x 转换为 int 型数据。

（long）x + y：将 x 转换为 long 型数据后与 y 相加。

（long）（x + y）：将 （x + y） 相加后再转换为 long 型数据。

（long）x +（long）y：将 x、y 分别转换为 long 型数据后相加。

需要说明的是，若被转换的是单一变量，则该变量可不加圆括号。

2. 运算符的优先级与结合性

在数学中，运算顺序是先乘除、后加减，先括号内、后括号外。在 C51 中，同样存在运算顺序的问题。

当运算对象的两侧都有运算符时，执行运算的先后次序称为运算优先级，即按运算符优先级别的高低顺序执行运算。

当运算对象两侧的运算符优先级相同时的运算顺序称为运算结合性，结合性有左结合（自左向右方向）和右结合（自右向左方向）之分。

C51 运算符的优先级与结合性如表 4-12 所示。

表 4-12　C51 运算符的优先级与结合性

优先级	运　算　符	结合性	优先级	运　算　符	结合性
1	圆括号（…）	左结合	5	左移、右移运算符 ≪ 、≫	左结合
	下标运算符［…］		6	关系运算符 > 、>= 、< 、<=	左结合
	结构体成员运算符 -> 、与		7	等于运算符 ==	左结合
2	逻辑非、按位取反运算符!、~	右结合		不等于运算符 !=	
	自增、自减运算符 ++ 、--		8	按位与运算符 &	左结合
	取正、取负运算符 + 、-		9	按位异或运算符 ^	左结合
	类型转换运算符（类型）		10	按位或运算符 ｜	左结合
	指针、取地址运算符 * 、&		11	逻辑与运算符 &&	左结合
	长度运算符 sizeof		12	逻辑或运算符 ‖	左结合
3	乘法运算符 *	左结合	13	条件运算符 ?:	右结合
	除法运算符/		14	赋值运算符 = 、+= 、- = 、* = 、/= 、<<= 、>>= 、% = 、& = 、｜= 、^= 、~=	右结合
	求余运算符%				
4	加法运算符 +	左结合			
	减法运算符 -		15	逗号运算符，	左结合

例如，4 * 3/2，乘、除运算符属同一优先级，结合方式为左结合。因此，自左向右先乘后除，结果值为 6。

又如，运算符"~"与"++"属同一优先级，结合方式为右结合。因此，"~i++"就相当于"~（i++）"，先运算（i++），后按位取反。

【复习思考题】

4.4　C51 标识符命名有何要求？

4.5　怎样区分字符型常量、字符常量、字符串常量和符号常量的含义？

4.6　怎样定义符号常量？

4.7　怎样理解变量的存储器类型和编译模式？与存储种类有什么区别？

4.8　为什么变量要尽量使用无符号字符型格式？

4.9　为什么变量要尽量使用局部变量？

4.10　C51 的"逻辑运算"与"位逻辑运算"有什么区别？

4.3　C51 基本语句

C 语言是一种结构化的程序设计语言，提供了相当丰富的程序控制语句，这些语句是组成程序的基本成分。因此，学习和掌握这些语句的用法是 C51 编程的基础。

4.3.1　语句基本概念

语句是用来向计算机系统发出的操作指令，一条 C51 语句编译后会产生若干条机器操作码。严格来讲，能产生机器操作码，完成操作任务的，才能称为语句。从这个意义上说，我们前面涉及的变量定义（例如"int a;"），还不应称作语句。

C51 基本语句主要有表达式语句、复合语句、选择语句和循环语句等。

1. 表达式语句

表达式语句是 C51 的最基本语句，在表达式后面加上";"就构成表达式语句。例如：

a = b + c;

x = i ++ ;

需要注意的是，编写语句时，不能忽略语句的有效组成部分";"，一条语句，应以";"结束。有时为了使程序阅读清晰，由 {;} 组成空语句，此时";"应与其他语句有效组成部分的";"相区别。

2. 复合语句

由若干条单语句组合而成的语句称为复合语句，复合语句又称为"语句块"。其基本格式为：

{[局部变量定义;] 语句 1; 语句 2; …; 语句 n;}

需要说明的是，C51 中，单一语句，可不用花括号{}括起；复合语句，必须用花括号{}括起，且每个单语句后需有";"。花括号的功能是把复合语句中若干单语句组成一条语句，C51 将复合语句视为一条"单"语句。复合语句中定义的局部变量（允许缺省）仅在复合语句内部有效。复合语句中的单语句可以分行书写，也可以写在一行内。复合语句还允许嵌套，即在复合语句中引入另一条复合语句。例如，下列形式的复合语句都是合法的。

{a = b + c; i + +; x = a + i;}   //3 条单语句:a = b + c、i + + 和 x = a + i 组成一条复合语句

{a = b + c; i + +; x = a + i;{u = v − w; j − −; y = u + j;}}

//复合语句嵌套,复合语句中引入另一条复合语句

注意，花括号{}内，是一条完整的复合语句；花括号 {} 外，就不需要再加";"。

除了表达式语句和复合语句外，C51 的基本语句还有选择语句和循环语句。

4.3.2 选择语句

选择语句是根据给定的条件是否成立进行判断，从而选择相应的操作。选择语句具有一定的逻辑分析能力和选择决策功能，按结构可分为单分支选择结构和多分支选择结构，主要有 if 语句和 switch 语句。

1. if 语句

C51 中的 if 语句可分为 3 种形式。

（1）条件成立就选择，否则就不选择。其格式为。

if(条件表达式)   内嵌语句;

上述语句中的"条件表达式"可以是符合 C 语言语法规则的任一表达式，例如：算术表达式、关系表达式、逻辑表达式等。语句首先计算并判断条件表达式是否成立，若成立（或值为非 0），则执行内嵌语句；若不成立（或值为 0），则跳过内嵌语句，执行 if 语句外的后续其他语句，如图 4-5（a）所示。例如：

if(x > y)   m = x;   //若 x > y,最大值 m = x

max = m;   //最大值 max = m

需要说明的是，内嵌语句若只有一条单语句，可以不用花括号{}括起；若多于一条语句，应该用花括号{}括起来，以复合语句形式出现。否则，if 语句的范围到该内嵌语句的第一个";"结束。因此，上例中，"m = x;"为内嵌语句；"max = m;"不是内嵌语句，不属于 if 语句，而是 if 语句外的后续语句。

（2）不论条件成立与否，总要选择一个。其格式为：

if （条件表达式)   内嵌语句 1;

else   内嵌语句 2;

该语句首先计算并判断条件表达式是否成立，若成立（值为非 0），则执行内嵌语句 1；若不成立（值为 0），则执行内嵌语句 2，如图 4-5（b）所示。例如：

```
if(x > y)    max = x;              //若 x > y,最大值 max = x
else max = y;                      //否则,最大值 max = y
```

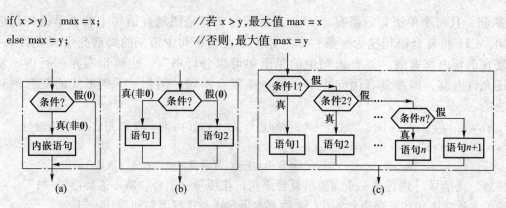

图 4-5　if 语句流程图

上例中的 "max = x;" 为内嵌语句 1, "max = y;" 为内嵌语句 2。需要说明的是,else 子句不能作为语句单独使用,它必须是整个 if 语句的一部分,与 if 配对使用。

这种形式的选择语句也可以用条件运算符 "?:" 实现,条件运算符属于 C51 中唯一的三目运算符,要求有三个运算对象。由条件运算符组成选择语句的一般形式如下:

表达式 1? 表达式 2: 表达式 3;

语句首先计算表达式 1 的值,若为非 0 (真),则将表达式 2 的值作为整个条件表达式的值;若为 0 (假),则将表达式 3 的值作为整个条件表达式的值。其效果与 if - else 语句相同,且编译代码相对少。例如:

```
max = (x > y)? x : y;             //若 x > y,max = x;否则,max = y
```

(3) 串行多分支结构。其格式为:

if（条件表达式 1）　内嵌语句 1;

else　if（条件表达式 2）　　内嵌语句 2;

…

else　if（条件表达式 n）　　内嵌语句 n;

else　内嵌语句（n + 1）;

这类语句运行时,依次计算并判断条件表达式,若成立 (值为非 0),则执行相应的内嵌语句;若不成立 (值为 0),计算并判断下一条件表达式,直至整个 if 语句结束。如图 4-5 (c) 所示。

需要注意的是,if 与 else 应配对使用,少了一个就会语法出错,而且 else 总是与其前面最近的 if 相配对。

【例 4-6】已知电路如图 4-6 所示,要求实现:

① K0、K1 均未按下, VD0 亮, 其余灯灭;

② K0 单独按下, VD1 亮, 其余灯灭;

③ K1 单独按下, VD2 亮, 其余灯灭;

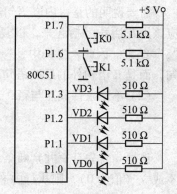

图 4-6　信号灯电路

④ K0、K1 均按下，VD3 亮，其余灯灭。

解：本例电路已在例 3-23 中给出汇编程序，现编写 C51 程序如下：

```
#include < reg51. h >            //包含访问 sfr 库函数 reg51. h
sbit   VD0 = P1^0;               //定义位标识符 VD0 为 P1. 0
sbit   VD1 = P1^1;               //定义位标识符 VD1 为 P1. 1
sbit   VD2 = P1^2;               //定义位标识符 VD2 为 P1. 2
sbit   VD3 = P1^3;               //定义位标识符 VD3 为 P1. 3
sbit   K0 = P1^7;                //定义位标识符 K0 为 P1. 7
sbit   K1 = P1^6;                //定义位标识符 K1 为 P1. 6
void   main( ) {                 //主函数
    while(1) {                   //无限循环(参阅 4.3.3 节)
        if((K0! =0)&&(K1! =0)) { //若 K0、K1 均未按下
        VD0 = 0; VD1 = VD2 = VD3 = 1;}   //VD0 亮,其余灯灭
    else   if((K0! =1)&&(K1! =0)) {  //若 K0 单独按下
        VD1 = 0; VD0 = VD2 = VD3 = 1;}   //VD1 亮,其余灯灭
    else   if((K0! =0)&&(K1! =1)) {  //若 K1 单独按下
        VD2 = 0; VD0 = VD1 = VD3 = 1;}   //VD2 亮,其余灯灭
    else {                       //若 K0、K1 均按下,
        VD3 = 0; VD0 = VD1 = VD2 = 1;}}} //VS3 亮,其余灯灭
```

本例 Keil C51 调试和 Proteus 仿真见实验 5。

（4）if 语句嵌套

在 if 语句中又包含一个或多个 if 语句，称为 if 语句嵌套。其一般形式如下：

$$\textbf{if （条件表达式 0)}$$

$$\begin{array}{l}\textbf{if （条件表达式 1)}\quad\textbf{内嵌语句 11;} \\ \textbf{else}\quad\textbf{内嵌语句 12;}\end{array}\Bigg\}\textbf{内嵌 if 语句 1}$$

$$\textbf{else}$$

$$\begin{array}{l}\textbf{if （条件表达式 2)}\quad\textbf{内嵌语句 21;} \\ \textbf{else}\quad\textbf{内嵌语句 22;}\end{array}\Bigg\}\textbf{内嵌 if 语句 2}$$

从上述嵌套形式看出，if 语句嵌套实际上是用另一个 if-else 语句替代原 if 语句中的普通内嵌语句。请注意嵌套 if 语句中 if 与 else 的配对关系，与串行多分支 if 语句中是完全不同的。

【例 4-7】电路和要求同上例，试用 if 语句嵌套编程实现。

解：C51 程序如下：

```
#include < reg51. h >            //包含访问 sfr 库函数 reg51. h
sbit   VD0 = P1^0;               //定义位标识符 VD0 为 P1. 0
sbit   VD1 = P1^1;               //定义位标识符 VD1 为 P1. 1
sbit   VD2 = P1^2;               //定义位标识符 VD2 为 P1. 2
sbit   VD3 = P1^3;               //定义位标识符 VD3 为 P1. 3
```

```
sbit   K0 = P1^7;                        //定义位标识符 K0,为 P1 第 7 位
sbit   K1 = P1^6;                        //定义位标识符 K1,为 P1 第 6 位
void   main( ) {                         //主函数
    while(1){                            //无限循环(参阅4.3.3节)
        if( K0! = 1)                     //若 K0 按下
            if( K1! = 1){ VD3 = 0;       //若 K0、K1 均按下,则 VD3 亮
                VD0 = VD1 = VD2 = 1;}    //VD0、VD1、VD2 灯灭
            else { VD1 = 0;              //若 K0 按下,K1 未按下,则 VD1 亮
                VD0 = VD2 = VD3 = 1;}    //VD0、VD2、VD3 灯灭
        else                             //若 K0 未按下
            if( K1! = 1){ VD2 = 0;       //若 K0 未按下,K1 按下,则 VD2 亮
                VD0 = VD1 = VD3 = 1;}    //VD0、VD1、VD3 灯灭
            else { VD0 = 0;              //若 K0、K1 均未按下,则 VD0 亮
                VD1 = VD2 = VD3 = 1;}}}  //VD1、VD2、VD3 灯灭
```

本例 Keil C51 调试和 Proteus 仿真参阅实验 5。

2. switch 语句

switch 语句是一种并行多分支选择语句,也称为散转。与嵌套的 if 语句相比,更直接,层次更清晰,特别适用于分支较多时。其基本格式如下:

switch(表达式)
　　{　**case 常量表达式 1**: 语句 1; break;
　　　case 常量表达式 2: 语句 2; break;
　　　…
　　　case 常量表达式 n: 语句 n; break;
　　　default:语句(n + 1);}

switch 语句的运行过程是首先计算表达式(可以是任何类型)的值,然后判断其值是否等于后续常量表达式的值。若相等(真),就执行相应的语句,执行完后终止(break)整个 switch 语句;若不相等(假),就继续与后续常量表达式比较。全部比较完毕,若没有与各常量表达式相等的选项,则执行 default 后的语句,其语句流程如图 4-7 所示。

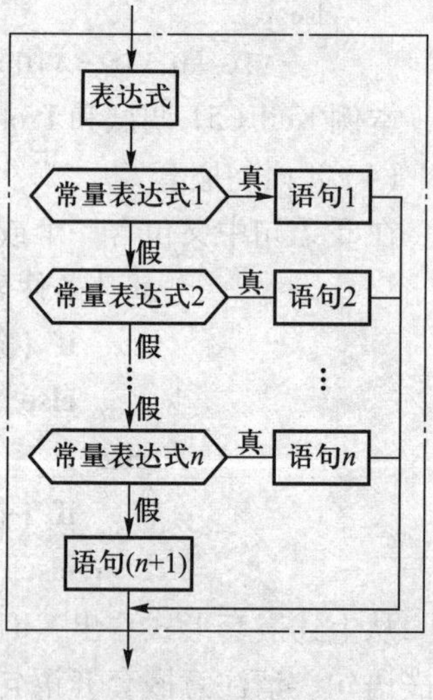

图 4-7　switch 语句流程图

【例 4-8】电路和要求同上例,试用 switch 语句编程实现。

解: C51 程序如下

```
#include  < reg51. h >               //包含访问 sfr 库函数 reg51. h
void   main( ) {                     //主程序
    unsigned char   p;               //定义无符号字符型变量 p
    P1 = P1 | 0xcf;                  //置 P1.7、P1.6 输入态,P1.5、P1.4 状态不变,4 灯灭
    while(1){                        //无限循环(参阅4.3.3节)
```

```
        p = P1&0xc0;                        //读 P1.7、P1.6 键状态
        switch(p){                          //switch 语句开头,根据表达式 P 的值判断
            case 0:P1 = P1&0xf0|0xc7;break;     //K0、K1 均按下,VS3 亮,其余灯灭,并终止 switch 语句
            case 0x80:P1 = P1&0xf0|0xcb;break;  //K1 单独按下,VD2 亮,其余灯灭,并终止 switch 语句
            case 0x40:P1 = P1&0xf0|0xcd;break;  //K0 单独按下,VD1 亮,其余灯灭,并终止 switch 语句
            default:P1 = P1&0xf0|0xce;}}}       //K0、K1 均未按下,VD0 亮,其余灯灭
```

上述程序中，第 6 行 "P1&0xc0" 是屏蔽 P1 口后 6 位，单取 P1.7、P1.6 开关状态值；第 8 行 "P1&0xf0 | 0xc7" 是保留 P1 口高 4 位状态（P1.5、P1.4 可能还有他用，不能随意改变），改变低 4 位 VD3 ~ VD0 亮灭状态，根据 C51 位逻辑运算左结合（参阅 4.2.4 节）规则，高 4 位先**与** 1、后**或** 0，低 4 位先**与** 0、后**或**灯亮灭状态值。

本例 Keil C51 调试和 Proteus 仿真参阅实验 5。

关于 switch 语句，还需说明如下。

① case 后的各常量表达式值不能相同，否则会引起混乱，导致同一值有多种不同响应。

② 允许不写 break 语句。此时，执行完相应语句后，不跳出整个 switch 语句，而是继续执行后续 case 语句。

③ 多个 case 语句可共用一组执行语句。

④ default 后可不加执行语句，表示没有符合条件时就不做任何处理。

4.3.3 循环语句

汇编循环程序已在 3.3.4 节中介绍，C51 中有专用于循环程序的循环语句。循环语句有多种形式，主要有 while 循环语句和 for 循环语句。

1. while 循环语句

while 循环根据判断语句在流程中执行的先后可分为 while 循环（也称为当型）和 do-while 循环（也称为直到型）。

（1）while 循环

语句格式如下：

while(条件表达式)　循环体语句；

运行过程是先判断条件表达式是否成立，若不成立（或值为 **0**），则跳出循环；若成立（或值为非 **0**），则执行循环体语句，然后再返回判断条件表达式。其语句流程如图 4-8（a）所示。

需要说明的是，循环体语句可由 0 条或若干条单语句组成。0 条语句时，应以 ";" 表示结束；若包含一个以上的语句，应该用

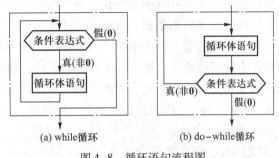

图 4-8　循环语句流程图

花括号｛｝括起来，以复合语句出现。否则，while 循环语句的范围到 while 后面第一个 ";" 结束。

【例 4-9】 试求： $sum = \sum\limits_{n=1}^{100} n = 1 + 2 + \cdots + 100$ 。

解： C51 编程如下：

```
void   main( ) {                        //主函数
    unsigned char   n = 1;              //定义无符号字符型变量 n，并赋初值
unsigned int   sum = 0;                 //定义无符号整型变量 sum，并赋初值
while( n <= 100) {                      //循环条件判断：当 n≤100 时循环，否则跳出循环
    sum = sum + n;                      //循环体语句：累加求和（本语句也可写成：sum += n;）
    n ++ ; }                            //修正循环变量，n = n + 1，并返回循环条件判断
while(1); }                             //原地等待
```

上例语句中，有一条 "while(1);" 语句，括号内的值为 "1"，表示始终是真。因此，该语句为无限循环。若 "while(1)" 后面有循环体语句，则反复无限执行循环体语句。例如例 4-6 ~ 例 4-8 程序中的 "while(1);"。若 "while(1)" 后面无实体循环语句，则应加上 ";" 表示语句结束，其效果是程序在原地踏步。"while(1);" 是 C51 中一种常用的一种无限循环形式。

Keil C51 软件调试：编译链接并进入调试状态后，打开变量观测窗口（图 2-29），Locals 标签页显示程序中两个局部变量：n 和 sum，值均为 0（显示值形式可选择十进制数 Deciml）。

全速运行，暂停图标（⊗）变成红色（表示被激活，可操作），同时变量观测窗口 Locals 标签页中局部变量 n 和 sum 消隐，鼠标左键单击红色暂停图标，该图标复原为灰色，Locals 标签页恢复显示：n = 101，sum = 5050。表示 n = 101 时停止累加，之前累加值 sum = 5050。

若选择单步运行，可观察到程序运行过程。左键不断单击单步运行图标（👣），程序逐行依次运行，变量观测窗口 Locals 标签页中 n 和 sum 值依次逐步增加：n = 1，sum = 0；n = 2，sum = 1；n = 3，sum = 3；n = 4，sum = 6；n = 5，sum = 10；…；n = 101，sum = 5050。注意，n 值的变化总是先于 sum 值的变化。

修改变量 n 赋值数据，重新编译链接调试，可得到不同 n 值的程序运行结果。

需要说明的是，本题中的 "while(1);" 语句并非程序本身需要，而是为了便于程序调试。若程序中没有该语句，则主程序运行结束后，临时开辟的局部变量存储单元将被释放，系统无法读到 n 和 sum 存储单元，因而无法显示。而有了 "while(1);" 语句，主程序运行尚未结束，仅在 "while(1);" 语句行无限循环、原地踏步，局部变量存储单元未被释放，因此能读到并显示 n 和 sum 的值。

（2） do - while 循环。

语句格式如下：

do 循环体语句;

while(条件表达式);

do – while 循环的运行过程是先执行循环体语句,后判断条件表达式是否成立,若不成立(或值为 **0**),则跳出循环;若成立(或值为非 **0**),则再返回执行循环体语句。其语句流程如图 4-8(b)所示。

【例 4-10】 用 do – while 循环语句改编例 4-9 程序。

解: 本题程序与例 4-9 程序基本相同,仅第 4~6 行按 do – while 循环格式改动:

```
void   main( ) {                    //主函数
    unsigned char   n = 1;          //定义无符号字符型变量 n,并赋初值
    unsigned int sum = 0;           //定义无符号整型变量 sum,并赋初值
    do { sum = sum + n;             //循环体语句:累加求和(也可写成:sum += n;)
        n ++ ;}                     //修正循环变量,n = n + 1,并返回循环条件判断
    while( n <= 100 );              //循环条件判断:当 n≤100 时循环    ,否则跳出循环
    while(1) ;}                     //原地等待
```

while 循环(当型)与 do – while 循环(直到型)的区别是,先判断后执行还是先执行后判断。当第一次判断为真时,两者的执行结果是完全相同的。但若第一次判断为假时,两者的执行结果就不同:while 循环一次也没执行,do – while 循环至少执行了一次。

Keil C51 软件调试同上例。

2. for 循环语句

for 循环是循环结构中语句最简洁、功能最强大的一种,其一般形式为:

for(表达式 1;表达式 2;表达式 3)   循环体语句;

其中,表达式 1 为循环变量初值设定表达式,表达式 2 为终值条件判断表达式,表达式 3 为循环变量更新表达式。

for 循环语句的循环流程如图 4-9 所示,具体运行过程如下。

① 首先对循环变量赋初值(表达式 1)。

② 判断表达式 2 是否满足给定的循环条件,若满足循环条件(或值为非 **0**),则执行循环体语句;若不满足循环条件(或值为 **0**),则结束循环。

③ 在满足循环条件(或值为非 **0**)的前提下,执行循环体语句。

④ 计算表达式 3,更新循环变量。

⑤ 返回判断表达式 2,重复②及以下操作,直至跳出 for 循环语句。

【例 4-11】 用 for 循环语句改编例 4-9 程序。

解: 本题程序与例 4-9 程序基本相同,仅第 4~6 行用 2 行 for 循环替代:

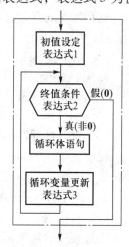

图 4-9 for 循环流程图

```
void   main( ){                  //主函数
    unsigned char n = 1;         //定义无符号字符型变量 n,并赋初值
    unsigned int sum = 0;        //定义无符号整型变量 sum,并赋初值
    for( ; n <= 100; n ++ )      //循环变量初值 n = 1,循环条件 n <= 100,循环变量更新 n ++
        sum = sum + n;           //循环体语句:累加求和(也可写成:sum += n;)
    while(1);}                   //原地等待
```

Keil C51 软件调试同上例。

需要指出的是, for 循环语句括号内三个表达式之间必须用分号";"分隔。三个表达式中允许有一个或多个缺位, 分别说明如下。

(1) 三个表达式全部为空。

三个表达式全部为空: for(;;)。表示无初值、无判断条件、无循环变量更新, 此时将导致一个无限循环, 其作用与"while(1)"相同, 例如例 4-9 程序中, 完全可用"for(;;)"代替"while(1)"。若"for(;;)"后面有循环体语句, 则反复无限执行循环体语句; 若"for(;;)"后面无实体循环语句, 则表示程序在原地踏步。

(2) 表达式 1 缺位。

表达式 1 缺位表示在 for 语句体内未设定初值。有两种情况: 一是在 for 语句之前未赋初值, 则 C51 默认初值为 0; 二是在 for 语句之前已赋初值, 例如例 4-11 中的 for 语句。

需要说明的是, for 语句体内循环变量初值缺位, 可使 for 语句的应用更灵活。例如, 有些用 for 语句构成的延时程序, 在 for 语句体外改变初值就可改变延时时间(参阅例 4-12)。

(3) 表达式 2 缺位。

表达式 2 缺位表示不判断循环条件, 认为表达式始终为真, 循环将无限进行下去。

(4) 表达式 1、3 缺位。

这种情况通常是循环初值在 for 语句体外设定, 循环变量更新则放在循环体语句内。例如, 例 4-11 中部分程序可用下列语句替代:

```
unsigned char   n = 1;           //定义循环变量 n,并在 for 语句体外赋初值
for( ; n <= 100;){               //for 循环:表达式 1、3 缺位,只有循环条件判断
    sum = sum + n;               //循环体语句:累加求和
    n ++ ; }                     //循环体语句:循环变量更新
```

(5) 没有循环体语句。

没有循环体的 for 语句通常用作延时程序。此时, for 语句后要加";", 表示 for 语句结束, 并构成一个完整的 for 语句。例如:

```
unsigned int i ,s = 65535;       //定义无符号整型变量 i、s,并 s 赋值
for(i = 1; i < s; i ++ );        //for 循环加";"后,成为一条完整的 for 语句
```

上述程序的功能是: i = i + 1, 不断循环操作, 直至 i = 65535, 起到延时作用。

3. 循环嵌套

在一个循环体内包含另一个循环, 称为循环嵌套。循环嵌套常用于延时程序。

【**例 4-12**】已知循环灯电路如图 4-10 所示。P1.0 ~ P1.7 端口分别接发光二极管，输出低电平时发光二极管亮，f_{osc} = 12 MHz，要求 8 个发光二极管从上到下以流水方式循环点亮，每次点亮时间约为 0.5 s。

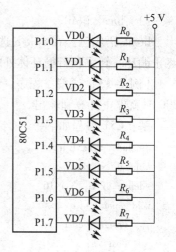

图 4-10 循环灯电路

解：根据题目要求，需要编制一个延时 0.5 s 的子函数。一般来讲，单轮 for 循环只能延时较短时间。要延时较长时间，可嵌套多轮 for 循环。本题用 2 轮 for 循环，编制一个延时 0.5 s 的子函数，然后在主函数中调用，控制流水循环点亮时间。需要说明的是，汇编语言延时函数的延时时间可以计算（参阅例 3-24），而 C51 延时函数因需编译，其延时时间与变量的存储类型有关，并与具体的编译软件有关，很难计算，且误差较大。若需精确的延时时间可采用定时/计数器（参阅 5.2 节）。

C51 编程如下：

```
#include < reg51.h >              //包含访问 sfr 库函数 reg51.h
void delay( unsigned int i){      //延时函数 delay，形式参数 i
    unsigned char j;              //定义变量 j
    for( ; i > 0; i -- )          //for 循环。若 i > 0，则 i = i - 1
        for( j = 244; j > 0; j -- );}  //for 语句。j 初值 244，若 j > 0，则 j = j - 1
void   main( ){                   //主函数
    unsigned char  i = 0;         //定义循环序号 i
    unsigned char Q = 0x01;       //定义亮灯状态字 Q，并赋初值（VD0 亮）
    while(1){                     //无限循环
        for(i = 0; i < 8; i ++ ){ //流水循环
            P1 = ~ Q;             //输出 P1 口亮灯（低电平有效）
            delay(1000);          //调用延时函数 delay，实参 i = 1000，约延时 0.5 s(12 MHz)
            Q = Q << 1;}          //修改亮灯位
        Q = 0x01;}}              //一周循环结束，亮灯状态字恢复初值
```

上述子函数 delay 是一个完整的延时子程序，其中第 2 个 for 语句"for(j = 244; j > 0; j --);"循环一次约 0.5 ms，主程序调用时，给 delay 程序中的形式参数 i 赋初值 1000，即第 1 个 for 语句要循环 1000 次。因此，该循环程序约延时 0.5 s。若改变 i 初值，即可改变延时时间。这就是在 for 循环体内不设置循环初值，在循环体外或调用该函数时赋循环初值的优点，增加了循环子函数应用的灵活性。

本例 Keil C51 调试和 Proteus 仿真见实验 6。

4. break 和 continue 语句

与循环程序有关的还有 break 语句和 continue 语句。

（1）break 语句

break 语句已经在 switch 选择语句中介绍和应用。在 for 循环语句中，break 语句可以用来终止循环，转去执行循环体外的其他语句。

【例 4-13】 试编一程序，计算并输出半径 r 等于 1 ~ 10 时的圆面积 a，但要求圆面积大于 200 时就停止计算和输出。

解： C51 编程如下：

```
#include  < reg51. h >              //包含访问 sfr 库函数 reg51. h
#include  < stdio. h >             //包含基本输入输出库函数 stdio. h
#define   PAI  3. 1416             //定义常量 PAI = 3. 1416
void   main( ) {                   //主函数
    unsigned char  r;             //定义无符号字符型变量 r
    float   a;                    //定义浮点型变量 a
    {TMOD = 0x20; TH1 = TL1 = 0xE6; SCON = 0x52; TCON = 0x40;}  //串口初始化
    for( r = 1; r < = 10; r + + ) {  //循环初值 r = 1;条件 r < = 10;变量更新 r = r + 1
        a = PAI * r * r;          //循环语句:计算圆面积 area = πr²
        if( a > 200 )   break;    //选择语句:圆面积大于 200 时就跳出循环
        printf( "r = % bu,a = % f\n",r,a );}  //输出半径 r 值及对应圆面积 area 值
    while(1) ;}                    //原地等待
```

Keil C51 软件调试：编译链接并进入调试状态后，打开 Serial #1 "🖳" 窗口（参阅图 2-25），全速运行，可看到程序运行结果：串行输出显示半径 r 等于 1 ~ 7 及其所对应的圆面积 a，至 r = 8 时，a > 200，跳出循环，停止计算和输出。

需要说明的是，上述程序中添加了从串口输出半径 r 和圆面积 a 的程序语句，目的是利用 Keil 编译软件让读者观察程序运行结果，并非题目本身需要。其中，串口输出 printf 语句可参阅 4.5.4 节常用库函数；串口输出初始化语句涉及定时/计数器、中断和串行口的概念，可参阅后续章节，此处不予展开。

上例表明，循环程序不仅可以通过循环语句中的循环条件来控制循环的结束，而且可用 break 语句强行退出循环结构。

需要注意的是，break 语句不能用于循环语句和 switch 语句之外的任何其他语句。

（2）continue 语句

continue 语句的主要作用是在循环程序中停止本轮循环，转去执行下一轮循环。

【例 4-14】 试编一程序，串行输出显示 100 ~ 200 之间能被 3 整除的数。

解： C51 编程如下：

```
#include  < reg51. h >              //包含访问 sfr 库函数 reg51. h
#include  < stdio. h >             //包含基本输入输出库函数 stdio. h
void   main( ) {                   //主函数
    unsigned char  i;             //定义无符号字符型变量 i
```

```
 {TMOD = 0x20; TH1 = TL1 = 0xE6; SCON = 0x52; TCON = 0x40;}   //串口初始化
 for(i = 100; i <= 200; i ++){            //循环初值 i = 100;条件 i <= 200;变量更新 i = i + 1
   if((i%3)! = 0)   continue;            //若 i 不能被 3 整除,则判断下一个
   printf("%bu,", i);}                   //若 i 能被 3 整除,打印输出 i 值
 while(1);}                              //原地等待
```

Keil C51 软件调试:编译链接并进入调试状态后,打开 Serial #1 "🐛" 窗口(参阅图 2-25),全速运行,可看到 Serial #1 窗口输出程序运行结果:102,105,…,198。

上例中 continue 语句的作用是,条件满足(i 不能被 3 整除)时,立即进入下一轮循环;而条件不满足时,执行循环体语句,输出 i 值。

【复习思考题】

4.11　什么叫复合语句?应用时,有什么注意事项?

4.12　条件运算符有什么作用?

4.13　while 循环(当型)与 do – while 循环(直到型)有什么区别?

4.14　for 循环语句括号内 3 个表达式分别表示什么含义?能否缺位?

4.15　while(1)和 for(;;)表示什么含义?

4.4　C51 构造类型数据

4.2 节所述的数据为 C 语言中的基本类型,此外,C 语言还提供了扩展的数据类型,称为构造类型数据,主要有数组、指针、结构、共用体和枚举等,本节介绍单片机编程常用的数组和指针。

4.4.1　数组

数组是一组具有相同类型数据的有序集合。每一数组用一个标识符表示,称为数组名,数组名同时代表数组的首地址;数组内数据有序排列的序号称为数组下标,放在方括号内,根据数组下标可访问组成数组的每一个数组元素。

数组可分为一维和多维,常用的是一维数组。

1. 一维数组

(1)定义格式

一维数组的定义格式如下:

数据类型　[存储器类型]　数组名[元素个数]

数据类型是指数组中数据的数据类型,数组内每一元素的数据类型应一致;存储器类型是指数组的存储区域,决定了访问数组速度的快慢。存储器类型允许缺省,缺省时由存储器编译模式默认。例如:

```
unsigned int   code   a[10];
```

上式表示，该数组名为 a，数组内的数据类型为 unsigned int，存储器类型为 code，元素个数（也称为数组长度，即数组内数据的个数）为 10 个。

（2）引用格式

引用数组即引用数组的元素，数组元素的表达格式为：

数组名[下标]

例如，数组 a [10] 中的 10 个元素可分别表示为：a[0]、a[1]、a[2]、…、a[9]。其中 0～9 称为数组下标，下标是从 0 开始编号的，可以是整型常量或整型表达式。例如：

s = a[6]；或 s = a[2 * 3]；

需要指出的是，数组引用的格式和数组定义的格式极其相似，均为数组名加一个方括号，方括号内为正整数。但是数组定义时方括号内的是元素个数，是定值；而数组引用时方括号内是下标，是变量。例如，a [6]。既可理解为定义数组，有 6 个元素的数组；又可理解为引用数组，即编号为 6 的数组元素；关键是看其出现在什么地方。因此，应注意两者的区别。

引用数组时，C 语言规定：① 数组必须先定义后使用；② 数组元素不能整体引用，只能单个引用。

（3）数组赋值

① 数组元素的值，一般在数组初始化时（即数组定义时）赋值。例如：

```
unsigned char   a[10] = {10,11,22,33,44,55,66,77,88,99};
```

初始化赋值后，上述数组的数组元素值分别为：a[0] = 10，a[1] = 11，a[2] = 22，a[3] = 33，a[4] = 44，a[5] = 55，a[6] = 66，a[7] = 77，a[8] = 88，a[9] = 99。

初始化赋值时，若赋值数据个数与方括号内的元素个数相同，则数组定义方括号内的元素个数可以省略，即用赋值数据个数指明元素个数。因此，上例可表达为：

```
unsigned char   a[ ] = {10,11,22,33,44,55,66,77,88,99};
```

② 数组初始化时，也可只给一部分数组元素赋值。例如：

```
int   a[10] = {10,11,22,33,44};
```

此时，该数组前 5 个数组元素被赋值，其后的 5 个数组元素均为 0。即若赋值个数少于数组元素个数时，只将有效数值赋给最前一部分数组元素，其后的数组元素均赋值 0。

③ 若未在数组初始化时赋值，则数组定义后只能单个赋值，一般要用循环语句。例如：

```
unsigned int xdata   s[100];        //定义无符号整型数组 s,存储在片外 RAM,数组元素 100 个
unsigned char i;                    //定义无符号字符型变量 i
for( i = 0; i < 100; i ++ )          //for 循环。循环条件:i = 0～99
    s[i] = i * i;                    //循环体。数组元素赋值:s[i] = i²
```

在单片机应用中，数组的主要功能是查表。一般来说，实时控制系统没有必要按繁复的控制公式进行精确的计算，而只需预先将计算或检测结果形成表格，使用时一一查表对应，特别是对于一些传感器的非线性转换，既方便又快捷。

【**例 4-15**】循环灯电路如图 4-10 所示，花样循环汇编程序已在例 3-27 给出，C51 逻辑移位语句控制的流水循环程序已在例 4-12 给出，本例要求用数组分别实现流水循环和按下列顺序的花样循环，试编制程序。

① 全亮，全暗，并重复一次；

② 从上至下，每次亮 2 个；

③ 从下至上，每次亮 2 个；

④ 从上至下，每次亮 4 个，并重复一次；

⑤ 从上至下，每次间隔亮 2 个；

⑥ 每次间隔亮 4 个，并重复一次；

⑦ 返回①，不断循环。

解：（1）流水循环程序

```
#include <reg51.h>                          //包含访问 sfr 库函数 reg51.h
unsigned char code   L[8] = {               //定义流水循环灯数组 L 并赋值,存在 ROM 中
    0xfe,0xfd,0xfb,0xf7,0xef,0xdf,0xbf,0x7f};
void   main(){                              //主函数
    unsigned char   i;                      //定义循环序号 i
    unsigned long   t;                      //定义长整型延时参数 t
    while(1){                               //无限循环
        for(i=0; i<8; i++){                 //流水循环
            P1 = L[i];                      //读亮灯数组,输出 P1 口
            for(t=0; t<=11000; t++);}}}     //延时 0.5 秒
```

（2）花样循环程序。从上述 C51 流水循环程序看出，只要更换循环数组，就能实现 C51 花样循环。

```
#include <reg51.h>                          //包含访问 sfr 库函数 reg51.h
unsigned char   code   led[25] = {          //定义花样循环码数组并赋值,存在 ROM 中
    0x00,0xff,0x00,0xff,                    //全亮,全暗,并重复一次
    0xfc,0xf3,0xcf,0x3f,                    //从上至下,每次亮 2 个
    0xcf,0xf3,0xfc,                         //从下至上,每次亮 2 个
    0xf0,0x0f,0xf0,0x0f,                    //从上至下,每次亮 4 个,并重复一次
    0xfa,0xf5,0xeb,0xd7,0xaf,0x5f,          //从上至下,每次间隔亮 2 个
    0xaa,0x55,0xaa,0x55};                   //每次间隔亮 4 个,并重复一次
void   main(){                              //主函数
    unsigned char   i;                      //定义循环变量 i
    unsigned long   t;                      //定义长整型延时参数 t
    while(1){                               //无限循环
        for(i=0;i<25;i++){                  //花样循环
            P1 = led[i];                    //读亮灯数组,输出 P1 口
```

```
for(t=0; t<=11000; t++);}}}        //延时 0.5 秒
```

从上述两程序可悟出，花样循环灯程序实际上是按花样循环码数组依次运行。因此，若编写各种花样循环码数组，然后按序输出，几乎可以随心所欲实现各种花样亮灯循环。

本例 Keil C51 调试和 Proteus 仿真参阅实验 6。

【例 4-16】已知数组 a[8] = {11,66,22,55,44,77,88,33}，试将其从大到小排列。

解：C51 编程（选择法排序）如下：

```
void   main() {                                    //主函数
    unsigned char   i,j,k,m;                        //定义循环序号变量 i、j,最大值序号 k,暂存器 m
    unsigned char   a[8] = {11,66,22,55,44,77,88,33};   //定义数组 a[8],并赋值
    for(i=0; i<7; i++) {                            //for 循环 1,循环变量 i
        k=i;                                        //最大值序号 k 赋值,设最大值为首个元素
        for(j=i; j<8; j++)                          //for 循环 2,循环变量 j,选出最大值
            if(a[k]<a[j])   k=j;                    //与后续元素比较,若 a[k]<a[j],最大值序号变更
        m=a[k];a[k]=a[i];a[i]=m;}}                  //交换位置
```

若需 a[8] 从小到大排序，只需将上例程序第 7 行语句中 "a[k] < a[j]" 改为 "a[k] > a[j]"。

Keil C51 软件调试：编译链接并进入调试状态后，打开变量观测窗口，观察 Locals 标签页中数组 a 的首地址为 0x09（注意：若编制程序不同，a 的首地址可能也不同）。再打开存储器窗口，在 Memory#1 窗口的 Address 编辑框内键入 "d：0x09"（0x09 是根据变量观测窗口 Locals 页中数组 a 的首地址）。鼠标右键单击其中任一单元，在右键菜单中选择 "Decimal"（十进制）。然后，先单步运行一步，看到 Memory#1 窗口首地址 0x09 的 8 个连续单元显示数组 a[] 原始排列数据：11、66、22、55、44、77、88、33。再全速运行后，看到 Memory#1 窗口首地址 0x09 的 8 个连续单元显示从大到小排序数据：88、77、66、55、44、33、22、11。

2. 二维数组

（1）定义格式

二维数组的定义格式如下：

数据类型   数组名[行数][列数]

例如：unsigned char   b[3][4];

上式表示，该数组名为 b，数组内数据的类型为 unsigned char，元素个数有 3 行 4 列，共 12 个元素，其结构和下标编号如图 4-11 所示。在存储区，二维数组元素的存放是连续的，行与行之间没有间隔，即如图 4-11 中的 b[1][0] 是紧挨着 b[0][3] 存放的。

```
b[0][0]  b[0][1]  b[0][2]  b[0][3]
b[1][0]  b[1][1]  b[1][2]  b[1][3]
b[2][0]  b[2][1]  b[2][2]  b[2][3]
```

图 4-11   二维数组 b[3][4]

（2）数组赋值

二维数组的数组赋值与一维数组类同。既可在初始化时赋值，也可在程序运行期间单个赋值。

① 初始化赋值时，每一行的数组元素值放在一个花括号内，中间用逗号分隔，此时将按行赋值。例如：

unsigned char　x[3][4] = {{1,2,3,4}, {5,6,7,8}, {9,10,11,12}};

上式赋值后每一数组元素的值如图4-12（a）所示。

② 数组初始化赋值时，也可把所有数组元素值放在一个花括号内，此时编译软件将会按序赋值。例如：

unsigned char　x[3][4] = {1,2,3,4,5,6,7,8,9,10,11,12};

上式赋值后每一数组元素的值如图4-12（a）所示。

③ 若赋值行内个数小于列数，不足的数组元素值为0；行数不足时也用0补足。例如：

unsigned char　y[3][4] = {{1,2,3}, {5,6,7}, {9,10,11}};

此时，每行前面的数组元素被相应赋值，但后面的数组元素值为0，如图4-12（b）所示。

x[0][0]=1	x[0][1]=2	x[0][2]=3	x[0][3]=4	y[0][0]=1	y[0][1]=2	y[0][2]=3	y[0][3]=0
x[1][0]=5	x[1][1]=6	x[1][2]=7	x[1][3]=8	y[1][0]=5	y[1][1]=6	y[1][2]=7	y[1][3]=0
x[2][0]=9	x[2][1]=10	x[2][2]=11	x[2][3]=12	y[2][0]=9	y[2][1]=10	y[2][2]=11	y[2][3]=0

(a) x[3][4]　　　　　　　　　　　　(b) y[3][4]

图4-12　二维数组

二维数组应用可参阅例8-8 C51程序。

3. 字符数组

除了上述数值数组外，C51还有字符数组。其定义和引用格式与数值数组类同。只不过用字符代替了数值。例如：

unsigned char　welcom[7] = {'W','e','l','c','o','m','e'};

其含义是将"Welcome"7个英文字母赋给字符数组welcom[7]，数组元素值为相应字母的ASCII码值。C51还允许用字符串直接给字符数组赋值，例如：

unsigned char　welcom[7] = {"Welcome"}; 或 unsigned char　welcom[7] = "Welcome";

需要注意的是，用单引号括起来的是单个字符（本例中是英文字母）；用双引号括起来的是字符串，两者含义不同。程序编译实际存放时，字符串赋值比单个字符赋值，要增加一个'\0'（空字符）作为结束标志。即要多占一个位置，共8字节，但方括号内数组元素个数仍然应写7，不必写8（如果写8，实际要占用9字节，welcom[8] =0）。

字符数组应用可参阅例8-7 C51程序。

4.4.2　指针

指针是C语言中的一个重要概念，也是C语言的重要特色。指针可以有效而方便地表示和使用各种数据结构，能动态地分配存储空间，能像汇编语言那样直接处理存储单元地址，在调用函数时能输入或返回多于一个的变量值，使程序更简洁而高效。

1. 指针和指针变量

指针这个名词对我们并不陌生，80C51 单片机中分别有堆栈指针 SP、数据指针 DPTR 和地址指针（程序计数器）PC，其主要作用都是用来存放地址。

在 C51 中，可以这样理解：指针就是地址；变量的指针就是变量的地址；存放指针（地址）的变量称为指针变量，而且指针变量也只允许存放地址。

例如，若有一个字符型变量 a，其值为 111，存在地址为 0x1000 的存储单元中；而又有一个指针变量 ap，存在 0x2000 中；ap 中存放了变量 a 的地址（指针），因此，ap 称为 a 的指针变量，或称为指针变量 ap 指向了变量 a；指针变量 ap 中的值为 1000H，即变量 a 的地址（指针）；而指针变量 ap 本身的地址（指针）为 2000H（首址），如图 4-13 所示。这里，有几个概念必须分辨清楚：

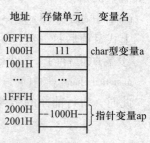

图 4-13　变量与指针变量

① 变量 a 的变量名；

② 变量 a 存储单元的地址（指针）；

③ 变量 a 的值，即变量 a 存储单元中存放的数据；

④ 指针变量 ap 的变量名是 ap；

⑤ 指针变量 ap 指向哪一个变量，即存放哪一个变量的地址（指针）；

⑥ 指针变量 ap 存储单元中的值，即指针变量 ap 所指向某一个变量的地址（指针）；

⑦ 指针变量 ap 本身存储单元的地址（指针变量 ap 的指针）。

2. 指针变量定义方式

为了有别于其他变量，定义指针变量时用类型说明符 "＊" 标记。定义格式如下：

数据类型　［数据存储器类型］　＊［指针存储器类型］　指针变量名

对上述指针变量定义格式中的名称概念说明如下。

（1）数据类型。指针变量定义格式中的数据类型为指针所指向变量的数据类型，而不是指针本身的数据类型，指针本身就是一种数据类型，如图 4-1 中的指针类型。指针所指向的变量的数据类型是数据的基本类型，可以是 char、int、long 和 flort。

数据类型与指针运算有关，例如指针变量 ap + 1，并不是简单的加 1，而是根据数据类型的字节长度增加一个长度单位，指向下一个同类型的数据。因此，char 型增加 1 个字节，int 型增加 2 个字节，long 型和 flort 型增加 4 个字节。

（2）数据存储器类型。数据存储器类型是指针变量所指向的变量数据的存储器类型，允许缺省。C51 编译器支持两类指针：基于存储器的指针和通用指针（也称为一般指针）。

① 基于存储器的指针

基于存储器的指针是 C51 根据 80C51 单片机增加的类型。其中，data 和 idata 类型是直接寻址片内 RAM，pdata 类型是间接寻址片外 RAM 某一页 256 字节。data、idata 和 pdata 地址均为 8 bit（1 字节），即指针长度为 1 字节。xdata 类型是访问片外 RAM 64 KB，code 类型是访问 ROM 64 KB，xdata 和 code 地址均为 16 bit（2 字节），即指针长度为 2 字节。

② 通用指针

用户未指定（缺省）数据存储器类型时，被默认为通用指针，可访问任何存储空间，其具体类型由存储器编译模式默认。因此，通用指针的指针长度有 3 字节：其中 1 字节表达存储器类型编码，2 字节表达指针偏移量，如表 4–13 所示。存储器类型编码能自动生成，有 4 种：0x00 代表 idata、data、bdata；0x01 代表 xdata；0xfe 代表 pdata；0xff 代表 code，如表 4–14 所示。

表 4–13　通用指针 3 字节内容

地址	指针首地址	首地址 +1	首地址 +2
内容	存储器类型	偏移量高位	偏移量低位

表 4–14　存储器类型编码

存储器类型	data/ bdata/ idata	xdata	pdata	code
编码值	0x00	0x01	0xfe	0xff

需要说明的是，数据存储器类型涉及指针概念的两个问题。①指针长度，即指针占用存储空间的大小。基于存储器的指针是 1 字节或 2 字节，通用指针是 3 字节。②指针运行速度，影响到程序运行的速度。基于存储器的指针运行速度较快，但不够灵活；通用指针运行速度较慢，但应用灵活；用户可根据需要选择。

（3）指针存储器类型。指针存储器类型是指针变量本身的存储器类型，即指针变量本身存储在什么区域？与一般变量的存储器类型相同，有 data、idata、pdata、xdata 和 code 类型。允许缺省，缺省时由存储器编译模式默认。在片内时，访问速度较快；在片外时，访问速度较慢。

指针存储器类型符也可放在整个指针变量定义最前面，此时的格式为：

［指针存储器类型］　数据类型　［数据存储器类型］　*指针变量名

（4）指针变量名。指针变量名需符合 C51 标识符要求，可任取。为防止与普通变量误读误用，笔者建议，指针变量名末尾加字母 p，以示区别（仅是建议，不是 C51 规则）。例如：ap、bp、a_p、b_p 等。

若指针变量 ap、bp、cp、dp 分别指向变量 a、b、c、d，则下列定义表示：

```
unsigned char   * ap;              //定义指针变量 ap，a 的数据类型为无符号字符型
                                   //a 和 ap 的存储器类型均由存储器编译模式确定
unsigned int data   * bp;          //定义指针变量 bp，b 的数据类型为无符号整型
                                   //b 存储在片内 RAM 区，bp 存储器类型由存储器编译模式确定
unsigned long idata   * pdata  cp; //定义指针变量 cp，c 的数据类型为无符号长整型
                                   //c 存储在片内 RAM 寄存器间接寻址区
                                   //cp 存储在片外分页寻址 RAM 区
pdata   signed long xdata   * dp;  //定义指针变量 dp，d 的数据类型为有符号长整型
                                   //d 存储在片外 RAM 区，dp 存储在片外分页寻址 RAM 区
```

需要说明的是，不要把 ∗ap、∗bp 误认为指针变量名，指针变量名就是 ap、bp，定义时加 "∗" 号是为了有别于普通变量，若使用时加了 "∗" 号，含义就变了，变成读取该指针变量所指向的变量的值（内容）。

3. 取地址运算符和指针运算符

在 4.2.3 节中，我们已经介绍了 C51 的各种运算符，但还有两个与指针有关的运算符。

&:取地址运算符

∗:指针运算符(或称为间接访问运算符、取指针内容运算符)

例如，若变量 a 的地址为 30H，值为 50H；指针变量 ap 指向变量 a。则下列语句含义为：

```
w = ap;         //指针变量 ap 指向变量 a,a 的地址即为 ap 的值,w = 30H
x = a;          //将变量 a 的值赋给变量 x,x = 50H
y = &a;         //取出变量 a 的地址赋给变量 y,y = 30H
z = * ap;       //取出指针变量 ap 所指向的变量 a 的值赋给变量 z,z = 50H
```

根据该两个运算符的特性和上述设定，我们可以得出如下结论：

（1）∗ap 与 a 是等价的，即 ∗ap 就是 a；

（2）由于 ∗ap 与 a 等价，因此，& ∗ap 与 &a 也是等价的；

（3）由于 ap = &a，因此，∗ap 与 ∗&a 等价，∗&a 与 a 等价。

【例 4-17】 已知下列程序，试指出程序中 "∗" 和 "&" 的含义。

```
#include < stdio. h >          //包含 I/O 库函数 stdio. h
void   main( ) {               //主函数
    unsigned char   a = 100,x; //定义 a、x 为无符号字符型变量,并 a 赋值
    unsigned char ∗ b;         //定义无符号整型指针变量 b
    b = &a;                    //将变量 a 的地址赋值给指针变量 b
    x = * b;                   //将以指针变量 b 为地址的存储单元中的内容赋值给 x
    printf("x = % bu \n", * b); }  //输出 x = * b
```

解： 上述第 4 行语句是定义指针变量 b，其中 "∗" 用于表示紧跟的变量 b 为指针变量。

第 5 行语句中的符号 "&" 为取地址运算符，&a 表示取出变量 a 的地址，赋值给指针变量 b，即指针变量 b 指向变量 a。需要强调的是，给指针变量赋值时必须是地址。

第 6 行语句表示取出以指针变量 b 为地址的存储单元中的内容赋值给 x，结果 x = 100。其中 "∗" 是指针运算符（取指针内容运算符）。

第 7 行语句是输出第 6 行语句的结果，其中符号 "∗" 为指针运算符（取指针内容运算符）。

需要注意的是，第 4 行语句中与第 6、7 行语句中 "∗" 号的含义是不同的。前者为指针变量类型说明符，后者为取指针内容运算符。一般来讲，可以这样来区分 "∗" 的含义：在指针变量说明（定义）中，"∗" 号是指针变量类型说明符；在表达式中，"∗" 号是取指针内容运算符（第 7 行语句是将 ∗b 赋给%bu，属于表达式）。取指针内容运算符 ∗ 后面跟着的必须是指针变量（地址），而不能是其他类型的变量。

4. 数组的指针变量

在 C51 中，指针和指针变量常用于数组，数组的指针就是数组的起始地址。

（1）数组的存储形式

数组中的数据在存储空间中是顺序存放的，每个数组元素按数组数据类型在存储空间中占用若干存储单元。例如，若有 3 个一维数组：char a[10]、int b[10] 和 long c[10]，其 10 个数组元素均为{10,11,22,33,44,55,66,77,88,99}，分别存在首地址为 1000H、3000H、5000H 的存储单元中，指针变量 ap、bp 和 cp 分别指向数组 a、b 和 c，指针变量本身的存储单元分别为 2000H、4000H、6000H，则其在存储空间中的存储形式分别如图 4-14 所示。

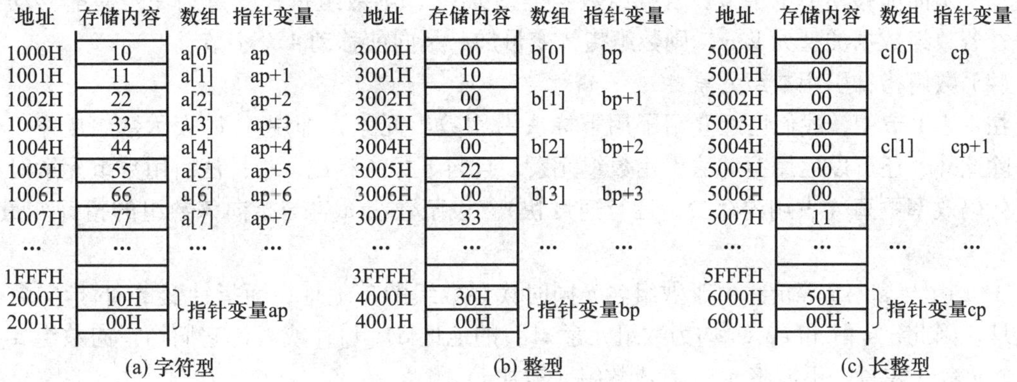

地址	存储内容	数组	指针变量	地址	存储内容	数组	指针变量	地址	存储内容	数组	指针变量
1000H	10	a[0]	ap	3000H	00	b[0]	bp	5000H	00	c[0]	cp
1001H	11	a[1]	ap+1	3001H	10			5001H	00		
1002H	22	a[2]	ap+2	3002H	00	b[1]	bp+1	5002H	00		
1003H	33	a[3]	ap+3	3003H	11			5003H	10		
1004H	44	a[4]	ap+4	3004H	00	b[2]	bp+2	5004H	00	c[1]	cp+1
1005H	55	a[5]	ap+5	3005H	22			5005H	00		
1006II	66	a[6]	ap+6	3006H	00	b[3]	bp+3	5006H	00		
1007H	77	a[7]	ap+7	3007H	33			5007H	11		
...	...	...	...	...	...	...	...	...	...	...	...
1FFFH				3FFFH				5FFFH			
2000H	10H	}指针变量ap		4000H	30H	}指针变量bp		6000H	50H	}指针变量cp	
2001H	00H			4001H	00H			6001H	00H		

(a) 字符型　　　　　　　　　　(b) 整型　　　　　　　　　　(c) 长整型

图 4-14　数组的存储形式

对图 4-14 中说明如下。① 数组元素是按数组数据类型在存储空间中占用规定的存储单元。字符型 char 占 1 个字节，整型 int 占 2 个字节，长整型 long 和浮点型（实型）float 占 4 个字节。② 指针变量加一是指向下一个数组元素。即按数组数据类型增加一个长度单位，字符型增加 1 个字节，整型增加 2 个字节，长整型和浮点型增加 4 个字节。③ 数组第一个元素（序号为 0）的存储地址就是整个数组的首地址。④ 若数组元素的数据长度多于 8 bit 时，则存储形式是数据高位存放在地址低位字节；数据低位存放在地址高位字节。⑤ 数组占用存储空间量很大。特别是当数组元素多、字节长度长或多维数组时，大多数数组元素未被有效利用，而 80C51 系列单片机内存空间资源有限，更不能被不必要地占用。因此，编程开发时应仔细安排，根据需要恰当地选择数组的大小和存储器类型。

（2）数组指针变量的赋值

设某数组 a[] 和指向该数组的指针变量 ap，给指针变量 ap 赋值时，下列两种方式均为合法语句：

```
ap = a;          //数组名 a 同时代表数组 a 的首地址,直接赋值给指针变量 ap
ap = &a[0];      //a[0]为数组 a 的第一个元素,取它的地址赋值给指针变量 ap
```

指针变量赋值也可以在指针变量定义时一并完成。例如：

unsigned char * ap = a;   //定义指针变量 * ap 并赋值,数组名 a 代表数组 a 的首地址
unsigned char * ap = &a[0];   //定义指针变量 * ap 并赋值,第一个元素 a[0] 的地址为数组 a 首地址

（3）数组指针变量加减运算

应用数组时，常需要对数组的指针变量值修正：加 1 减 1 或加减某一数值。例如，若有某指针变量 * ap，则 ap + n、ap − n、ap ++、ap −−、++ap 和 −−ap 均为合法。

需要说明的是：① 指针变量的加减运算只能对数组的指针变量进行运算，其他类型的指针变量加减运算无意义；② 指针变量的加减运算并不是简单的加一或减一，而是根据数组数据类型的字节长度向前或向后移动一个长度单位。例如：若数组数据类型为 char，则数组指针变量加一是向前移动 1 个字节；若数组数据类型为 int，则数组指针变量加一是向前移动 2 个字节；若数组数据类型为 long，则数组指针变量加一是向前移动 4 个字节。

（4）数组指针引用数组元素

在 4.4.1 节中，我们已经介绍了用下标法引用数组元素，即用 a[i] 表示数组中第 i 个元素。除此外，还可以运用指针法引用数组元素，且与下标法相比，指针法引用数组元素时目标程序代码效率更高（占用内存少，运行速度快）。设某数组 a[ ] 与指向该数组的指针变量 ap，则有：

① a + i 与 ap + i 等价。由于数组名 a 同时代表数组的首地址，而指针变量 ap 指向数组的首地址。因此，a + i 和 ap + i 均为数组元素 a[i] 的地址 &a[i]，或者说它们均指向数组 a[ ] 的第 i 个元素（注意，不能将 a + i 看成数组元素加 i）。

② * (a + i)、* (ap + i) 与 a[i] 等价。既然 (a + i)、(ap + i) 均指向数组 a[ ] 的第 i 个元素，则加上取指针内容运算符 " * " 后，就表示 (a + i) 或 (ap + i) 所指向的数组元素，即 a[i]。

③ 指向数组的指针变量可以带下标，即：ap[i] 与 * (ap + i) 等价。

【例 4-18】已知指针变量 ap 指向数组 a[ ] 的首地址 0x1010，a[0] = 0x11，a[1] = 0x22，试指出下列语句的含义及相互间区别，并求该语句执行后 ap、a[0]、a[1] 的值。

（1）ap ++；（2）(* ap) ++；（3）* ap ++；（4）* ++ap；（5）* (ap ++)；（6）* (++ap)；（7）a ++。

解：（1）ap ++ 的含义是：ap = ap + 1 = 0x1011，此时 ap 将指向数组元素 a[1]。

（2）(* ap) ++ 的含义是：* ap = * ap + 1，即取指针变量 ap 所指存储单元中的值，加 1 后再回存原存储单元中。因此，a[0] = a[0] + 1 = 0x12，ap 本身不变，ap = 0x1010。需要注意的是元素值加 1，而不是指针变量加 1。

（3）* ap ++：由于取指针内容运算符 * 与自增 1 运算符 ++ 的优先级相同，而结合性为右结合，然而又由于双加号在 ap 右侧，是先使用，后加 1。因此，其含义是：先取指针变量 ap 所指存储单元中的值 a[0] = 0x11 使用，后 ap 加 1，ap = 0x1011，指向下一数组元素 a[1]，a[0] 本身并未加 1。

（4）* ++ap 与 * ap ++ 的相同之处都是右结合；不同之处是先加 1，后使用。因此，其含义是：ap 先加 1，ap = 0x1011；然后取出指针变量 ap 所指存储单元中的值 a[1] = 0x22。

（5）＊（ap＋＋）与 ＊ap＋＋相同。

（6）＊（＋＋ap）与 ＊＋＋ap 相同。

（7）由于 ap 指向数组 a，ap 与 a 均代表数组 a 的首地址，因此，a＋＋与 ＊ap＋＋相同。

从上例中我们可以悟出，将 ＋＋和 －－运算符用于指针变量十分有效，可以是指针变量自动向前或向后移动，指向下一个或上一个数组元素，而使访问数组元素变得方便。

【例 4-19】 已知一维数组 a[10]，试将其按顺序输出。

解： 该题目有 3 种解法，C51 程序分别如下。

（1）利用数组下标，找出数组元素。

```
#include  < reg51. h >              //包含访问 sfr 库函数 reg51. h
#include  < stdio. h >             //包含 I/O 库函数 stdio. h
void   main( ) {                    //主函数
    unsigned char a[10] = {1,2,3,4,5,6,7,8,9,10};    //定义数组并赋值
    unsigned char i;               //定义无符号字符型变量 i
    {TMOD = 0x20; TH1 = TL1 = 0xE6; SCON = 0x52; TCON = 0x40;}     //串口初始化
    for(i = 0; i < 10; i ++ )       //for 循环:数组下标从 0 直至 9
        printf("% bu ,", a[i]);     //输出:根据数组下标 i 找出数组元素
    while(1); {                     //原地等待
```

（2）利用指针运算符，取出数组元素。

由于 a[i]与 ＊（a＋i）等价，因此，上述程序只需修改最后第二行（其余相同）：

```
printf("% bu ,", *(a+i));          //输出:根据数组元素地址(a+i),取出数组元素
```

（3）利用指针变量，指向数组元素。

修改第 5、7、8 行：

```
unsigned char * data ap;          //定义指向数组的指针变量 ap,数据类型为 data
…
for( ap = a; ap < a + 10; ap ++ )    //for 循环。循环变量为指针变量 ap
    printf("% bu ,", * ap);        //输出:根据数组指针变量,取出数组元素
```

Keil C51 软件调试：编译链接并进入调试状态后，打开 Serial #1 窗口，全速运行，可看到 Serial #1 窗口输出程序运行结果：1，2，3，4，5，6，7，8，9，10。

【复习思考题】

4.16　什么是数组？如何定义和表示？

4.17　什么是指针和指针变量？如何定义和使用？

4.18　已知 a 为指针变量，试分析下列语句中 ＊a 的区别。

（1）unsigned int ＊a;　　　　　（2）x = ＊a;　　　　　（3）printf("x = % d", ＊a);

4.19　数组指针变量加 1 减 1 表示什么含义？

4.5   C51 函数

函数是 C 程序的基本单位，即 C51 程序主要是由函数构成的。

4.5.1   函数概述

1. 函数的分类

从 C51 程序的结构上分，C51 函数可分为主函数 main( ) 和普通函数两种。主函数就是主程序，一个 C51 源程序必须有也只能有一个 main 函数，而且是整个程序执行的起始点。普通函数是被主函数调用的子函数，与汇编语言程序中的子程序类同。从用户使用的角度上分，普通函数又可分为标准库函数和自定义函数。

（1）标准库函数

标准库函数是由 C51 编译系统的函数库提供的。编译系统的设计者将常用的、具有独立功能的程序模块编成公用函数，集中存放在编译系统的函数库中，供用户使用。

C51 编译系统具有功能强大、资源丰富的标准函数库。因此，用户在程序设计时，应该善于充分利用这些函数资源，以提高效率，节省时间。

（2）用户自定义函数

用户自定义函数就是用户根据自己的需要编写的函数。

2. 函数的定义方式

函数的定义方式是指书写一个函数应有的完整结构或格式，一般为：

返回值类型　函数名([形式参数列表])[编译属性][中断属性][寄存器组属性]
> {
> 　　　局部变量说明
> 　　　函数体语句
> }

说明如下：① 返回值类型是指本函数返回值的数据类型，若无返回值，则成为无类型（或称空类型），用 void 表示；若该项要素缺省（不写明），则 C51 编译系统默认为 int 类型。

② 函数名除了 main 函数有固定名称外，其他函数由用户按标识符的规则自行命名。

③ 形式参数用变量名（标识符）表示，没有具体数值；可以是一个或多个（中间用逗号 "," 分隔），或没有形式参数，但圆括号不可少。同时，在列举形式参数变量名时应对该参数的数据类型一并说明（也允许将形式参数说明单独列一行，放在圆括号之外）。

④ 编译属性是指定该函数采用的存储器编译模式，有 Small、Compact 和 Large 3 种选择，缺省时，默认 Small 模式（参阅 4.2.2 节）。

⑤ 中断属性是指明该函数是否中断函数；寄存器组属性是指明该函数被调用时准备采用哪组工作寄存器，该两个属性主要用于中断函数，允许缺省，将在 5.1.4 节详述。

⑥ 局部变量是仅应用于本函数内的变量，在执行本函数时临时开辟存储单元使用，本函数运行结束即予释放；局部变量说明是说明该变量的数据类型、存储器类型等。

⑦ 函数体语句是本函数执行的任务，是函数运行的主体。

⑧ 不能颠倒局部变量说明与函数体语句的次序。即在一个函数中，所有局部变量说明需放在函数体语句之前，不能插在函数体语句之中，否则 C51 编译器将视作出错。

⑨ 一对花括号是必须的。

根据函数定义时有无形式参数，函数可分为无参数函数和有参数函数。

（1）无参数函数

无参数函数不能理解为函数内无参数，仅是无外界参数输入，一般也无返回值。因而上述函数格式中的形式参数表就没有了，但括号不能少。

【例 4-20】 无参数函数延时程序。

```
void   delay1( )            //定义无类型函数 delay1
    {                       //函数开始
    unsigned int  i = 62470;  //定义无符号整型变量(属局部变量)i 并赋值
    while( --i);            //while 循环:i = i-1,若 i = 0,则跳出循环
    }                       //函数结束
```

上述 delay1 函数无参数输入，但函数本身有局部参数 i，不输出。在程序中，i 不断减 1，直至 0，才跳出循环，结束程序，从而起到延时作用。调节参数 i 的值，就能调节延时时间。但应注意局部参数 i 的类型是 unsigned int，它的值域为 0 ~ 65535。若 i 的类型改为 unsigned long，值域为 0 ~ 4294967295，则延时时间还可进一步延长。

Keil C51 测试延时时间方法参阅实验 3，本例延时时间为 0.5 s。

（2）有参数函数

有参数函数可以有一个或多个形式参数，调用时必须在函数体外将形式参数转换为实际参数；函数内部的局部变量需在函数局部变量说明中定义。

【例 4-21】 有参数函数延时程序。主函数功能是 P1 口输出闪烁（驱动 LED 时，亮暗各 0.5 s）。

```
#include  < reg51. h >      //包含访问 sfr 库函数 reg51. h
void delay( unsigned int i)  //定义无类型函数 delay,无符号整型形式参数 i
    {                       //自定义函数 delay 开始
    unsignedchar j;         //定义无符号字符型局部变量 j
    for( ;i > 0; i--)       //外循环。若 i > 0,则执行内循环后,i = i-1
        for( j = 244; j > 0; j--);  //内循环。循环初值:j = 244,循环条件:若 j > 0,则 j = j-1
    }                       //自定义函数 delay 结束
void   main( )             //主函数(主程序)。
    {                       //主函数开始。
    P1 = 0;                 //P1 口输出全 0
```

```
        delay(1000);                //调用延时函数 delay,并使形式参数变为实际参数,i = 1000
        P1 = 0xff;                  //P1 口输出全 1
}                                   //主函数结束
```

本例 delay 函数有一个形式参数 i,主函数调用时,需给 i 赋值,即将形式参数变为实际参数,本例实参 i = 1000。在 delay 函数体外调节 i 值,就可得到不同的延时时间,相比上例中无参数延时函数 delay1,优越性显而易见。若将 delay 函数中的局部参数 j 也定义为形式参数(并改为整型变量),则还可进一步扩大延时时间。

Keil C51 软件调试:编译链接并进入调试状态后,打开寄存器窗口,其中 sec 项专用于记录程序执行流程的时间,进入和离开延时子函数 delay 的 sec 值之差,就是 delay 子函数的延时时间(约 0.5 s)。

4.5.2　函数的参数和返回值

C51 函数之间可以进行数据传递。一种是数据输入,其形式是主调用函数的实际参数向被调用函数的形式参数传递;另一种是数据输出,被调用函数的运行结果向主调用函数返回。

1. 函数的参数

函数的参数有形式参数(简称形参)和实际参数(简称实参)之分。形式参数是定义函数时在函数名后面括号中的变量,可以是基本类型、数组或指针等。实际参数是主调用函数调用被调用函数时赋给形式参数的实际数值。实际参数可以是常量,也可以是变量或表达式,但必须有确定的值,且两者的数据类型必须一致,否则会发生"类型不匹配"的错误。调用函数时,形参与实参之间的传递是单方向的,只能是主调用函数向被调用函数传递,即只能是实参传递给形参。其好处如下。

(1)提高了函数的通用性与灵活性,使一个函数能对变量的不同数值进行功能相同的处理。例如例 4-21 程序中的 delay 延时子函数,在调用时根据需要给形式参数 i 赋值,就可得到不同的延时时间。

(2)提高 80C51 内存空间的使用率。函数的形式参数和局部变量在函数调用前并不占用 80C51 宝贵的内存空间,仅在调用时临时开辟存储单元寄存;该函数退出时,这些临时开辟的存储单元全部释放。因此,可大大提高 80C51 宝贵内存的使用率。同时,这些局部变量和形式参数的变量名可与其他函数体中的变量同名,便于子函数移植应用。

【例 4-22】试编制一个能根据 n 值计算 $\sum n$ 的程序。

解: 例 4-9 已给出计算 $sum = \sum\limits_{n=1}^{100} n = 1 + 2 + \cdots + 100$ 的程序,本例 n 不定,由外部输入。

C51 编程如下:

```
#include <reg51.h>                 //包含访问 sfr 库函数 reg51.h
#include <stdio.h>                  //包含基本输入输出库函数 stdio.h
```

```
unsigned int   sum( unsigned int   n){        //定义整型函数 sum,形参 n(无符号整型,值域 0 ~ 65535)
    unsigned int   i;                          //定义局部变量 i(无符号整型,值域 0 ~ 65535)
    for( i = n − 1; i >= 1; i −− )              //for 循环;循环变量初值 n − 1;条件 i >= 1;变量更新 i = i − 1
        n = n + i;                             //累加 ∑n
    return   n;}                               //返回累加值给主调用函数,子函数结束
void   main ( ) {                              //主函数
    unsigned int   n, s;                       //定义无符号整型变量 n、s
    {TMOD = 0x20; TH1 = TL1 = 0xE6; SCON = 0x52; TCON = 0x40;}      //串口初始化
    scanf ("%u", &n);                          //串口输入 n 值(无符号十进制整数)
    s = sum (n);                               //调用求累加和函数 sum,n 实参代替形参
    printf("n = %u,sum = %u\n",n,s);           //输出累加和值
    while(1);}                                 //原地等待
```

Keil C51 软件调试:编译链接并进入调试状态后,全速运行,暂停图标(⊗)变为红色,打开 Serial #1 " 🖳 "窗口(参阅图 2-25),该窗口内光标闪烁,表示可以串行输入。键入 n 值(例如 100),回车后,可在 Serial #1 窗口看到程序运行结果(例如 n = 100,sum = 5050)。

需要注意的是,调用和运行上述程序,应事先估算累加和值不能超出变量的值域,否则需修改变量的数据类型,扩大值域。

上述程序中,主调用函数 main 和被调用函数 sum 均有参数 n,使用相同的参数名,但都是局部变量。sum 函数中的 n 是形式参数;函数被调用运行期间,n 被用作累加和变量,不断增值;最后,n 还被用作 sum 函数的返回值。main 函数中的 n 是实际参数,在调用 sum 函数前,n 被赋予确定数值;调用 sum 函数时,实现实参向形参的传递。

2. 函数的返回值

前述,被调用函数调用时,临时开辟存储单元,寄存函数中的形式参数和局部变量;调用结束退出后,临时开辟的存储单元全部释放,可以提高 80C51 内存空间的使用率。但是,也带来了一个问题,即:如果还需要用到被调用函数中执行某段程序的结果,然而由于调用该函数已经结束,存储单元被释放,程序运行的结果就找不到了。因此,需要把这个结果(称为函数值或函数返回值)返回给主调用函数。返回语句的一般形式为:

return   表达式;

例如,例 4-22 中的"return   n",就是返回语句,n 是 sum 函数的返回值,返回给主函数 main。

需要说明如下。① 函数的返回值只能通过 return 语句返回;return 语句可有多条,但最终只能返回一个返回值。② 函数的返回值必须与函数的返回值类型一致。例如例 4-22 中,sum 函数的返回值类型为 unsigned int,而返回值的数据类型也是 unsigned int。若不相同,则按函数返回值类型自动转换。③ 允许函数没有返回值,但为减少出错和提高可读性,凡是不需要返回值的函数均宜明确定义为无类型 void。④ 无类型函数不能使用 return 语句。

3. 指针变量作为函数的形式参数

函数的形式参数不仅可以是字符型、整型或实型，还可以用指针变量，其作用是将一个变量的地址传送到另一个函数中去，这种参数传递称为地址传递。

需要指出的是，地址传递的结果具有双向性。在被调用函数中，若该地址存储单元中的内容发生了变化，在调用结束后这些变化将被保留下来，即其结果会被返回到主调用函数。因此，用指针变量作为函数的形式参数，可以得到多于一个的函数返回值。

【例 4-23】已知字符型变量 a、b 分别存在内 RAM，试用指针变量作函数参数，编制一个交换两个变量数据的子函数，并在主程序中调用，输出交换前后数据。

解：编写 C51 程序如下：

```
#include  < reg51. h >                       //包含访问 sfr 库函数 reg51. h
#include  < stdio. h >                       //包含 I/O 库函数 stdio. h
#define   uchar   unsigned char             //用 uchar 表示 unsigned char
void exch(uchar * xp, uchar * yp){           //定义交换变量数据子函数 exch，形参为指针变量 xp、yp
    uchar   m = * xp;                        //定义字符型变量 m，并暂存指针变量 xp 所指向的变量值
    * xp = * yp; * yp = m;}                   //指针变量所指向的变量值交换。自定义函数 exch 结束
void   main(){                               //主函数
    uchar   a,b;                             //定义字符型变量 a、b，并赋值
    uchar * ap, * bp;                        //定义字符型指针变量 * ap、* bp
    ap = &a,bp = &b;                         //指针变量 ap、bp 赋值(指向 a、b)
    {TMOD = 0x20; TH1 = TL1 = 0xE6; SCON = 0x52; TCON = 0x40;}   //串口初始化
    scanf("% bu,% bu" ,&a,&b);               //串口输入 a、b 数据(无符号字符型十进制整数)
    printf("a = % bu,b = % bu\n" ,a,b);       //输出交换前的 a、b 数据
    exch(ap,bp);                             //调用交换子函数 exch，实参为指针变量 ap、bp
    printf("a = % bu,b = % bu\n" ,a,b);       //输出交换后的 a、b 数据
    while(1);}                               //原地等待
```

Keil C51 软件调试：编译链接并进入调试状态后，全速运行，暂停图标变成红色，打开 Serial#1 "🖱" 窗口，该窗口内光标闪烁时，输入 a、b 数据 "10，20"，回车。即可看到程序运行结果：

```
10,20              //输入 ab 数据(中间用","分隔，末尾用回车表示结束)
a = 10,b = 20      //输出交换前 ab 数据
a = 20,b = 10      //输出交换后 ab 数据
```

从上述程序我们看到，在子函数 exch 中，指针变量 xp、yp（实际是实参指针变量 ap、bp）所指向的变量值发生了交换，exch 被调用结束后，虽然 exch 中的局部变量 xp、yp 不复存在（被释放），但实参指针变量 ap、bp 所指向的变量值交换被保留了下来。因此，我们可以得出这样的结论：被调用函数虽然不能改变实参指针变量本身的值，但可以改变实参指针变量所指向的变量值。即运用指针变量参数，可使主调用函数得到另类"返回值"。

4. 数组作为函数的形式参数

函数的形式参数除了基本类型和指针变量外，还可以用数组。通常形参数组不指定大小，仅在数组名后跟一个空方括号；另设一个形参作为数组元素个数，这样可适用于不同大小的数组。用数组作函数的参数时，并不是把数组值传递给形参，而是将实参数组起始地址传递给形参数组，这样就使两个数组占用同一段存储单元。一旦形参数组某元素值发生变化，将会导致实参数组相应元素值随之变化。因此，数组参数传递也属于地址传递，也能得到多于一个的函数返回值。

【例 4-24】 试编制一个通用程序，对 n 个数组元素（随机输入）从大到小排序。

解： 数组元素排序，已在例 4-16 中给出。本题随机输入 n 个数组元素，编一个通用子程序，由主函数调用。为便于观察程序运行结果，添加了从串口输入输出数组元素数据的程序语句，设数组元素为 a[16] = {11,99,66,22,111,55,0,222,44,155,77,255,133,100,88,33}，在调试时从串口键入，C51 编程如下：

```
#include <reg51.h>                              //包含访问 sfr 库函数 reg51.h
#include <stdio.h>                              //包含 I/O 库函数 stdio.h
#define uchar unsigned char                     //用 uchar 表示 unsigned char
void rank(uchar x[],uchar n){                   //从大到小排序子函数,形参:数组 x[],元素个数 n
    uchar i,j,k,m;                              //定义循环序号变量 i,j,最大值序号 k,暂存器 m
    for(i=0;i<n-1;i++){                         //for 循环1,循环变量 i
        k=i;                                    //最大值序号 k 赋值,设最大值为首个元素
        for(j=i;j<n;j++)                        //for 循环2,循环变量 j,选出最大值
            if(x[k]<x[j])  k=j;                 //与后续元素比较,若 x[k]<x[j],最大值序号变更
        m=x[k];x[k]=x[i];x[i]=m;}}              //交换位置
void main(){                                    //主函数
    uchar a[16],i;                             //定义数组 a[16],循环序号变量 i
    {TMOD=0x20;TH1=TL1=0xE6;SCON=0x52;TCON=0x40;}    //串口初始化
    for(i=0;i<16;i++)                          //for 循环
        scanf("%bu",a+i);                       //串口输入数组 a 数据(无符号字符型十进制整数)
    for(i=0;i<16;i++){                         //for 循环
        if(i%8==0)  printf("\n");               //若 i 是 8 的整倍数,换行(输出时,8 个一行)
        printf("a[%bu]=%bu,",i,a[i]);}          //输出数组 a 原始数据元素
    rank(a,16);                                //调用排序子函数 rank,实参:数组 a[],元素个数 16
    printf("\n");                              //换行
    for(i=0;i<16;i++){                         //for 循环
        if(i%8==0)  printf("\n");               //若 i 是 8 的整倍数,换行(输出时,8 个一行)
        printf("a[%bu]=%bu,",i,a[i]);}          //输出从大到小排序后数组 a 的数据元素
    while(1);}                                  //原地等待
```

Keil C51 软件调试：编译链接并进入调试状态后，全速运行，暂停图标变成红色，打开 Serial#1 "🐢" 窗口，待该窗口内光标闪烁时，依次连续输入数组 a 的元素数据（十进制整

数）。每键入一个元素数据，均要按一次回车键。全部输入完毕，Serial#1窗口立刻显示数组原始数据和排序后的数据：

$$a[0]=11, a[1]=99, a[2]=66, a[3]=22, a[4]=111, a[5]=55, a[6]=0, a[7]=222,$$
$$a[8]=44, a[9]=155, a[10]=77, a[11]=255, a[12]=133, a[13]=100, a[14]=88, a[15]=33,$$
$$a[0]=255, a[1]=222, a[2]=155, a[3]=133, a[4]=111, a[5]=100, a[6]=99, a[7]=88,$$
$$a[8]=77, a[9]=66, a[10]=55, a[11]=44, a[12]=33, a[13]=22, a[14]=11, a[15]=0,$$

上述数据中，第1、2行为排序前的数据，第3、4行为排序后的数据。

也可从存储器窗口观察排序数据，首先打开变量观测窗口Locals标签页，获取数组a的首地址为0x22（注意：若编制程序不同，a的首地址可能也不同）。再打开存储器窗口，在Memory#1窗口的Address编辑框内键入"d：0x22"（0x22是根据变量观测窗口Locals页中数组a的首地址）。鼠标右键单击其中任一单元，在右键菜单中选择"Decimal"（十进制）。然后，全速运行，暂停图标变成红色，打开Serial#1窗口，依次输入数组a的元素数据，每键入一个元素数据，Memory#1窗口相应地址单元会显示键入的a元素数据。全部输入完毕，Memory#1窗口首地址0x22及其后续单元立刻更换显示从大到小排序后的数据。

4.5.3 函数的调用

C语言中的函数在定义时都是相互独立的，即在一个函数中不能再定义其他函数。函数不能嵌套定义，但可以互相调用。调用规则是：主函数main可以调用其他普通函数；普通函数之间也可以互相调用，但普通函数不能调用主函数main。

因此，一个C51程序的执行过程是从main函数开始的，调用其他函数后再返回到主函数main中，最后在主函数main中结束程序运行。

1. 函数调用说明

函数调用与函数定义不分先后，但若调用在定义之前，则调用前必须先进行函数说明。规则如下。

（1）若是库函数，则需在头文件中用#include <函数库名.h>包含指明。

（2）若是自定义函数，并出现在主调用函数之前，则可不加说明直接调用。

（3）若自定义函数出现在主调用函数之后，则需在主调用函数中先说明被调用函数，而后才能调用。

函数调用说明格式如下：

返回值类型　函数名(形式参数表)；

初看，函数说明格式与函数定义格式相近，但含义完全不同。函数定义是对函数功能的确立，()号后没有分号";"，定义尚未结束，后面应有一对花括号括起的函数体，组成整个函数单位。而函数说明仅说明了函数返回值类型和形式参数，是一条语句，()号后用分号";"表示结束。而且，C语言规定，不能在一个函数中定义另一个函数，但允许在一个函数中说明并调用另一个函数。

2. 函数调用格式

函数名(实际参数表);

对于无参数函数，实际参数表可以省略，但函数名后一对圆括号不能少。对于有参数函数，形参必须赋予实参；若包含多个实参，实参数量与形参数量应相等；且顺序应一一对应传递；实参与实参之间应用逗号分隔。

3. 函数被调用的方式

主调用函数对被调用函数的调用可以有以下两种方式。

(1) 作为主调用函数中的一个语句。例如：

delay(1000);   //例4-21中，main 主函数调用延时函数 delay，实参 i=1000

在这种情况下，不要求被调用函数返回结果数值，只完成某种操作。

(2) 函数结果作为其他表达式的一个运算对象或另一个函数的实际参数。例如：

s=sum(n);   //例4-22中，sum(n)函数的返回值作为表达式的一个运算对象

在这种情况下，被调用函数必须有返回值。例如，sum (n) 函数的返回值是 $\sum n$。

【例4-25】十字路口模拟交通灯电路如图4-15所示，共4组红黄绿灯，P1.0～P1.2分别控制横向2组红黄绿灯，P1.3～P1.5分别控制纵向2组红黄绿灯。模拟控制要求：相反方向相同颜色的灯显示相同，垂直方向相同颜色的红绿灯显示相反。横向绿灯先亮4秒（为便于观察运行效果而缩短时间），再快闪1秒（亮暗各0.1秒，闪烁5次）；然后黄灯亮2秒；横向绿灯黄灯亮闪期间，纵向红灯保持亮状态（共7秒）。再然后，纵向绿灯黄灯重复上述横向绿灯黄灯亮闪过程，纵向与横向交替不断。

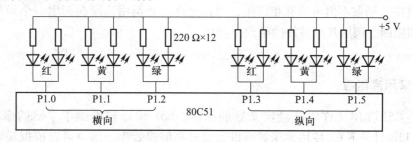

图4-15 模拟交通灯电路

解：编程如下：

```
#include <reg51.h>                //包含访问 sfr 库函数 reg51.h
sbit   GA=P1^2;                   //定义 GA 为 P1.2(横向绿灯)
sbit   GB=P1^5;                   //定义 GB 为 P1.5(纵向绿灯)
void delay(unsigned int t){       //延时子函数 delay,延时形参 t
    unsigned char j;              //定义循环序数 j
    for(;t>0;t--)                 //for 循环。若 t>0,则 t=t-1
        for(j=244;j>0;j--);}      //嵌套 for 循环。j 赋初值 244,若 j>0,则 j=j-1
```

```
void  main( ){                          //主函数
    unsigned char  i;                   //定义闪烁循环参数 i
    while(1){                            //无限循环
        P1 = 0xf3;                       //横向绿灯、纵向红灯亮
        delay(8000);                     //延时 4 s
        for(i = 0;i < 10;i ++){          //横向绿灯闪烁循环
            GA = ! GA;                   //横向绿灯闪烁,纵向红灯保持亮
            delay(200);}                 //间隔 0.1 s
        P1 = 0xf5;                       //横向黄灯亮、纵向红灯亮
        delay(4000);                     //延时 2 s
        P1 = 0xde;                       //纵向绿灯、横向红灯亮
        delay(8000);                     //延时 4 s
        for(i = 0;i < 10;i ++){          //纵向绿灯闪烁循环
            GB = !GB;                    //纵向绿灯闪烁,横向红灯保持亮
            delay(200);}                 //间隔 0.1 s
        P1 = 0xee;                       //纵向黄灯亮、横向红灯亮
        delay(4000);}}                   //延时 2 s
```

从上述程序中看到,给相同的延时函数予不同的实参,可得到不同的延时时间。

本例 Keil C51 调试和 Proteus 仿真见实验 7。

4. 函数嵌套调用

在 C 语言中,函数不但可以互相调用,而且允许嵌套调用,即在调用一个函数的过程中,允许这个被调用函数调用其他另外的函数。例如:

```
y = sum(max(x,y));                       //本语句调用了 sum 函数,而 sum 函数又调用了 max 函数。
```

4.5.4　常用库函数

库函数是 C51 在库文件中已经定义好的函数,C51 编译器提供了丰富的库函数(位于 KEIL \ C51 \ LIB 目录下),使用库函数可以大大提高编程效率,用户可以根据需要随时调用。每个库函数都在相应的头文件中给出了函数原型声明,用户若需调用,应在源程序的开头采用预处理指令# include 将有关的库函数包含进来。具体格式如下:

#include ＜函数库名 . h ＞

include 命令必须以"#"号开头,系统库函数用一对尖括号括起。需要说明的是,由于 include 命令不是 C 语言语句,因此不能在末尾加分号";"。

本节介绍 C51 编程常用的几个库函数。

1. 访问 80C51 特殊功能寄存器库函数 REGxxx. H

REGxxx. H 为访问 80C51 系列单片机特殊功能寄存器及其可寻址位的库函数,其中 xxx 为与 80C51 单片机兼容的单片机型号,通常有 reg51. h(对应 51 子系列)和 reg52. h(对应 52 子

系列）等。例如，若需在程序中直接引用 80C51 单片机特殊功能寄存器及其有位定义名称的可寻址位，可在头文件中写入下述预处理命令：

```
#include <reg51.h>                    //包含访问 sfr 库函数 reg51.h
```

需要说明的是：

（1）C51 编译器对 80C51 片内 21 个特殊功能寄存器（必须大写）全部作了定义，并赋予了既定的字节地址。若在头文件中用#include 命令包含进来后，可以 MCS–51 标准 SFR 名直接引用。

（2）21 个特殊功能寄存器中有 11 个 SFR 可进行位操作，而 11 个 SFR 中，只有 6 个 SFR（PSW、TCON、SCON、IE、IP 和 P3），每一可寻址位有位定义名称，C51 库函数 reg51.h 对其按 MCS–51 中取的位定义名称（必须大写）全部作了定义，并赋予了既定的位地址。只要在头文件中声明包含库函数 reg51.h，就可按位定义名称直接引用。其余 5 个 SFR（ACC、B、P0、P1 和 P2），可寻址位没有专用的位定义名称，只有位编号，但这些位编号不符合 ANSI C 标识符要求，例如，ACC.0、P1.0 等（C51 标识符规定不可用小数点），应按 4.2.2 节要求重新定义。

2. 绝对地址访问库函数 ABSACC.H

在 4.2.2 节中，已对定义变量的绝对地址作了介绍，其中一种方法是应用库函数 ABSACC.H。在程序中，若需要对指定的存储单元进行绝对地址访问，可在头文件中写入下述预处理命令：

```
# include <absacc.h>                  //包含绝对地址访问库函数 absacc.h
```

然后就可以在程序中直接引用绝对地址。引用时，这些绝对地址按字节可分为单字节和双字节；按存储区域又可分为片内 RAM、片外 RAM 页寻址、片外 RAM 和 ROM，如表 4–15 所示。

表4–15　绝对地址

存 储 区 域	单 字 节	双 字 节
data 区（片内 RAM）	DBYTE	DWORD
pdata 区（片外 RAM 页寻址）	PBYTE	PWORD
xdata 区（片外 RAM）	XBYTE	XWORD
code 区（ROM）	CBYTE	CWORD

【例 4–26】已知 5 个压缩 BCD 码（设分别为 0xa1、0xb2、0xc3、0xd4、0xe5），存于片外 RAM 首地址为 0030H 的连续单元中，试将其分离后存入片内 RAM 首地址为 40H 的 10 个连续单元中。

解：编制 C51 程序如下：

```
#include <reg51.h>                        //包含访问 sfr 库函数 reg51.h
#include <absacc.h>                       //包含绝对地址访问库函数 absacc.h
void  main(){                             //主函数
    unsigned char i;                      //定义无符号字符型变量 i
    for(i=0; i<5; i++){                    //循环初值 i=0;条件 i<5;变量更新 i=i+1
```

```
    DBYTE[0x40 + i * 2] = XBYTE[0x0030 + i]&0x0f;   //40H、42H、44H、46H、48H 单元变换数据
    DBYTE[0x40 + i * 2 + 1] = XBYTE[0x0030 + i] ≫ 4;}   //41H、43H、45H、47H、49H 单元变换数据
  while(1);}                                        //原地等待
```

若应用关键词 "_at_"，上述程序也可改编如下：

```
#include < reg51. h >                       //包含访问 sfr 库函数 reg51. h
unsigned char xdata   a[5] _at_   0x0030;   //定义字符型数组 a,绝对地址片外 RAM 0030H
unsigned char data   b[10] _at_ 0x40;       //定义字符型数组 b,绝对地址片内 RAM 40H
void   main( ){                             //主函数
    unsigned char   i;                      //定义无符号字符型变量 i
    for(i = 0; i < 5; i ++ ){               //循环初值 i = 0;条件 i < 5;变量更新 i = i + 1
        b[2 * i] = a[i]&0x0f;               //40H、42H、44H、46H、48H 单元变换数据
        b[2 * i + 1] = a[i] ≫ 4;}           //41H、43H、45H、47H、49H 单元变换数据
    while(1);}                              //原地等待
```

Keil C51 软件调试：编译链接并进入调试状态后，打开 Memory#1 存储器窗口，在 Address 编辑框内键入 "d：0x40"。再切换到 Memory#2，在该窗口的 Address 编辑框内键入 "x：0x0030"。并将数据类型设置为 unsigned char，左键单击最下面一条 "Modify Memory at 0x0030"（参阅图 2-32），弹出键入存储器值对话框（参阅图 2-33），键入 0xa1 后 < ok >。再按此法依次键入 0x0031 ~ 0x0034 中的原始数据：0xb2、0xc3、0xd4、0xe5。全速运行后，打开 Memory#1 存储器窗口，可看到程序运行后结果：片内 RAM 0x40 ~ 0x49 中的 10 组数据分别为 01、0A、02、0B、03、0C、04、0D、05、0E（十六进制数）。

需要注意的是，绝对地址属于全局变量，必须放在文件之初。而且，已经定义为绝对地址后，不能再在函数中重复定义，否则，系统将视为局部变量。

3. 内联函数 INTRINS. H

内联函数也称内部函数，编译时将被直接替换为汇编指令或汇编指令序列，如表 4-16 所示。例如，"_nop_" 相当于汇编指令 NOP；"_testbit_" 相当于汇编 JBC 指令；"_crol_" 相当于汇编 RL 循环左移指令（n 次）；"_cror_" 相当于汇编 RR 循环右移指令（n 次）。

表 4-16　C51 内联函数

函数名	原　　　型	功 能 说 明
nop	void_nop_(void)	空操作
testbit	bit_testbit_(b)	判位变量 b。b = 1,返回 1,并将 b 清零；b = 0,返回 0。
crol	unsigned char_crol_(unsigned char val, unsigned char n)	8 位变量 val 循环左移 n 位
cror	unsigned char_cror_(unsigned char val, unsigned char n)	8 位变量 val 循环右移 n 位
irol	unsigned int _irol_ (unsigned int val, unsigned char n)	16 位变量 val 循环左移 n 位

续表

函数名	原　型	功　能　说　明
iror	unsigned int_iror_(unsigned int val, unsigned char n)	16 位变量 val 循环右移 n 位
lrol	unsigned long _lrol_(unsigned long val, unsigned char n)	32 位变量 val 循环左移 n 位
lror	unsigned long _lror_(unsigned long val, unsigned char n)	32 位变量 val 循环右移 n 位

【例 4-27】流水循环灯电路如图 4-10 所示，C51 逻辑移位语句控制和用数组实现的流水循环程序已分别在例 4-12 和例 4-15 给出，本例要求用内联函数循环移位控制实现 8 个发光二极管流水循环。

解：编程如下：

```
#include < reg51. h >              //包含访问 sfr 库函数 reg51. h
#include < intrins. h >           //包含访问内联库函数 intrins. h
void   main( ){                   //主函数
    unsigned char Q = 0xfe;       //定义亮灯状态字 Q,并赋初值
    unsigned long   t;            //定义长整型延时参数 t
    while(1){                     //无限循环
        P1 = Q;                   //亮灯
        for(t = 0; t <= 11000; t ++ );   //延时 0.5 s
        Q = _crol_(Q,1);}}        //循环左移一位
```

本例 Keil C51 调试和 Proteus 仿真参阅实验 6。

4. 输入输出函数 STDIO. H

ANSI C 中的 STDIO. H 是字符输入输出函数，原本用于 PC 机标准输入输出设备（键盘和显示器），C51 把它的操作对象改为单片机串行口。需要引用时可用下述指令：

```
#include < stdio. h >              //包含基本输入输出库函数 stdio. h
```

STDIO. H 函数包括十余个子函数。其中，常用的是格式化输出函数 printf 和格式化输入函数 scanf。本书常用 scanf 函数输入已知条件和参数，用 printf 函数输出验证程序运行结果，便于读者阅读理解。

（1）格式化输出函数 printf

printf 函数的功能是以一定的格式通过 80C51 串行口输出数值和字符串，内容可以是执行结果，也可以是提示语，甚至在中文操作系统下输出汉字。调用格式如下：

printf("格式控制串",输出项表)

例如：printf("x = % d,y = % d\n",x,y);

用双引号括起的是格式控制串，其中"x = "和"，y = "是实际能输出的字符串，可以是字母、空格、标点符号和数学运算符等；百分号"%"是格式控制符，紧随其后的字母

"d" 是格式转换符（描述输出的数据类型），C51 的常用格式转换符如表 4–17 所示；"\ n"
为转义字符（表示换行，参阅表 4–4）。双引号后是输出项表，有 2 个以上时，中间用逗号
"," 分隔，其中 x、y 是变量值，需与格式控制串中的 "%d" 依次一一对应。例如，若已知 x
变量值为 10，y 变量值为 20，则执行上述语句后，实际输出为："x = 10，y = 20"。

表 4–17　常用格式转换符

格式转换符	说　　明	格式转换符	说　　明
%c	单个字符	%s	字符串
%bd、%d、%ld	有符号十进制整数（char、int、long）	%bu、%u、%lu	无符号十进制整数（char、int、long）
%bx、%x、%lx	十六进制整数（char、int、long），字母小写	%bX、%X、%lX	十六进制整数（char、int、long），字母大写
%f	浮点数，形式为 [−]dddd. dddd	%e	浮点数，形式为 [−]d. dddde ± dd

又例如：printf("%s \n","Welcome")；

"%s \n" 是格式控制串，表示输出字符串并换行；双引号后是输出项表，但 C51 规定字
符串必须用双引号括起。执行上述语句后，实际输出为：Welcome。

需要注意的是，虽然可以不同形式（十进制、十六进制或字符等）输出数据，但数据类
型（char、int、long 等）需与程序中定义的变量类型一致，否则会使输出数据变形出错。

另外，使用 80C51 单片机串行口，需先行初始化，对波特率（根据时钟频率）和工作方
式进行设置，典型初始化语句如下：

```
TMOD = 0x20；          //定时器 1 工作方式 2
TH1 = 0xE6；           //设置 1200 波特率(f_osc = 12 MHz)
TL1 = 0xE6；           //设置 1200 波特率(f_osc = 12 MHz)
SCON = 0x52；          //串口方式 1,允许接收,清发送中断
TCON = 0x40；          //设置中断控制,启动定时器 1
```

本书常用一条复合语句｛TMOD = 0x20；TH1 = TL1 = 0xE6；SCON = 0x52；TCON = 0x40；｝替
代上述 5 条单语句，运用 printf 函数在 C51 编译软件串行 serial#1 窗口可观察输出结果，例如
例 4–13。

（2）格式化输入函数 scanf

scanf 函数的功能是在终端设备（例如电脑键盘）上输入具体的字符和数据，调用格式
如下：

scanf（"格式控制串",地址列表）

其中，格式控制串的含义和用法与 printf 函数相同，用于对输入变量数据类型的控制；地址列
表是输入变量的地址（在变量名前加 "&" 表示），或数组的首地址。例如：

```
scanf("%bx%bx",&x,&y)；          //串口输入 x、y 数据(无符号字符型 16 进制整数)
```

需要注意的是，应用 Keil 仿真软件调试程序，输入前必须先激活串行观察窗口 Serial #1，待 Serial #1 窗口光标闪烁时，再键入数据。

【例4-28】 已知数组 a[5] = {1a,2b,3c,4d,5e}，试用 scanf 函数输入其 16 进制数组元素，用 printf 函数输出其十进制数组元素。

解：编制 C51 程序如下：

```
#include <reg51.h>              //包含访问 sfr 库函数 reg51.h
#include <stdio.h>              //包含 I/O 库函数 stdio.h
void   main(){                  //主函数
    unsigned char   a[5],i;     //定义无符号字符型数组 a 和变量 i
    {TMOD=0x20; TH1=TL1=0xE6; SCON=0x52; TCON=0x40;}    //串口初始化
    for(i=0; i<5; i++)          //循环初值 i=0;条件 i<5;变量更新 i=i+1
        scanf("%bx",a+i);       //串口输入数组 a 数据(无符号字符型 16 进制整数)
    for(i=0; i<5; i++)          //循环初值 i=0;条件 i<5;变量更新 i=i+1
        printf("%bu \n",a[i]);  //循串行输出数组 a 数据(无符号字符型十进制整数)
    while(1);}                  //原地等待
```

Keil C51 软件调试：编译链接并进入调试状态后，全速运行。至 scanf 行，暂停图标变成红色，提示串行输入数组元素。打开 Serial#1，Serial#1 窗口内光标闪烁。依次输入数组 a 数据，每输入一个数据，按回车键，直至最后一个数据输入完毕，按回车键后，Serial#1 窗口内会输出数组 a 无符号字符型十进制整数数据：26、43、60、77、94。

5. 数学函数 MATH.H

常用的数学函数有求绝对值函数、求平方根函数、指数和对数运算函数、三角和反三角运算函数、浮点处理函数等，限于篇幅，本书不予展开。

【复习思考题】

4.20　什么是无参数函数？

4.21　调用函数时，实参传递给形参，有什么好处？

4.22　函数参数传递，值传递与地址传递有什么不同？

4.23　函数调用说明格式与函数定义格式有什么区别？

4.24　什么情况下，需要对 80C51 特殊功能寄存器和可寻址位重新定义？

4.25　什么叫绝对地址？如何定义？有什么作用？

4.6　实　验　操　作

实验5　双键控4灯

双键控 4 灯汇编程序已在实验 2 实验操作，C51 程序有 if – else 语句、if 语句嵌套和 switch

语句三种形式，已分别在例4-6~例4-8中给出。

1. Keil 调试

按实验1所述步骤，编译链接，语法纠错，并进入调试状态。Keil 调试可分为断点、单步和全速运行。限于篇幅，此处仅给出全速运行调试步骤，读者可参照实验2，操作断点和单步运行调试。

（1）鼠标左键单击全速运行图标，暂停图标变为红色，因初始状态为 P1.7 = 1、P1.6 = 1（打钩），因此，P1.3~P1.0 状态为 **1110**，表示 VD0 亮，其余灯灭。

（2）鼠标左键单击 P1.7 下面一行（标记"Pins"），"打钩"变为"空白"，表示 P1.7 引脚模拟输入信号为 **0**，即 S0 单独按下，P1.3~P1.0 状态立即变为 **1101**，表示 VD1 亮，其余灯灭。

（3）鼠标左键单击 P1.6 下面一行（标记"Pins"），"打钩"变为"空白"，表示 P1.6、P1.7 引脚模拟输入信号均为 **0**，即 S0、S1 均按下，P1.3~P1.0 状态立即变为 **0111**，表示 VD3 亮，其余灯灭。

（4）鼠标左键单击 P1.7 下面一行（标记"Pins"），"空白"变为"打钩"，表示 P1.7 引脚模拟输入信号为 **1**（P1.6 仍为 **0**），即 S1 单独按下，P1.3~P1.0 状态立即变为 **1011**，表示 VD2 亮，其余灯灭。

2. Proteus 虚拟仿真

Proteus 虚拟仿真可直接引用实验2所画电路，先将其中一种形式的程序 Keil 调试后自动生成的 Hex 文件装入 AT89C51，按实验2仿真步骤，观测4种键状态运行结果。然后，再分别装入另两种形式的程序的 Hex 文件，观测运行结果。

实验6 流水循环灯

循环灯可分为流水循环和花样循环，花样循环灯汇编程序已在实验4实验操作，C51 流水循环程序已分别在例4-12、例4-15和例4-27中给出，花样循环程序在例4-15中给出，均可进行 Keil 调试和 Proteus 虚拟仿真。

1. Keil 调试

（1）按实验1所述步骤，编译链接，语法纠错，并进入调试状态。

（2）打开 P1 口对话窗口，全速运行，P1.0~P1.7 中的"空白"（表示亮灯）位置会快速变化，由于变化过快，不易看清。

将延时时间延长，就可看清亮灯过程。例4-12可将 delay 函数实参1000改为50000，例4-15和例4-27可将 for 循环条件参数11000改为110000。然后，重新编译链接，进入调试状态，全速运行，可清晰看到 P1 口对话窗口中的"空白"（亮灯）变化过程。注意，自动生成 Hex 文件时，仍需按原延时参数，否则，Proteus 仿真时，亮灯变化间隔时间太长。

（3）检测延时时间的操作方法参阅实验3。

2. Proteus 虚拟仿真

（1）画 Proteus 虚拟仿真电路

按图 4-10 电路，画出"循环灯"Proteus 虚拟仿真电路，或直接引用实验 1 中"循环灯 Proteus 虚拟仿真电路"（图 2-71）。

（2）鼠标左键双击 Proteus 仿真电路中 AT89C51，装入其中一例 Keil 调试后自动生成的 Hex 文件。

（3）鼠标左键单击全速运行按钮，电路虚拟仿真运行，可看到亮灯变化过程完全按程序要求运行变化。

（4）按停止按钮，终止程序运行，再在 AT89C51 中装入另几种程序的 Hex 文件，观测运行结果。

实验 7　模拟交通灯

模拟交通灯电路和程序已在例 4-25 给出。

1. Keil 调试

（1）按实验 1 所述步骤，编译链接，语法纠错，并进入调试状态。

（2）打开 P1 口对话窗口，全速运行，"空白"（表示亮灯）位置在 P1.0 ~ P1.5 之间快速变化，并不断循环，表示红黄绿灯按题目要求被控制点亮。但由于变化过快，不易看清。

为了看清闪变过程是否符合题目要求，可适当延长延时时间。例如，用 2 条 delay（60000）替代 delay（8000）延时 4 秒，用 delay（60000）替代 delay（4000）延时 2 秒，用 delay（10000）替代 delay（200）延时 0.1 秒，重新编译链接，进入调试状态，全速运行，可以比较清楚地看到 P1.0 ~ P1.5 闪变过程符合题目要求。

2. Proteus 虚拟仿真

（1）按实验 1 所述 Proteus 仿真步骤，打开 Proteus 软件，按表 4-18 选择和放置元器件，并连接线路，画出 Proteus 仿真电路如图 4-16 所示。

表 4-18　模拟交通灯 Proteus 仿真电路元器件

名　　称	编号	大　　类	子　　类	型号/标称值	数量
80C51	U1	Microprocessor Ics	80C51 family	AT89C51	1
石英晶体	X1	Miscellaneous	CRYSTAL	12MHz	1
电阻		Resistors	Chip Resistor 1/8W 5%	10 kΩ、330 Ω	13
电容	C00	Capacitors	Miniature Electronlytic	2 μ2	1
	C01	Capacitors	Ceramic Disc	33P	2
发光二极管		Optoelectronics	LEDs	RED、GREEN、YELLOW	各 4

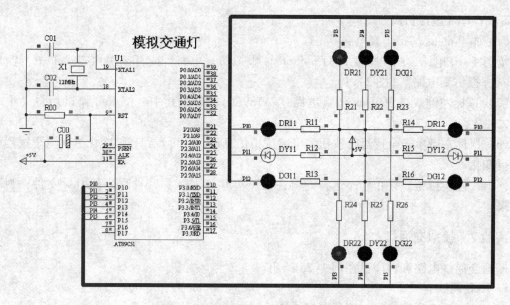

图 4-16　模拟交通灯 Proteus 仿真电路

（2）鼠标左键双击 Proteus 仿真电路中 AT89C51，装入 Keil 调试后自动生成的 Hex 文件。

（3）鼠标左键单击全速运行按钮，电路虚拟仿真运行。可直观地看到红黄绿灯按题目要求被控制点亮，观赏效果很好。

（4）按停止按钮，终止程序运行。

习　题

4.1　试判断下列字符中，哪些是不合法的标识符，原因是什么？

12_months	M. D. John	_ total	Class	Dates	Sum
Student – name	#33	BASIC	int	￥123	（abc）
lotus_1_2_3	bit	a > b	$234	small	Long

4.2　试判断下列常量中哪些是错误的表示？在正确表示的数中指出整数或浮点数，以及十进制、八进制或十六进制数。

1011；9a47；0452；0378；0xb6；–6.66；5d；–7.0e–10；0xhe；e11；

4.3　试按下列要求定义变量：

（1）无符号字符型变量 a，并赋值 100。

（2）同时定义整型变量 b、c，其中 c 赋值 20，b 不赋值。

（3）有符号长整型变量 x，存储器类型为 data。

（4）浮点型变量 y，存储器类型为 xdata。

（5）无符号字符型指针变量 wp，存储器类型为 pdata。

（6）无符号字符型数组 welcom[ ]，并赋值 Welcome，存储器类型为 code

4.4　试对 80C51 单片机端口 P0.2、P1.3、P2.4 和 P3.5 定义，变量名任取。

4.5　已知 a = 23，b = 11，试求下列表达式 c 的值。

（1）c1 = a * b；　　　（2）c2 = a/b；　　　　　（3）c3 = (a + +) - b；

（4）c4 = (+ + a) - b；　（5）c5 = a%b；　　　　（6）c6 = (- - a)%b。

4.6　已知 x = 19，y = 3，试求下列表达式 w 的值。

（1）w1 = (+ + x) * (y - -)；　　　　　（2）w2 = (x + +) - (- - y)；

（3）w3 = (+ + x) * (- - y)；　　　　　（4）w4 = (+ + x) + (+ + y) + (x - -)；

（5）w5 = (x - -) + (- - y) + (y - -) + (- - x)；

（6）w6 = (+ + x) + (+ + y) + (y + +) + (x + +)；

4.7　试判断下列逻辑表达式的运算结果。

（1）2&&0；　　　　（2）(2/2)&&(2%2)；　　　（3）(2/2) ‖ (2%2)；

（4）3 ‖ 0；　　　　（5）((10! = 3 + 6)&&(10 == 3 + 6))；（6）! (3 + 2)；

4.8　已知 x = 15，y = 7，试求下列复合赋值运算结果。

（1）x + = y；　　　（2）x - = y；　　　　　（3）x * = y；

（4）x/ = y；　　　　（5）x% = y；　　　　　（6）x& = y；

（7）x ‖ = y；　　　（8）x^= y；　　　　　　（9）x ~ = y；

（10）x ≪ = y；　　　（11）x ≫ = y；　　　　（12）x ≫ = x；

4.9　已知 a = 5，b = 4，计算下列表达式的值：

（1）4 * a > 6 + b；　（2）7 > 5 ‖ 30 == a * b ‖ a > 40；　（3）! a > b&&b < 20 ‖ a > 0。

4.10　已知单灯闪烁电路如图 4-17 所示。要求控制该发光二极管闪烁，闪烁频率约为 1 秒，即亮暗各 0.5 秒，试编制程序并 Proteus 仿真。

4.11　已知信号灯电路如图 4-18 所示，要求 if - else 语句实现：

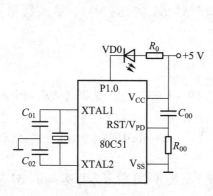

图 4-17　单灯电路

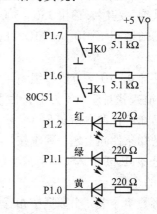

图 4-18　信号灯电路

① K0 单独按下，红灯亮，其余灯灭；

② K1 单独按下，绿灯亮，其余灯灭；

③ K0、K1 均未按下，黄灯亮，其余灯灭；

④ K0、K1 均按下，红绿黄灯全亮。

试编制程序并 Proteus 仿真。

4.12   电路和要求同题 4.11，试用 if 语句嵌套编程实现并 Proteus 仿真。

4.13   电路和要求同题 4.11，试用 switch 语句编程实现并 Proteus 仿真。

4.14   已知 80C51 内 RAM 中有 3 个单元，分别存放无符号字符型数据，变量名分别为 a、b、c，试按从小到大将它们重新存放在 a、b、c 单元中。

4.15   试编写程序实现如下符号函数。

$$y = \begin{cases} -1 & \text{若 } x < 0 \\ 0 & \text{若 } x = 0 \\ 1 & \text{若 } x > 0 \end{cases}$$

4.16   试分别编制一个能延时 0.5 秒、1 秒、2 秒的单循环子函数（设 $f_{\text{osc}} = 12\,\text{MHz}$）。

4.17   试分别编制一个能延时 0.5 秒、1 秒、2 秒的双循环子函数（设 $f_{\text{osc}} = 12\,\text{MHz}$）。

4.18   试用 while 循环求：sum = 1 + 3 + 5 + … + 99。

4.19   试用 do - while 循环求：sum = 1 + 3 + 5 + … + 99。

4.20   试用 while 循环求：sum = 2 + 4 + 6 + … + 100。

4.21   试用 for 循环求：sum = 2 + 4 + 6 + … + 100。

4.22   试求：sum = 1! + 2! + … + 10!。

4.23   试找出 1 ~ 99 之间的偶数项。

4.24   试编写程序，打印图 4-19 所示金字塔图形。

4.25   试编一程序，计算并输出半径 r 等于 10 ~ 20 整数时的圆周长 cl，但要求圆周长大于 100 时就停止计算和输出。

4.26   试编一程序，输出 250 ~ 300 之间能被 4 整除的数。

4.27   已知数组 a[10] = {10,11,22,33,44,55,66,77,88,99}，试求数组元素 a[9]、a[10] 的值。

4.28   已知 0 ~ 10 平方表数组 s[] = {0,1,4,9,16,25,36,49,64,81,100}，试根据变量 x(x ≤ 10) 中的数值查找对应的平方值，存入 y 中。

4.29   已知字符型数组 a[8] = {49,38,7,13,59,44,78,22}，试将其从小到大顺序排列。

4.30   已知条件同上题，要求按从大到小顺序排列。

4.31   已知 ROM 中 ASCII 字符型数组 a[16] = "1234abcd! # $% &$ + ?"，试统计该数组中字符 "$" 的个数。

4.32   将数组 a 中 n 个数据按相反顺序存放，如图 4-20 所示，并从 Keil C51 软件中 Serial #1 窗口分别输出交换前后数组 a 中 n 个数据（设 n = 10）。

图 4-19 金字塔图形

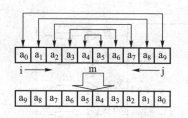

图 4-20 数据交换示意图

4.33 已知电路同图 4-10，要求按下列顺序实现彩灯循环：

① 全亮 2 秒；

② 从上至下依次暗灭（间歇约 0.5 s），每次减少一个，直至全灭；

③ 从上至下依次点亮（间歇约 0.5 s），每次增加一个，直至全亮；

④ 闪烁 10 次（亮暗时间各约 0.5 s）；

⑤ 不断重复上述循环。

试编制程序并 Proteus 仿真。

4.34 已知键控流水循环灯电路如图 4-21 所示。要求：

① 8 个发光二极管从上到下（K0 断开）依次循环点亮，每次点亮时间约为 0.5 s；

② 按下 K0，流水方向从下至上滚动点亮；

③ 按下 K1（K2 断开），每循环一次后间隔时间缩短 0.1 s，直至最短间隔 0.1 s 后保持不变；

④ 按下 K2（K1 断开），每循环一次后间隔时间增加 0.1 s，直至最长间隔 1 s 后保持不变；

⑤ K1、K2 同时断开或同时闭合，保持原滚动间隔时间不变。

试编制程序并 Proteus 仿真。

4.35 已知键控花样循环灯电路如图 4-22 所示。K0 和 K1 分别接 P2.0 和 P2.2，P1.0 ~ P1.7 端口分别接发光二极管，并通过限流电阻接 +5 V。P1.0 ~ P1.7 输出低电平时发光二极管亮，R_0 ~ R_7 取 330 Ω。要求实现 4 种花样循环方式控制：K0、K1 均未按下，按花样 1 循环；K0 按下、K1 未按下，按花样 2 循环；K0 未按下、K1 按下，按花样 3 循环；K0、K1 均按下，按花样 4 循环。

（1）花样循环 1

① 从两边到中心依次点亮，每次增加 1 个，直至全亮；

② 从两边到中心依次暗灭，每次减少 1 个，直至全暗；

③ 闪烁 1 次；

④ 重复上述过程，不断循环（间隔 0.5 s）。

（2）花样循环 2

① 从中心到两边，每次亮 2 个，并重复一次；

② 从中心到两边，每次亮 3 个，并重复一次；

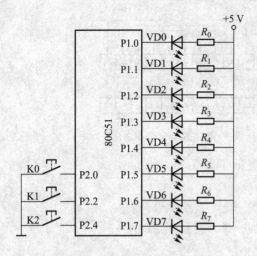

图 4-21 键控流水循环灯电路

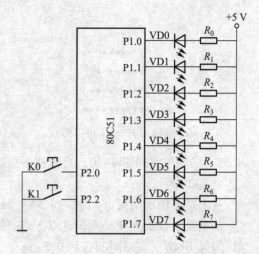

图 4-22 键控花样循环灯电路

③ 每次亮 4 个，并重复一次；

④ 重复上述过程，不断循环（间隔 0.5 s）。

（3）花样循环 3

① 每次间隔亮 4 个，并重复一次；

② 从上至下，每次亮 2 个；

③ 从上至下，每次增加亮 2 个，直至全亮；

④ 闪烁 2 次；

⑤ 重复上述过程，不断循环（间隔 0.5 s）。

（4）花样循环 4

① 全亮；

② 从上至下依次暗灭，每次减少一个，直至全灭；

③ 从上至下依次点亮，每次增加一个，直至全亮；

④ 重复上述过程，不断循环（间隔 0.5 s）。

试编制程序并 Proteus 仿真。

4.36 已知无符号字符型数组 a[10]（数组元素由键盘从 Serial#1 窗口输入），试找出数组中的奇数项，并从 Serial#1 窗口输出。

4.37 已知 ROM 中有符号字符型数组 a[16] = {0x11,0x22,0x33,0x44,0x55,0x66,0x77, 0x88,0x99,0xaa,0xbb,0xcc,0xdd,0xee,0xff,0}，试统计该数组元素中正数、负数和零的个数，并分别存在 40H、41H 和 42H 中。

第**5**章

中断系统和定时/计数器

中断系统和定时/计数器是单片机片内非常重要的功能部件，80C51 有五个中断源，两个 16 位定时/计数器。本章将叙述它们的组成、控制和应用。

5.1　80C51 中断系统

在早期的计算机中，计算机与外设交换信息时，慢速工作的外设与快速工作的 CPU 之间形成很大的矛盾。例如计算机与打印机相连接，CPU 处理和传送字符的速度是微秒级的，而打印机打印字符的速度比 CPU 慢得多，CPU 不得不花费大量时间等待和查询打印机打印字符。中断就是为了解决这类问题而提出来的。

5.1.1　中断概述

1. 什么叫中断?

CPU 暂时中止其正在执行的程序，转去执行请求中断的那个外设或事件的服务程序，等处理完毕后再返回执行原来中止的程序，叫做中断。其运行过程如图 5-1 所示。

2. 为什么要设置中断?

（1）提高 CPU 工作效率

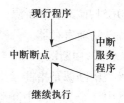

图 5-1　中断示意图

前面已经提到，CPU 工作速度快，外设工作速度慢，形成 CPU 等待，效率降低。设置中断后，CPU 不必花费大量时间等待和查询外设工作。例如计算机与打印机连接，计算机可以快速传送一行字符给打印机（由于打印机存储容量有限，一次不能传送很多），打印机开始打印字符，CPU 可以不理会打印机，处理自己的工作。待打印机打印该行字符完毕，发给 CPU 一个信号，CPU 产生中断，中断正在处理的工作，转而再传送一行字符给打印机。这样在打印机打印字符期间（外设慢速工作），CPU 可以不必等待或查询，自行处理自己的工作，从而大大提高了 CPU 工作效率。

（2）具有实时处理功能

实时控制是微型计算机系统特别是单片机系统应用领域的一个重要任务。在实时控制系统中，现场各种参数和状态的变化是随机发生的，要求 CPU 能做出快速响应、及时处理。有了中断系统，这些参数和状态的变化可以作为中断信号，使 CPU 中断，在相应的中断服务程序中及时处理这些参数和状态的变化。

（3）具有故障处理功能

单片机应用系统在实际运行中，常会出现一些故障。例如电源突然掉电、硬件自检出错、运算溢出等。利用中断，就可执行处理故障的中断服务程序。例如电源突然掉电，由于稳压电源输出端接有大电容，从电源掉电至大电容上的电压下降到正常工作电压之下，一般有几毫秒～几百毫秒时间。在这段时间内若使 CPU 产生中断，在处理掉电的中断服务程序中将需要保存的数据和信息及时转移到具有备用电源的存储器中保护起来，待电源恢复正常时再将这些数据和信息送回到原存储单元之中，返回中断点继续执行原程序。

（4）实现分时操作

单片机应用系统通常需要控制多个外设同时工作。例如键盘、打印机、显示器、A/D 和 D/A 转换器等，这些设备工作有些是随机的，有些是定时的。对于一些定时工作的外设，可以利用定时器，到一定时间产生中断，在中断服务程序中控制这些外设工作。例如动态扫描显示，每隔一定时间，更换显示字位码和字段码。

此外，中断系统还能用于程序调试、多机连接等方面。因此，中断系统是计算机中重要的组成部分。可以说，只有有了中断系统后，计算机才能比原来无中断系统的早期计算机演绎出多姿多彩的功能。

5.1.2 中断源和中断控制寄存器

80C51 单片机的中断必须由中断源发出中断请求，由中断控制寄存器控制各项中断操作。80C51 有 5 个中断源，涉及中断控制的有中断请求、中断允许和中断优先级控制 3 项功能 4 个特殊功能寄存器。

1. 中断源

中断源是指能发出中断请求，引起中断的装置或事件。80C51 单片机的中断源共有 5 个，其中 2 个为外部中断源，3 个为内部中断源。

（1）$\overline{\text{INT0}}$——外部中断 0，中断请求信号由 P3.2 输入。

（2）$\overline{\text{INT1}}$——外部中断 1，中断请求信号由 P3.3 输入。

（3）T0——定时/计数器 0 溢出中断，对外部脉冲计数由 P3.4 输入。

（4）T1——定时/计数器 1 溢出中断，对外部脉冲计数由 P3.5 输入。

（5）串行中断（包括串行接收中断 RI 和串行发送中断 TI）。

2. 中断请求控制寄存器

80C51 涉及中断请求的控制寄存器有 2 个。定时和外中断用 TCON，串行中断用 SCON。

（1）TCON

TCON 的结构、位名称、位地址和功能如表 5-1 所示。

表 5-1 TCON 的结构、位名称、位地址和功能

位编号	D7	D6	D5	D4	D3	D2	D1	D0
位名称	TF1		TF0		IE1	IT1	IE0	IT0
位地址	8FH		8DH		8BH	8AH	89H	88H
功能	T1 中断标志		T0 中断标志		$\overline{\text{INT1}}$中断标志	$\overline{\text{INT1}}$触发方式	$\overline{\text{INT0}}$中断标志	$\overline{\text{INT0}}$触发方式

① TF1——T1 溢出中断请求标志。当定时/计数器 T1 计数溢出后，由 CPU 片内硬件自动置 **1**，表示向 CPU 请求中断。CPU 响应该中断后，片内硬件自动对其清零。TF1 也可由软件程序查询其状态或由软件置位清 **0**。

② TF0——T0 溢出中断请求标志。其含义及功能与 TF1 相似。

③ IE1——外中断$\overline{\text{INT1}}$中断请求标志。当 P3.3 引脚信号有效时，触发 IE1 置 **1**，当 CPU 响应该中断后，由片内硬件自动清零（自动清零只适用于边沿触发方式）。

④ IE0——外中断$\overline{\text{INT0}}$中断请求标志。其含义及功能与 IE1 相似。

⑤ IT1——外中断$\overline{\text{INT1}}$触发方式控制位。IT1 = **1**，边沿触发方式，当 P3.3 引脚出现下跳边脉冲信号时有效；IT1 = **0**，电平触发方式，当 P3.3 引脚为低电平信号时有效。IT1 由软件置位或复位。

⑥ IT0——外中断$\overline{\text{INT0}}$触发方式控制位。其含义及功能与 IT1 相似。

TCON 的字节地址为 88H，另两位与中断无关，将在定时/计数器一节中阐述。

（2）SCON。SCON 的结构、位名称、位地址和功能如表 5-2 所示。

表 5-2 SCON 的结构、位名称、位地址和功能

位编号	D7	D6	D5	D4	D3	D2	D1	D0
位名称							TI	RI
位地址							99H	98H
功能							串行发送中断标志	串行接收中断标志

① TI——串行口发送中断请求标志

② RI——串行口接收中断请求标志

CPU 在响应串行发送、接收中断后，TI、RI 不能自动清零，必须由用户用指令清零。有关串行中断的主要内容将在第 7 章中叙述。

3. 中断允许控制寄存器 IE

80C51 对中断源的开放或关闭（屏蔽）是由中断允许控制寄存器 IE 控制的，可用软件对各位分别置 **1** 或清零，从而实现对各中断源开中或关中。IE 的结构、位名称和位地址如表 5-3 所示。

表 5-3 IE 的结构、位名称和位地址

位编号	D7	D6	D5	D4	D3	D2	D1	D0
位名称	EA	—	—	ES	ET1	EX1	ET0	EX0
位地址	AFH	—	—	ACH	ABH	AAH	A9H	A8H
中断源	CPU	—	—	串行口	T1	$\overline{INT1}$	T0	$\overline{INT0}$

① EA——CPU 中断允许控制位。EA = 1，CPU 开中；EA = 0，CPU 关中，且屏蔽所有 5 个中断源。

② EX0——外中断$\overline{INT0}$中断允许控制位。EX0 = 1，$\overline{INT0}$开中；EX0 = 0，$\overline{INT0}$关中。

③ EX1——外中断$\overline{INT1}$中断允许控制位。EX1 = 1，$\overline{INT1}$开中；EX1 = 0，$\overline{INT1}$关中。

④ ET0——定时/计数器 T0 中断允许控制位。ET0 = 1，T0 开中；ET0 = 0，T0 关中。

⑤ ET1——定时/计数器 T1 中断允许控制位。ET1 = 1，T1 开中；ET1 = 0，T1 关中。

⑥ ES——串行口中断（包括串行发、串行收）允许控制位。ES = 1，串行口开中；ES = 0，串行口关中。

需要说明的是 80C51 对中断实行两级控制，总控制位是 EA，每一中断源还有各自的控制位对该中断源开中或关中。首先要 EA = 1，其次还要自身的控制位置 1。

例如，要使$\overline{INT0}$开中（其余关中），可执行下列指令：

MOV   IE, #10000001B;

或者：SETB   EA   ;

　　　SETB   EX0   ;

4. 中断优先级控制寄存器 IP

80C51 有 5 个中断源，划分为两个中断优先级：高优先级和低优先级。若 CPU 在执行低优先级中断时，又发生高优先级中断请求，CPU 会中断正在执行的低优先级中断，转而响应高优先级中断。中断优先级的划分，是可编程的，即可以用指令设置哪些中断源为高优先级，哪些中断源为低优先级。控制 80C51 中断优先的寄存器为 IP，只要对 IP 各位置 1 或清零，就可对各中断源设置为高优先级或低优先级。相应位置 1，定义为高优先级；相应位清零，定义为低优先级。IP 的结构、位名称和位地址如表 5-4 所示。

表 5-4 IP 的结构、位名称和位地址

位编号	D7	D6	D5	D4	D3	D2	D1	D0
位名称	—	—	—	PS	PT1	PX1	PT0	PX0
位地址	—	—	—	BCH	BBH	BAH	B9H	B8H
中断源	—	—	—	串行口	T1	$\overline{INT1}$	T0	$\overline{INT0}$

① PX0——$\overline{INT0}$ 中断优先级控制位。PX0 = **1**，$\overline{INT0}$ 为高优先级；PX0 = **0**，$\overline{INT0}$ 为低优先级。

② PX1——$\overline{INT1}$ 中断优先级控制位。控制方法同上。

③ PT0——T0 中断优先级控制位。控制方法同上。

④ PT1——T1 中断优先级控制位。控制方法同上。

⑤ PS——串行口中断优先级控制位。控制方法同上。

例如，若要将 $\overline{INT1}$、串行口设置为高优先级，其余中断源设置为低优先级，可执行下列指令：MOV IP, #00010100B；

需要指出的是，若置 5 个中断源全部为高优先级，就等于不分优先级。

5.1.3 中断处理过程

中断处理过程大致可分为四步：中断请求、中断响应、中断服务和中断返回。图 5-2 为中断处理过程流程图。

1. 中断请求

当中断源要求 CPU 为它服务时，必须发出一个中断请求信号。若是外部中断源，则需将中断请求信号送到规定的外部中断引脚上，CPU 将相应的中断请求标志置位 **1**。为保证该中断得以实现，中断请求信号应保持到 CPU 响应该中断后才能取消。若是内部中断源，则内部硬件电路将自动置位该中断请求标志。CPU 将不断及时地查询这些中断请求标志，一旦查询到某个中断请求标志置位，CPU 就响应该中断源中断。

2. 中断响应

CPU 查询（或称检测）到某中断标志为 **1**，在满足中断响应条件下，响应中断。

（1）中断响应条件

① 该中断已经"开中"。

② CPU 此时没有响应同级或更高级的中断。

③ 当前正处于所执行指令的最后一个机器周期。前述中断源发出中断请求，无论外中断、内中断均使中断请求标志置位，以待 CPU 查询。80C51 CPU 是在执行每一条指令的最后一个机器周期去查询（检测）中断标志是否置位，查询到有中断标志置位就响应中断。在其他时间，CPU 不查询，即不会响应中断。

④ 正在执行的指令不是 RETI 或者是访向 IE、IP 的指令，否则必须再另外执行一条指令后才能响应。因为：若正在执行 RETI 指令，则牵涉前一个中断断口地址问题，必须等待前一

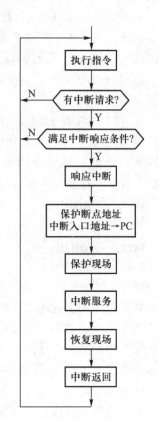

图 5-2 中断处理过程流程图

个中断返回后，才能响应新的中断；若是访问 IE、IP 指令，则牵涉有可能改变中断允许开关状态和中断优先级次序状态，必须等其确定后，按照新的 IE、IP 控制执行中断响应。

（2）中断响应操作

在满足上述中断响应条件的前提下，进入中断响应，CPU 响应中断后，进行下列操作。

① 保护断点地址。因为 CPU 响应中断是中断原来执行的程序，转而执行中断服务程序。中断服务程序执行完毕后，还要返回原来的中断点，继续执行原来的程序。因此，必须把中断点的 PC 地址记下来，以便正确返回。那么中断断点的 PC 地址保存在哪里呢？保存在堆栈之中。16 位 PC 地址，需要堆栈 2 字节空间。

② 撤除该中断源的中断请求标志。前述 CPU 是在执行每一条指令的最后一个机周查询各中断请求标志位是否置位，响应中断后，必须将其撤除。否则，中断返回后将重复响应该中断而出错。对于 80C51 来讲，有的中断请求标志在 CPU 响应中断后，由 CPU 硬件自动撤除。但有的中断请求标志（如串行口中断），必须由用户在软件程序中对该中断标志复位（清零）。需要指出的是，外中断电平触发方式时的中断请求标志，CPU 虽能自动撤除，但引起外中断请求的信号必须由用户设法清除。否则，仍会触发外中断请求标志置位。

③ 关闭同级中断。在某一中断响应后，同一优先级的中断即被暂时屏蔽。待中断返回时再重新自动开启。

④ 使 PCON.0（IDL）清零，退出待机（休闲）状态。

⑤ 将相应中断的入口地址送入 PC。对 80C51 来讲，每一个中断源都有对应的固定不变的中断入口地址，哪一个中断源中断，在 PC 中就装入哪一个中断源相应的中断入口地址。80C51 五个中断源的中断入口地址如下：

$\overline{\text{INT0}}$：   0003H

T0：   000BH

$\overline{\text{INT1}}$：   0013H

T1：   001BH

串行口：   0023H

我们注意到上述地址有以下特点：中断入口地址固定；其排列顺序与 IE、IP 和中断优先权中 5 个中断源的排列顺序相同；且相互间隔只有 8 个字节。一般来说，8 个字节是安排不下一个完整中断服务程序的，因此需要安排一个跳转指令，跳转到其他合适的区域编制真正的中断服务程序。PC 装入新的 16 位地址后，CPU 就按照该新的 PC 值至 ROM 中取指，依次执行相应的指令程序。

以上中断响应操作，除撤除串行口中断请求标志外，均由 CPU 自动完成。

3. 执行中断服务程序

一般来说，中断服务程序应包含以下几部分。

（1）保护现场

在中断服务程序中，通常会涉及一些特殊功能寄存器，例如 ACC、PSW 和 DPTR 等，而这些特殊功能寄存器中断前的数据在中断返回后还要用到，若在中断服务程序中被改变，返回主程序后将会出错。因此，要求把这些特殊功能寄存器中断前的数据保存起来，待中断返回时恢复。

所谓保护现场，就是指把断点处有关寄存器的内容压入堆栈保护，以便中断返回时恢复。"有关"是指中断返回时需要恢复，不需要恢复就是无关。通常有关的是特殊功能寄存器 ACC、PSW 和 DPTR 等。

（2）执行中断服务程序主体，完成相应操作

中断服务程序中的操作内容和功能是中断源请求中断的目的，是 CPU 完成中断处理操作的核心和主体。

（3）恢复现场

与保护现场相对应，中断返回前，应将进入中断服务程序时保护的有关寄存器内容从堆栈中弹出，送回到原有关寄存器中，以便返回断点后继续执行原来的程序。需要指出的是，对 80C51，利用堆栈保护和恢复现场需要遵循先进后出、后进先出的原则。

上述 3 个部分，中断服务程序是中断源请求中断的目的，用程序指令实现相应的操作要求。保护现场和恢复现场是相对应的，但不是必须的。需要保护就保护，不需要或无保护内容则不需要保护现场。执行中断服务程序中的内容，CPU 不能自动完成，均要编制程序。

C51 程序，保护现场和恢复现场操作均由编译器自动完成。

4. 中断返回

在中断服务程序最后，必须安排一条中断返回指令 RETI，当 CPU 执行 RETI 指令后，自动完成下列操作。

（1）恢复断点地址。将原来压入堆栈中的 PC 断点地址从堆栈中弹出，送回 PC。这样 CPU 就返回到原断点处，继续执行被中断的原程序。初学者容易模糊的是，中断返回，返回哪里？答案是：从什么地方来，回什么地方去。不是返回到相应中断的入口地址，而是返回到中断断点地址。

（2）开放同级中断，以便允许同级中断源请求中断。

上述中断响应过程大部分操作是 CPU 自动完成的。用户只需要了解来龙去脉，用户需要做的事情是编制中断服务程序。并在此之前完成中断初始化（设置堆栈，定义外中断触发方式，定义中断优先级，开放中断等）。

5. 中断响应等待时间

微机应用系统引入中断的主要目的是为了让 CPU 及时响应中断源的中断请求，那么从中断请求到 CPU 响应中断，需要等待多长时间呢？

现以外中断INT0为例说明中断响应等待时间。参阅图 5-3，CPU 在执行指令的最后一个机器周期的 S_5P_2 状态节拍中采样 TCON，若发现 TCON 中的 IE0 = 1（图中 M0 阶段），则在下一个机器周期进入中断处理过程。首先查询该中断是否满足中断响应条件（图中 M1 阶段）。若满足条件，则在再下一机器周期进入中断响应过程，由硬件生成一条相当于长调用的指令，转

移到相应中断入口地址（图中 M2M3 阶段）。因此从中断源发出中断请求有效到执行中断服务程序第一条指令的时间至少需要 3 个机器周期（M1～M3）。

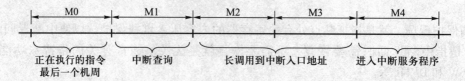

图 5-3　中断响应等待时间示意图

如果正在执行的一条指令是 RETI 或访问 IE、IP 的指令，则根据中断响应条件，执行或访问 IE、IP 的指令是不满足中断响应条件的，必须待这类指令执行完毕，再另外执行一条指令（假设是乘除法 4 机周指令）后，才能满足中断响应条件，进入中断响应。在这种极端情况下，中断响应等待时间最长就需要 8 个机器周期。

如果 CPU 正在执行同级或更高级的中断服务程序，那么必须等 CPU 执行同级或更高级的中断服务程序结束返回后，才能响应新的中断。这样，中断响应等待时间就要视执行同级或更高级的中断服务程序时间的长短了，就无法判定了。

综上所述，若排除 CPU 正在响应同级或更高级的中断情况，中断响应等待时间为 3～8 个机器周期。一般情况是 3 个机器周期，执行 RETI 或访问 IE、IP 指令，且后一条指令是乘除法指令时，最长可达 8 个机器周期。

6. 中断请求的撤除

中断源发出中断请求，相应中断请求标志置 **1**。CPU 响应中断后，必须清除中断请求 **1** 标志。否则中断响应返回后，将再次进入该中断，引起死循环出错。有关中断请求标志撤除情况分析说明如下。

（1）对定时/计数器 T0、T1 中断，CPU 响应中断时片内硬件就自动清除了相应的中断请求标志 TF0、TF1。

（2）对采用边沿触发方式的外中断$\overline{INT0}$、$\overline{INT1}$，CPU 响应中断时，也由片内硬件自动清除相应的中断请求标志 IE0 或 IE1。

（3）对采用电平触发方式的外中断$\overline{INT0}$、$\overline{INT1}$，CPU 响应中断时，虽也用片内硬件自动清除相应中断请求标志 IE0 或 IE1，但相应引脚（P3.2 或 P3.3）的低电平信号若继续保持下去（一般可能保持时间较长），中断请求标志 IE0 或 IE1 就无法清零，也会发生上述重复响应中断情况。

（4）对串行口中断（包括串发 TI、串收 RI），CPU 响应中断后并不自动清除相应的中断请求标志 TI 或 RI，用户应在串行中断服务程序中用指令清除 TI 或 RI。

本节要着重讨论的问题是情况（3），即外中断$\overline{INT0}$、$\overline{INT1}$采用电平触发方式时，如何避免重复中断。对于这种情况，需要采取"软""硬"结合的方法。

硬件电路如图 5-4 所示。当外部设备有中断请求时，中断请求信号经反相，加到锁存器 CP 端，作为 CP 脉冲。由于 D 端接地为 **0**，Q 端输出低电平，触发 $\overline{INT0}$ 产生中断。当 CPU 响应中断后，应在该中断服务程序中安排两条指令：

CLR　　　　P1.0;

SETB　　　P1.0;

使 P1.0 输出一个负脉冲信号，加到锁存器 S_d 端（强迫置 1 端），Q 端输出高电平，从而撤销引起重复中断的 $\overline{INT0}$ 低电平信号。因此一般来说，对外中断 $\overline{INT0}$、$\overline{INT1}$，应尽量采用边沿触发方式，以简化硬件电路和软件程序。

7. 中断优先控制和中断嵌套

（1）中断优先控制

80C51 中断优先控制首先根据中断优先级，此外还规定了同一中断优先级之间的中断优先权。其从高到低的顺序为：$\overline{INT0}$、T0、$\overline{INT1}$、T1、串行口。

需要强调的是：中断优先级是可编程的，而中断优先权是固定的，不能设置，仅用于同级中断源同时请求中断时的优先次序。因此，80C51 中断优先控制的基本原则为：

① 高优先级中断可以中断正在响应的低优先级中断，反之则不能；

② 同优先级中断不能互相中断，即某个中断（不论是高优先级或低优先级）一旦得到响应，与它同级的中断就不能再中断它；

③ 同一中断优先级中，若有多个中断源同时请求中断（实际上发生这种情况的概率几乎为 0），CPU 将先响应优先权高的中断，后响应优先权低的中断。

（2）中断嵌套

当 CPU 正在执行某个中断服务程序时，如果发生更高一级的中断源请求中断，CPU 可以"中断"正在执行的低优先级中断，转而响应更高一级的中断，这就是中断嵌套，其示意图如图 5-5 所示。

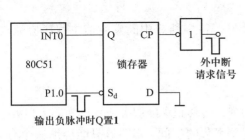

图 5-4　外中断电平触发方式
中断请求信号的撤除

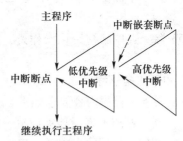

图 5-5　中断嵌套示意图

中断嵌套只能高优先级"中断"低优先级，低优先级不能"中断"高优先级，同一优先级间也不能相互"中断"。

中断嵌套结构类似于调用子程序嵌套，不同的是：

① 子程序嵌套是在程序中事先安排好的，中断嵌套是随机发生的；

② 子程序嵌套无次序限制，中断嵌套只允许高优先级"中断"低优先级。

5.1.4 中断系统的应用

中断系统的应用要解决的问题主要是编制应用程序，编制应用程序包括两大部分内容：第一部分是中断初始化；第二部分是中断服务程序。

1. 中断初始化

中断初始化应在产生中断请求前完成，一般放在主程序中，与主程序其他初始化内容一起完成设置。

（1）设置堆栈指针 SP

汇编程序，因中断涉及保护断点 PC 地址和保护现场数据，且均要用堆栈实现保护，因此要设置适宜的堆栈深度。

① 深度要求不高且工作寄存器组 1~3 不用时，可维持复位时状态：SP=07H，深度为 24 字节（20H~2FH 为位寻址区）。

② 要求有一定深度时，可设置 SP=60H 或 50H，深度分别为 32 字节和 48 字节。

C51 程序，不需在程序中加入设置堆栈指针语句，由编译器自动完成设置。

（2）定义中断优先级

根据中断源的轻重缓急，划分高优先级和低优先级。

（3）定义外中断触发方式

一般情况，定义边沿触发方式为宜。若外中断信号无法适用边沿触发方式，必须采用电平触发方式时，应在硬件电路上和中断服务程序中采取撤除中断请求信号的措施。

（4）开放中断

注意开放中断必须同时开放二级控制，即同时置位 EA 和需要开放中断的中断允许控制位。

（5）除上述中断初始化操作外，还应安排好等待中断或中断发生前主程序应完成的操作内容。

2. 中断服务子程序

中断服务子程序内容要求如下。

（1）在中断服务入口地址设置一条跳转指令，转移到中断服务程序的实际入口处。

由于 80C51 相邻两个中断入口地址间只有 8 字节的空间，8 字节只能容纳一个有 3~8 条指令的极短程序，一般情况中断服务程序均大大超出 8 字节长度。因此，必须跳转到其他合适的地址空间。跳转指令可用 SJMP、AJMP 或 LJMP 指令，SJMP、AJMP 均受跳转范围影响，建议用 LJMP 指令，则可将真正的中断服务程序不受限制地安排在 64 KB ROM 中的任何地方。

（2）根据需要保护现场。

保护现场不是中断服务程序的必需部分。通常是保护 ACC、PSW、DPTR 等在主程序和其他子程序共用的特殊功能寄存器中的内容。若中断服务程序中不涉及 ACC、PSW、DPTR，则不需保护，也不需恢复。例如：累加器 A 是最常用的特殊功能寄存器，主程序中不可能不用到 A。发生中断是随机的，可能正好发生在 A 进行操作、A 中的数据还有用时进入中断，而在中断服务程序中又涉及 A，改变了 A 中的内容。因此，在进入中断服务程序对 A 操作前，应对原 A 中数据进行保护，以便中断返回后恢复 A 中原来的数据。

需要指出的是，保护现场数据越少越好，数据保护越多，堆栈负担越重，堆栈深度设置应越深。

C51 程序，由编译器自动完成保护现场和恢复现场。

（3）中断源请求中断服务要求的操作，这是中断服务程序的主体。

（4）若是外中断电平触发方式，应有中断信号撤除操作。若是串行收发中断，应对 RI、TI 清零指令。

（5）恢复现场。与保护现场相对应，注意先进后出、后进先出操作原则。

（6）中断返回，最后一条指令必须是 RETI。

3. 中断 C51 编程

Keil C51 编译器支持在 C51 源程序中直接开发中断程序。其中，中断初始化编制方法与汇编程序相同，放在主函数中。中断服务程序以 C51 子函数的形式出现，其格式如下：

void　函数名( ) interrupt n［using　m］

｛中断函数体语句；｝

说明如下。

（1）中断函数无返回值，也不带参数。因此，返回值类型为 void，函数名后括号内无形式参数表。

（2）interrupt 是 C51 关键字，表示该函数是一个中断服务子函数；n = 0 ~ 4（常正整数），对应中断源编号，如表 5-5 所示（新型 51 单片机还可再扩展，最大达 31。例如，80C52，定时/计数器 T2 编号为 5）。

表 5-5　C51 中断源编号

中断源	外中断INT0	定时/计数器 T0	外中断INT1	定时/计数器 T1	串行口中断（RI 和 TI）
中断编号	0	1	2	3	4

（3）using 是 C51 关键字，主要用于中断函数（其他自定义函数也可用）内选择工作寄存器组，m = 0 ~ 3（常正整数），对应工作寄存器区编号（参阅 1.3.4 节）。［using　m］允许缺省，缺省时，不进行工作寄存器组切换，但所有在中断函数内用到的工作寄存器将被压栈保护。

（4）中断函数不能被非中断调用。即不能在程序中，安排指令调用中断函数，只有在系统发生中断时由系统硬件产生自然调用：按 5.1.3 节中断响应操作，PC 指向相应的中断入口地址；中断函数中用到的特殊功能寄存器 ACC、B、PSW、DPH 和 DPL 会自动压栈保护，退出中断前恢复；最后以 RETI 功能结束调用返回断点。

（5）允许在中断函数中调用其他子函数，但被调用子函数使用的工作寄存器组必须与中断函数使用的工作寄存器组相同（Keil C51 编译器对此不查错），否则会出错。

4. 中断系统应用举例

【例 5-1】出租车计价器计程方法是车轮每运转一圈产生一个负脉冲，从外中断$\overline{INT0}$（P3.2）引脚输入，行驶里程 = 轮胎周长 × 运转圈数。设轮胎周长为 2 m，试实时计算出租车行驶里程（单位米），行驶里程数据存 32H、31H、30H。

解：汇编程序：

```
            ORG     0000H            ;复位地址
            LJMP    MAIN             ;转主程
            ORG     0003H            ;INT0中断入口地址
            LJMP    INT              ;转INT0中断服务程序
;主程序
MAIN: MOV     SP,#60H          ;置堆栈指针
            SETB    IT0              ;置INT0边沿触发方式
            MOV     IP,#01H          ;置INT0高优先级
            MOV     IE,#81H          ;INT0开中
            MOV     30H,#0           ;里程计数器清零
            MOV     31H,#0           ;
            MOV     32H,#0           ;
            LJMP    $                ;原地等待INT0中断
;INT0中断服务子程序
INT:  PUSH    ACC              ;保护现场
            PUSH    PSW              ;
            MOV     A,30H            ;读低8位计数器
            ADD     A,#2             ;低8位计数器加2 m
            MOV     30H,A            ;回存
            CLR     A                ;A = 0
            ADDC    A,31H            ;中8位计数器加进位
            MOV     31H,A            ;回存
            CLR     A                ;A = 0
            ADDC    A,32H            ;高8位计数器加进位
            MOV     32H,A            ;回存
            POP     PSW              ;恢复现场
```

```
      POP      ACC                    ;
      RETI                            ;中断返回
      END                             ;伪指令,程序结束
```

C51 程序:

```
#include <reg51.h>                    //包含访问 sfr 库函数 reg51.h
#include <absacc.h>                   //包含绝对地址访问库函数 absacc.h
void   main(){                        //主函数
  DBYTE[0x30] = 0;                    //里程计数器低 8 位清零
  DBYTE[0x31] = 0;                    //里程计数器中 8 位清零
  DBYTE[0x32] = 0;                    //里程计数器高 8 位清零
  IE = 0x81;                          //INT0开中
  IT0 = 1;                            //INT0边沿触发
  IP = 0x01;                          //INT0高优先级
  while(1);}                          //无限循环,等待INT0中断
void   int0() interrupt 0   using 1{  //外中断 0 中断函数,切换工作寄存器 1 组
  DBYTE[0x30] = DBYTE[0x30] + 2;      //低位计数器加 2 m
  if(DBYTE[0x30] == 0){               //若低位计数器有溢出,则:
    DBYTE[0x31] = DBYTE[0x31] + 1;    //中位计数器加 1
    if(DBYTE[0x31] == 0){             //若中位计数器有溢出,则:
      DBYTE[0x32] = DBYTE[0x32] + 1;}}}  //高位计数器加 1
```

C51 程序通常不指定具体计数单元绝对地址,而只定义一个计数变量,其存储单元由编译器分配,例如,定义行驶里程计数器 s。但是,若在中断函数中计数,s 必须设置为全局变量。否则,中断函数运行结束后,中断函数内的局部变量被释放,无法完成计数任务。据此,编程如下:

```
#include <reg51.h>                    //包含访问 sfr 库函数 reg51.h
unsigned long s = 0;                  //定义无符号长整型变量里程计数器 s 并赋值(清零)
void   main(){                        //主函数
  IE = 0x81;                          //INT0开中
  IT0 = 1;                            //INT0边沿触发
  IP = 0x01;                          //INT0高优先级
  while(1);}                          //无限循环,等待INT0中断并计数
void   int0()   interrupt 0{          //外中断 0 中断函数
  s += 2;}                            //里程计数器 s 加 2
```

另一种办法是在中断函数中设置全局位变量,在中断函数体外即主函数中完成计数。程序改编如下:

```
#include <reg51.h>                    //包含访问 sfr 库函数 reg51.h
```

```
bit   f = 0;                    //定义全局位变量 f(INT0中断标志)并赋值 0
void   main( ) {                //主函数
   unsigned long s = 0;         //定义无符号长整型变量里程计数器 s 并赋值 0
   IE = 0x81;                   //INT0开中
   IT0 = 1;                     //INT0边沿触发
   IP = 0x01;                   //INT0高优先级
   while(1){                    //无限循环,等待INT0中断
      if(f == 1){               //若有INT0中断标志,则:
         s += 2;                //里程计数器 s 加 2
         f = 0;}}}              //清INT0中断标志
void   int0( )    interrupt 0   //外中断 0 中断函数
   {f = 1;}                     //置INT0中断标志
```

Keil C51 软件调试：编译（汇编程序扩展名用 . asm，C51 程序扩展名用 . c）链接并进入调试状态后，打开存储器窗口和 P3 对话窗口，全速运行。不断双击 P3 对话窗口中的 P3.2（双击产生一个下跳脉冲），存储器窗口中 30H、31H、32H 单元中的数据会不断累加刷新。若设置存储器内 RAM 30H、31H 和 32H 单元中数据分别为 0FCH、0FFH 和 0（参阅图 2 - 33）；双击 P3 对话窗口中的 P3.2，存储器窗口中 0x30 单元数据加 2，变为 0FEH；再次双击 P3.2，产生进位，30H、31H 和 32H 单元中数据分别进位变为 **0**、**0** 和 **1**。表明里程计数器 3 个存储单元实时记录出租车行驶里程（单位米）。

定义行驶里程计数器 s 的 C51 程序 Keil 调试时，可打开观测窗口，在 Watch#1 标签页中设置里程计数器变量 s；打开 P3 对话窗口，全速运行。双击 P3 对话窗口中的 P3.2（产生一个下跳脉冲），Watch#1 标签页中的里程计数器变量 s 开始计数，每次加 2。s 为无符号长整型变量，最大计数值为 4294967295，比 3 个 8 位存储单元容量大得多。相比之下，应用行驶里程计数器 s 的 C51 程序更简洁清晰。

Proteus 虚拟仿真调试：见与本书配套的"仿真练习 60 例"（免费下载）练习 12。

【复习思考题】

5.1 什么叫中断？为什么要设置中断？

5.2 80C51 有几个中断源？试分别写出它们的中断入口地址。

5.3 涉及 80C51 单片机中断控制的有哪几个特殊功能寄存器？

5.4 80C51 中断处理过程包括哪四个步骤？简述中断处理过程。

5.5 80C51 在响应中断的过程中，PC 值是如何变化的？

5.6 什么叫保护现场？需要保护哪些内容？什么叫恢复现场？恢复现场与保护现场有什么关系？需遵循什么原则？C51 程序如何保护现场？

5.7　80C51 中断优先级和中断优先权有什么区别？

5.8　80C51 中断优先控制，有什么基本原则？

5.9　中断初始化包括哪些内容？

5.10　C51 中断编程与汇编中断编程有什么不同？C51 中断编程应特别注意什么？

5.2　80C51 定时/计数器

定时/计数器是单片机系统一个重要的部件，其工作方式灵活、编程简单、使用方便，可用来实现定时控制、延时、频率测量、脉宽测量、信号发生、信号检测等。此外，定时/计数器还可作为串行通信中波特率发生器。

5.2.1　定时/计数器概述

80C51 单片机内部有两个定时/计数器 T0 和 T1，其核心是计数器，基本功能是加 1。对外部事件脉冲（下降沿）计数，是计数器；对片内机周脉冲计数，是定时器。因为片内机周脉冲频率是固定的，是 f_{osc} 的 1/12。若 $f_{osc}=12\text{ MHz}$，1 机周为 1 μs；若 $f_{osc}=6\text{ MHz}$，1 机周为 2 μs，机周脉冲时间乘以机周数就是定时时间。

计数器由两个 8 位计数器组成。T0 的两个 8 位计数器是 TH0 和 TL0，TH0 是高 8 位，TL0 是低 8 位；T1 的两个 8 位计数器是 TH1 和 TL1，合起来是 16 位计数器。

定时时间和计数值可以编程设定，其方法是在计数器内设置一个初值，然后加 1 计满后溢出。调整计数器初值，可调整从初值到计满溢出的数值，即调整了定时时间和计数值。

需要指出的是，定时/计数器作为计数器时，外部事件脉冲必须从规定的引脚输入，T0 的外部事件脉冲应从 P3.4 引脚输入，T1 的外部事件脉冲应从 P3.5 引脚输入，从其他引脚输入无效。且外部脉冲的最高频率不能超过时钟频率的 1/24。例如 $f_{osc}=12\text{ MHz}$，则外部事件脉冲的频率不能高于 500 kHz，因为 CPU 确认一次脉冲跳变需要 2 个机器周期。

5.2.2　定时/计数器的控制寄存器

80C51 定时/计数器是可编程的，其编程操作通过两个特殊功能寄存器 TCON 和 TMOD 的状态设置来实现。

1. 定时/计数器控制寄存器 TCON

TCON 的结构和各位名称、位地址如表 5-6 所示。

表 5-6　TCON 的结构和各位名称、位地址

TCON	T1 中断标志	T1 运行控制	T0 中断标志	T0 运行控制	$\overline{\text{INT1}}$ 中断标志	$\overline{\text{INT1}}$ 触发方式	$\overline{\text{INT0}}$ 中断标志	$\overline{\text{INT0}}$ 触发方式
位名称	TF1	TR1	TF0	TR0	IE1	IT1	IE0	IT0
位地址	8FH	8EH	8DH	8CH	8BH	8AH	89H	88H

TCON 的低 4 位与外中断INT0、INT1有关，已在中断系统中介绍。高 4 位与定时/计数器 T0、T1 有关，介绍如下。

（1）TF1 —— 定时/计数器 T1 溢出标志。当 T1 被允许计数后，T1 从初值开始加 1 计数，至最高位产生溢出时，TF1 置 1，既表示计数溢出，又表示请求中断。CPU 响应中断后由硬件自动对 TF1 清零。也可在程序中用指令查询 TF1 或置 1、清零。

（2）TF0 —— 定时/计数器 T0 溢出标志，其含义及功能与 TF1 相似。

（3）TR1 —— 定时/计数器 T1 运行控制位。TR1 = 1，T1 运行（T1 是否运行还有其他条件）；TR1 = 0，T1 停。

（4）TR0 —— 定时/计数器 T0 运行控制位，其含义及功能与 TR1 相似。

TCON 的字节地址为 88H，每一位有位地址，均可位操作。

2. 定时/计数器工作方式控制寄存器 TMOD

TMOD 用于设定定时/计数器的工作方式，低 4 位用于控制 T0，高 4 位用于控制 T1。TMOD 的结构和各位名称、功能如表 5-7 所示。

表 5-7　TMOD 的结构和各位名称、功能

高 4 位控制 T1				低 4 位控制 T0			
门控位	计数/定时方式选择	工作方式选择		门控位	计数/定时方式选择	工作方式选择	
GATE	$C/\overline{T}$	M1	M0	GATE	$C/\overline{T}$	M1	M0

（1）M1M0 —— 工作方式选择位。M1M0 2 位二进制数可表示四种状态，因此 M1M0 可选择 4 种工作方式，如表 5-8 所示。

表 5-8　M1M0 的 4 种工作方式

M1M0	工作方式	功　能	M1M0	工作方式	功　能
00	方式 0	13 位计数器	10	方式 2	两个 8 位计数器，初值自动装入
01	方式 1	16 位计数器	11	方式 3	两个 8 位计数器，仅适用于 T0

（2）$C/\overline{T}$ —— 计数/定时方式选择位。

$C/\overline{T} = 1$，为计数工作方式，对外部事件脉冲计数，负跳变脉冲有效。

$C/\overline{T} = 0$，为定时工作方式，对片内机周脉冲计数，用作定时器。

（3）GATE —— 门控位。

GATE = 0，定时/计数器的运行只受 TCON 中运行控制位 TR0/TR1 的控制。

GATE = 1，定时/计数器的运行同时受 TR0/TR1 和外中断输入信号（INT0/INT1）的双重控制，只有当INT0/INT1 = 1 且 TR0/TR1 = 1 时 T0/T1 才能开始运行。运行后，若出现INT0/

$\overline{INT1} = 0$，T0/T1 立即停止运行。

以 T0 为例，GATE = 0 时，TR0 = 1，T0 运行；TR0 = 0，T0 停。GATE = 1 时，TR0 = 1，且 $\overline{INT0}$ 为高电平时，T0 运行。两个条件有一个不满足，T0 就不能运行。

TMOD 字节地址为 89H，不能位操作。因此，设置 TMOD 需用字节操作指令。

5.2.3　定时/计数器工作方式

前述 80C51 定时/计数器有四种工作方式，由 TMOD 中 M1M0 的状态确定。下面以 T0 为例进行分析。

1. 工作方式 0

当 M1M0 = 00 时，定时/计数器工作于方式 0，如图 5-6 所示。在方式 0 情况下，内部计数器为 13 位。由 TL0 低 5 位和 TH0 8 位组成，TL0 低 5 位计数满时不向 TL0 第 6 位进位，而是直接向 TH0 进位，13 位计满溢出，TF0 置 1，最大计数值 $2^{13} = 8192$。

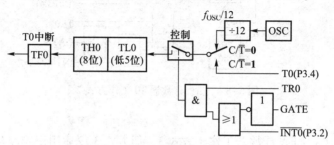

图 5-6　定时/计数器 T0 工作方式 0

$C/\overline{T}$ 和 GATE 的作用已在前面分析过，不再重复叙述。

2. 工作方式 1

当 M1M0 = 01 时，定时/计数器工作于方式 1，如图 5-7 所示。在方式 1 情况下，内部计数器为 16 位。由 TL0 作低 8 位，TH0 作高 8 位。16 位计满溢出时，TF0 置 1。

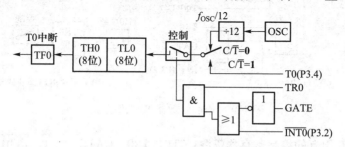

图 5-7　定时/计数器 T0 工作方式 1

方式 1 与方式 0 的区别在于方式 0 是 13 位计数器，最大计数值 $2^{13} = 8192$；方式 1 是 16 位计数器，最大计数值为 $2^{16} = 65536$。用作定时器时，若 $f_{osc} = 12\,\text{MHz}$，则方式 0 最大定时时间为 8192 μs，方式 1 最大定时时间为 65 536 μs。

3. 工作方式 2

当 M1M0 = 10 时，定时/计数器工作于方式 2，如图 5-8 所示。在方式 2 情况下，定时/计数器为 8 位，能自动恢复定时/计数器初值。在方式 0、方式 1 时，定时/计数器的初值不能自动恢复，计满后若要恢复原来的初值，需在程序中用指令重新给 TH0、TL0 赋值。但方式 2 时，仅用 TL0 计数，最大计数值为 $2^8 = 256$，计满溢出后，一方面进位 TF0，使溢出标志 TF0 = 1，另一方面，使原来装在 TH0 中的初值装入 TL0（TH0 中的初值允许与 TL0 不同）。所以，方式 2 既有优点，又有缺点。优点是定时初值可自动恢复，缺点是计数范围小。因此，方式 2 适用于需要重复定时，而定时范围不大的应用场合。

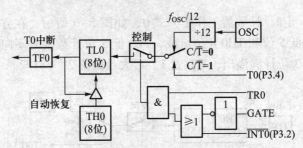

图 5-8　定时/计数器 T0 工作方式 2

4. 工作方式 3

当 M1M0 = 11 时，定时/计数器工作于方式 3，但方式 3 仅适用于 T0，T1 无方式 3。

（1）T0 方式 3

在方式 3 情况下，T0 被拆成两个独立的 8 位计数器 TH0、TL0，如图 5-9 所示。

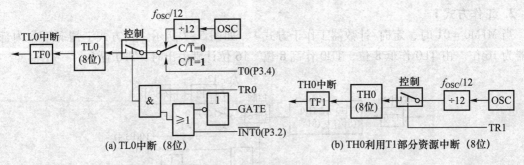

(a) TL0中断（8位）　　　　(b) TH0利用T1部分资源中断（8位）

图 5-9　定时/计数器 T0 工作方式 3

① TL0 使用 T0 原有的控制寄存器资源：TF0、TR0、GATE、C/$\overline{\text{T}}$、$\overline{\text{INT0}}$，组成一个 8 位的定时/计数器；

② TH0 借用 T1 的中断溢出标志 TF1、运行控制开关 TR1，只能对片内机周脉冲计数，组成另一个 8 位定时器（不能用作计数器）。

（2）T0 方式 3 情况下的 T1

T1 由于其 TF1、TR1 被 T0 的 TH0 占用，计数器溢出时，只能将输出信号送至串行口，即用作串行口波特率发生器。但 T1 工作方式仍可设置为方式 0 ~ 方式 2，$C/\overline{T}$ 控制位仍可使 T1 工作在计数器方式或定时器方式。如图 5-10 所示。

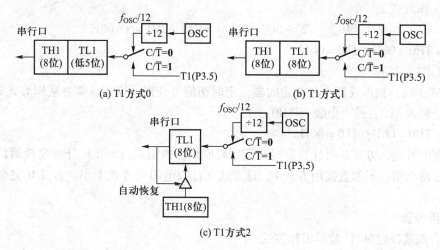

图 5-10　T0 方式 3 情况下的 T1 三种工作方式

从图 5-10（c）中看出，T0 方式 3 情况下的 T1 方式 2，因定时初值能自动恢复，用作波特率发生器更为合适。

5.2.4　定时/计数器的应用

1. 计算定时/计数初值

80C51 定时/计数初值（有的书中称时间常数）计算公式为

$$T_{初值} = 2^N - \frac{定时时间}{机周时间} \tag{5-1}$$

其中 N 与工作方式有关。方式 0 时，$N = 13$；方式 1 时，$N = 16$；方式 2、方式 3 时，$N = 8$。机周时间与主振频率有关，从 1.5.1 节可知，机器周期是时钟周期的 12 倍。因此，机周时间 $= 12/f_{osc}$。当 $f_{osc} = 12\,\text{MHz}$ 时，1 机周 $= 1\,\mu s$；当 $f_{osc} = 6\,\text{MHz}$ 时，1 机周 $= 2\,\mu s$。

【例 5-2】已知晶振 6 MHz，要求定时 0.5 ms，试分别求出 T0 工作于方式 0、方式 1、方式 2、方式 3 时的定时初值。

解：（1）工作方式 0

$$2^{13} - 500\,\mu s/2\,\mu s = 8192 - 250 = 7942 = 1F06H$$

1F06H 化成二进制：1F06H $= \underline{0001}\ \underline{1111}\ \underline{0000}\ \underline{0110}$ B

$\qquad\qquad\qquad\qquad\quad = 000\ \underline{11111000}\ \underline{00110}$ B

其中低 5 位 00110 前添加 3 位 000 送入 TL0，TL0 $= 000\underline{00110}B = 06H$；

13 位中的高 8 位送入 TH0，TH0 = <u>1111</u> <u>1000</u>B = F8H。

（2）工作方式 1

$$T0_{初值} = 2^{16} - 500\,\mu s/2\,\mu s = 65536 - 250 = 65286 = FF06H$$

因此：TH0 = FFH；TL0 = 06H。

（3）工作方式 2

$$T0_{初值} = 2^8 - 500\,\mu s/2\,\mu s = 256 - 250 = 6 = 06H$$

因此：TH0 = 06H；TL0 = 06H。

（4）工作方式 3

T0 方式 3 时，被拆成两个 8 位定时器，定时初值可分别计算，计算方法同方式 2。两个定时初值一个装入 TL0，另一个装入 TH0。

因此：TH0 = 06H；TL0 = 06H。

从上例中看到，方式 0 时计算定时初值比较麻烦，根据式（5-1）计算出数值后，还要变换一下，容易出错，不如直接用方式 1，且方式 0 计数范围比方式 1 小，方式 0 完全可以用方式 1 代替。

2. 应用步骤

（1）合理选择定时/计数器工作方式

根据所要求的定时时间长短、定时的重复性，合理选择定时/计数器工作方式，确定实现方法。一般来讲，定时时间长，用方式 1（尽量不用方式 0）；定时时间短（≤255 机周）且需重复使用自动恢复定时初值，用方式 2；串行通信波特率，用 T1 方式 2。

（2）计算定时/计数器定时初值按式（5-1）计算。

（3）编制应用程序

① 定时/计数器的初始化，包括定义 TMOD，写入定时初值，设置中断系统，启动定时/计数器运行等。

② 正确编制定时/计数器中断服务程序，注意是否需要重装定时初值。若需要连续反复使用原定时时间，且未工作在方式 2，则应在中断服务程序中重装定时初值。

③ 若将定时/计数器用于计数方式，则外部事件脉冲必须从 P3.4（T0）或 P3.5（T1）引脚输入，且外部脉冲的最高频率不能超过时钟频率的 1/24。

3. 应用举例

【例 5-3】已知 $f_{osc} = 12\,MHz$，要求在 P1.0 引脚输出周期为 400 μs 的脉冲方波，试分别用 T1 工作方式 1、方式 2 编制程序。

解：（1）工作方式 1

① 设置 TMOD，如图 5-11 所示。

② 计算定时初值

$T1_{初值} = 2^{16} - 200\,\mu s/1\,\mu s = 65536 - 200 = 65336 = FF38H$

因此：TH1 = FFH，TL1 = 38H

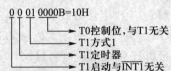

图 5-11　工作方式 1 时设置 TMOD

汇编程序：

```
        ORG     0000H           ;复位地址
        LJMP    MAIN            ;转主程序
        ORG     001BH           ;T1 中断入口地址
        LJMP    LT1             ;转 T1 中断服务程序
;主程序
MAIN：MOV     TMOD,#10H       ;置 T1 定时器方式 1
        MOV     TH1,#0FFH       ;置定时初值
        MOV     TL1,#38H        ;
        MOV     IP,#00001000B   ;置 T1 高优先级
        MOV     IE,#0FFH        ;全部开中
        SETB    TR1             ;T1 运行
        SJMP    $               ;等待 T1 中断
;T1 中断服务程序
LT1：  CPL     P1.0            ;输出波形取反
        MOV     TH1,#0FFH       ;重置 T1 初值
        MOV     TL1,#38H        ;
        RETI                    ;中断返回
        END                     ;伪指令,程序结束
```

C51 程序：

```
#include < reg51. h >           //包含访问 sfr 库函数 reg51. h
sbit   P10 = P1^0;              //定义位标识符 P10 为 P1.0
void   main( ){                 //主函数
  TMOD = 0x10;                  //置 T1 定时器方式 1
  TH1 = 0xff;TL1 = 0x38;        //置 T1 定时初值
  IP = 0x08;                    //置 T1 高优先级
  IE = 0xff;                    //全部开中
  TR1 = 1;                      //T1 运行
  while(1);}                    //无限循环,等待 T1 中断
void   t1( )   interrupt 3{     //T1 中断函数
  P10 = ! P10;                  //P1.0 引脚端输出电平取反
  TH1 = 0xff;TL1 = 0x38;}       //重置 T1 定时初值
```

（2）工作方式 2

① 设置 TMOD，令工作方式选择位 M1M0 = **10**，因此，TMOD = 20H。

② 计算定时初值：$T1_{初值} = 2^8 - 200\ \mu s/1\ \mu s = 38H$，因此，TH1 = 38H，TL1 = 38H。

③ 主程序只需修改 TMOD、TH1、TL1 赋值数据，中断服务子程序只需删除 T1 重置初值指令（语句），其余全部相同。方式 2 与方式 1 相比，优点是定时初值不需重装。

Keil C 调试和 Proteus 虚拟仿真见实验 8。

【例 5-4】试统计某展览会参展人数。已知展览会有 4 个入口，且均已安装检测探头，每进入一人，能产生一个负脉冲，分别输入 P3.2、P3.3、P3.4、P3.5。估计参展人数多于 10 万，少于 100 万，试编程。

解：展览会有 4 个入口，需要 4 个外中断，但 80C51 单片机只有 2 个外中断。解决的方案有两个，一是扩展外中断，二是将定时/计数器 T0、T1 扩展成外中断。本例采用第二种方案，方法是将定时/计数器设置成计数临界状态，即定时初值为 FFH，再来一个外部计数脉冲，就能溢出触发中断。

为了在 Proteus 仿真中直观地观测参展人数，本例添加了 LED 显示电路，如图 5-12 所示。有关 LED 显示电路和程序的概念可参阅第 8 章，此处不予展开。编程如下。

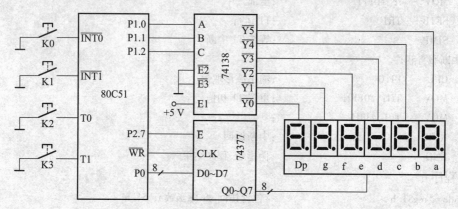

图 5-12　统计展览会 4 个入口参展总人数并显示电路

（1）汇编程序（无显示）

```
        ORG     0000H           ;复位地址
        LJMP    MAIN            ;转主程序

        ORG     0003H           ;INT0中断入口地址
        LJMP    AVR             ;转统计参展人数子程序
        ORG     000BH           ;T0 中断入口地址
        LJMP    AVR             ;转统计参展人数子程序

        ORG     0013H           ;INT1中断入口地址
        LJMP    AVR             ;转统计参展人数子程序
        ORG     001BH           ;T1 中断入口地址
        LJMP    AVR             ;转统计参展人数子程序
;主程序
MAIN:   MOV     SP,#60H         ;置堆栈指针

        SETB    IT0             ;置INT0边沿触发方式
```

```
        SETB    IT1                      ;置INT1边沿触发方式
        MOV     TMOD,#66H                ;置 T0、T1 计数器方式 2
        MOV     TH0,#0FFH                ;置 T0 初值
        MOV     TL0,#0FFH                ;
        MOV     TH1,#0FFH                ;置 T1 初值
        MOV     TL1,#0FFH                ;
        CLR     A                        ;
        MOV     30H,A                    ;参展人数累加寄存器低 8 位清零
        MOV     31H,A                    ;参展人数累加寄存器中 8 位清零
        MOV     32H,A                    ;参展人数累加寄存器高 8 位清零
        SETB    TR0                      ;T0 启动
        SETB    TR1                      ;T1 启动
        MOV     IE,#0FFH                 ;全部开中
        SJMP    $                        ;等待中断并显示
;统计参展人数子程序
AVR：   MOV     A,#1                     ;累加器 A 置 1
        ADD     A,30H                    ;参展人数累加寄存器低 8 位加 1
        MOV     30H,A                    ;回存低 8 位
        CLR     A                        ;
        ADDC    A,31H                    ;进位累加
        MOV     31H,A                    ;回存中 8 位
        CLR     A                        ;
        ADDC    A,32H                    ;进位累加
        MOV     32H,A                    ;回存高 8 位
        RETI                             ;中断返回
        END                              ;伪指令,程序结束
```

(2) C51 程序（有显示）

```
#include <reg51.h>                       //包含访问 sfr 库函数 reg51.h
#include <absacc.h>                      //包含绝对地址访问库函数 absacc.h
unsigned long s = 0;                     //定义参展人数计数器 s 并清零
unsigned char  code  c[11] = {           //定义共阴字段码数组,存在 ROM 中
  0x3f,0x06,0x5b,0x4f,0x66,0x6d,0x7d,0x07,0x7f,0x6f,0x80};
void  chag6(unsigned long  x,unsigned  char  y[6]){  //6 位显示数字分离子函数
                                         //形参:显示数 x,返回显示数字数组 y[6]
  y[0] = x/100000;                       //显示数除以 100000,产生十万位显示数字
  x = x%100000;                          //取除以 100000 后的余数
  y[1] = x/10000;                        //余数除以 10000,产生万位显示数字
  x = x%10000;                           //取除以 10000 后的余数
```

```
    y[2] = x/1000;                  //余数除以 1000,产生千位显示数字
    x = x%1000;                     //取除以 1000 后的余数
    y[3] = x/100;                   //余数除以 100,产生百位显示数字
    y[4] = (x%100)/10;              //除以 100 后的余数除以 10,产生十位显示数字
    y[5] = x%10;}                   //最后的余数是个位显示数字
void  disp(unsigned char  x[6]){    //6 位显示子函数,形参:显示数组 x[6]
    unsigned char  i;               //定义循环序数 i
    unsigned int  t;                //定义延时参数 t
    for(i=0;i<6;i++){               //6 位循环扫描显示
        P1 = (P1&0xf8) + i;         //置显示位码(高 5 位保持不变,低 3 位由 138 译码)
        XBYTE[0x7fff] = c[x[i]];    //输出显示字段码
        for(t=0;t<350;t++);}}       //延时约 2 ms
void   main(){                      //主函数
    unsigned char  a[8];            //定义显示数组 a[8]
    TMOD = 0x66;                    //置 T0、T1 计数器方式 2
    IT0 = IT1 = 1;                  //置INT0、INT1边沿触发方式
    TH0 = 0xff;TL0 = 0xff;          //置 T0 计数初值(有一个负脉冲输入就中断)
    TH1 = 0xff;TL1 = 0xff;          //置 T1 定时初值(有一个负脉冲输入就中断)
    TR0 = 1;TR1 = 1;                //T0、T1 启动
    IE = 0xff;                      //全部开中
    while(1){                       //无限循环,等待中断
        chag6(s,a);                 //6 位字段码转换
        disp(a);}}                  //6 位扫描显示
void   int0()   interrupt 0 {s++;}  //外中断 0 中断函数。参展人数加 1
void   int1()   interrupt 2 {s++;}  //外中断 1 中断函数。参展人数加 1
void   t0()   interrupt 1 {s++;}    //T0 中断函数。参展人数加 1
void   t1()   interrupt 3 {s++;}    //T1 中断函数。参展人数加 1
```

Keil C 调试和 Proteus 虚拟仿真见实验 9。

【例 5-5】 试利用 80C51 定时/计数器测量某正脉冲宽度,设 $f_{osc} = 12\,MHz$,脉冲从 P3.2 引脚输入,宽度小于 65536 μs。

解: 利用 80C51 定时/计数器门控位 GATE 的特性可比较精确的测量脉冲宽度。GATE = 1 时,定时/计数器的运行同时受 TR0/TR1 和外中断输入信号INT0/INT1的双重控制。因此,可用正脉冲上升沿启动 T0/T1 运行(开始计数),用正脉冲下降沿停止 T0/T1 运行(结束计数)。

(1) 汇编程序

```
PLUS: MOV    TMOD,#09H      ;置 T0 定时器方式 1,运行受INT0引脚控制
      MOV    TH0,#0         ;置 T0 定时初值 0
      MOV    TL0,#0         ;
```

JB	P3.2, $	;等待 P3.2($\overline{INT0}$)引脚低电平
SETB	TR0	;启动 T0,但实际并未运行,尚需$\overline{INT0}$高电平才能真正运行
JNB	P3.2, $	;等待 P3.2 引脚被测正脉冲前沿,并真正启动 T0 运行
JB	P3.2, $	;等待 P3.2 引脚正脉冲后沿,并自动停止 T0 运行
CLR	TR0	;T0 停运行(实际已停),T0 值即为正脉冲宽度,单位 μs
MOV	41H,TH0	;存脉冲宽度高 8 位计数值
MOV	40H,TL0	;存脉冲宽度低 8 位计数值
SJMP	$	;原地等待
END		;伪指令,程序结束

(2) C51 程序

```
#include <reg51.h>        //包含访问 sfr 库函数 reg51.h
sbit  P32 = P3^2;         //定义位标识符 P32 为 P3.2
void  main(){             //主函数
  unsigned int  width;    //定义脉冲宽度 width
  TMOD = 0x09;            //置 T0 定时器方式 1,运行受INT0引脚控制
  TH0 = TL0 = 0;          //T0(脉冲宽度计数器)清零
  while(P32 == 1);        //等待 P3.2(INT0)引脚低电平
  TR0 = 1;               //P3.2 低电平,启动 T0,但尚需INT0高电平才能真正运行
  while(P32 == 0);        //等待被测正脉冲前沿
  while(P32 == 1);        //正脉冲前沿,T0 真正开始运行计时,并等待正脉冲后沿
  TR0 = 0;               //正脉冲后沿,T0 停(实际上,脉冲后沿能使 T0 自动停)
  width = TH0 * 256 + TL0; //记录脉冲宽度
  while(1);}             //原地等待
```

Keil C 调试,编译(汇编程序扩展名用 .asm,C51 程序扩展名用 .c)链接并进入调试状态后:① C51 程序打开变量观察窗口(参阅图 2-29),Locals 页中局部变量 width 显示 0,汇编程序打开存储器窗口(参阅图 2-32),在 Address 编辑框内键入"d:40H",40H、41H 显示 0;② 打开 T0 和 P3 对话窗口 [参阅图 2-38(a)和图 2-36(d)];③ 左键连续单击单步运行按钮,至第一处停顿,等待 P3.2 出现低电平;④ 左键单击 P3 对话窗口之 P3.2,钩形(代表高电平)变为空白(代表低电平),然后程序才能继续运行;⑤ 左键两次单击单步运行按钮,至第二处停顿,等待 P3.2 出现高电平;⑥ 左键单击 P3.2,使其变为高电平(即正脉冲前沿);⑦ 左键单击单步运行按钮,至第 3 处停顿,等待 P3.2 出现低电平(即正脉冲后沿);⑧ 左键单击全速运行按钮,T0 快速计数,暂停图标变为红色,C51 程序 width 显示消隐;⑨ 左键单击 P3.2,使其变为低电平,T0 停止计数;⑩ 左键单击红色暂停图标,暂停图标复原为灰色,C51 程序 width 或汇编程序 40H、41H 显示脉冲宽度数值,与 T0 计数值相同。

Proteus 虚拟仿真调试:见与本书配套的"仿真练习 60 例"(免费下载)练习 11。

【例 5-6】已知"祝你生日快乐"歌谱如图 5-13 所示,f_{osc} = 12 MHz,试利用 80C51 定

时/计数器控制产生音频声方波和节拍延时，从而输出播放生日快乐歌歌曲。设乐曲播放电路中，80C51 P1.7 接发声器 SOND，P1.0 接启动键 K0，要求按一次 K0，播放一遍生日快乐歌。

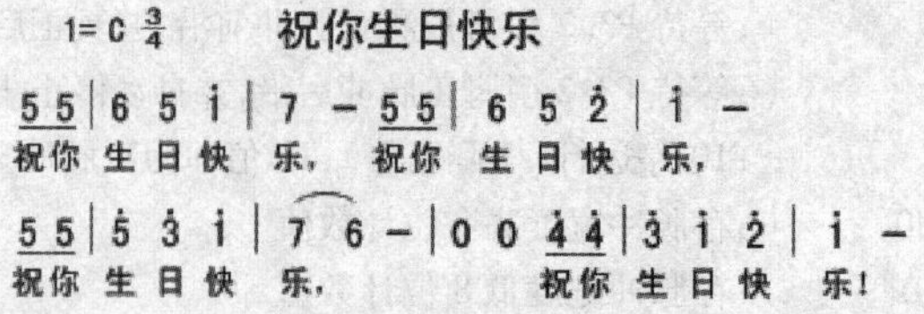

1= C $\frac{3}{4}$ **祝你生日快乐**

$$\underline{5\ 5}\ |\ 6\ 5\ \dot{1}\ |\ 7\ -\ \underline{5\ 5}\ |\ 6\ 5\ \dot{2}\ |\ \dot{1}\ -$$

祝你 生日 快 乐, 祝你 生日 快 乐,

$$\underline{5\ 5}\ |\ 5\ \dot{3}\ \dot{1}\ |\ 7\ 6\ -\ 0\ 0\ \underline{4\ 4}\ |\ \dot{3}\ \dot{1}\ \dot{2}\ |\ \dot{1}\ -$$

祝你 生日 快 乐, 祝你 生日 快 乐!

图 5-13 "祝你生日快乐"歌谱

解：控制输出方波频率可用延时程序或定时/计数器。用延时程序，不够准确；用定时/计数器控制，频率更为准确些。表 5-9 为 C 音调音频频率、半周期和定时初值。其中，定时初值是根据音频频率半周期、$f_{\text{osc}} = 12\,\text{MHz}$ 条件下，选 T0 定时器方式 0，计算出来的。

表 5-9　音频频率及其半周期和定时时间常数（C 音调）

参数 音符	低 音			中 音			高 音		
	频率 /Hz	半周期 /μs	TH0/TL0	频率 /Hz	半周期 /μs	TH0/TL0	频率 /Hz	半周期 /μs	TH0/TL0
1	262	1908	196/12	523	956	226/4	1046	478	241/2
2	294	1701	202/27	587	852	229/12	1175	426	242/22
3	330	1515	208/21	659	759	232/9	1318	379	244/5
4	349	1433	211/7	698	716	233/20	1397	358	244/26
5	392	1276	216/4	784	638	236/2	1568	319	246/1
6	440	1136	220/16	880	568	238/8	1760	284	247/4
7	494	1012	224/12	988	506	240/6	1976	253	248/3

播放乐曲，除了控制频率，还有控制节拍（时间）的问题。现用 T0 方式 0 控制音符频率，T1 方式 1 控制音符节拍，编制生日快乐歌曲音符序号数组 s[26] 和生日快乐歌曲音符节拍长度数组（50 ms 整倍数）L[26]，两数组序号具有对应关系。例如，播放生日快乐歌第 1 个音符"5"，位列音符序号 12，音符序号数组元素 s[0] = 12；音符频率定时初值 TH0 = 236，TL0 = 2，因此高 8 位 th[12] = 236，低 8 位 tl[12] = 2；音符节拍 1/8 拍（约 200 ms），50 ms × 4 = 200 ms，因此音符节拍长度数组元素 L[0] = 4。第 3 个音符"6"，位列音符序号 13，因此音符序号数组元素 s[2] = 13；音符频率定时初值高 8 位 TH0 = 238，低 8 位 TL0 = 8，因此 th[13] = 238，tl[13] = 8；音符节拍 1/4 拍（约 400 ms），50 ms × 8 = 200 ms，因此音符节拍长度数组元素 L[2] = 8。以此类推。遇休止符 0，停发音频，但仍当作一个音符，按其节拍长短控制定时时间。当一个音符播放结束，T1 停，转入下一音符，中间间隔延时 10 ms。

设 T1 定时时间为 50 ms，计算 T1 定时初值：

$$T1_{初值} = 2^{16} - 50000\,\mu s/1\,\mu s = 65536 - 50000 = 15536 = 3CB0H$$

因此：TH1 = 0x3c，TL1 = 0xb0。

（1）汇编程序

K0	EQU	P1.0	;伪指令,定义 K0 等值 P1.0
SOND	EQU	P1.7	;伪指令,定义 SOND 等值 P1.7
ORG		0000H	;复位地址
LJMP		MAIN	;转主程序
ORG		000BH	;T0 中断入口地址
LJMP		LT0	;转 T0 中断服务程序
ORG		001BH	;T1 中断入口地址
LJMP		LT1	;转 T1 中断服务程序

;主程序

MAIN:	MOV	SP,#50H	;置堆栈
	MOV	TMOD,#10H	;T0 定时器方式 0,T1 定时器方式 1
	MOV	TH1,#3CH	;置 T1 定时初值 50 ms 高 8 位
	MOV	TL1,#0B0H;	;置 T1 定时初值 50 ms 低 8 位
	MOV	IP,#02H	;置 T0 为高优先级中断
	MOV	IE,#8AH;	;T0、T1 开中
MN1:	JB	K0,$	;等待 K0 按下
	JNB	K0,$	;等待 K0 释放
	MOV	R2,#0	;置音符循环序号初值
MN2:	MOV	DPTR,#TABS	;置生日快乐歌曲音符编号表首地址
	MOV	A,R2	;取音符循环序号
	MOVC	A,@ A + DPTR	;读相应音符编号
	MOV	B,A	;音符编号存 B 待用
	JNZ	MN3	;若音符编号不为 0(不是休止符),转置 T1 定时初值
	CLR	SOND	;若音符编号为 0(休止符),停发声
	CLR	TR0	;T0 停运行
	SJMP	MN4	;分支返回
MN3:	MOV	DPTR,#PTH	;置音符频率定时初值高 8 位表首地址
	MOVC	A,@ A + DPTR	;读相应音符频率定时初值高 8 位
	MOV	TH0,A	;置 T0 定时初值高 8 位
	MOV	A,B	;再取音符编号
	MOV	DPTR,#PTL	;置音符频率定时初值低 8 位表首地址
	MOVC	A,@ A + DPTR	;读相应音符频率定时初值低 8 位
	MOV	TL0,A	;置 T0 定时初值低 8 位
	SETB	TR0	;启动 T0 运行
MN4:	MOV	DPTR,#TABL	;置生日快乐歌曲音符节拍长度表首地址

```
        MOV     A,R2                ;取循环序号
        MOVC    A,@A+DPTR           ;读相应音符节拍长度
        MOV     R3,A                ;存节拍长度(50 ms 整倍数)
        SETB    TR1                 ;启动 T1 运行
        JB      TR1,$               ;等待 T1 停运行
        CLR     TR0                 ;若 T1 停运行,则 T0 也停运行
        CLR     SOND                ;停发声
        LCALL   DY10ms              ;音符间隔延时 10 ms
        INC     R2                  ;指向下一音符序号
        CJNE    R2,#26,MN2          ;生日快乐歌曲 26 个音符未播放完,继续
        SJMP    MN1                 ;播放完,返回等待 K0 再次按下
;T0 中断服务子程序
LT0:    CPL     SOND                ;输出取反(产生音频方波)
        MOV     DPTR,#PTH           ;置音符频率定时初值高 8 位表首地址
        MOV     A,B                 ;取音符编号
        MOVC    A,@A+DPTR           ;读相应音符频率定时初值高 8 位
        MOV     TH0,A               ;置 T0 定时初值高 8 位
        MOV     A,B                 ;再取音符编号
        MOV     DPTR,#PTL           ;置音符频率定时初值低 8 位表首地址
        MOVC    A,@A+DPTR           ;读相应音符频率定时初值低 8 位
        MOV     TL0,A               ;置 T0 定时初值低 8 位
        RETI                        ;中断返回
;T1 中断服务子程序
LT1:    MOV     TH1,#3CH            ;重置 T1 定时初值 50 ms 高 8 位
        MOV     TL1,#0B0H;          ;重置 T1 定时初值 50 ms 低 8 位
        DJNZ    R3,GRET             ;若 50 ms 计数器减 1 不为 0,转中断返回
        CLR     TR1                 ;若 50 ms 计数器减 1 为 0,T1 停运行
GRET:   RETI                        ;中断返回
DY10ms:…                            ;延时 10 ms 子程序。略,见例 3-24(2),调试时需插入
PTH:    DB  0,196,202,208,211,216,220,224   ;低音符频率定时初值高 8 位(12 MHz,定时方式 0)
        DB  226,229,232,233,236,238,240     ;中音符频率定时初值高 8 位
        DB  241,242,244,244,246,247,248     ;高音符频率定时初值高 8 位
PTL:    DB  0,12,27,21,7,4,16,12            ;低音符频率定时初值低 8 位(12 MHz,定时方式 0)
        DB  4,12,9,20,2,8,6                 ;中音符频率定时初值低 8 位
        DB  2,22,5,26,1,4,3                 ;高音符频率定时初值低 8 位
TABS:   DB  12,12,13,12,15,14,12,12,13      ;生日快乐歌曲音符编号表
        DB  12,16,15,12,12,19,17,15,14      ;
        DB  13,0,18,18,17,15,16,15          ;
```

```
TABL:DB   4,4,8,8,8,16,4,4,8          ;生日快乐歌曲音符节拍长度表(50 ms 整倍数)
     DB   8,8,16,4,4,8,8,8,8          ;
     DB   16,8,4,4,8,8,8,16           ;
     END
```

（2）C51 程序

```
#include <reg51.h>                    //包含访问 sfr 库函数 reg51.h
sbit  K0 = P1^0;                      //定义启动键 K0 为 P1.0
sbit  SOND = P1^7;                    //定义发声器 SOND 为 P1.7
unsigned char  i,j;                   //定义字符型循环变量 i(音符序数)、j(50 ms 整倍数)
unsigned char code  th[22] = {        //定义音符频率定时数组高 8 位(12 MHz,定时方式 0)
  0,196,202,208,211,216,220,224,226,229,232,233,236,238,240,241,242,244,244,246,247,248};
unsigned char code  tl[22] = {        //定义音符频率定时数组低 8 位(12 MHz,定时方式 0)
  0,12,27,21,7,4,16,12,4,12,9,20,2,8,6,2,22,5,26,1,4,3};
unsigned char code  s[26] = {         //定义生日快乐歌曲音符序号数组
  12,12,13,12,15,14,12,12,13,12,16,15,12,12,19,17,15,14,13,0,18,18,17,15,16,15};
unsigned char code  L[26] = {         //定义生日快乐歌曲音符节拍长度数组(50 ms 整倍数)
  4,4,8,8,8,16,4,4,8,8,8,16,4,4,8,8,8,16,8,4,4,8,8,8,16};
void  main(){                         //主函数
  unsigned int  t;                    //定义循环变量 t(用于音符发声后间隙延时)
  TMOD = 0x10;                         //T0 定时器方式 0,T1 定时器方式 1
  TH1 = 0x3c;TL1 = 0xb0;              //置 T1 初值 50 ms
  IP = 0x02;                           //置 T0 为高优先级中断
  IE = 0x8a;                           //T0、T1 开中
  while(1){                            //无限循环
    while(K0 == 1);                    //等待 K0 按下
    while(K0 == 0);                    //等待 K0 释放
    for(i = 0;i < 26;i ++){            //歌曲音符节拍循环
      if(s[i] == 0)  {SOND = 0;        //若歌曲音符序号为 0,停发声
        TR0 = 0;}                       //T0 停运行
      else   {TH0 = th[s[i]];          //否则,置 T0 初值高 8 位(音符方波半周期)
        TL0 = tl[s[i]];                //置 T0 初值低 8 位(音符方波半周期)
        TR0 = 1;}                       //T0 运行
      j = L[i];TR1 = 1;                //置 50 ms 计数器初值,T1 运行
      while(TR1 == 1);                 //等待 T1 停运行
      TR0 = 0;                          //T0 停运行
      SOND = 0;                         //停发声
      for(t = 0;t < 2000;t ++);}}}     //音符间隔延时 10 ms
void  t0()  interrupt 1{               //T0 中断函数
```

```
    SOND = ~ SOND;                    //输出取反(产生音频方波)
    TH0 = th[s[i]];TL0 = tl[s[i]];}    //重置 T0 初值
void   t1( )    interrupt 3{           //T1 中断函数
    TH1 = 0x3c;TL1 = 0xb0;            //重置 T1 初值 50 ms
    if((j--) ==0)  TR1 = 0;}          //若 50 ms 计数器减 1 为 0,T1 停
```

分析上述生日快乐歌程序,不难看到,只要编制音符序号数组 s[] 和音符节拍长度数组 L[],同时修改音符节拍循环的中止条件(音符总数),即可实现播放新的乐曲。

Keil C 调试和 Proteus 虚拟仿真见实验 10。

【复习思考题】

5.11   80C51 定时/计数器在什么情况下是定时器?什么情况下是计数器?

5.12   80C51 对外部事件脉冲计数时,有什么条件限制?

5.13   启动定时/计数器与 GATE 有何关系?

5.14   80C51 定时/计数器有哪几种工作方式?各有什么特点?

5.15   80C51 定时/计数器,当 $f_{osc} = 6\,MHz$ 和 $f_{osc} = 12\,MHz$ 时,最大定时各为多少?

5.16   定时/计数器初始化应设置哪些参数?

5.3   实 验 操 作

实验 8   输出周期脉冲波

输出周期脉冲波程序已在例 5-3 给出。

1. Keil 调试

(1) 按实验 1 所述步骤,编译链接,语法纠错,并进入调试状态。

(2) 打开 P1 对话窗口,全速运行,可看到 P1 对话窗口中的 P1.0 端口状态不断跳变,从 "√"(高电平)到 "空白"(低电平),再从 "空白" 到 "√",表明 P1.0 输出脉冲方波。适当加大定时脉冲宽度,可更清晰观察。

读者可能发现,P1.0 端口跳变状态似乎不符合方波高低电平对称的规律,其原因不是程序的问题,而是 Keil 编译器编译处理的问题。在 Proteus 虚拟仿真示波器中,读者将看到占空比 50% 高低电平对称的方波。

2. Proteus 虚拟仿真

(1) 按实验 1 所述 Proteus 仿真步骤,画出 Proteus 虚拟电路如图 5-14 所示。其中,80C51 在 Microprocessor Ics 库中;放置示波器,可用鼠标左键单击图 2-43(b)中虚拟仪表图标 "⚟",在仪表选择窗口下拉菜单中选择 "OSCILLOSCOPE"。

需要说明的是,Proteus 虚拟仿真电路,若缺省晶振和复位电路,系统仍默认连接,工作

频率可在 CPU 芯片属性中设置，不影响仿真运行。因此，为使电路版面整洁，也可不画晶振和复位电路。

（2）鼠标左键双击图 5-14 所示电路中 AT89C51，装入在 Keil 编译调试时自动生成的 Hex 文件。

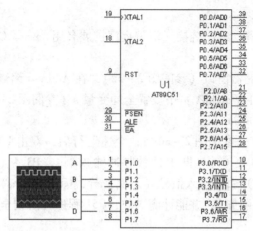

图 5-14　示波器虚拟仿真电路

（3）鼠标左键单击全速运行按钮，弹出示波器，如图 5-15 所示（若示波器关闭，可鼠标左键单击主菜单 Debug→Digital Oscilloscope），显示周期为 400 μs 的脉冲方波。其中，虚拟示波器可按实体示波器那样设置幅度、脉宽和波形位置，进行测量和调节，观测脉冲方波周期是否符合要求。本例可设置纵向幅度为 1 V/格，横向幅度为 0.1 ms/格，可看到输出方波幅度为 5 格（5 V），脉宽为 2 格（0.2 ms），符合本项目所求。

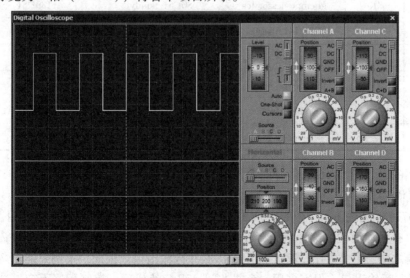

图 5-15　示波器显示周期脉冲方波

（4）终止程序运行，按停止按钮。

实验 9　统计展览会 4 个入口参展总人数

统计展览会 4 个入口参展总人数程序已在例 5-4 给出。

1. Keil 调试

（1）按实验 1 所述步骤，编译链接（汇编程序扩展名用 . asm，C51 程序扩展名用 . c），语法纠错，并进入调试状态。

（2）汇编程序打开存储器窗口（参阅图 2-32），在 Address 编辑框内键入 "d：30"；C51 程序打开变量观测窗口，在 Watch#1 页中设置全局变量 s（参阅图 2-30）。两种程序均将显示值形式选择为十进制数（Deciml）。

（3）打开 P3 对话窗口（参阅图 2-36d），全速运行后，双击 P3 对话窗口中 P3.2（外中断 0 计数脉冲输入端）、P3.3（外中断 1 计数脉冲输入端）、P3.4（T0 计数脉冲输入端）或 P3.5（T1 计数脉冲输入端）引脚输入信号（下面一行，标记为 Pins）。汇编程序可看到存储器窗口内 RAM 30H 中数据不断加 1，并能计满进位；C51 程序可看到全局变量 s 的数据不断加 1，表明参展总人数不断累加。

2. Proteus 虚拟仿真

（1）按实验 1 所述 Proteus 仿真步骤，打开 Proteus 软件，按表 5-10 选择和放置元器件，并连接线路，画出 Proteus 仿真电路如图 5-16 所示。

表 5-10　统计展览会 4 个入口参展总人数 Proteus 仿真电路元器件

名称	编号	大类	子类	型号/标称值	数量
80C51	U1	Microprocessor Ics	80C51 family	AT89C51	1
74LS373	U2	TTL 74LS series		74LS373	1
74LS138	U3	TTL 74LS series		74LS138	1
74LS02	U4	TTL 74LS series		74LS02	1
数码显示屏		Optoelectronics	7 - Segment Displays	7SEG - MPX6 - CC	1
按键	K0 ~ K3	Switches & Relays	Switches	BUTTON	4

需要说明的是，图 5-16 电路与例 5-4 图 5-12 电路不同，图 5-16 用 74LS373 和**或非门** 74L02 组合替代 74LS377。其原因是，74LS377 在虚拟电路仿真时，软件提示 "NO model apecified for 74LS377"，无法仿真。但是，从 377 特性分析和编者的累次项目实践证明，74LS377 扩展并行输出口有效而简便。编者认为，Proteus ISIS 软件仍有不足之处，其元器件库仍在不断扩充发展和完善之中，并非 74LS377 不能用于扩展并行输出口。因此，本例只能用 74LS373 替代 74LS377 扩展并行输出口，但需多用一个**或非门**。组合替代后，控制程序不变，功能不变。编

者建议，读者在实际电路应用时，仍用 74LS377，而不用 74LS373，377 用于扩展并行输出，性价比更高。

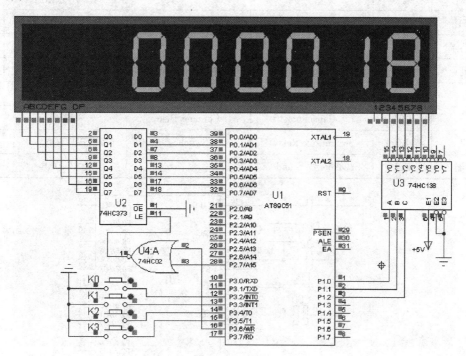

图 5-16　统计展览会 4 个入口参展总人数 Proteus 仿真电路

（2）鼠标左键双击 Proteus 仿真电路中 AT89C51，装入 Keil 调试后自动生成的 Hex 文件。

（3）鼠标左键单击全速运行按钮，虚拟电路中数码显示屏显示 0。左键不断单击 K0～K3 中任一按键盖帽"⊐⊏"（不锁定），显示屏计数会每次加 1。

（4）终止程序运行，按停止按钮。

实验 10　播放生日快乐歌

播放生日快乐歌程序已在例 5-6 给出。

1. Keil 调试

本例 Keil 调试主要是定时/计数器 T0 置放音符频率定时初值，比较枯燥和冗长，意义不大，还是直接倾听 Proteus 仿真发出的实际声音吧！仅按实验 1 所述步骤，编译链接，语法纠错，自动生成 Hex 文件。

2. Proteus 虚拟仿真

（1）按实验 1 所述 Proteus 仿真步骤，打开 Proteus 软件，按表 5-11 选择和放置元器件，并连接线路，画出 Proteus 仿真电路如图 5-17 所示。

表 5-11 播放生日快乐歌 Proteus 仿真电路元器件

名称	编号	大 类	子 类	型号/标称值	数量
80C51	U1	Microprocessor Ics	80C51 family	AT89C51	1
石英晶体	X1	Miscellaneous	CRYSTAL	12 MHz	1
电阻	R00	Resistors	Chip Resistor 1/8W 5%	10 kΩ	1
电容	C00	Capacitors	Miniature Electronlytic	2 μ2	1
	C01	Capacitors	Ceramic Disc	33P	2
按键	K0	Switches & Relays	Switches	BUTTON	1
发声器	LS1	Speakers & Sounders		SOUNDER	1

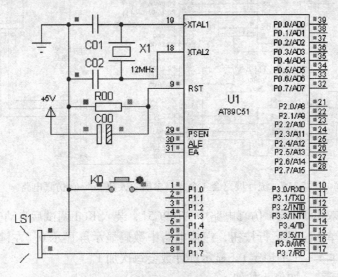

图 5-17 生日快乐歌 Proteus 仿真电路

（2）鼠标左键双击 Proteus 仿真电路中 AT89C51，装入 Keil 调试后自动生成的 Hex 文件。

（3）鼠标左键单击全速运行按钮，电路虚拟仿真运行。鼠标左键单击 K0 按键盖帽
"⊏□"（不带锁），发声器播放一遍生日快乐歌。播放完毕，再次单击 K0，再次播放一遍。
若按下 K0（带锁），发声器一遍遍播放生日快乐歌，循环不止。

（4）终止程序运行，可按停止按钮。

习 题

5.1 选择题

（1）80C51 有关中断控制的特殊寄存器中，定时和外中断控制寄存器为_____；串行控

制寄存器为_____；中断允许控制寄存器为_____；中断优先级控制寄存器为_____。（A. TMOD；B. IP；C. IE；D. SBUF；E. SCON；F. PCON；G. TCON）

（2）80C51 五个中断源的中断入口地址：$\overline{INT0}$ 是_____；$\overline{INT1}$ 是_____；T0 是_____；T1 是_____；串行口是_____。（A. 0000H；B. 0003H；C. 000BH；D. 0013H；E. 001BH；F. 0023H；G. 002BH；H. 0100H）

（3）在 CPU 未执行同级或更高优先级中断服务程序的条件下，中断响应等待时间最短需要_____个机周，最长需要_____个机周。（A. 2；B. 3；C. 4；D. 6；E. 8；F. 10）

（4）CPU 响应中断后，能自动清除中断请求"1"标志（多选）的有_____。（A. $\overline{INT0}$/$\overline{INT1}$ 采用电平触发方式；B. $\overline{INT0}$/$\overline{INT1}$ 采用边沿触发方式；C. 定时/计数器 T0/T1 中断；D. 串行口中断 TI/RI）

（5）下列有关中断 C51 编程的说法中，错误的是_____。（A. 不需要考虑保护现场和恢复现场；B. 中断函数无返回值；C. 必须设置工作寄存器组编号；D. 中断函数中允许调用其他子函数，但被调用子函数使用的工作寄存器组必须与中断函数使用的工作寄存器组相同）

（6）80C51 定时/计数器对_____计数，是计数器；对_____计数，是定时器。（A. 外部事件脉冲；B. 时钟脉冲；C. 机周脉冲；D. 状态周期脉冲；E. ALE 信号脉冲）

（7）若将定时/计数器用于计数方式，则外部事件脉冲必须从（多选）_____引脚输入。（A. P3.2；B. P3.3；C. P3.4；D. P3.5），且外部脉冲的最高频率不能超过时钟频率的_____。（A. 1/2；B. 1/6；C. 1/12；D. 1/24）

（8）80C51 定时/计数器四种工作方式的最大计数值分别为：方式 0 _____；方式 1 _____；方式 2 _____；方式 3 _____。（A. 256；B. 1024；C. 4096；D. 8192；E. 65536；F. 不定）

（9）80C51 定时/计数器四种工作方式中，计数值最大的是_____；定时初值可自动恢复的是_____；常用作波特率发生器的是_____。（A. 方式 0；B. 方式 1；C. 方式 2；D. 方式 3）

5.2　按下列要求分别设置相关控制位：

① $\overline{INT0}$ 为边沿触发方式；　　　　② $\overline{INT1}$ 为电平触发方式；

③ T0 启动运行；　　　　　　　　　④ T1 停止运行。

5.3　用一条汇编指令实现下列要求：

① $\overline{INT0}$、T0 开中，其余禁中；　　② T1、串行口开中，其余禁中；

③ 全部开中；　　　　　　　　　　④ 全部禁中；

⑤ $\overline{INT0}$、T0 开中，其余保持不变；　⑥ $\overline{INT1}$、T1 禁中，其余保持不变。

5.4　根据下列已知条件，试求中断开关状态：

① IE = 93H；　　② IE = 84H；　　③ IE = 92H；　　④ IE = 17H。

5.5　按下列要求设置 IP：

① $\overline{INT1}$、串行口为高优先级，其余为低优先级；

② T1 为高优先级，其余为低优先级；

③ T0、T1 为低优先级，其余为高优先级；

④ 串行口为低优先级，其余为高优先级。

5.6   根据下列已知条件，试求中断优先级状态。

① IP = 16H；   ② IP = ECH；   ③ IP = 03H；   ④ IP = 1FH。

5.7   要求 80C51 五个中断源按下列优先顺序排列，判是否有可能实现？若能，应如何设置中断源的中断优先级别？若不能，试述理由。

① T0、T1、$\overline{INT0}$、$\overline{INT1}$、串行口；   ② 串行口、$\overline{INT0}$、T0、$\overline{INT1}$、T1；

③ $\overline{INT0}$、T1、$\overline{INT1}$、T0、串行口；   ④ $\overline{INT0}$、$\overline{INT1}$、串行口、T0、T1。

5.8   按下列要求设置 TMOD。

① T0 计数器、方式 1，运行与$\overline{INT0}$有关；T1 定时器、方式 2，运行与$\overline{INT1}$无关。

② T0 定时器、方式 0，运行与$\overline{INT0}$有关；T1 计数器、方式 2；运行与$\overline{INT1}$有关。

③ T0 计数器、方式 2，运行与$\overline{INT0}$无关；T1 计数器、方式 1，运行与$\overline{INT1}$有关。

④ T0 定时器、方式 3，运行与$\overline{INT0}$无关；T1 定时器、方式 2，运行与$\overline{INT1}$无关。

5.9   已知 TMOD 值，试分析 T0、T1 工作状态。

① TMOD = 93H；   ② TMOD = 68H；   ③ TMOD = CBH；   ④ TMOD = 52H。

5.10   按下列要求设置定时初值，并置 TH0/TH1、TL0/TL1 值。

① f_{osc} = 12 MHz、T0 方式 1，定时 50 ms；

② f_{osc} = 6 MHz、T1 方式 2，定时 300 μs；

③ f_{osc} = 4 MHz、T0 方式 3，TH0 定时 600 μs，TL0 定时 450 μs；

④ f_{osc} = 8 MHz、T1 方式 1，定时 15 ms。

5.11   试参照例 5-3，先编写工作方式 2 应用程序，然后按下列要求分别修改程序：

（1）脉冲方波从 P3.0 输出；

（2）f_{osc} = 6 MHz；

（3）脉冲方波脉宽为 100 μs；

（4）用定时/计数器 T0。

5.12   已知 f_{osc} = 6 MHz，试编写 24 小时模拟电子钟程序，秒、分、时数分别存在 R1、R2、R3 中。

5.13   已知 f_{osc} = 12 MHz，要求在 80C51 P1.0、P1.1、P1.2 和 P1.3 引脚分别输出周期为 500 μs、1 ms、5 ms 和 10 ms 的脉冲方波，试编制程序并 Proteus 仿真。

5.14   已知 f_{osc} = 6 MHz，要求 P1.7 输出如图 5-18 所示连续矩形脉冲，试编制程序并 Proteus 仿真。

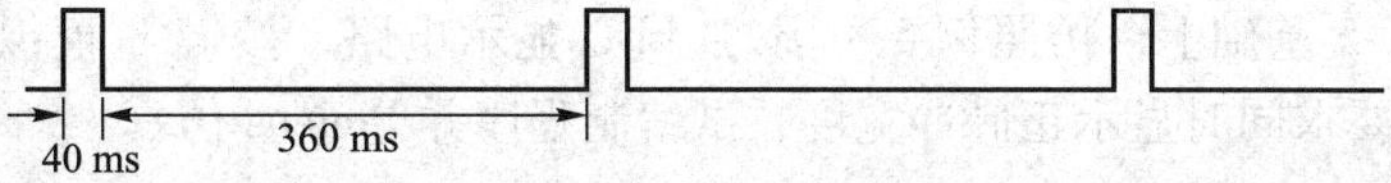

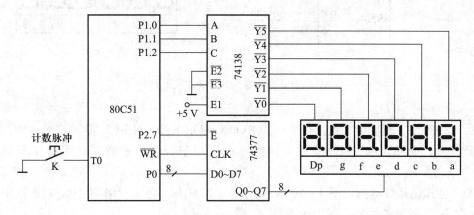

图 5-18 连续矩形脉冲波

5.15 已知 $f_{osc} = 6\,MHz$，要求按 T0 方式 2，设置 TH0 $\neq$ TL0，使 P1.0 输出高电平 200 μs，低电平 500 μs 的连续矩形脉冲，试编制程序并 Proteus 仿真。

5.16 已知 $f_{osc} = 12\,MHz$，按键 K 模拟脉冲输入，要求检测统计 T0 引脚上 10 分钟内的脉冲数（设 10 分钟内脉冲数 ≤ 65535 个）。为在 Proteus 仿真中直观地观测检测统计到的脉冲数，仿照例 5-4 添加 LED 显示电路，如图 5-19 所示，试编制程序并 Proteus 仿真。

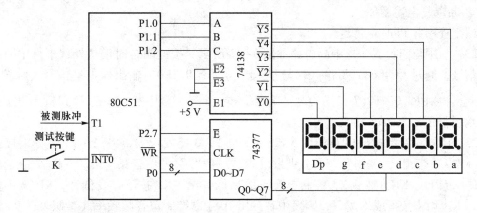

图 5-19 统计 T0 引脚上脉冲数并显示电路

5.17 已知 $f_{osc} = 12\,MHz$，某脉冲从 T1（P3.5）引脚输入，其频率低于 600 kHz；测试键接外中断 $\overline{INT0}$，要求按一下测试键，测量一次脉冲频率。为在 Proteus 仿真中直观地观察被测脉冲频率数，仿照例 5-4 添加 LED 显示电路，如图 5-20 所示，试编制程序并 Proteus 仿真。

图 5-20 测量脉冲频率并显示电路

5.18 在例 5-5 基础上，仿照例 5-4 添加 LED 显示电路，按键 K 模拟输入被测正脉冲，如图 5-21 所示，要求同时显示正脉冲宽度，试编制程序并 Proteus 仿真。

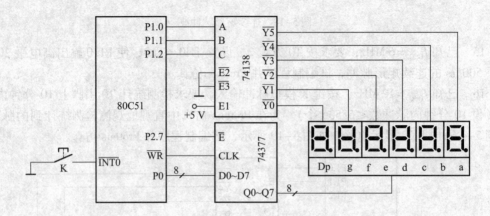

图 5-21 测量脉冲宽度并显示电路

5.19 在例 5-1 基础上，仿照例 5-4 添加 LED 显示电路，按键 K 接 80C51 $\overline{INT0}$，模拟输入计程负脉冲，如图 5-21 所示，要求同时显示出租车行驶里程数，试编制程序并 Proteus 仿真。

5.20 已知循环灯电路如图 4-10 所示，$f_{osc} = 12\,MHz$，要求利用 T0 定时 0.5 秒中断实现流水循环，试编制程序并 Proteus 仿真。

5.21 已知电路同上题，$f_{osc} = 6\,MHz$，要求利用 T1 中断实现下列彩灯循环：

① 全亮全暗闪烁 5 次，间歇 0.2 s；

② 从上至下依次暗灭，间歇 0.2 s，每次减少一个，直至全灭；

③ 从上至下依次点亮，间歇 0.2 s，每次增加一个，直至全亮；

④ 不断重复上述循环。

试编制程序并 Proteus 仿真。

5.22 利用与门扩展多外中断电路如图 5-22 所示。按键闭合时模拟外部事件中断，输出低电平信号，通过 CC4068（8 输入端与/与非门），有 0 出 0，输出低电平信号，触发 80C51 $\overline{INT0}$ 中断，再对 P2.0 ~ P2.7 扫描检测，确定是哪一个键闭合中断，并在 P1 口输出显示该键编号。试编制程序并 Proteus 仿真。

5.23 已知单音频输出电路如图 5-23 所示。P1.0 接发声器，P1.1 ~ P1.7 分别接按键开关 K1 ~ K7（不带锁），控制发声器分别发出 "1" ~ "7" 的单音频。P3.0、P3.2 分别接按键开关 KL（带锁）、KH（带锁），控制单音频的高低音调。KL 按下，发低音；KH 按下，发高音；KL、KH 均未按下或均按下，则发中音。用 T0 中断控制单音频频率（参照表 5-9），用 T1 中断控制单音频发声时间 0.5 s，试编制程序并 Proteus 仿真。

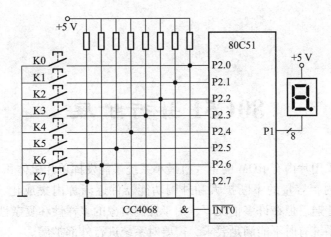

图 5-22　利用与门扩展多外中断电路

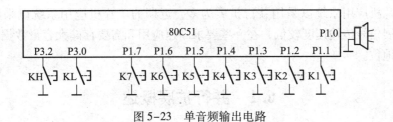

图 5-23　单音频输出电路

5.24　已知双音频输出电路如图 5-24 所示。P1.7 接发声器，P1.0、P1.2 分别接按键开关 K0、K1，要求按一次 K0，发声器发出电话铃声；按一次 K1，发声器发出救护车报警声，试编制程序并 Proteus 仿真。

5.25　已知"世上只有妈妈好"歌谱如图 5-25 所示，要求按例 5-6 电路和运行方式播放"世上只有妈妈好"歌曲，试编制程序并 Proteus 仿真。

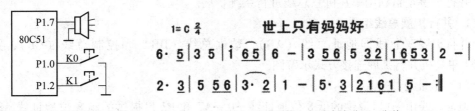

图 5-24　双音频输出电路　　　　　图 5-25　"世上只有妈妈好"歌谱

第**6**章

80C51 并行扩展

通常情况下，采用片内有 ROM 的单片机最小系统最能发挥单片机体积小、成本低的优点，特别是随着单片机内存容量的不断扩大和外围功能器件逐渐片内集成化，单片机"单芯片"应用的情况将更加普遍。但在许多情况下，由于控制对象的多样性和复杂性，或者由于性价比的原因，最小应用系统有时不能满足要求，需要对系统进行外部扩展。

80C51 系列单片机有很强的外部扩展能力。外部扩展可分为并行扩展和串行扩展两大形式。早期的单片机应用系统以采用并行扩展为多，近期的单片机应用系统以采用串行扩展为多。但串行扩展信号传输速度较低，在一些要求高速应用和需要存储大容量数据的场合，并行扩展仍占主导地位。

6.1　并行扩展概述

并行扩展的器件可以有 ROM、RAM、I/O 口和其他一些功能器件，扩展器件大多是一些常规芯片，有典型的扩展应用电路，用户很容易根据规范化电路来构成能满足要求的应用系统。

6.1.1　并行扩展连接方式

并行扩展是指利用单片机三总线进行系统扩展。

1. 并行扩展总线组成

并行扩展三总线即地址总线（AB）、数据总线（DB）和控制总线（CB），图 6-1 为 80C51 单片机并行扩展连接方式示意图。

（1）地址总线（AB）

地址总线由 P0 口提供的低 8 位地址线 A0 ~ A7 和 P2 口提供的高 8 位地址线 A8 ~ A15 组成。其中低 8 位地址线通过地址锁存器锁存后输出，因为 P0 口还要分时传送数据信号，无法形成稳定的低 8 位地址信号。ALE 信号（下降沿）用于控制锁存器锁存低 8 位地址，经锁存器锁存后从 Q0 ~ Q7 输出，与 P2 口输出的高 8 位地址共同组成 16 位地址总线 A0 ~ A15。16 位地址的寻址范围：$2^{16} = 65536 = 64\,KB$。64 KB 未用足时，高 8 位地址线的根数可视并行扩展器件片内寻址单元多少而定。

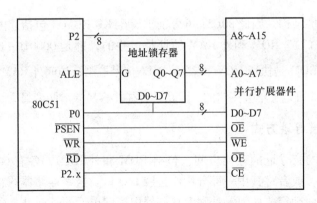

图 6-1　并行扩展连接方式示意图

（2）数据总线（DB）

数据总线由 P0 口提供，其宽度为 8 位。P0 口为三态双向 I/O 口，是 80C51 单片机中使用最频繁的总线通道，所有并行扩展外围器件与 80C51 之间传送的信息均要通过 P0 口，因此所有并行扩展外围器件均挂在 P0 口上。但是，在某一瞬时内只能有一个器件一种信息在 P0 口传送，否则就要"撞车"。P0 口是利用分时传送并通过控制线交互握手的方法来解决这一问题的。这就要求所有挂接在 P0 口总线上的并行扩展器件，其数据总线具有三态结构，在与 80C51 传送信息时，开启其数据 I/O 口，其他时间，则呈"高阻"态。

（3）控制总线（CB）

80C51 控制总线由以下几条组成。

① ALE：输出，用于锁存 P0 口输出的低 8 位地址信号，一般与地址锁存器门控端 G 连接。

② $\overline{PSEN}$：输出，用于外 ROM 读选通控制，一般与外 ROM 输出允许端$\overline{OE}$连接。

③ $\overline{EA}$：输入，用于选择读内/外 ROM。$\overline{EA}=1$，读内 ROM；当$\overline{EA}=0$，读外 ROM。一般情况下，有内 ROM 并且使用时，$\overline{EA}$接 V_{CC}；无内 ROM 或仅使用外 ROM 时，$\overline{EA}$接地。

④ $\overline{RD}$：输出，用于读外 RAM 选通，执行 MOVX 读指令时，$\overline{RD}$会自动有效，一般与外 RAM 读允许端$\overline{OE}$连接。

⑤ $\overline{WR}$：输出，用于写外 RAM 选通，执行 MOVX 写指令时，$\overline{WR}$会自动有效，一般与外 RAM 写允许端$\overline{WE}$连接。

⑥ P2.x：并行扩展外 RAM 和 I/O 时，通常需要片选控制，一般由 P2 口高位地址线担任，常与扩展器件片选端$\overline{CE}$连接。

2. 并行扩展容量

由于地址总线的宽度是 16 位的，因此片外并行扩展存储单元的容量为 64 KB。又由于

80C51 存储器采用哈佛结构，因此 80C51 可分别扩展 64 KB ROM（包括片内 ROM）和 64 KB 外 RAM（包括扩展 I/O 口）。ROM 和外 RAM 地址是重叠的，都是 0000H ~ FFFFH，会不会发生冲突呢？不会。访问 ROM 是执行 MOVC 指令，$\overline{PSEN}$ 信号控制；访问外 RAM 是执行 MOVX 指令，$\overline{RD}$、$\overline{WR}$ 信号控制。CPU 是决不会搞错的，但初学者往往容易混淆两者概念，因此必须注意。

6.1.2　并行扩展寻址方式

80C51 系列单片机能寻址的存储空间，包括 ROM 和外 RAM，各有 64 KB。并行扩展时，可用其一部分或全部，或者将其中一部分用作扩展 I/O 口。这些存储器的芯片地址和存储器内存储单元的子地址如何确定、如何寻址呢？存储器内存储单元的子地址，由低位地址线，即与存储器地址线直接连接的地址线确定；存储器的芯片地址由高位地址线产生的片选信号确定。当存储器芯片多于一片时，为了避免误操作，必须利用片选信号来分别确定各芯片的地址分配。产生片选信号的方法有线选法和译码法二种。

1. 线选法

线选法是将高位地址线直接连到存储器芯片的片选端，如图 6-2 所示。图中芯片Ⅰ、Ⅱ、Ⅲ都是 2 K × 8 位存储器芯片，由低位地址线 A0 ~ A10 实现片内寻址。高位地址线 A11 ~ A13 分别实现片选，均为低电平有效。为了避免出现寻址错误，要求 A11 ~ A13 中只允许有一根为低电平，另两根必须为高电平，否则出错。3 片存储器芯片地址分配如表 6-1 所示。

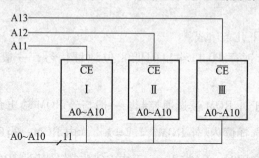

图 6-2　线选法片选存储器

表 6-1　线选法三片存储器芯片地址分配表

	二进制表示			16 进制表示
	无关位	片外地址线	片内地址线	
	A15 A14	A13 A12 A11	A10 A9 A8 A7 A6 A5 A4 A3 A2 A1 A0	
芯片Ⅰ	1　1	1　1　0	0　0　0　0　0　0　0　0　0　0　0	F000H ~ F7FFH
	…	…	…	
	1　1	1　1　0	1　1　1　1　1　1　1　1　1　1　1	

	二进制表示			16 进制表示
	无关位	片外地址线	片内地址线	
	A15 A14	A13 A12 A11	A10 A9 A8 A7 A6 A5 A4 A3 A2 A1 A0	
芯片Ⅱ	1　1	1　0　1	0　0　0　0　0　0　0　0　0　0　0	E800H ~ EFFFH
	…	…	…	
	1　1	1　0　1	1　1　1　1　1　1　1　1　1　1　1	
芯片Ⅲ	1　1	0　1　1	0　0　0　0　0　0　0　0　0　0　0	D800H ~ DFFFH
	…	…	…	
	1　1	0　1　1	1　1　1　1　1　1　1　1　1　1　1	

从表中看出 3 个存储器片内地址线 A0 ~ A10 都是从 **00000000000** 到 **11111111111**（共 11 位），为 2 KB 空间；而片外地址线 A11 ~ A13 分别为 **110**、**101** 和 **011**，用来区别是哪一片存储器芯片有效；无关位 A14、A15 可任取，一般取 **1**。

线选法电路的优点是连接简单，缺点是芯片的地址空间相互之间可能不连续，中间有空隙，存储空间得不到充分利用，存在地址重叠现象。线选法适用于扩展存储容量较小的场合。

产生地址空间不连续的原因是用作片选信号高位地址线可组成的信号状态未得到充分利用。例如，在图 6-2 中，A13、A12、A11 三根地址线的信号状态有 8 种：**000 ~ 111**，只使用了其中 3 种：**110**、**101** 和 **011**。这 3 种信号状态本身不连续，从而导致存储器地址空间不连续。8 种信号状态可选通 8 个 2 KB 存储器芯片，存储空间为 16 KB。而图 6-2 中，只选通了 3 个 2 KB 存储器芯片，存储空间为 6 KB，还有 10 KB 存储空间未得到充分利用。

所谓"地址重叠"，是指一个存储器芯片占有多个额定地址空间，一个存储单元具有多个地址，或者说不同的地址会选通同一存储单元。产生"地址重叠"的原因是高位地址线中有无关位，且无关位可组成多种状态，与存储器芯片的地址组合后可组成多个地址空间。例如图 6-2 中，A14、A15 可组成 4 种状态：**00**、**01**、**10**、**11**，这样芯片Ⅰ的地址范围就可以为：3000H ~ 37FFH、7000H ~ 77FFH、B000H ~ B7FFH 或 F000H ~ F7FFH。同样芯片Ⅱ、芯片Ⅲ均有 4 个地址空间，这就是"地址重叠"现象。"地址重叠"不影响存储芯片的使用，使用时可用其任何一个地址空间。一般情况，无关位取 **1** 为宜。

2. 译码法

译码法是通过译码器将高位地址线译码转换为片选信号，2 条地址线能译成 4 种片选信号，3 条地址线能译成 8 种片选信号，4 条地址线能译成 16 种片选信号。所对应的 TTL 译码芯片有 74139（双 2 - 4 译码器）、74138（3 - 8 译码器）和 74154（4 - 16 译码器），下面以 74138 为例说明译码法。

图 6-3 为 74138 DIP 封装引脚图，16 引脚 TTL 芯片，C、B、A 为地址线输入端，C 是高

位；$\overline{Y0}$、$\overline{Y1}$、$\overline{Y2}$、…、$\overline{Y7}$为译码状态信号输出端，8 种状态中只会有一种有效，取决于 CBA 编码；G1、$\overline{G2A}$、$\overline{G2B}$为控制端，同时有效时，74138 被选通工作。即 CBA =**000** 时，$\overline{Y0} = \mathbf{0}$；其余为 **1**；CBA =**001** 时，$\overline{Y1} = \mathbf{0}$；其余为 **1**；…；CBA =**111** 时，$\overline{Y7} = \mathbf{0}$；其余为 **1**。表 6–2 为 74138 真值表。

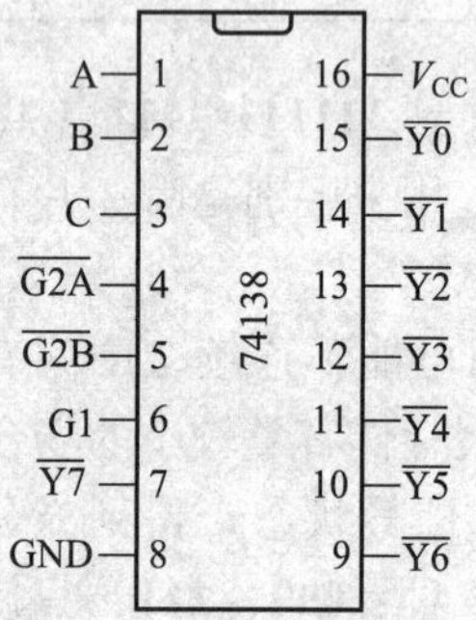

表 6–2 74138 真值表

输 入						输 出							
G1	$\overline{G2A}$	$\overline{G2B}$	C	B	A	$\overline{Y0}$	$\overline{Y1}$	$\overline{Y2}$	$\overline{Y3}$	$\overline{Y4}$	$\overline{Y5}$	$\overline{Y6}$	$\overline{Y7}$
0	×	×	×	×	×	**1**	**1**	**1**	**1**	**1**	**1**	**1**	**1**
×	**1**	×	×	×	×	**1**	**1**	**1**	**1**	**1**	**1**	**1**	**1**
×	×	**1**	×	×	×	**1**	**1**	**1**	**1**	**1**	**1**	**1**	**1**
1	**0**	**0**	**0**	**0**	**0**	**0**	**1**	**1**	**1**	**1**	**1**	**1**	**1**
1	**0**	**0**	**0**	**0**	**1**	**1**	**0**	**1**	**1**	**1**	**1**	**1**	**1**
1	**0**	**0**	**0**	**1**	**0**	**1**	**1**	**0**	**1**	**1**	**1**	**1**	**1**
1	**0**	**0**	**0**	**1**	**1**	**1**	**1**	**1**	**0**	**1**	**1**	**1**	**1**
1	**0**	**0**	**1**	**0**	**0**	**1**	**1**	**1**	**1**	**0**	**1**	**1**	**1**
1	**0**	**0**	**1**	**0**	**1**	**1**	**1**	**1**	**1**	**1**	**0**	**1**	**1**
1	**0**	**0**	**1**	**1**	**0**	**1**	**1**	**1**	**1**	**1**	**1**	**0**	**1**
1	**0**	**0**	**1**	**1**	**1**	**1**	**1**	**1**	**1**	**1**	**1**	**1**	**0**

图 6–3 74138 引脚图

图 6–4 为用 74138 作译码器的片选电路，74138 地址线输入端 A、B、C 分别接 A11、A12、A13；输出端仅用 3 根，$\overline{Y0}$、$\overline{Y1}$、$\overline{Y2}$分别接存储芯片 Ⅰ 、Ⅱ 、Ⅲ $\overline{CE}$端；74138 控制端 G1 接 +5 V，$\overline{G2A}$接 A14，$\overline{G2B}$直接接地。

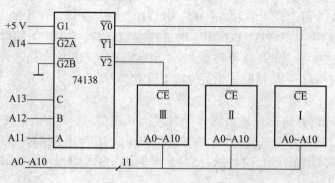

图 6-4 用全译码方式实现片选

图 6-4 三个存储器芯片的地址空间分配如表 6-3，A15 为无关位，取 1；A14 为译码器 74138 片选端，根据要求取 0；A13、A12、A11 的编码分别为 000 ~ 010，对应 $\overline{Y0}$、$\overline{Y1}$、$\overline{Y2}$ 输出有效。因此芯片 Ⅰ、Ⅱ、Ⅲ 的地址范围分别为 8000H ~ 87FFH、8800H ~ 8FFFH 和 9000H ~ 97FFH。

表 6-3　译码法三片存储器芯片地址分配表

	二进制表示																16 进制数
	无关位	片外地址线				片内地址线											
	A15	A14	A13	A12	A11	A10	A9	A8	A7	A6	A5	A4	A3	A2	A1	A0	
芯片Ⅰ	1	0	0	0	0	0	0	0	0	0	0	0	0	0	0	0	8000H ~ 87FFH
	…			…						…							
	1	0	0	0	0	1	1	1	1	1	1	1	1	1	1	1	
芯片Ⅱ	1	0	0	0	1	0	0	0	0	0	0	0	0	0	0	0	8800H ~ 8FFFH
	…			…						…							
	1	0	0	0	1	1	1	1	1	1	1	1	1	1	1	1	
芯片Ⅲ	1	0	0	1	0	0	0	0	0	0	0	0	0	0	0	0	9000H ~ 97FFH
	…			…						…							
	1	0	0	1	0	1	1	1	1	1	1	1	1	1	1	1	

译码法与线选法比较，硬件电路稍复杂，需要使用译码器，但可充分利用存储空间，全译码时还可避免"地址重叠"现象，局部译码因还有部分高位地址线未参与译码，因此仍存在"地址重叠"现象。译码法的另一个优点是若译码器输出端留有剩余端线未用时，便于继续扩展存储器或 I/O 口接口电路。

需要说明的是，上述片选方法不仅适用于扩展存储器（包括外 RAM 和外 ROM），更重要的是可以适用于扩展 I/O 口（包括各种外围设备和接口芯片）。

6.2　并行扩展外 ROM

80C51 单片机的 ROM 空间有 64 KB，按其位置可分为片内和片外两部分，片内 4 KB，片外 60 KB。80C51、87C51 有 4 KB 片内 ROM，80C31 片内无 ROM，必须扩展外 ROM；80C51、87C51 片内 4 KB ROM，不够用时也需要扩展外 ROM。

1. 典型连接电路

扩展外 ROM 通常有 EPROM（Ultra – Violet Erasable Programmable ROM，紫外线擦除可编程）、E^2PROM（Electrically EPROM，电擦除可编程）和 Flash ROM（快擦写）。现以 EPROM

为例，说明扩展外 ROM 典型应用电路，图 6-5 为 80C51 与 EPROM 芯片 2764 典型连接电路，图 6-6 为 27128 与 80C51 典型连接电路。分析归纳如下。

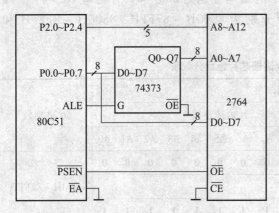

图 6-5　2764 与 80C51 典型连接电路　　　图 6-6　27128 与 80C51 典型连接电路

（1）地址线

① 低 8 位地址 —— 由 80C51 P0.0 ~ P0.7 与 74373 D0 ~ D7 连接，ALE 有效时 74373 锁存该低 8 位地址，并从 Q0 ~ Q7 输出，与 EPROM 芯片低 8 位地址 A0 ~ A7 相接。

需要指出的是，74 系列 373 芯片有 74LS373、74AS373、74HC373、74ALS373 等多种，每种芯片电气特性有所不同，与 80C51 最适配的是 74HC373，是一种高速 CMOS 芯片，其输入和电源电压规范同 CMOS 4000 系列，输出驱动能力和速度与 74LS 系列相当。

② 高位地址 —— 视 EPROM 芯片容量大小。2764 需 5 位，P2.0 ~ P2.4 与 2764 A8 ~ A12 相连；27128 需 6 位，P2.0 ~ P2.5 与 27128 A8 ~ A13 相连。

（2）数据线

由 80C51 地址/数据复用总线 P0.0 ~ P0.7 直接与 EPROM 数据线 D0 ~ D7 相连。

（3）控制线

① ALE：80C51 ALE 端与 74373 门控端 G 相连，专用于锁存低 8 位地址。

② 片选端：由于一般只扩展一片 EPROM，因此一般不用片选，EPROM 片选端$\overline{CE}$直接接地。

③ 输出允许：EPROM 的输出允许端$\overline{OE}$直接与 80C51 $\overline{PSEN}$相连，80C51 的$\overline{PSEN}$信号正好用于控制 EPROM $\overline{OE}$端。

④ $\overline{EA}$：有内 ROM 并且使用时，$\overline{EA}$接 V_{CC}；无内 ROM 或仅使用外 ROM 时，$\overline{EA}$接地。

2. 读写控制

ROM 是只读存储器，写入时需要在特定条件下，由专门的 ROM 写入器写入。读出有两种形式：一种是 CPU 自动读。CPU 在执行程序时，会按照程序计数器 PC 所指出的地址，读出存放在 ROM 中的程序指令；另一种是执行程序中读 ROM 的指令，可用 MOVC 指令（参阅 3.2.1

节），此处不再赘述。

需要说明的是，本节简要介绍并行扩展外 EPROM 的目的，并非鼓励读者效仿，只是介绍一种思路和历史沿革。目前，若需扩展外 ROM，首选方案是直接选用具有大容量内 ROM 的单片机芯片，而不需要外接 ROM 芯片。

6.3 并行扩展外 RAM

80C51 单片机片内有 128 字节的 RAM，只能存放少量数据，对一般小型系统和无需存放大量数据的系统已能满足要求。对于大型应用系统和需要存放大量数据的系统，则需要在片外扩展 RAM。

80C51 在片外扩展 RAM 的地址空间为 0000H ~ FFFFH，共 64 KB，与 ROM 地址空间重叠。但因各自使用不同的指令和控制信号，因而不会"撞车"。读 ROM 时用 MOVC 指令，由 $\overline{PSEN}$ 选通 ROM $\overline{OE}$ 端；读写外 RAM 时用 MOVX 指令，用 $\overline{RD}$ 选通 RAM $\overline{OE}$ 端，用 $\overline{WR}$ 选通 RAM $\overline{WE}$ 端。但扩展 RAM 与扩展 I/O 口是统一编址的，使用相同的指令和控制信号。因此，若系统还同时扩展 I/O 口或扩展多片 RAM，则必须片选控制，设计硬件系统和编制软件程序时需注意统筹安排。

1. 典型连接电路

常用的 RAM 芯片有 6116 和 6264 等，6116 容量为 16 kb（按字节 2 KB），6264 容量为 64 kb（按字节 8 KB）。图 6-7 为 6116 与 80C51 典型连接电路，图 6-8 为 6264 与 80C51 典型连接电路。分析说明如下。

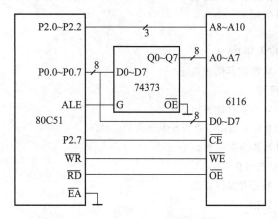

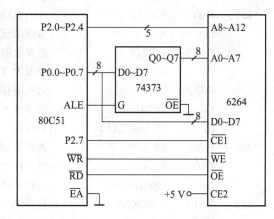

图 6-7 6116 与 80C51 典型连接电路　　　　图 6-8 6264 与 80C51 典型连接电路

（1）地址线、数据线仍按 80C51 扩展 ROM 时的方式连接，高位地址线视 RAM 芯片容量而定，6116 需 3 根，6264 需 5 根。

（2）片选线一般由 80C51 高位地址线控制，并决定 RAM 芯片的口地址。6264 有 2 个片选端，只需用其一个，一般用$\overline{CE1}$，CE2 直接接 V_{CC}。按图 6-7，6116 的地址范围是 7800H ~ 7FFFH；按图 6-8，6264 的地址范围是 6000H ~ 7FFFH（无关位为 1）。

（3）读写控制线由 80C51 的$\overline{RD}$、$\overline{WR}$分别与 RAM 芯片的$\overline{OE}$、$\overline{WE}$相接。

2. 读写控制程序

【例 6-1】已知电路如图 6-8 所示，ROM 中有 8 个数据（设为：1AH，2BH，3CH，4DH，5EH，6FH，70H，81H）。试编制程序：先将 8 个数据从 ROM 中读出，存入内 RAM 中（汇编程序存 40H ~ 4FH，C51 程序存数组 a）。然后，将其取反后，写入 6264 以 7000H 为首址的连续存储单元。再从该外 RAM 中读出，存入内 RAM 中（汇编程序存 50H ~ 5FH，C51 程序存数组 b）。

解： 汇编程序如下：

```
MAIN:  MOV   R0,#40H            ;置内 RAM 数据存储区首址
       MOV   R2,#0              ;置循环序号初值 0
       MOV   DPTR,#TAB          ;置 ROM 数据区首址
LP1:   MOV   A,R2               ;取循环序号
       MOVC  A,@ A + DPTR       ;读 ROM 数据
       MOV   @ R0,A             ;读出数据存内 RAM(首址 40H)
       INC   R0                 ;修改内 RAM 数据存储区地址
       INC   R2                 ;修改循环序号
       CJNE  R2,#08H,LP1        ;判读 ROM 8 个数据结束否？未结束继续循环
MN2:   MOV   R0,#40H            ;置内 RAM 数据存储区首址
       MOV   R2,#0              ;置循环序号初值 0
       MOV   DPTR,#7000H        ;置外 RAM 数据存储区首址
LP2:   MOV   A,@ R0             ;读内 RAM 数据
       CPL   A                 ;数据取反
       MOVX  @ DPTR,A           ;取反数据写入外 RAM
       INC   R0                 ;修改内 RAM 数据存储区地址
       INC   R2                 ;修改循环序号
       INC   DPTR               ;修改外 RAM 数据存储区地址
       CJNE  R2,#08H,LP2        ;判写外 RAM 8 个数据结束否？未结束继续循环
MN3:   MOV   R0,#50H            ;置内 RAM 数据存储区首址
       MOV   R2,#0              ;置循环序号初值 0
       MOV   DPTR,#7000H        ;置外 RAM 数据存储区首址
LP3:   MOVX  A,@ DPTR           ;读外 RAM 数据
       MOV   @ R0,A             ;读出数据存内 RAM(首址 50H)
       INC   R0                 ;修改内 RAM 数据存储区地址
       INC   R2                 ;修改循环序号
       INC   DPTR               ;修改外 RAM 数据存储区地址
       CJNE  R2,#08H,LP3        ;判读外 RAM 8 个数据结束否？未结束继续循环
```

```
        SJMP    $                    ;读写结束,等待下一指令
    TAB:DB      1AH,2BH,3CH,4DH,5EH,6FH,70H,81H    ;ROM 数据
        END                          ;伪指令,程序结束
```

说明:按图 6-8,P2.7 片选为 0,若同时扩展 I/O 口,则无关位必须为 **1**,否则会误触发未参与操作的扩展 I/O 口。在执行"MOVX A,@DPTR"指令(DPTR=7000H)时,DPTR 中包含两个信息:一是 P2.7=**0**,使 $\overline{CE1}$=**0**,6264 片选有效;二是选中外 RAM 7000H 单元。而 MOVX 读指令又会使 $\overline{RD}$ 信号自动有效,$\overline{RD}$=**0**,使 $\overline{OE}$=**0**,RAM 输出允许,将数据读入 A 中。同理,执行"MOVX @DPTR,A"指令时,MOVX 写指令又会使 $\overline{WR}$ 信号自动有效,$\overline{WR}$=**0**,使 $\overline{WE}$=**0**,RAM 允许写入,将 A 中数据写入相应地址单元。

C51 程序如下:

```
#include <absacc.h>              //包含绝对地址访问库函数 absacc.h
unsigned char  code  d[8]={     //定义 ROM 区数据数组 d
  0x1a,0x2b,0x3c,0x4d,0x5e,0x6f,0x70,0x81};
void  main(){                   //主函数
  unsigned char  i;             //定义循环序号变量 i
  unsigned char  a[8],b[8];     //定义内 RAM 数据数组 a、b
  for(i=0;i<8;i++){             //数据读写转移循环
    a[i]=d[i];                  //ROM 区数据数组 d→内 RAM 数组 a
    XBYTE[0x7000+i]= ~a[i];     //内 RAM 数组 a 数据取反后依次存外 RAM 数组
    b[i]=XBYTE[0x7000+i];}      //外 RAM 数组→内 RAM 数组 b
  while(1);}                    //原地踏步,等待下一指令
```

Keil C 调试和 Proteus 虚拟仿真见实验 11。

3. 同时扩展外 ROM 和外 RAM 时典型连接电路

图 6-9 为 80C51 同时扩展外 ROM 和外 RAM 时典型应用电路,分析说明如下。

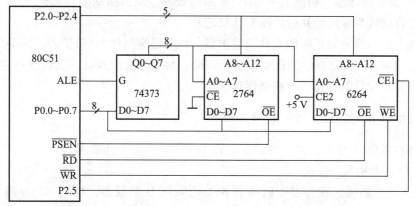

图 6-9　80C51 同时扩展外 ROM 和外 RAM 典型连接电路

（1）地址线、数据线仍按 80C51 扩展外 ROM、外 RAM 时方式连接。

（2）片选线，因外 ROM 只有一片，无需片选。2764 $\overline{CE}$ 直接接地，始终有效。外 RAM 虽然也只有一片，但系统可能还要扩展 I/O 口，而 I/O 口与外 RAM 是统一编址的，因此一般需要片选，6264 $\overline{CE1}$ 接 P2.5，CE2 直接接 V_{CC}，这样 6264 的地址范围为 C000H ~ DFFFH，P2.6、P2.7 可留给扩展 I/O 口片选用。

（3）读写控制线，读外 ROM 执行 MOVC 指令，由 $\overline{PSEN}$ 控制 2764 $\overline{OE}$，读写外 RAM 执行 MOVX 指令，由 $\overline{RD}$ 控制 6264 $\overline{OE}$，$\overline{WR}$ 控制 6264 $\overline{WE}$。

6.4   并行扩展 I/O 口

80C51 系列单片机共有 4 个 8 位并行 I/O 口，在并行扩展外 RAM 和外 ROM 时，P0 口要用作低 8 位地址总线和复用数据总线，P2 口要用作高 8 位地址总线。而 P3 口是双功能口，往往要用其第二功能。因此，真正提供给用户使用的 I/O 口就只有 P1 口和未用作第二功能的 P3 口的部分端线，在许多情况下，需要扩展 I/O 口。

80C51 系列单片机并行扩展 I/O 口是将 I/O 口看作外 RAM 的一个存储单元，与外 RAM 统一编址，操作时执行 MOVX 指令和使用 $\overline{RD}$、$\overline{WR}$ 控制信号。从理论上讲，并行扩展 I/O 口最多可扩展 65536 个 8 位 I/O 口。

并行扩展 I/O 口可分为可编程和不可编程两大类，用户可根据需要选择不同的芯片达到目的。所谓不可编程是指不能用软件对其 I/O 功能进行设置、编辑，功能固定；可编程是指通过编程对其 I/O 功能进行设置、编辑，通过软件决定其硬件功能的应用发挥。

并行扩展 I/O 口不可编程芯片主要有 74LS、74HC 系列芯片和 CMOS 4000 系列芯片。74LS 系列输出驱动能力强、速度快；CMOS 4000 系列输入阻抗高、微功耗。74HC 系列是一种高速 HCMOS 芯片，其引脚和输入输出电平与 74LS 系列兼容，输出驱动能力和速度与 74LS 系列相当。因此，是目前较为常用的并行扩展 I/O 口芯片。

并行扩展 I/O 口可分为扩展输入口和输出口。由于通常通过 P0 口扩展，而 P0 口要分时传送低 8 位地址和输入输出数据，因此构成输出口时，接口芯片应具有片选和锁存功能；构成输入口时，接口芯片应具有三态缓冲和锁存功能。

6.4.1   用 74 系列芯片并行扩展输入口

并行扩展输入口的 74 系列芯片有很多，以 74373 最为方便和常用。

（1）74373 芯片引脚与功能

74373 是 8D 三态同相锁存器，内部有 8 个相同的 D 触发器，D0 ~ D7 为其 D 输入端；Q0 ~ Q7 为其 Q 输出端；G（Proteus 中用 "LE" 表示）为门控端；$\overline{OE}$ 为输出允许端；加上电

源端 V_{CC} 和接地端 GND，共 20 个引脚，图 6-10 为 74373DIP 封装引脚图。当 G 高电平，且 $\overline{\text{OE}}$ 低电平时，D0 ~ D7 的信号进入 D 触发器，从相应的输出端 Q0 ~ Q7 输出。当 G 为低电平时，Q 保持不变；当 $\overline{\text{OE}}$ 为高电平时，Q 是高阻态，表 6-4 为其功能表。

表 6-4 74373 功能表

输入			输出
$\overline{\text{OE}}$	G	D	Q
L	H	H	H
L	H	L	L
L	L	×	不变
H	×	×	高阻

图 6-10 74373 引脚图和功能表

（2）典型应用电路

图 6-11 为 74373 并行扩展 80C51 输入口的典型应用电路。G 接高电平，门控始终有效，从 D0 ~ D7 输入的信号能直达 Q0 ~ Q7 输出缓冲器待命；由 80C51 的 $\overline{\text{RD}}$ 和 P2.7（一般用 P2.0 ~ P2.7 为宜）经过**或**门与 74373 $\overline{\text{OE}}$ 端相连，P2.7 决定 74373 的地址为 7FFFH（无关位为 **1**），若预先赋值 DPTR = 7FFFH，执行"MOVX A，@ DPTR"指令后，$\overline{\text{RD}}$ 信号将自动有效（低电平），$\overline{\text{RD}}$ 信号**或** P2.7（低电平）后，全 **0** 出 **0**，产生满足 74373 输出允许端 $\overline{\text{OE}}$ 所需的低电平信号，触发输出缓冲器 Q0 ~ Q7 输出至 P0 口数据总线，并被读入 A 中。

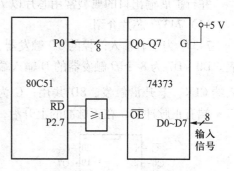

图 6-11 74373 扩展输入口

用 74373 并行扩展 80C51 输入口的优点是线路简单、价格低廉、编程方便。

（3）应用程序

【例 6-2】按图 6-11 电路，试编制程序，从 373 外部每隔 0.5 秒读入一个数据，共 16 个数据，存入以 30H 为首址的内 RAM。

解：汇编程序如下：

```
MAIN: MOV    DPTR,#7FFFH      ;置 373 口地址
      MOV    R0,#30H          ;置内 RAM 数据存储区首址
LOOP: MOVX   A,@ DPTR         ;输入数据
      MOV    @ R0,A           ;存数据
```

```
        INC    R0               ;指向下一存储单元
        LCALL  DY05s            ;调用 0.5 s 延时子程序
        CJNE   R0,#40H,LOOP     ;判 16 个数据读完否? 未完继续
        SJMP   $                ;16 个数据读完,等待下一指令
DY05s:…                          ;延时 0.5 s 子程序。略,见例 3-24(3),调试时需插入
        END                     ;伪指令,程序结束
```

C51 程序如下:

```
#include < absacc. h >                    //包含绝对地址访问库函数 absacc. h
void   main( ) {                          //主函数
    unsigned char  i;                     //定义无符号字符型变量 i(存储单元序号)
    unsigned long j;                      //定义无符号长整型变量 j(延时参数)
    for( i = 0;i < 16;i + + ) {           //循环初值 i = 0;条件 i < 16;变量更新 i = i + 1
        DBYTE[0x30 + i] = XBYTE[0x7fff];  //读入数据,存内 RAM 首址 30H
        for( j = 0;j < 11000;j + + );}    //延时 0.5 s
    while(1);}                            //原地踏步,等待下一指令
```

6.4.2　用 74 系列芯片并行扩展输出口

并行扩展输出口的典型常用芯片以 74377 最为方便。

（1）74377 芯片介绍

74377 为带有输入门控的 8D 触发器,图 6-12 为 74377 DIP 封装引脚图,表 6-5 为其功能表。D0 ~ D7 为 8 个 D 触发器的 D 输入端;Q0 ~ Q7 是 8 个 D 触发器的 Q 输出端;时钟脉冲输入端 CLK,上升沿触发,8D 共用;$\overline{G}$ 为门控端,低电平有效。当 74377 $\overline{G}$ 端为低电平,且 CLK 端有正脉冲时,在正脉冲的上升沿,D 端信号被锁存,从相应的 Q 端输出。

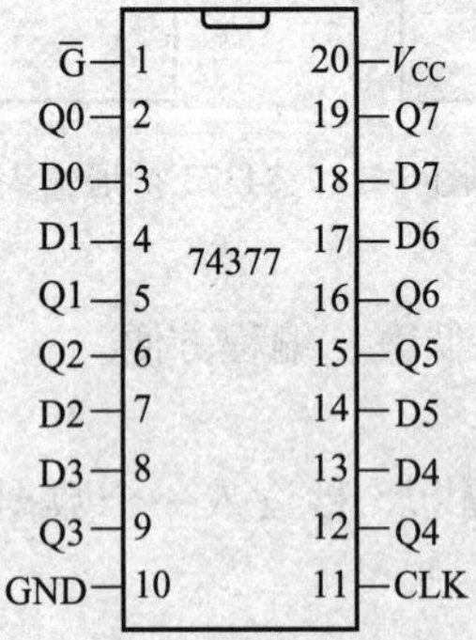

```
  G̅ — 1      20 — V_CC
 Q0 — 2      19 — Q7
 D0 — 3      18 — D7
 D1 — 4  74377 17 — D6
 Q1 — 5      16 — Q6
 Q2 — 6      15 — Q5
 D2 — 7      14 — D5
 D3 — 8      13 — D4
 Q3 — 9      12 — Q4
GND — 10     11 — CLK
```

表 6-5　74377 功能表

	输入		输出
$\overline{G}$	CLK	D	Q
H	×	×	不变
L	↑	1	1
L	↑	0	0
L	×	×	不变

图 6-12　74377 引脚图和功能表

（2）典型应用电路

图 6-13 为 74377 并行扩展 80C51 输出口的典型应用电路。80C51 单片机的 $\overline{WR}$ 和 P2.6 分

别与74377 CLK 端和门控端 $\overline{G}$ 相接。P2.6 决定74377 地址为 BFFFH，也可用 P2.0 ~ P2.7 任一端线作为74377 片选地址线，输出时先赋值 DPTR = BFFFH，并将要输出的数据存入 A 中，执行"MOVX @ DPTR，A"指令后，$\overline{WR}$低电平有效后的上升沿用作 377 的 CLK 信号，锁存 D 端信号；同时 P2.6 = **0**，开启 377 门控端 $\overline{G}$，将锁存的 D 端信号从相应的 Q 端输出。

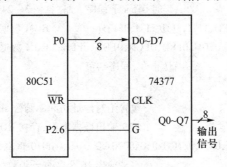

图 6-13 74377 扩展输出口

用74377 并行扩展 80C51 输出口的优点是线路简单、价格低廉、编程方便。虽然并行扩展 80C51 输出口还可利用其他 TTL 8*D* 触发器、锁存器芯片，但由于无门控功能，均不如74377 简便。例如，用74273、74373、74374、74244 或74245 并行扩展输出口，比用74377 并行扩展输出口要额外多用一只**或非**门。

（3）应用程序

【**例6-3**】按图6-13 电路，试编制程序，每隔0.5 秒，从74377 依次输出一个数据，共16 个，输出数据存在以 TAB 为首址的 ROM 中。

解： 汇编程序如下：

```
MAIN：MOV    SP,#50H        ;主程序。设置堆栈
      MOV    DPTR,#TAB      ;置数据表首地址
      MOV    R0,#30H        ;置内 RAM 数据区首址
      MOV    R2,#0          ;置数据表序号初值
LP1：  MOV    A,R2           ;读数据表序号
      MOVC   A,@ A + DPTR   ;读 ROM 数据
      MOV    @ R0,A         ;存内 RAM 数据区
      INC    R0             ;指向 RAM 数据区下一存储单元
      INC    R2             ;指向数据表下一序号
      CJNE   R2,#16,LP1     ;判 16 个数据读写完否？未完继续
      MOV    DPTR,#0BFFFH   ;置 377 口地址
      MOV    R0,#30H        ;置内 RAM 数据存储区首址
      MOV    R2,#10H        ;置数据长度
LP2：  MOV    A,@ R0         ;读内 RAM 数据
```

```
        MOVX    @ DPTR,A        ;输出数据
        INC     R0              ;指向下一数据
        LCALL   DY05s           ;延时 0.5 s
        DJNZ    R2,LP2          ;判 10 个数据输出完否? 未完继续
        SJMP    $               ;踏步等待
DY05s:…                         ;延时 0.5 s 子程序。略,见例 3 - 24(3),调试时需插入
TAB: DB 01H,03H,07H,0FH,1FH,3FH,7FH,0FFH;            ROM 数据表
     DB 80H,0C0H,0E0H,0F0H,0F8H,0FCH,0FEH,0FFH;  ROM 数据表
        END                     ;伪指令,程序结束
```

C51 程序如下：

```
#include < absacc. h >                    //包含绝对地址访问库函数 absacc. h
unsigned char   code  c[16] = {            //定义输出数据数组,存在 ROM 中
   0x01,0x03,0x07,0x0f,0x1f,0x3f,0x7f,0xff,0x80,0xc0,0xe0,0xf0,0xf8,0xfc,0xfe,0xff};
void   main( ){                            //定义输出 16 个数据子函数
   unsigned char   i;                      //定义无符号字符型变量 i(循环序号)
   unsigned long   t;                      //定义无符号长整型变量 t(延时参数)
   for( i = 0 ; i < 16 ; i + + ){          //循环初值 i = 0;条件 i < 16;变量更新 i = i + 1
      XBYTE[0xbfff] = c[i];                //依次输出 16 个数据
      for( t = 0 ; t < 11000 ; t + + );}   //延时 0.5 s
   while(1);}                              //原地踏步,等待下一指令
```

【例 6-4】用 74 系列芯片同时并行扩展输入输出口电路如图 6-14 所示,要求每隔 0.5 秒,从 373 外部读入一个数据,存入内 RAM 30H 单元,并取反后再从 377 输出,循环不断。

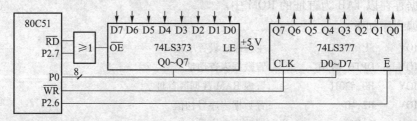

图 6-14　并行扩展 8 位输入输出口

解：按图 6-14 所示电路,74LS373 口地址为 0x7fff, 74LS377 口地址为 0xbfff。

汇编程序如下：

```
MAIN: MOV     DPTR,#7FFFH      ;置并行输入口 373 口地址
      MOVX    A,@ DPTR         ;读输入口数据
      MOV     30H,A            ;读入数据存内 RAM 30H
      CPL     A                ;读入数据取反
      MOV     DPTR,#0BFFFH     ;置并行输出口 377 口地址
```

```
        MOVX    @DPTR,A              ;从输出口输出数据
        LCALL   DY05s                ;延时 0.5 s
        SJMP    MAIN                 ;返回循环
DY05s:…                              ;延时 0.5 s 子程序。略,见例 3-24(3),调试时需插入
        END                          ;伪指令,程序结束
```

C51 程序如下:

```
#include <absacc.h>                  //包含绝对地址访问库函数 absacc.h
void    main(){                      //主函数
    unsigned long t;                 //定义延时参数 t
    while(1){                         //无限循环
    DBYTE[0x30] = XBYTE[0x7fff];     //输入数据,存内 RAM 30H
    XBYTE[0xbfff] = ~DBYTE[0x30];    //输出数据
    for(t=0;t<11000;t++);}}          //延时 0.5 s
```

Keil C 调试和 Proteus 虚拟仿真见实验 12。

6.4.3 并行扩展 I/O 口可编程芯片介绍

可编程 I/O 芯片是指通过编程对其 I/O 功能进行设置、编辑,通过软件决定其硬件功能的应用发挥。常用的通用可编程 I/O 芯片有 8255A、8155、8279 等。

需要说明的是,这些芯片是 20 世纪 80 年代 Intel 公司为当时的单板机 8080、8085 配套的 I/O 接口芯片,性价比较低,进入 20 世纪 90 年代就已彻底淘汰。但许多教材和实验装置还保留应用了这些芯片,甚至有的研究生考试还在考。编者简要介绍的目的,不是为了推广应用,而只是让读者了解这一事实。

(1) 可编程并行输入/输出接口芯片 8255A

8255A 有 40 个引脚,内部有 3 个 8 位并行 I/O 口:A 口、B 口和 C 口。有 3 种可编程工作方式:当数据传送不需要联络信号时,3 个 I/O 口都可以用作输入口或输出口;当 A 口 B 口需要有联络信号时,C 口可以作为 A 口和 B 口的联络信号线;还可对 C 口的每一位置 1 或清零。

(2) 可编程多功能接口芯片 8155

8155 有 40 个引脚,片内 3 个 I/O 口:A 口和 B 口是 8 位通用 I/O 口,C 口是 6 位 I/O 口,既可作通用 I/O 口,又可作 A 口和 B 口工作于选通方式下的控制信号。还有 256 字节 8 位 SRAM(可快速读写)和一个 14 位减法计数器,计数器既能作定时器用,又能对外部脉冲计数,还可以输出可编程脉冲波。特别适合于扩展少量 RAM 和定时/计数器的场合。

(3) 键盘、显示器接口芯片 8279

8279 是一种通用可编程键盘、显示器接口芯片,有 40 个引脚,能同时完成键盘输入和显示控制两种功能。最多可与 64 个按键和 16 位 LED 显示器相连,能对键盘不断扫描,自动消除开关抖动,自动识别出按下的键并给出编码,具有多键同时按下保护功能。采用 8279 作为键盘、显示接口,能简化键处理和显示程序,减少 CPU 运行时间。

【复习思考题】

6.1　80C51 同时并行扩展外 ROM 和外 RAM 时，共同使用 16 位地址线和 8 位数据线，为什么两个存储空间不会发生冲突？

6.2　80C51 并行扩展外 ROM 时，为什么 P0 口要接一个 8 位锁存器 74373，而 P2 口却不接？

6.3　读外 RAM 地址 DPTR 应包含哪些信息？若同时扩展 I/O 口，设置 DPTR 应注意什么问题？

6.4　6264 有两个片选端$\overline{CE1}$和 CE2，为什么一般用$\overline{CE1}$，而不用 CE2？

6.5　为什么扩展外 ROM 时，ROM 的输出允许端$\overline{OE}$与 80C51 的$\overline{PSEN}$相连，而扩展外 RAM 时，RAM 的输出允许端$\overline{OE}$却与 80C51 的$\overline{RD}$相连？

6.6　为什么 80C51 并行扩展外 RAM 芯片时，一般需要片选？而扩展外 ROM 芯片时，却不需要片选？

6.7　80C51 并行扩展 I/O 口时，对并行扩展 I/O 口芯片的输入端和输出端各有什么基本要求？

6.5　实　验　操　作

实验 11　并行扩展 RAM 6264

并行扩展外 RAM 电路和程序已在例 6-1 给出。

1. Keil 调试

按实验 1 所述步骤，编译链接，语法纠错，进入调试状态后，汇编程序打开存储器窗口（参阅图 2-32），在"Memory#1"页 Address 编辑框内键入"d：0x40"；C51 程序先打开变量观察窗口，在 Locals 页中获取数组 a 和数组 b 首地址分别为 0x08 和 0x10，然后打开存储器窗口，在"Memory#1"页 Address 编辑框内键入"d：0x08"。在"Memory#2"标签页 Address 编辑框内键入"x：0x7000"。

全速运行后，先看存储器窗口"Memory#1"页。汇编程序 0x40（C51 程序 0x08）及其后 8 个连续存储单元已经存储了从 ROM 中读出 8 个数据：1A，2B，3C，4D，5E，6F，70，81（16 进制数），这是从 ROM 中读出后存入内 RAM 的。再看该页中，汇编程序 0x50（C51 程序 0x10）及其后 8 个连续存储单元已经存储了上述 8 个取反后的数据：E5，D4，C3，B2，A1，90，8F，7E，这是从 6264 中读出（数据已经取反）后存入内 RAM 的。再看存储器窗口"Memory#2"页，外 RAM 7000H 及其后 8 个连续存储单元已经存储了上述 8 个数据，这是从内 ROM 中读出取反后存入 6264 的。

2. Proteus 虚拟仿真

（1）按实验 1 所述 Proteus 仿真步骤，打开 Proteus 软件，按表 6-6 选择和放置元器件，并连接线路，画出 Proteus 仿真电路如图 6-15 所示。

表 6-6 并行扩展外 RAM Proteus 仿真电路元器件

名　称	编号	大　　类	子　　类	型号/标称值	数量
80C51	U1	Microprocessor Ics	80C51 family	AT89C51	1
74LS373	U2	TTL 74LS series		74LS373	1
6264	U3	Memory ICs		6264	1
石英晶体	X1	Miscellaneous	CRYSTAL	12 MHz	1
电阻	R00	Resistors	Chip Resistor 1/8W 5%	10 kΩ	1
电容	C00	Capacitors	Miniature Electronlytic	2μ2	1
	C01	Capacitors	Ceramic Disc	33P	2

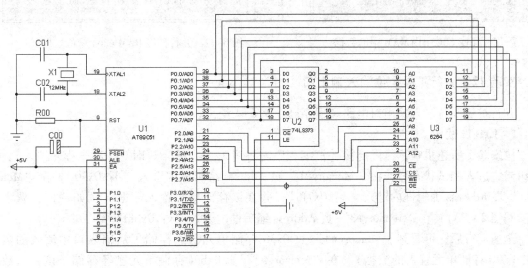

图 6-15 并行扩展 RAM 6264 Proteus 仿真电路

（2）装入 Hex 文件。需要说明的是，Proteus 中的 6264，地址范围只能是 0000H ~ 1FFFH，不随高位片选线（例如 P2.7）而变。因此，为了在仿真中观测 6264 存储单元中的读写数据，将例 6-1 中 6264 数据存储单元首址改为 1000H，并修改程序，重新 Keil，生成相应的 Hex 文件，装入 Proteus 仿真电路中 AT89C51。

（3）鼠标左键单击全速运行按钮，然后按暂停按钮。

① 打开 80C51 内 RAM（主菜单 "Debug" → "80C51 CPU" → "Internal（IDATA）Memory – U1"），可看到 40H（汇编程序）或 08H（C51 程序）及其随后连续单元已存储了从 ROM 中读出的 8 个数据：1A，2B，3C，4D，5E，6F，70，81（16 进制数）。还可看到 50H（汇编程序）或 10H（C51 程序）及其随后连续单元已存储了上述 8 个取反后的数据：E5，D4，C3，B2，A1，90，8F，7E。如图 6-16 所示。

　　② 打开 RAM 6264 存储单元（主菜单"Debug"→"Memory Contents – U3"），可看到 1000H 及其随后连续单元已存储了从 ROM 中读出取反后存入的 8 个数据：E5，D4，C3，B2，A1，90，8F，7E。如图 6-17 所示（Proteus RAM 中的数据刷新后会显示黄色）。

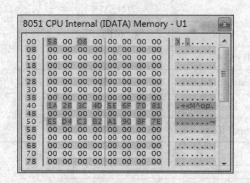

图 6-16　80C51 内 RAM 中的数据　　　　图 6-17　并行扩展 RAM 6264 中的数据

实验 12　并行扩展 8 位输入输出口

并行扩展 8 位输入输出口电路和程序已在例 6-4 给出。

1. Keil 调试

按实验 1 所述步骤，编译链接［汇编程序需将例 3 – 24（3）延时 0.5 秒子程序纳入］，语法纠错，进入调试状态后，在"Memory#1"页 Address 编辑框内键入"d：0x30"，在"Memory#2"页 Address 编辑框内键入"x：0x7fff"，并在该存储单元置入数据（例如"1"，置入方法参阅图 2 – 33），在"Memory#3"页 Address 编辑框内键入"x：0xbfff"。

全速运行后，可看到"Memory#1"页 0x30 存储单元已经存储了从输入口中读入的数据（在 0x7fff 存储单元置入的数据）。在"Memory#3"页 0xbfff 存储单元已经存储了该置入数据（01）取反后输出的数据（FE）。

2. Proteus 虚拟仿真

（1）按实验 1 所述 Proteus 仿真步骤，打开 Proteus 软件。按表 6-7 选择和放置元器件，并连接线路，画出 Proteus 仿真电路如图 6-18 所示。为便于实施和观察，在 74LS373 Q0 ~ Q7 接拨码开关（或 8 个按键），生成一个 8 位数据；在 74LS377 Q0 ~ Q7 接 8 个 LED，显示 8 位数据状态。

表 6-7   并行扩展 8 位输入输出口 Proteus 仿真电路元器件

名称	编号	大类	子类	型号/标称值	数量
80C51	U1	Microprocessor Ics	80C51 family	AT89C51	1
74LS373	U2、U3	TTL 74LS series		74LS373	2
74LS32	U4	TTL 74LS series		74LS32	1
74LS02	U5	TTL 74LS series		74LS02	1
石英晶体	X1	Miscellaneous	CRYSTAL	12 MHz	1
电阻		Resistors	Chip Resistor 1/8W 5%	10 kΩ、51 Ω	9
电容	C00	Capacitors	Miniature Electronlytic	2μ2	1
	C01	Capacitors	Ceramic Disc	33P	2
拨盘开关	DSW1	Switches & Relays	Switches	DIPSWC – 8	1
发光二极管	VD0 ~ VD7	Optoelectronics	LEDs	Yellow	8

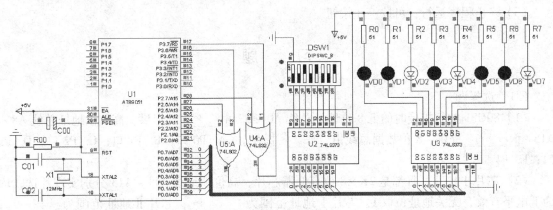

图 6-18   并行扩展 8 位输入输出口 Proteus 仿真电路

需要说明的是，图 6-18 Proteus 仿真电路并未用到图 6-14 电路中的 74LS377，而是用 74LS373 和**或非门** 74L02 组合替代 74LS377，其原因已在第 5 章实验 9 中说明，组合替代后，控制程序不变，功能不变。编者建议，读者在实际电路应用时，仍用 74LS377，而不用 74LS373，377 用于扩展并行输出，性价比更高。

需要注意的是，74LS373 用于输入和输出，控制方式是不一样的。373 用于输入时，是控制 373 的输出允许端 $\overline{OE}$（Output Enable），低电平有效。373 输出端 Q0 ~ Q7 与 80C51 数据总线 P0 口连接，平时处于三态，需 CPU 允许后才能实际开通，否则会引起数据短路。**或门** $\overline{OE} = \overline{RD} + P2.7$，读 373 时，$\overline{RD} = 0$，P2.7 = 0，全 0 出 0，$\overline{OE} = 0$，门控端 LE = 1（接 + 5 V，始终有效），外部数据能即时通过 373 数据输入口传输出至数据总线 P0 口。373 用于输出时，是控制 373 的门控端 LE，高电平有效。373 数据输入受门控端 LE 控制（接**或非门**输出端），LE =

$\overline{WR}$ + P2.6，写 373 时，$\overline{WR}$ = **0**，P2.6 = **0**，全 **0** 出 **1**，LE = **1**，373 门控端有效，80C51 输出数据经数据总线 P0 口进入 373 D0 ~ D7。输出允许端 $\overline{OE}$ = **0**（接地，始终有效），直接从 373 数据输出口 Q0 ~ Q7 输出。因此，虽然用 74373 和 7402 替代了 74377，原用于 74LS377 的程序却不需修改。

另外，P0 口的最大负载能力是 8 个 TTL 门。因此，最多可扩展 8 片 74LS 系列门电路。但若选用 CMOS 74HC 系列门电路，则可大大增加输入输出扩展芯片的数量。

（2）鼠标左键双击 Proteus 仿真电路中 AT89C51，装入 Keil 调试后自动生成的 Hex 文件（汇编与 C51 程序均可）。

（3）鼠标左键单击全速运行按钮，可看到 8 个 LED，显示 8 位拨码开关数据状态（反相）。鼠标左键单击拨码开关，修改设置的数据，8 个 LED 显示状态随之改变。

（4）按暂停键，打开 80C51 内 RAM（主菜单"Debug"→"80C51 CPU"→"Internal（IDATA）Memory – U1"），看到 30H 单元中存储了拨码开关设置的数据。

（5）终止程序运行，可按停止按钮。

习　题

6.1　选择题

（1）80C51 并行扩展时的低 8 位地址总线 A0 ~ A7 由_____提供，高 8 位地址总线 A8 ~ A15 由_____提供，8 位数据总线由_____提供。（A. P0 口；B. P1 口；C. P2 口；D. P3 口；E. P4 口）

（2）芯片Ⅰ、Ⅱ、Ⅲ都是 2K × 8 位存储器芯片，高位地址线 A11 ~ A13 分别实现片选，均为低电平有效，无关地址位取 **1**。芯片Ⅰ地址范围为_____；芯片Ⅱ地址范围为_____；芯片Ⅲ地址范围为_____。（A. F000H ~ F7FFH；B. F800H ~ FFFFH；C. E000H ~ E7FFH；D. E800H ~ EFFFH；E. D000H ~ D7FFH；F. D800H ~ DFFFH）

（3）80C51 单片机能扩展的外 RAM 容量为_____；能扩展的外 ROM 容量为_____。（A. 8 KB；B. 16 KB；C. 32 KB；D. 64 KB；E. 8 kb；F. 16 kb；G. 32 kb；H. 64 kb）

（4）80C51 单片机理论上能扩展_____个 I/O 口。（A. 16；B. 64；C. 256；D. 1024；E. 32768；F. 64000；G. 65536）

6.2　试画出用一条高位地址线控制片选 2 片 2K × 8 位存储器芯片连接电路。

6.3　已知并行扩展 2 片 4K × 8 存储器芯片，用线选法 P2.4、P2.5 分别对其片选，试画出连接电路。无关地址位取 **1** 时，指出 2 片存储器芯片的地址范围。

6.4　电路形式同上题，按下列片选条件写出并行扩展 2 片 4K × 8 存储芯片的地址范围。

① P2.6 片选芯片Ⅰ，P2.7 片选芯片Ⅱ，无关地址位取 **1**；

② P2.7 片选芯片Ⅰ，P2.6 片选芯片Ⅱ，无关地址位取 **1**；

③ P2.6 片选芯片Ⅰ，P2.5 片选芯片Ⅱ，无关地址位取 **1**；

④ P2.4 片选芯片Ⅰ，P2.7 片选芯片Ⅱ，无关地址位取 **1**。

6.5 已知并行扩展 4 片 2K×8 存储器芯片，试用线选法 P2.3、P2.4、P2.5、P2.6 对其片选，并画出连接电路。P2.7 为 **1** 时，分别指出 4 片存储器芯片的地址范围。

6.6 3-8 线译码器能将 3 条地址线译成 8 种片选信号，试用 P2.5、P2.4、P2.3 接 74LS138 译码，片选 8 片 2K×8 存储器芯片，画出其连接电路，并指出 8 片存储芯片的地址范围（无关位为 **1**）。

6.7 已知 74HC138 译码输出控制 8 循环灯电路如图 6-19 所示，80C51 P1.2～P1.0 与 138 译码输入端 CBA（A 为低位）连接；E1 接 +5 V，$\overline{E2}$接地，P1.3 接$\overline{E3}$，片选 138；译码输出端 $\overline{Y0}$～$\overline{Y7}$驱动 8 位发光二极管（低电平有效）。要求 8 位发光二极管从上至下流水循环点亮，然后全暗 1 s，并不断重复循环，试编程并 Proteus 仿真。

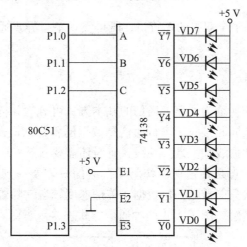

图 6-19 74LS138 译码输出控制 8 循环灯电路

6.8 画出 80C51 同时扩展 2764 和 6264 的典型连接电路，P2.7 片选，并说明地址线、数据线和控制线的连接方法。

6.9 按题 6.8 电路，试编制程序，将 2764 中以 TAB 为首址的 10 个数据读出并写入 6264 以 1000H 为首址存储单元中。

6.10 画出 74373 与 80C51 典型连接电路（P2.0 片选），并编制程序，从 373 外部每隔 0.5 s 读入一个数据，共 8 个，存入以 40H 为首址的内 RAM。

6.11 画出 74377 与 80C51 典型连接电路（P2.1 片选），并编制程序，连续输出 10 个数据，数据区首址 50H。

6.12 用 74373 输入（P2.4 片选），74377 输出（P2.6 片选），试画出与 80C51 的连接电路，并编制程序，从 373 依次读入十个数据，取反后，从 377 输出。

第**7**章

80C51 串行口及串行扩展

80C51 系列单片机片内重要的功能部件，除了中断和定时/计数器外，还有串行口，可用于串行通信和串行扩展。

7.1 80C51 串行口

80C51 系列单片机有一个全双工的串行口，既可实现串行异步通信，又可作为同步移位寄存器使用。

7.1.1 串行通信概述

计算机与外界的信息交换称为通信。通信的基本方式可分为并行通信和串行通信：并行通信是数据的各位同时发送或同时接收；串行通信是数据的各位依次逐位发送或接收。8 位数据并行传送，至少需要 8 条数据线和一条公共线，有时还需要状态、应答等控制线，长距离传送时，价格较贵且不方便，优点是传送速度快。串行通信只需要一到两根数据线，长距离传送时，比较经济，但由于每次只能传送一位数据，传送速度较慢，随着通信信号频率的提高，传送速度较慢的矛盾已逐渐缓解。图 7-1 为两种通信方式连接示意图。

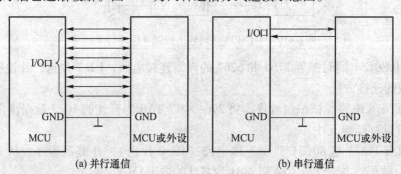

图 7-1 并行通信和串行通信方式连接示意图

1. 异步通信和同步通信

串行通信按同步方式可分为异步通信和同步通信。异步通信依靠起始位、停止位保持通信同步；同步通信依靠同步字符保持通信同步。

（1）异步通信

异步通信数据传送按帧传输，一帧数据包含起始位、数据位、校验位和停止位。最常见的帧格式为 1 个起始位、8 个数据位、1 个校验位和 1 个停止位组成，帧与帧之间可有空闲位。起始位约定为 **0**，停止位和空闲位约定为 **1**，如图 7-2 所示。

图 7-2　异步通信原理示意图

异步通信对硬件要求较低，实现起来比较简单、灵活，适用于数据的随机发送/接收，但因每个字节都要建立一次同步，即每个字符都要额外附加两位，所以工作速度较低，在单片机中主要采用异步通信方式。

（2）同步通信

同步通信是由 1~2 个同步字符和多字节数据位组成，同步字符作为起始位以触发同步时钟开始发送或接收数据；多字节数据之间不允许有空隙，每位占用的时间相等；空闲位需发送同步字符，如图 7-3 所示。

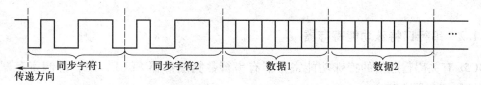

图 7-3　同步通信原理示意图

同步通信传送的多字节数据由于中间没有空隙，因而传输速度较快，但要求有准确的时钟来实现收发双方的严格同步，对硬件要求较高，适用于成批数据传送。

需要指出的是，无论是异步通信还是同步通信，传送数据都需要同步，不同步就无法正确串行传输数据，异步通信与同步通信的区别仅是同步的方式不同。

2. 串行通信波特率

波特率是串行通信中一个重要概念，是指传输数据的速率。波特率 bps（bit per second）的定义是每秒传输数据的位数，即

$$1 波特 = 1 位/秒（1bps）$$

波特率的倒数即为每位传输所需的时间。由以上串行通信原理可知，互相通信的甲乙双方必须具有相同的波特率，否则无法成功地完成串行数据通信。

3. 串行通信的制式

串行通信按照数据传送方向可分为三种制式。

（1）单工制式（Simplex）

单工制式是指甲乙双方通信时只能单向传送数据。系统组成以后，发送方和接收方固定。这种通信制式很少应用，但在某些串行 I/O 设备中使用了这种制式，如早期的打印机和计算机之间，数据传输只需要一个方向，即从计算机至打印机。单工制式见图 7-4（a）。

（2）半双工制式（Half Duplex）

半双工制式是指通信双方都具有发送器和接收器，既可发送也可接收，但不能同时接收和发送，发送时不能接收，接收时不能发送。半双工制式见图 7-4（b）。

（3）全双工制式（Full Duplex）

全双工制式是指通信双方均设有发送器和接收器，并且信道划分为发送信道和接收信道，因此全双工制式可实现甲方（乙方）同时发送和接收数据，发送时能接收，接收时也能发送。全双工制式见图 7-4（c）。

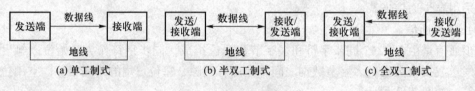

图 7-4   串行通信制式

7.1.2   串行口特殊功能寄存器

80C51 有关串行通信的特殊功能寄存器有串行数据缓冲器 SBUF、串行控制寄存器 SCON 和电源控制寄存器 PCON。

1. 串行数据缓冲器 SBUF

80C51 单片机串行口是由发送缓冲寄存器、接收缓冲寄存器和移位寄存器三部分组成。

SBUF 是串行发送寄存器和串行接收寄存器的总称。在逻辑上，SBUF 只有一个，既表示发送寄存器，又表示接收寄存器，具有同一个单元地址 99H。在物理上，SBUF 有两个，一个是发送缓冲寄存器，另一个是接收缓冲寄存器，以便能以全双工方式进行通信。但是，发送缓冲寄存器和接收缓冲寄存器在结构上还是不同的。接收寄存器之前还有移位寄存器，从而构成了串行接收的双缓冲结构，以避免在数据接收过程中出现帧重叠错误。与接收数据情况不同，发送数据时，由于 CPU 是主动的，不会发生帧重叠错误，因此发送电路就不需双缓冲结构。

在完成串行初始化后，发送时，只需将发送数据输入 SBUF，CPU 将自动启动和完成串行数据的发送；接收时，CPU 将自动把接收到的数据存入 SBUF，用户只需从 SBUF 中读出接收数据。

2. 串行控制寄存器 SCON

串行控制寄存器 SCON 的结构和各位名称、位地址如表 7-1 所示。

表 7-1 SCON 的结构和各位名称、位地址

位编号	D7	D6	D5	D4	D3	D2	D1	D0
位名称	SM0	SM1	SM2	REN	TB8	RB8	TI	RI
位地址	9FH	9EH	9DH	9CH	9BH	9AH	99H	98H
功能	工作方式选择		多机通信控制	接收允许	发送第9位	接收第9位	发送中断	接收中断

各位功能说明如下。

① SM0 SM1——串行口工作方式选择位。其状态组合所对应的工作方式如表 7-2 所示。

表 7-2 串行口工作方式

SM0	SM1	工作方式	功 能 说 明
0	**0**	0	同步移位寄存器输入/输出，波特率固定为 $f_{osc}/12$
0	**1**	1	8 位 UART，波特率可变（T1 溢出率/n，$n=32$ 或 16）
1	**0**	2	9 位 UART，波特率固定为 f_{osc}/n，（$n=64$ 或 32）
1	**1**	3	9 位 UART，波特率可变（T1 溢出率/n，$n=32$ 或 16）

注：UART（Universal Asynohronous Receiver/Transmitter），通用异步接收/发送器。

② SM2——多机通信控制位。方式 0 时，SM2 必须为 **0**。方式 1 时，若 SM2 =1，则只有收到有效停止位时，RI 才置 **1**。方式 2 和方式 3 时，若 SM2 =1，且 RB8（接收到的第 9 位数据）=1 时，将接收到的前 8 位数据送入 SBUF，并置位 RI 产生中断请求；否则，将接收到的 8 位数据丢弃。而当 SM2 =**0** 时，则不论 RB8 为 **0** 还是为 **1**，都将前 8 位数据装入 SBUF 中，并产生中断请求。

③ REN——允许接收控制位。REN 位用于对串行数据的接收进行控制：REN =0，禁止接收；REN =1，允许接收。该位由软件置位或复位。

④ TB8——方式 2 和方式 3 中要发送的第 9 位数据。在方式 2 和方式 3 时，TB8 是发送的第 9 位数据。在多机通信中，以 TB8 位的状态表示主机发送的是地址还是数据：TB8 =0 表示数据，TB8 =1 表示地址。该位由软件置位或复位。

TB8 还可用于奇偶校验位。

⑤ RB8 ——方式 2 和方式 3 中要接收的第 9 位数据。在方式 2 或方式 3 时，RB8 存放接收到的第 9 位数据。

⑥ TI ——发送中断标志。当方式 0 时，发送完第 8 位数据后，该位由硬件置位。在其他方式下，遇发送停止位时，该位由硬件置位。因此 TI =1，表示帧发送结束，可软件查询 TI 位标志，也可以请求中断。TI 位必须由软件清零。

⑦ RI ——接收中断标志。当方式 0 时，接收完第 8 位数据后，该位由硬件置位。在其他方式下，当接收到停止位时，该位由硬件置位。因此 RI = **1**，表示帧接收结束。可软件查询 RI 位标志，也可以请求中断。RI 位也必须由软件清零。

3. 电源控制寄存器 PCON

PCON 主要是为 CHMOS 型单片机电源控制而设置的专用寄存器，已在 1.6.2 节中介绍。其中最高位 SMOD 是串行口波特率的倍增位，当 SMOD = **1** 时串行口波特率加倍。系统复位时，SMOD = **0**。PCON 寄存器如表 7-3 所示。

表 7-3 PCON 寄存器

PCON	D7	D6	D5	D4	D3	D2	D1	D0
位名称	SMOD	—	—	—	GF1	GF0	PD	IDL

需要说明的是，PCON 寄存器不能进行位寻址，必须按字节整体读写。

7.1.3 串行工作方式

80C51 串行通信共有 4 种工作方式，由串行控制寄存器 SCON 中 SM0、SM1 决定，如表 7-2 所示。

1. 串行工作方式 0

在方式 0 下，串行口是作为同步移位寄存器使用。这时以 RXD（P3.0）端作为数据移位的输入/输出端，而由 TXD（P3.1）端输出同步移位脉冲。移位数据的发送和接收以 8 位为一帧，不设起始位和停止位，无论输入/输出，均低位在前高位在后。其帧格式如图 7-5 所示。

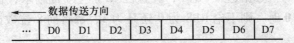

图 7-5 串行方式 0 帧格式示意图

使用方式 0 可通过外接移位寄存器将串行输入输出数据转换成并行输入输出数据。

（1）数据发送

串行口作为并行输出口使用时，需要有"串入并出"的移位寄存器配合，例如 74HC164、74HC595 或 CC4094 等。

74HC164 为 74 系列 CMOS "串入并出"移位寄存器，其输入输出电平与 74LS 系列兼容，引脚图如图 7-6 所示，功能表如表 7-4 所示。S_A、S_B 为串行信号输入端，同时为 **1** 时，串入 **1**；有一个为 **0** 时，串入 **0**。$Q_0 \sim Q_7$ 为并行输出端，CLK 为移位脉冲输入端，$\overline{CLR}$ 为并行输出清零端。74HC164 串入并出电路如图 7-10 所示。

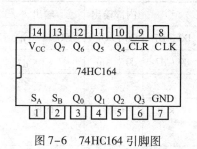

图 7-6 74HC164 引脚图

表 7-4 74HC164 功能表

输入				输出		功能
$\overline{CLR}$	CLK	S_A	S_B	Q_0	$Q_1 \sim Q_7$	
0	×	×	×	**0**	**0**	清零
1	↑	**1**	**1**	**1**	$Q_{0n} \sim Q_{6n}$	移位
1	↑	**0**	×	**0**		
1	↑	×	**0**	**0**		
1	**0**	×	×	Q_{0n}	$Q_{1n} \sim Q_{7n}$	保持

CC4094 为 CMOS 4000 系列“串入并出”移位寄存器，引脚图如图 7-7 所示，功能表如表 7-5 所示。D_S端为串行数据输入端，Q_S为串行数据输出端，$Q_0 \sim Q_7$为并行数据输出端，OE 为输出允许端，CLK 为移位脉冲输入端，STB 为选通端，STB = **1** 时，并行输出在 CLK 上升沿随串行输入而变化；STB = **0** 时，锁定输出。CC4094 串入并出电路如图 7 52 所示。

表 7-5 CC4094 功能表

输入				输出			
OE	CLK	STB	D_S	Q_0	$Q_1 \sim Q_7$	Q_S	$\overline{QS}$
0	↑	×	×	高阻	高阻	Q_7	不变
0	↓	×	×	高阻	高阻	不变	Q_7
1	×	**0**	×	不变	不变	Q_7	不变
1	↑	**1**	**0**	**0**	$Q_{0n} \sim Q_{6n}$	Q_7	不变
1	↑	**1**	**1**	**1**	$Q_{0n} \sim Q_{6n}$	Q_7	不变
1	↓	**1**	**1**	不变	不变	不变	Q_7

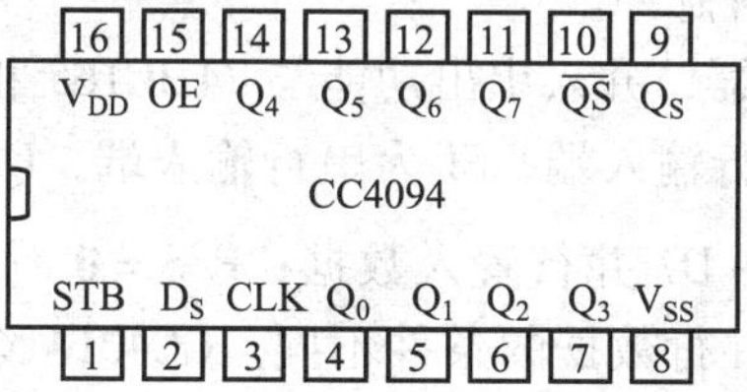

图 7-7 CC4094 引脚图

需要指出的是，80C51 串行发送是低位在前高位在后，而移位寄存器的移位秩序是从 Q0→Q7。因此，最终的结果是 80C51 SBUF 中的 D0 ~ D7 置于移位寄存器的 Q7 ~ Q0，位秩序相反。

（2）数据接收

如果把能实现“并入串出”功能的移位寄存器，例如 CC4014、CC4021 或 74HC165 等，与串行口配合使用，就可以把串行口变为并行输入口使用。

74HC165 为 74 系列 CMOS“并入串出”8 位移位寄存器，可串/并行输入，互补串行输出，与 TTL 电平兼容，其引脚图如图 7-8 所示，功能表如表 7-6 所示。D0 ~ D7 为并行输入端，SI 为串行输入端，SO、$\overline{QH}$为串行互补输出端。S/$\overline{L}$ 为移位/置入端，当 S/$\overline{L}$ = **0** 时，从 D0 ~ D7 并行置入数据；当 S/$\overline{L}$ = **1** 时，允许从 SO 端移出数据。74HC165 并入串出电路如图 7-11 所示。

表 7-6　74HC165 功能表

输入					内部输出		输出	
S/$\overline{\text{L}}$	INH	CLK	SI	D0 ~ D7	Q0	Qn	SO	$\overline{\text{QH}}$
0	×	×	×	d0 ~ d7	d0	dn	d7	$\overline{\text{d7}}$
1	0	0	×	×	保持		保持	
1	1	×	×	×				
1	×	1	×	×				
1	0	↑	0	×	0	依次移位	原 Q7	原 $\overline{\text{Q7}}$
1	0	↑	1	×	1			
1	↑	0	0	×	0			
1	↑	0	1	×	1			

图 7-8　74HC165 引脚图

需要说明的是，165 的时钟脉冲输入端有两个：CLK 和 INH，功能可互换使用。一个为时钟脉冲输入（CLK 功能），另一个为时钟禁止控制端（INH 功能）。当其中一个为高电平时，该端履行 INH 功能，禁止另一端时钟输入；当其中一个为低电平时，允许另一端时钟输入，时钟输入上升沿有效。本书采用 INH 端接地，CLK 端输入时钟脉冲。

CC4021/4014 为 CMOS 4000 系列"并入串出"移位寄存器，并入串出功能与 74HC165 相似。图 7-9 为其引脚图，表 7-7 为其功能表。D0 ~ D7 为并行输入端，SI 为串行输入端，Q7 为串行输出端。P/$\overline{\text{S}}$ 为并入串出控制端，P/$\overline{\text{S}}$ = 1 时，从 D0 ~ D7 并行置入数据；P/$\overline{\text{S}}$ = 0 时，允许从 Q7 端移出数据。CC4014 与 CC4021 的区别在于置入并行数据的条件不同。CC4014 除需要并入串出控制端 P/$\overline{\text{S}}$ = 1 外，还需要 CLK 脉冲上升沿触发配合。CC4021/4014 并入串出电路如图 7-56 所示。

表 7-7　CC4021/4014 功能表

输入				输出		功能
P/$\overline{\text{S}}$	CLK	SI	$D_0 \sim D_7$	内部 Q_0	$Q_5 \sim Q_7$	
H	×/↑	×	$d_0 \sim d_7$	d_0	$d_5 \sim d_7$	并行送数
L	↓	×	×	Q_{0n}	$Q_{5n} \sim Q_{7n}$	保持
L	↑	0	×	0	$Q_{4n} \sim Q_{6n}$	依次移位
L	↑	1	×	1		

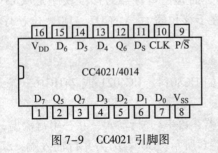

图 7-9　CC4021 引脚图

需要注意的是，串行数据接收同样存在位秩序相反的现象，即 80C51 SBUF 中的数据 D0 ~ D7 是移位寄存器中 D7 ~ D0。

（3）波特率

方式 0 时，移位操作的波特率是固定的，为单片机晶振频率的十二分之一。以 f_{osc} 表示晶振频率，则波特率 $=f_{osc}/12$，也就是一个机器周期进行一次移位。若 $f_{osc}=6\,MHz$，则波特率为 500 kbps，即 2 μs 移位一次。如 $f_{osc}=12\,MHz$，则波特率为 1 Mbps，即 1 μs 移位一次。

（4）应用举例

【例 7-1】 已知 74HC164 串入并出电路如图 7-10 所示，$f_{osc}=12\,MHz$，要求每隔 0.5 s，按下列顺序亮灯，不断循环，试编制程序。

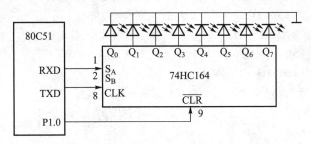

图 7-10　74HC164 串入并出电路

① 全亮，全暗，并重复一次；

② 从右至左，每次亮 2 个；

③ 从左至右，每次亮 2 个；

④ 从右至左，每次亮 4 个，并重复一次；

⑤ 从右至左，每次间隔亮 2 个；

⑥ 每次间隔亮 4 个，并重复一次；

⑦ 返回①，不断循环。

解： 并行输出循环灯电路和程序已分别在例 3-27、例 4-12、例 4-15 和例 4-27 中给出，本例通过串行扩展实现 8 位循环灯并行输出。

（1）汇编程序

```
MAIN： MOV   SP,#50H          ;主程序。设置堆栈
       MOV   SCON,#00H        ;串口方式0
       CLR   ES               ;串口禁中
       MOV   DPTR,#TAB        ;亮灯表首址
LOOP： MOV   R2,#0            ;置亮灯序号初值
LP1：  MOV   A,R2             ;读亮灯序号
       MOVC  A,@A + DPTR      ;读亮灯码
       CLR   P1.0             ;清除原并行输出
       SETB  P1.0             ;开启新并行输出
       MOV   SBUF,A           ;启动串行发送
```

```
        JNB     TI, $              ;等待串行发送完毕
        CLR     TI                ;清串行发送中断标志
        LCALL   DY05s             ;延时 0.5 s
        INC     R2                ;指向下一亮灯序号
        CJNE    R2,#25,LP1        ;判 8 位移位亮灯完否? 未完继续
        SJMP    LOOP              ;8 位移位亮灯完,从新开始
TAB:    DB  0,0FFH,0,0FFH         ;全亮,全暗,并重复一次
        DB  0FCH,0F3H,0CFH,3FH    ;从右至左,每次亮 2 个
        DB  0CFH,0F3H,0FCH        ;从左至右,每次亮 2 个
        DB  0F0H,0FH,0F0H,0FH     ;从右至左,每次亮 4 个,并重复一次
        DB  0FAH,0F5H,0EBH        ;从右至左,每次间隔亮 2 个
        DB  0D7H,0AFH,5FH         ;
        DB  0AAH,55H,0AAH,55H     ;每次间隔亮 4 个,并重复一次
DY05s: …                          ;延时 0.5 s 子程序,略,见例 3-24(3),调试时需插入
        END
```

(2) C51 程序

```
#include  < reg51. h >           //包含访问 sfr 库函数 reg51. h
sbit   P10 = P1^0;               //定义位标识符 P10 为 P1.0
unsigned char   code led[25] = {  //定义花样循环码数组并赋值,存在 ROM 中
   0x00,0xff,0x00,0xff,          //全亮,全暗,并重复一次
   0xfc,0xf3,0xcf,0x3f,          //从右至左,每次亮 2 个
   0xcf,0xf3,0xfc,               //从左至右,每次亮 2 个
   0xf0,0x0f,0xf0,0x0f,          //从右至左,每次亮 4 个,并重复一次
   0xfa,0xf5,0xeb,0xd7,0xaf,0x5f, //从右至左,每次间隔亮 2 个
   0xaa,0x55,0xaa,0x55};         //每次间隔亮 4 个,并重复一次
void   main( ){                  //主函数
   unsigned char   n;            //定义数组序号 n
   unsigned long   t;            //定义延时参数 t
   SCON = 0;                     //置串行口方式 0
   ES = 0;                       //禁止串行中断
   while(1){                     //无限循环
     for( n = 0;n < 25;n ++ ){   //循环执行以下循环体语句
       P10 = 0;P10 = 1;          //清除 74HC164 原并行输出,开启新输出
       SBUF = led[ n];           //亮灯状态字送串行缓冲寄存器
       while( TI == 0);          //等待串行发送完毕
       TI = 0;                   //串行发送完毕,清发送中断标志
       for( t = 0;t < 11000;t ++ );}}}  //延时 0.5 s
```

本例 Keil C51 调试和 Proteus 仿真见实验 13。

【例7-2】已知74HC165并入串出电路如图7-11所示,试编程,从74HC165并行口输入拨盘开关8位数据信号,存内RAM 30H,并从P1口输出,驱动发光二极管,以亮暗表示该数据信号。

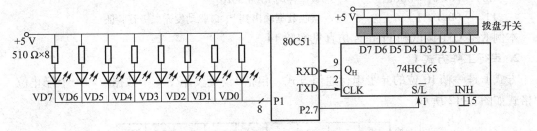

图7-11 74HC165并入串出8位数据信号电路

解:(1)汇编程序

MAIN:	MOV	SCON,#00H	;串行方式0
	CLR	ES	;禁止串行中断
LOOP:	CLR	P2.7	;锁存并行输入数据
	SETB	P2.7	;允许串行移位
	SETB	REN	;启动串行接收
	JNB	RI, $	;等待接收完毕
	CLR	REN	;禁止串行接收
	CLR	RI	;清接收中断标志
	MOV	A,SBUF	;读拨盘开关数据
	MOV	30H,A	;存拨盘开关数据
	CPL	A	;拨盘开关数据取反
	MOV	P1,A	;从P1口输出拨盘开关数据
	SJMP	LOOP	;转循环
	END		

(2)C51程序

```
#include <reg51.h>         //包含访问 sfr 库函数 reg51.h
#include <absacc.h>        //包含绝对地址访问库函数 absacc.h
sbit SL = P2^7;            //定义 SL 为 P2.7
void main(){               //主函数
    SCON = 0;              //置串行口方式0
    ES = 0;                //禁止串行中断
    while(1){              //无限循环,不断输入输出数据信号
        SL = 0;            //锁存165并行口8位数据
        SL = 1;            //允许165串行移位操作
        REN = 1;           //启动80C51串行移位接收
```

```
while( RI ==0 );                  //等待串行接收完毕
REN = 0 ;                         //串行接收完毕,禁止接收
RI = 0 ;                          //清接收中断标志
DBYTE[ 0x30 ] = SBUF ;            //数据存内 RAM 30H
P1 = ~ SBUF;                      //接收数据输出到 P1 口驱动发光二极管验证
```

本例 Keil C51 调试和 Proteus 仿真见实验 14。

2. 串行工作方式 1

方式 1 是一帧 10 位的异步串行通信方式,包括 1 个起始位,8 个数据位和一个停止位。其帧格式如图 7-12 所示。

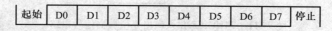

| 起始 | D0 | D1 | D2 | D3 | D4 | D5 | D6 | D7 | 停止 |

图 7-12　串行方式 1 帧格式示意图

（1）数据发送

方式 1 的数据发送是由一条写串行数据缓冲寄存器 SBUF 指令开始的。在串行口由硬件自动加入起始位和停止位,构成一个完整的帧格式,然后在移位脉冲的作用下,由 TXD 端串行输出。一个字符帧发送完后,使 TXD 输出线维持在 **1** 状态下,并将串行控制寄存器 SCON 中的 TI 置 **1**,表示一帧数据发送完毕。

（2）数据接收

接收数据时,SCON 中的 REN 位应处于允许接收状态（REN = 1）。在此前提下,串行口采样 RXD 端,当采样到从 **1** 向 **0** 的跳变状态时,就认定为已接收到起始位。随后在移位脉冲的控制下,把接收到的数据位移入接收寄存器中。直到停止位到来之后把停止位送入 RB8 中,并置位中断标志位 RI,表示可以从 SBUF 取走接收到的一个字符。

（3）波特率

方式 1 的波特率是可变的,由定时/计数器 T1 的计数溢出率来决定,其公式为

$$波特率 = 2^{SMOD} \times (T1\ 溢出率) / 32 \qquad (7-1)$$

其中 SMOD 为 PCON 寄存器中最高位的值,SMOD = 1 表示波特率倍增。

当定时/计数器 T1 用作波特率发生器时,通常选用定时初值自动重装的工作方式 2（注意:不要把定时/计数器的工作方式与串行口的工作方式搞混淆了）,从而避免通过程序反复装入计数初值而引起的定时误差,使波特率更加稳定。而且,若 T1 不中断,则 T0 可设置为方式 3,借用 T1 的部分资源,拆成两个独立的 8 位定时/计数器,以弥补 T1 被用作波特率发生器而少一个定时/计数器的缺憾。若时钟频率为 f_{osc},定时计数初值为 $T1_{初值}$,则波特率为

$$波特率 = \frac{2^{SMOD}}{32} \times \frac{f_{osc}}{12(256 - T1_{初值})} \qquad (7-2)$$

实际应用时,通常是先确定波特率,后根据波特率求 T1 定时初值,因此式（7-2）又可写为

$$T1_{初值} = 256 - \frac{2^{\text{SMOD}}}{32} \times \frac{f_{\text{OSC}}}{12 \times 波特率} \tag{7-3}$$

（4）应用举例

【例 7-3】已知甲乙机以串行方式 1 进行数据传送，$f_{\text{OSC}} = 11.0592\,\text{MHz}$，波特率为 1200 b/s。甲机发送 16 个数据（设为 16 进制数 0～9、A～F 的共阳字段码，参阅 8.1.1 节），发送后，输出到 P1 口显示；乙机接收后输出到 P2 口显示，试编程。

解：串行方式 1 波特率取决于 T1 溢出率，SMOD 可根据需要设置，波特率较大时置 1，否则清零。本题设 SMOD = 0，计算 T1 定时初值：

$$T1_{初值} = 256 - \frac{2^0}{32} \times \frac{11059200}{12 \times 1200} = 232 = \text{E8H}$$

若取 SMOD = 1，则 $T1_{初值} = 208 = \text{D0H}$。

（1）汇编程序

甲机发送程序：

```
TXDA: MOV    TMOD,#20H        ;置 T1 定时器工作方式 2
      MOV    TL1,#0E8H        ;置 T1 计数初值
      MOV    TH1,#0E8H        ;置 T1 计数重装值
      CLR    ET1              ;禁止 T1 中断
      SETB   TR1              ;T1 启动
      MOV    SCON,#40H        ;置串行方式 1,禁止接收
      MOV    PCON,#00H        ;置 SMOD = 0(SMOD 不能位操作)
      CLR    ES               ;禁止串行中断
      MOV    DPTR,#TAB        ;置共阳字段码表首址
LOP:  MOV    R2,#0            ;置发送数据序号初值
TRSA: MOV    A,R2             ;读数据序号
      MOVC   A,@A+DPTR        ;读相应数据字段码
      MOV    P1,A             ;输出数据显示
      MOV    SBUF,A           ;串行发送
      JNB    TI,$             ;等待一帧数据发送完毕
      CLR    TI               ;清发送中断标志
      LCALL  DY05s            ;延时 0.5 s
      INC    R2               ;指向下一数据序号
      CJNE   R2,#16,TRSA      ;判 16 个数据发完否? 未完继续
      SJMP   LOP              ;16 个数据发完,从头开始
TAB:  DB  0C0H,0F9H,0A4H,0B0H,99H,92H,82H,0F8H,80H,90H;共阳字段码表 0～9
      DB  88H,83H,0C6H,0A1H,86H,8EH;共阳字段码表 A～F
DY05s:…                       ;延时 0.5 s 子程序,略,见例 3-24(3),调试时需插入
      END
```

乙机接收程序:

```
RXDB: MOV    TMOD,#20H              ;置 T1 定时器工作方式 2
      MOV    TL1,#0E8H              ;置 T1 计数初值
      MOV    TH1,#0E8H             ;置 T1 计数重装值
      CLR    ET1                   ;禁止 T1 中断
      SETB   TR1                   ;T1 启动
      MOV    SCON,#40H             ;置串行方式 1,禁止接收
      MOV    PCON,#00H             ;置 SMOD=0(SMOD 不能位操作)
      CLR    ES                    ;禁止串行中断
LOP:  MOV    R2,#0                 ;置接收数据序号初值
RDSB: SETB   REN                   ;启动串行接收
      JNB    RI, $                 ;等待一帧数据接收完毕
      CLR    REN                   ;禁止串行接收
      CLR    RI                    ;清接收中断标志
      MOV    A,SBUF                ;读接收数据
      MOV    P2,A                  ;输出数据显示
      INC    R2                    ;指向下一数据序号
      CJNE   R2,#16,RDSB           ;判 16 个数据接收完否? 未完继续
      SJMP   LOP                   ;16 个数据发完,从头开始
      END
```

(2) C51 程序

甲机发送:

```c
#include <reg51.h>                 //包含访问 sfr 库函数 reg51.h
unsigned char code c[16] = {       //定义共阳字段码数组,并赋值
  0xc0,0xf9,0xa4,0xb0,0x99,0x92,0x82,0xf8,0x80,0x90,0x88,0x83,0xc6,0xa1,0x86,0x8e};
void main() {                      //甲机主函数
  unsigned char i;                 //定义循环序号 i
  unsigned long t;                 //定义延时参数 t
  TMOD = 0x20;                     //置 T1 定时器工作方式 2
  TH1 = 0xe8;TL1 = 0xe8;           //置 T1 计数初值(波特率 1200b/s)
  SCON = 0x40;                     //置串行方式 1,禁止接收
  PCON = 0;                        //置 SMOD=0
  ET1 = 0;                         //禁止 T1 中断
  ES = 0;                          //禁止串行中断
  TR1 = 1;                         //T1 启动
  while(1) {                       //无限循环
    for(i=0;i<16;i++) {            //依次串行发送 16 个数据
      SBUF = c[i];                 //串行发送一帧数据
```

```
    while(TI==0);                    //等待一帧数据发送完毕
    TI=0;                            //清发送中断标志
    P1=c[i];                         //输出 P1 口显示
    for(t=0;t<11000;t++);}}}         //约延时 0.5 s
```

乙机接收：

```
#include <reg51.h>                   //包含访问 sfr 库函数 reg51.h
void  main(){                        //乙机主函数
  unsigned char  i;                  //定义循环序号 i
  TMOD=0x20;                         //置 T1 定时器工作方式 2
  TH1=0xe8;TL1=0xe8;                 //置 T1 计数初值
  SCON=0x40;                         //置串行方式 1,禁止接收
  PCON=0;                            //置 SMOD=0
  ET1=0;                             //禁止 T1 中断
  ES=0;                              //禁止串行中断
  TR1=1;                             //T1 启动
  while(1){                          //无限循环
    for(i=0;i<16;i++){               //依次串行接收 16 个数据
      REN=1;                         //启动串行接收
      while(RI==0);                  //等待一帧数据串行接收完毕
      REN=0;                         //禁止串行接收
      RI=0;                          //清接收中断标志
      P2=SBUF;}}}                    //输出 P2 口显示
```

本例 Keil C51 调试和 Proteus 仿真见实验 15。

3. 串行工作方式 2

方式 2 是一帧 11 位的串行通信方式，即 1 个起始位，8 个数据位，1 个可编程位 TB8/RB8 和 1 个停止位，其帧格式如图 7-13 所示。

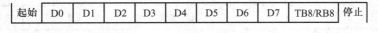

| 起始 | D0 | D1 | D2 | D3 | D4 | D5 | D6 | D7 | TB8/RB8 | 停止 |

图 7-13 串行方式 2 帧格式示意图

可编程位 TB8/RB8 既可作奇偶校验位用，也可作控制位（多机通信）用，其功能由用户确定。

（1）数据发送

发送前应先输入 TB8 内容，然后再向 SBUF 写入 8 位数据，并以此来启动串行发送。一帧数据发送完毕后，CPU 自动将 TI 置 1，其过程与方式 1 相同。

（2）数据接收

方式 2 的接收过程也与方式 1 基本相同，区别在于方式 2 把接收到的第 9 位内容送入 RB8，前 8 位数据仍送入 SBUF。

（3）波特率

方式 2 的波特率是固定的，可用下式表示

$$波特率 = 2^{\text{SMOD}} \times f_{\text{OSC}}/64 \qquad\qquad (7\text{-}4)$$

4. 串行工作方式 3

方式 3 同样是一帧 11 位的串行通信方式，其通信过程与方式 2 完全相同，所不同的仅在于波特率。方式 2 的波特率只有固定的两种，而方式 3 的波特率则与方式 1 相同，即通过设置 T1 的初值来设定波特率。

限于篇幅，串行工作方式 2、3 未举例题，由读者在习题中参照方式 1 练习（见与本书配套并可免费下载的"仿真练习 60 例"中的练习 29 和练习 30）。

5. 串行口四种工作方式的比较

四种工作方式的区别主要表现在帧格式及波特率两个方面。见表 7-8。

表 7-8　四种工作方式比较

工作方式	帧 格 式	波 特 率
方式 0	8 位全是数据位，没有起始位、停止位	固定，即每个机器周期传送一位数据
方式 1	10 位，其中 1 位起始位、8 位数据位，1 位停止位	不固定，取决于 T1 溢出率和 SMOD
方式 2	11 位，其中 1 位起始位、9 位数据位，1 位停止位	固定，即 $2^{\text{SMOD}} \times f_{\text{OSC}}/64$
方式 3	同方式 2	同方式 1

需要指出的是，当串行口工作于方式 1 或方式 3 时，且波特率要求按规范取 1200、2400、4800、9600…时，若采用晶振 12 MHz 和 6 MHz，按上述公式计算得出的 T1 定时初值将不是一个整数，产生波特率误差而影响串行通信的同步性能。解决的方法只有调整单片机的时钟频率 f_{OSC}，通常采用 11.0592 MHz 晶振。表 7-9 给出了串行方式 1 或方式 3 时常用波特率及其产生条件。

表 7-9　常用波特率及其产生条件

串口工作方式	波特率（bps）	f_{OSC}（MHz）	SMOD	T1 方式 2 定时初值
方式 1 或方式 3	1200	11.0592	**0**	E8H
方式 1 或方式 3	2400	11.0592	**0**	F4H
方式 1 或方式 3	4800	11.0592	**0**	FAH
方式 1 或方式 3	9600	11.0592	**0**	FDH
方式 1 或方式 3	19200	11.0592	**1**	FDH

7.1.4　单片机与 PC 机串行通信

1. 概述

单片机与 PC 机串行通信是单片机应用系统常见常用课题。单片机采集到的监控数据，常

需要串行传送给 PC 机，集中进行数据处理；同时，单片机也常需要串行接收 PC 机下达的操作指令。

然而，单片机的信号电平是 TTL，PC 机的信号电平是 RS–232，两者电平不匹配，需要电平转换，一般用专用集成电路 MAX232。而且，单片机与 PC 机的连线也需要标准连接器 DB–9。

2. RS232 和 DB9 简介

RS232 是美国电子工业联盟（EIA）制定的串行数据通信的接口标准。目前，在 IBM PC 机上的 COM1、COM2 接口，就是 RS–232C 接口。RS–232 对电气特性、逻辑电平和各种信号线功能都做了规定。连接器主要有 DB–25 和 DB–9 两种型号，单片机一般用 DB–9 型，其引脚编号如图 7–14 所示。其中，单片机常用的有 3 个引脚：#2 为 RXD（接收数据），#3 为 TXD（发送数据），#5 为 GND（信号地）。

RS232 采用负逻辑，$-5 \sim -15$ V 表示逻辑 **1**；$+5 \sim 15$ V 表示逻辑 **0**。驱动器允许有 2500 pF 的电容负载，通信距离将受此电容限制；另外，RS–232 属单端信号传送，存在共地噪声和不能抑制共模干扰，因此一般用于 15 m 以内的串行通信。数据传输速率可为 50、75、100、150、300、600、1200、2400、4800、9600、19200、38400 b/s。

由于 RS232 逻辑电平与 TTL 电平完全不同，因此，采用 RS232 标准接口时，需有电平转换接口电路，通常选用可双向电平转换的 MAX232 集成电路。

MAX232 为 $+5$ V 单电源供电的 RS232 电平转换芯片，内部集成电荷泵电路，能产生 $+12$ V 和 -12 V 两种电压，提供 RS232 串口电平的需要，其引脚图如图 7–15 所示。其中，引脚 1、2、3、4、5、6 外接电容，组成电荷泵。$T1_{IN}$、$T2_{IN}$ 为 TTL 电平输入端，转换成 RS232 电平后，分别从 $T1_{OUT}$、$T2_{OUT}$ 输出；$R1_{IN}$、$R2_{IN}$ 为 RS232 电平输入端，转换成 TTL 电平后，分别从 $R1_{OUT}$、$R2_{OUT}$ 输出。

图 7–14   RS232 DB–9 引脚编号

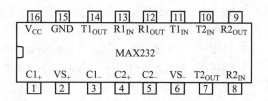

图 7–15   MAX232 引脚图

3. 典型连接电路

80C51 单片机与 PC 机串行通信连接电路如图 7–16 所示。80C51 TXD 端与 MAX232 $T1_{IN}$ 端连接，转换成 RS232 电平后，从 $T1_{OUT}$ 端输出，并与 DB9 甲插头座#3 引脚连接，在电缆线另一头，该线应与 DB9 乙插头座#2 引脚连接，然后与 PC 机 RXD 端连接。而 PC 机 TXD 端与 DB9 乙插头座#3 引脚连接，在电缆线另一头，该线应与 DB9 甲插头座#2 引脚连接，再与 MAX232 $R1_{IN}$ 端连接；转换成 TTL 电平后，从 $R1_{OUT}$ 端输出，并与 80C51 RXD 端连接。

P1 口用于输出共阳字段码，驱动 LED 数码管显示串行收发信号。P3.5 接按键 K1，用于控制串行通信方向，K1闭合，由PC机串发信号。

4. 应用程序

【例7-4】已知80C51单片机与PC机串行通信电路如图7-16所示。设$f_{osc} = 11.0592$ MHz，波特率为9600 b/s，要求单片机以串行方式1向PC机发送"0~9、abc~xyz-" ASCII码数据信号，并输出P1口，驱动数码管显示。按下K1，由PC机串行口向单片机发送ASCII码数据信号，并输出P1口，驱动数码管显示。

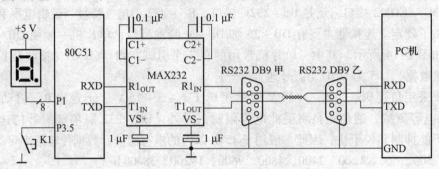

图7-16 单片机与PC机虚拟串行通信电路

解：串行方式1波特率取决于T1溢出率（定时器方式2），根据SMOD=0和波特率9600，计算T1定时初值

$$T1_{初值} = 256 - \frac{2^0}{32} \times \frac{11059200}{12 \times 9600} = 253 = FDH。 \quad 因此，TH1 = TL1 = FDH。$$

（1）汇编程序

```
        K1      EQU   P3.5        ;伪指令,定义K1(PC机发送键)等值P3.5
MAIN：  MOV     SP,#50H           ;主程序。设置堆栈
        MOV     TMOD,#20H         ;置T1定时器工作方式2
        MOV     TH1,#0FDH         ;置T1计数初值高8位
        MOV     TL1,#0FDH         ;置T1计数初值低8位
        MOV     SCON,#50H         ;置串行方式1,允许接收
        MOV     PCON,#0           ;置SMOD=0
        MOV     IE,#81H           ;INT0开中,T1、串行禁中
        SETB    TR1               ;T1启动
        MOV     DPTR,#TAB         ;置"0~9、abc~xyz-"显示共阳字段码表首址
LOOP：  JNB     K1,LP1            ;若K1按下,转由PC机发送数据
        LCALL   TRAN              ;K1未按下,单片机循环串行发送数据并输出P1口显示
        SJMP    LOOP              ;转判K1,返回循环
LP1：   LCALL   RECV              ;K1按下,单片机接收PC机发送数据并输出P1口显示
        SJMP    LOOP              ;转判K1,返回循环
;单片机串行循环发送数据并输出P1口显示子程序
```

TRAN：	MOV	R2,#0	;置循环序号初值
TN1：	MOV	A,R2	;读循环序号
	MOVC	A,@A+DPTR	;读序号相应显示字段码
	MOV	SBUF,A	;串行发送一帧数据
	JNB	TI,$	;等待一帧数据发送完毕
	CLR	TI	;清发送中断标志
	MOV	P1,A	;输出 P1 口显示
	LCALL	DY05s	;延时 0.5 s
	JB	K1,TN2	;若 K1 未按下,继续由单片机循环发送数据
	RET		;K1 按下,子程序返回,准备接收 PC 机发送数据
TN2：	INC	R2	;循环序号 +1
	CJNE	R2,#37,TN1	;判 36 个字符发完否? 未完继续
	SJMP	TRAN	;36 个字符发完,串发循环从新开始

;单片机接收 PC 机发送数据并输出 P1 口显示子程序

RECV：	JB	RI,RV0	;一帧数据接收完毕,转
	JB	K1,RV11	;未收完,若 K1 按下,转子程序返回
	SJMP	RECV	;转判一帧数据接收完毕否?
RV0：	CLR	RI	;一帧数据接收完毕,清接收中断标志
	MOV	A,SBUF	;读 PC 机串发数据
	CJNE	A,#30H,RV1	;与 30H(0 的 ASCII 码)比较
RV1：	JC	RV10	;A<30H,属无法显示码,转显示"–"
	CJNE	A,#3AH,RV2	;A≥30H,再与 ASCII 码 3AH 比较
RV2：	JNC	RV3	;A≥3AH,转判英文字母
	CLR	C	;30H≤A<3AH,属 0~9 数字。C 清零(准备减)
	SUBB	A,#30H	;减 30H,转换为 0~9 数字
	MOV	R4,A	;存显示字段码序号
	SJMP	RV9	;转显示
RV3：	CJNE	A,#41H,RV4	;A≥3AH,再与 41H(大写字母 A)比较
RV4：	JC	RV10	;3AH≤A<41H,属无法显示码,转显示"–"
	CJNE	A,#5BH,RV5	;A≥41H,再与 ASCII 码 5BH 比较
RV5：	JNC	RV6	;A≥5BH,转判小写英文字母
	CLR	C	;41H≤A<5BH,属大写英文字母。C 清零(准备减)
	SUBB	A,#37H	;减 37H,转换为大写字母显示字段码表序号
	MOV	R4,A	;存显示字段码序号
	SJMP	RV9	;转显示
RV6：	CJNE	A,#61H,RV7	;A≥5BH,再与 61H(小写字母 a)比较
RV7：	JC	RV10	;5BH≤A<61H,属无法显示码,转显示"–"
	CJNE	A,#7BH,RV8	;A≥61H,再与 ASCII 码 7BH 比较

```
RV8:    JNC     RV10            ;A≥7BH,属无法显示码,转显示"－"
        CLR     C               ;61H≤A<7BH,属小写英文字母。C清零(准备减)
        SUBB    A,#57H          ;减57H,转换为小写字母显示字段码表序号
        MOV     R4,A            ;存显示字段码序号
RV9:    MOV     A,R4            ;读显示字段码序号
        MOVC    A,@ A+DPTR      ;读序号相应显示字段码
        MOV     P1,A            ;输出 P1 口显示
        RET                     ;子程序返回
RV10:   MOV     P1,#0BFH        ;无法显示码,一律输出 P1 口显示"－"
RV11:   RET                     ;子程序返回
DY05s:  …                       ;延时 0.5 s 子程序。略,见例 3－24(3),调试时需插入
TAB:    DB      0C0H,0F9H,0A4H,0B0H,99H             ;共阳字段码表 01234
        DB      92H,82H,0F8H,80H,90H                ;56789
        DB      88H,83H,0C6H,0A1H,86H,8EH,98H,8BH,0CFH  ;abcdefghi
        DB      0F0H,0C9H,0C7H,0C8H,0ABH,0A3H,8CH,9CH,8DH  ;jklmnopqr
        DB      93H,0CEH,9DH,0E3H,0C1H,89H,91H,0B6H,0BFH  ;stuvwxyz－
        END
```

(2) C51 程序

```c
#include <reg51.h>              //包含访问 sfr 库函数 reg51.h
unsigned char  d[37] = {        //0~9、abc~xyz－共阳字段码
  0xc0,0xf9,0xa4,0xb0,0x99,0x92,0x82,0xf8,0x80,0x90,     //0123456789
  0x88,0x83,0xc6,0xa1,0x86,0x8e,0x98,0x8b,0xcf,0xf0,0xc9,0xc7,0xc8,0xab,  //abcdefghijklmn
  0xa3,0x8c,0x9c,0x8d,0x93,0xce,0x9d,0xe3,0xc1,0x89,0x91,0xb6,0xbf};     //opqrstuvwxyz－
sbit  K1 = P3^5;                //定义按键 K1(PC 机发送键)
void  tran(){                   //单片机串行循环发送数据并输出 P1 口显示子函数
  unsigned char  i;             //定义循环序号 i
  unsigned long  t;             //定义延时参数 t
  for(i=0;i<37;i++){            //依次串行发送 36 个数据
    SBUF = d[i];                //串行发送一帧数据
    while(TI==0);               //等待一帧数据发送完毕
    TI = 0;                     //清发送中断标志
    P1 = d[i];                  //输出 P1 口显示
    for(t=0;t<10900;){t++;      //延时循环,约延时 0.5 s
      if(K1==0)  break;}        //若 K1 按下,立即跳出延时循环
    if(K1==0)  break;}}         //若 K1 按下,立即跳出单片机串发循环
void  recv(){                   //单片机接收 PC 机发送数据并输出 P1 口显示子函数
  unsigned char  s;             //定义串收数据暂存器 s
  while(RI==0)                  //等待一帧数据接收完毕
```

```
    if( K1 == 1)  break;            //若 k1 未按下,立即跳出单片机串收循环
    RI = 0;                         //清接收中断标志
    s = SBUF;                       //读 PC 机串发数据,暂存 s
    if((s > 0x2f)&(s < 0x3a))       //若数据为"0 ~ 9"ASCII 码
        s = (s - 0x30);             //减 30H,转换为 0 ~ 9 显示数组序号
    else  if((s > 0x40)&(s < 0x5b)) //若数据为大写字母"ABC ~ XYZ"ASCII 码
        s = s - 0x40 + 9;           //"ABC ~ XYZ"转换为显示数组序号
    else  if((s > 0x60)&(s < 0x6b)) //若数据为小写字母"abc ~ xyz"ASCII 码
        s = s - 0x60 + 9;           //"abc ~ xyz"转换为显示数组序号
    else  s = 36;                   //其余为字符,均转换为" – "显示数组序号
    P1 = d[s];}                     //转换为共阳字段码后,输出 P1 口显示
void  main(){                       //主函数
    TMOD = 0x20;                    //置 T1 定时器工作方式 2
    TH1 = 0xfd;TL1 = 0xfd;          //置 T1 计数初值
    SCON = 0x50;                    //置串行方式 1,允许接收
    PCON = 0;                       //置 SMOD – 0
    ET1 = 0;                        //禁止 T1 中断
    ES = 0;                         //禁止串行中断
    TR1 = 1;                        //T1 启动
    while(1){                       //无限循环
        while(K1 == 1)              //若 k1 未按下,由单片机串行自动发送数据
            tran();                 //单片机串行循环发送数据并输出 P1 口显示
        while(K1 == 0)              //若 k1 按下,由单片机接收 PC 机串发数据
            recv();}}               //单片机接收 PC 机发送数据并输出 P1 口显示
```

说明:除 0 ~ 9 和大小写英文字母外,其余 ASCII 码字符,均无法显示,一律显示" – "。
本例 Keil C51 调试和 Proteus 仿真见实验 16。

【复习思考题】

7.1　什么叫串行通信和并行通信? 各有什么特点?

7.2　串行缓冲寄存器 SBUF 有什么作用? 简述串行口接收和发送数据的过程。

7.3　如何判断串行发送和接收一帧数据完毕?

7.4　什么叫异步通信和同步通信? 如何理解 80C51 串口的同步通信与异步通信?

7.5　什么叫波特率? 串行通信对波特率有什么基本要求? 80C51 单片机串行通信 4 种工作方式的波特率有什么不同?

7.6　为什么 80C51 单片机串行通信时常采用 11.0592 MHz 晶振?

7.2　串行扩展概述

80C51 系列单片机系统扩展不但可以用并行扩展方式,而且可以用串行扩展方式。由于串

行扩展方式具有显著的优点，不需占用 P0 口、P2 口，近年来得到了很大的发展和应用，逐渐成为系统扩展的主流形式。

一般来讲，系统扩展的原因是单片机芯片内部各功能部件的功能不能满足应用系统的要求，如片内无 ROM，或片内 ROM 不足，应用不便，价格高；RAM 容量不足；I/O 口数量不够；无 A/D、D/A 功能部件等。随着单片机技术的发展，这些问题多数得到了解决或缓解。如 OTPROM 和 Flash ROM 的广泛应用，基本解决了 ROM 的各种问题，可以根据系统需要，选择各种片内 ROM 不同容量的芯片，不需要进行并行扩展，腾出 P0 口、P2 口后，大大增加了 I/O 口的数量。

因此，一般情况下，中小规模的单片机应用系统只需要在最小系统的基础上，少量扩展功能不足部分，用串行扩展已能满足应用系统的需要。

7.2.1　串行扩展特点

串行扩展有如下优缺点。

（1）最大限度发挥最小系统的资源功能。近年来，单片机的并行扩展已日渐衰退，许多原来带有并行总线的单片机系列，推出了删去并行总线的非总线型单片机，原来由并行扩展占用的 P0 口、P2 口资源，直接用于 I/O 口。例如，AT89C2051 只有 20 个引脚，其中 15 个引脚为 I/O 端线，最大限度发挥最小系统的资源功能。STC 系列单片机将目前已很少使用或基本不用的 $\overline{\text{PSEN}}$、$\overline{\text{EA}}$ 和 ALE 引脚，改造为 I/O 引脚，扩展为 P4 口。

（2）简化连接线路，缩小印版面积。串行扩展只需 1～4 根信号线，器件间连线简单，结构紧凑，可大大缩小系统的尺寸，适用于小型单片机应用系统。

（3）扩展性好，可简化系统的设计。串行总线可十分方便地构成由一片 MCU 和少量外围器件组成的单片机系统。在总线上加接器件，不影响系统正常工作，系统易修改，扩展性好，可简化系统的设计。

（4）串行扩展的缺点是数据吞吐容量较小，信号传输速度较慢，但随着 CPU 芯片工作频率的提高，以及串行扩展芯片功能的增强，这些缺点已逐步淡化。

7.2.2　串行扩展方式分类

目前，单片机串行扩展根据信号传输线总线的根数（不包括电源、接地线和片选线）可以分为一线制、二线制、三线制和移位寄存器串行扩展。

1. 一线制

一线制的典型代表为 Dallas 公司推出的单总线（1 – wire），如图 7-17 所示。例如，该公司生产的测温芯片 DS18B20（参阅 10.2 节），只有一根信号线与 MCU 相连接，DS18B20 的 DQ 端为数据输入输出端，漏极开路，需外接上拉电阻 R，多片 DS18B20 全部挂在一根总线上，MCU 通过总线对每片 DS18B20 寻址和传输信号。

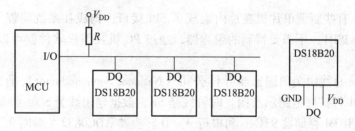

图 7-17　单总线构成的分布式温度监测系统

2. 二线制

二线制的典型代表为 philips 公司推出的 I^2C 总线（Intel Integrated Circuit BUS），图 7-18 为 I^2C 总线扩展示意图。

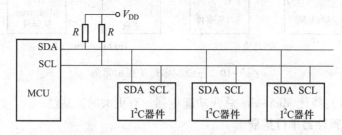

图 7-18　I^2C 总线扩展示意图

I^2C 总线由数据线 SDA 和时钟线 SCL 构成，SDA/SCL 总线上可以挂接单片机（MCU）、外围器件（如 A/D、D/A、日历时钟、ROM、RAM 和 I/O 口等）和外设接口（如键盘、显示器、打印机等），但所有挂接在 I^2C 总线上的器件和接口电路都应具有 I^2C 总线接口，总线输出端为漏极开路，需外接上拉电阻，总线驱动能力为 400 pF（通过驱动扩展可达 4000 pF），信号传输速率为 100 kb/s（最新可达 400 kb/s），MCU 通过总线对挂接到总线上的串行扩展器件寻址和读写。I^2C 典型器件是 24Cxx 系列串行 E^2PROM 存储器。

3. 三线制

三线制的品种较多，应用较广的主要有两种：SPI 总线和 Microwire 总线，硬件架构和信号运作方式基本相同，有三根通信线：时钟线、数据输出线和数据输入线。多片应用时，不能像 1-wire 总线和 I^2C 总线那样，通过数据传输线寻址，需要另外连接寻址片选线。但两种总线仍有差异，不能兼容。

（1）SPI（Serial peripheral Interface）总线由 Motorala 公司推出，图 7-19（a）为 SPI 总线串行扩展电路示意图，时钟线 SCK，数据输出线 MOSI（主发从收），数据输入线 MISO（主收从发），数据线连接时成环形结构，即主器件的 MOSI 和从器件的 MISO 相连，主器件的 MISO 和从器件的 MOSI 相连。SPI 是一种高速同步双向通信总线，硬件上比 I^2C 总线稍微复杂一些，但数据传输速度比 I^2C 总线要快，可达到每秒几兆比特，主要应用于 E^2PROM、FLASH、实时时钟、A-D 转换器、数字信号处理器和显示驱动器等，典型器件是 25Xxx 系列串行 E^2PROM

存储器。近年来，有些新型单片机在片内集成了 SPI 接口，构成在系统编程（In – System Programming，缩写为 ISP），不需要特制的编程器，通过 PC 机及编程软件就可以直接下载片内应用程序。

（2）Microwire 总线由美国国家半导体公司（National Semiconductor）推出。图 7–19（b）为 Microwire 总线串行扩展电路示意图。时钟线是 SK，数据输出线为 SO，数据输入线为 SI，典型器件是串行 E^2PROM 存储器 93C46 和串行 A – D 转换器 ADC0832（参阅 9.1.3 节）。

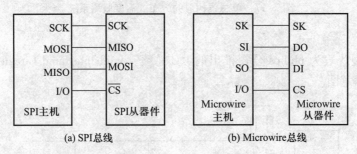

(a) SPI总线　　　　　　　　(b) Microwire总线

图 7-19　三线制串行扩展示意图

相比之下，SPI 总线比 Microwire 总线功能更强，有更大的灵活性。

4. 80C51 移位寄存器串行扩展

80C51 的串行口有四种工作方式，其中方式 0 为同步移位寄存器工作方式，可进行串行数据收发，并通过外接移位寄存器，将串行数据并行输出或将并行数据串行输入。

7.2.3　虚拟串行扩展概念

串行扩展要求 MCU 和扩展器件均具有相应的串行总线接口。虽然目前已有大量具有串行接口结构的扩展器件可供单片机应用系统选用，但用户所选择的单片机不一定具备相应的串行总线接口，从而限制了串行扩展的推广和应用。例如 80C51 系列单片机，其串行口只有方式 0 可用于串行扩展，且其结构形式与上述几种串行扩展方式不一定完全匹配。如果采用虚拟技术，用通用 I/O 口来模拟串行接口，构成虚拟的串行扩展接口，就能使目前所有具有串行接口的串行扩展器件在任何型号的单片机应用系统中应用。

目前所有串行扩展总线和扩展接口均采用同步数据传送。只要严格控制模拟同步信号，并满足串行同步数据传送的时序要求，就可满足串行数据传送的可靠性要求。采用虚拟串行扩展接口，可以根据选用扩展器件的串行数据传送特性，设计出通用化子程序，具体应用时，只要调用相应的子程序和定义相应的 I/O 口，应用非常方便灵活。

【复习思考题】

7.7　与并行扩展相比，串行扩展有什么优缺点？

7.8　什么叫虚拟串行扩展？为什么要应用虚拟串行扩展？

7.3　80C51 同步移位寄存器串行扩展

80C51 片内有一个全双工串行口，其中工作方式 0 是同步移位寄存器串行输入输出，可进行串行扩展。但扩展时必须借助片外移位寄存器芯片，例如 TTL 芯片 74HC164、74HC165、74HC595 或 CMOS 芯片 CC4014/4021、CC4094 等。80C51 TXD 端（P3.1）发出移位脉冲，频率为 $f_{osc}/12$；RXD 端（P3.0）串行移位输入输出数据，如图 6-18 和图 6-19 所示。

1. 串行输出扩展

串行扩展一个 8 位并行输出口已在例 7-1 给出，扩展 N 个 8 位并行输出口如图 7-20 所示。

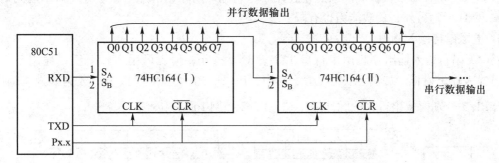

图 7-20　80C51 串行扩展 N 个 8 位并行输出口电路

74HC164 为串入并出移位寄存器，其中，S_A、S_B 为串行数据输入端，Q0、Q1、…、Q7 为并行数据输出端，CLK 为同步时钟输入端，$\overline{CLR}$ 为输出清零端。输出数据在 80C51 移位时钟脉冲（TXD）的控制下，从 RXD 端逐位移入 74HC164（Ⅰ）S_A、S_B 端；再从 Q7 端逐位移入 74HC164（Ⅱ）S_A、S_B 端，再从 Q7 端逐位移出；…。移出数据分别从各片 74HC164 并行输出端 Q0~Q7 输出，先移出的在最末端，后移出的在第一片。

串行输出扩展除用 74HC164 外，还可以用 CMOS 4094 和 74HC595。

2. 串行输入扩展

串行扩展一个 8 位并行输出口已在例 7-2 给出，扩展 N 个 8 位并行输出口如图 7-21 所示。

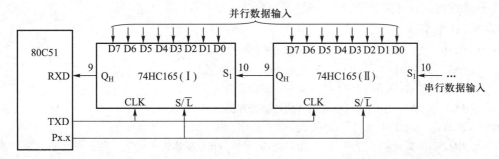

图 7-21　80C51 串行扩展 N 个 8 位并行输入口电路

74HC165 为并入串出移位寄存器，其中，D7、D6、…、D0 为并行输入端，Q_H 为串行数据输出端，S_I 为串行数据输入端，CLK 为同步时钟输入端，S/$\overline{L}$ 为预置控制端：S/$\overline{L}$ = **0** 时，锁存各片并行输入数据；S/$\overline{L}$ = **1** 时，原先锁存的并行输入数据可进行串行移位操作。此时各片并行口的数据变化对串行移位操作不起作用。输入数据在 80C51 移位时钟脉冲（TXD）的控制下，从 74HC165（Ⅰ）Q_H 端逐位移入 80C51 RXD 端；而 74HC165（Ⅱ）的数据再从 Q_H 端逐位移入 74HC165（Ⅰ）S_I 端；…。先移进的是第一片，最后移进的是末端片。需要注意的是，74HC165 移进的 D7～D0，在 80C51 SBUF 中为 D0～D7，数据高低位相反。

串行输入扩展除 74HC165 外，还可以用 CMOS 芯片 CC4021/4014。

同步移位寄存器串行扩展的缺点是，用于串行输入与输出的片外移位寄存器不能同时接到数据线 RXD 上；另外，负载能力也有限。

3. 虚拟串行输入输出

80C51 串行输入输出一般用串行口 TXD、RXD 操作，但也可用 80C51 任一通用 I/O 口虚拟串行输入输出操作。如图 7-22 所示。其中，P1.0、P1.4 分别模拟串行数据输入、输出端，P1.1、P1.3 分别模拟串行移位脉冲输出端，P1.2 控制 165 移位/置入端 S/$\overline{L}$。

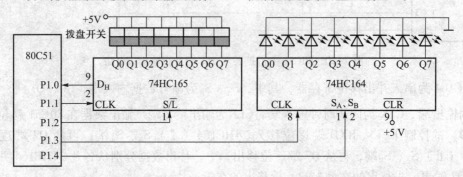

图 7-22　74HC164 + 165 虚拟串行输入输出电路

【例 7-5】 已知虚拟串行输入输出电路如图 7-22 所示，试编程，将 74HC165 并行口的拨盘开关 8 位模拟数据信号串行输入，并串行输出至 74HC164，控制 164 并行口 LED 亮暗，要求 LED 亮暗状态与拨盘开关通断状态一致。

解： （1）汇编程序

```
MAIN: CLR    P1.2        ;锁存 165 并行口数据
      SETB   P1.2        ;允许 165 串行移位操作
      MOV    R2,#8       ;置串行移位次数初值
      CLR    A           ;移位数据寄存器清零
LOP1: MOV    C,P1.0      ;读 165 一位串行输入信号
      RLC    A           ;循环左移，串收 1bit 数据移入 A 中
      CLR    P1.1        ;准备输出移位脉冲
```

```
        SETB    P1. 1              ;生成 165clk 端上升沿
        DJNZ    R2,LOP1           ;判 8 bit 数据串收完否? 未完继续
        MOV     30H,A             ;8 bit 数据串收完毕,存串收数据
        MOV     R2,#8             ;重置串行移位次数初值
LOP2:   RLC     A                 ;循环左移,串发 1bit 数据移入 C 中
        CLR     P1. 3             ;准备输出移位脉冲
        MOV     P1. 4,C           ;串发 1 bit 数据送 164 串入端 S_A、S_B
        SETB    P1. 3             ;生成 164clk 端上升沿
        DJNZ    R2,LOP2           ;判 8 bit 数据串发完否? 未完继续
        LCALL   DY05s             ;串发完毕,延时 0.5 s
        SJMP    MAIN              ;返回串收串发循环
DY05s:···                         ;延时 0.5 s 子程序,略,见例 3-24(3),调试时需插入
        END
```

(2) C51 程序

```
#include <reg51. h>                   //包含访问 sfr 库函数 reg51. h
#include <intrins. h>                 //包含内联库函数 intrins. h
sbit   Rdata = P1^0;                  //定义 Rdata 为 P1. 0(接收 165 串行数据)
sbit   Rclk = P1^1;                   //定义 Rclk 为 P1. 1(发送 CLK 至 165)
sbit   SL = P1^2;                     //定义 SL 为 P1. 2(控制 165 并入串出)
sbit   Tclk = P1^3;                   //定义 Tclk 为 P1. 3(发送 CLK 至 164)
sbit   Tdata = P1^4;                  //定义 Tdata 为 P1. 4(发送串行数据至 164)
sbit   ACC7 = ACC^7;                  //定义 ACC7 为 ACC. 7
void   main( ){                       //主函数
  unsigned char   i;                  //定义循环序号 i
  unsigned char   d;                  //定义 8 位接收/发送数据暂存器
  unsigned long   t;                  //定义延时参数 t
  while(1){                           //无限循环,不断输入输出拨盘开关状态信号
    SL =0;SL =1;                      //锁存 165 并行口数据,并允许串行移位操作
    for(i =0;i <8;i ++){              //串行输入 8 位键状态信号
      ACC >>=1;                       //ACC 右移一位,准备接受数据
      ACC7 = Rdata;                   //读入数据→ACC. 7
      Rclk =0;Rclk =1;}              //时钟上升沿,165 内部移位
    d = ACC;                          //8 位接收数据暂存 d
    for(i =0;i <8;i ++){              //串行输出 8 位数据信号
      Tdata = d&0x01;                 //一位数据送至串出端
      Tclk =0;Tclk =1;               //发送串行移位脉冲
      d >>=1;}                        //下一位移至发送位
    for(t =0;t <11000;t ++);}}       //延时 0.5 s
```

本例 Keil C51 调试和 Proteus 仿真见实验 17。

【复习思考题】

7.9　应用 80C51 串行方式 0 扩展并行 I/O 口时，常用什么芯片？

7.4　I^2C 总线串行扩展

I^2C 总线是一种用于 IC 器件间连接的二线制串行总线。器件间由 SDA（串行数据线）和 SCL（串行时钟线）两根线传送信息，主器件根据器件地址（固定）寻址。I^2C 总线具有十分完善的总线协议，可自动处理总线上任何可能的运行状态。

7.4.1　I^2C 总线概述

1. 扩展连接方式

图 7-23 为 I^2C 总线串行扩展示意图，从图中可以看出，只要具有 I^2C 总线结构的器件，不论 SRAM、E^2PROM、ADC/DAC、I/O 口或 MCU，均可通过 SDA、SCL 连接（同名端相连），无 I^2C 总线结构的 LED/LCD 显示器、键盘、码盘、打印机等也可通过具有 I^2C 总线结构的 I/O 接口电路成为串行扩展器件，而 80C51 的数据线 SDA 和时钟线 SCL 也可以由通用 I/O 口中任一端线虚拟构成。因此，I^2C 总线的应用十分方便和广泛。

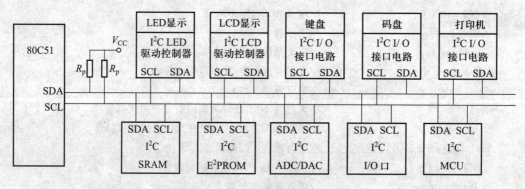

图 7-23　I^2C 总线串行扩展示意图

2. 接口电气结构

图 7-24 为 I^2C 总线接口的电气结构，从图中可以看出 I^2C 总线接口为双向传输电路，SDA、SCL 既可输入，也可输出。因此 I^2C 总线可构成多主系统，I^2C 总线上任何一个器件均能成为主控制器。

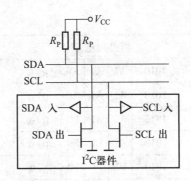

图 7-24 I²C 总线接口的电气结构

由于 I²C 总线端口输出为开漏结构，因此总线上必须外接上拉电阻 R_P，其阻值通常可选 5 ~ 10 kΩ。

3. 总线驱动能力

由于 I²C 总线器件均为 CMOS 器件，因此总线具有足够的电流驱动能力。总线上扩展的器件数不是受制于电流驱动能力，而是受制于电容负载总量。I²C 总线的电容负载能力为 400 pF（通过驱动扩展可达 4000 pF）。

每一器件的输入端都相当于一个等效电容，由于 I²C 总线扩展器件的连接关系为并联，因此，I²C 总线总等效电容等于每一器件等效电容之和，等效电容的存在会造成传输信号波形的畸变，超出范围时，会导致数据传输出错。

I²C 总线传输速率为 100 kb/s（改进后的规范为 400 kb/s）。

4. 器件寻址方式

挂在 I²C 总线上的器件可以很多，但相互间只有两根线连接（数据线和时钟线），如何识别即寻址呢？I²C 是根据器件地址字节 SLA 完成寻址的，SLA 格式如图 7-25 所示。

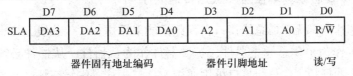

图 7-25 I²C 总线器件地址 SLA 格式

（1）DA3 ~ DA0 四位器件地址是 I²C 总线器件固有的地址编码，器件出厂时就已给定，用户不能自行设置。例如：I²C 总线器件 E²PROM AT24Cxx 的器件地址为 **1010**。表 7-10 为常用 I²C 器件地址 SLA。

表 7-10 常用 I²C 器件地址 SLA

种类	型号	器件地址 SLA				引脚地址备注
静态 RAM	PCF8570/71	**1010**	A2	A1	A0	R/$\overline{W}$	3 位数字引脚地址 A2A1A0
	PCF8570C	**1011**	A2	A1	A0	R/$\overline{W}$	

续表

种类	型号	器件地址 SLA					引脚地址备注
	PCF8582	**1010**	A2	A1	A0	R/$\overline{\text{W}}$	3 位数字引脚地址 A2A1A0
	AT24C02	**1010**	A2	A1	A0	R/$\overline{\text{W}}$	
E^{2}PROM	AT24C04	**1010**	A2	A1	P0	R/$\overline{\text{W}}$	2 位数字引脚地址 A2A1A0
	AT24C08	**1010**	A2	P1	P0	R/$\overline{\text{W}}$	1 位数字引脚地址 A2A1A0
	AT24C16	**1010**	P2	P1	P0	R/$\overline{\text{W}}$	无引脚地址，A2A1A0 悬空处理
I/O 口	PCF8574	**0100**	A2	A1	A0	R/$\overline{\text{W}}$	3 位数字引脚地址 A2A1A0
	PCF8574A	**0111**	A2	A1	A0	R/$\overline{\text{W}}$	
LED/LCD 驱动控制器	SAA 1064	**0111**	0	A1	A0	R/$\overline{\text{W}}$	2 位数字引脚地址 A2A1A0
	PCF8576	**0111**	0	0	A0	R/$\overline{\text{W}}$	1 位数字引脚地址 A2A1A0
	PCF8578/79	**0111**	1	0	A0	R/$\overline{\text{W}}$	
ADC/DAC	PCF8591	**1001**	A2	A1	A0	R/$\overline{\text{W}}$	3 位数字引脚地址 A2A1A0
日历时钟	PCF8583	**1010**	0	0	A0	R/$\overline{\text{W}}$	1 位数字引脚地址 A2A1A0

（2）A2、A1、A0 3 位引脚地址用于相同地址器件的识别。若 I^{2}C 总线上挂有相同地址的器件，或同时挂有多片相同器件时，可用硬件连接方式对 3 位引脚 A2、A1、A0 接 V_{CC} 或接地，形成地址数据。

（3）R/$\overline{\text{W}}$　数据传送方向。R/$\overline{\text{W}}$ =**1** 时，主机接收（读）；R/$\overline{\text{W}}$ =**0** 时，主机发送（写）。

7.4.2　虚拟 I^{2}C 总线基本信号和数据传送时序

由于 80C51 芯片内部无 I^{2}C 总线接口，因此只能采用虚拟 I^{2}C 总线方式，并且只能用于单主系统，即 80C51 作为 I^{2}C 总线主器件，扩展器件作为从器件，从器件必须具有 I^{2}C 总线接口。主器件 80C51 的虚拟 I^{2}C 总线接口可用通用 I/O 口中任一端线充任。

1. I^{2}C 总线基本信号

I^{2}C 总线依靠两根线（数据线 SDA 和时钟线 SCL）传送信息，对于虚拟 I^{2}C 总线，有 4 个基本信号：起始信号 S、终止信号 P、应答信号 A 和 $\overline{\text{A}}$，如图 7-26 所示。说明如下。

（1）起始信号 S：如图 7-26（a）所示，必须在时钟线 SCL 高电平时，数据线 SDA 出现从高电平到低电平的变化。即在时钟线 SCL 高电平期间，数据线 SDA 出现下降沿，启动 I^{2}C 总线传送数据。

（2）终止信号 P：如图 7-26（b）所示，必须在时钟线 SCL 高电平时，数据线 SDA 出现从低电平到高电平的变化。即在时钟线 SCL 高电平期间，数据线 SDA 出现上升沿，停止 I^{2}C

总线数据传送。

（3）应答信号分为两种：A 和 $\overline{A}$。在 SCL 脉冲高电平时，数据线 SDA 低电平为应答信号 A，如图 7-26（c）所示；数据线 SDA 高电平为应答信号 $\overline{A}$，如图 7-26（d）所示。两种信号均在时钟 SCL 低电平时刷新，在时钟 SCL 高电平时传送。

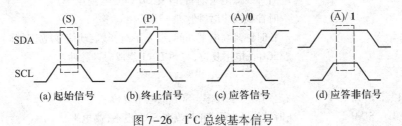

图 7-26 I²C 总线基本信号

需要说明的是，发送数据 **0** 的时序要求与应答 A 完全相同，发送数据 **1** 时序要求与应答 $\overline{A}$ 完全相同。从图 7-26 中看出，在时钟线 SCL 高电平期间，数据线 SDA 的电平不能变化，否则，将被认为是一个起始信号 S 或终止信号 P，引起出错。因此，若需改变数据线 SDA 的电平，必须先拉低时钟线 SCL 电平。

2. I²C 总线数据传送时序

I²C 总线数据传送时序如图 7-27 所示。说明如下。

（1）数据传送以起始位开始，以终止位结束。

（2）每次传送的字节数没有限制，但要求每传送一个字节，对方回应一个应答位。即每帧数据 9 位，前 8 位是数据位，最后一位为应答位 ACK，传送数据位的顺序是从高位到低位。

（3）每次传送的第一个字节应为寻址字节（包括寻址和数据传送方向）。

一次完整的数据传送过程应包括起始 S、发送寻址字节（SLA　R/$\overline{W}$）、应答、发送数据、应答、…、发送数据、应答、终止 P。如图 7-27 所示。

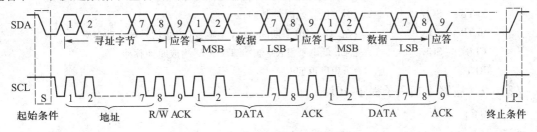

图 7-27 I²C 总线数据传送时序

（4）I²C 总线扩展器件必须具有 I²C 总线接口，能遵照上述数据传送时序完成操作，包括接收数据和作出应答。

3. 基本信号通用子程序

80C51 单主系统虚拟 I²C 总线，应先定义串行数据线 SDA 和串行时钟线 SCL，SDA 和 SCL

可用通用 I/O 口中任一端线充任。根据图 7-26，虚拟 I^2C 总线基本信号通用子程序编制如下。

（1）启动信号通用子程序 STAT

C51 程序：

```
void   STAT( ){           //启动信号子函数 STAT
  SCL = 0;SDA = 1;        //时钟线低电平期间,改变 SDA 电平(高电平)
  SCL = 1;                //时钟线发出时钟脉冲
  SDA = 0;                //在时钟线高电平期间,SDA 下跳变(启动信号规定动作)
  SCL = 0;}               //SCL 低电平复位,与 SCL = 1 组成时钟脉冲
```

汇编程序：

```
STAT: CLR    SCL          ;启动信号子程序。SCL 低电平复位
      SETB   SDA          ;时钟线低电平期间,改变 SDA 电平(高电平)
      SETB   SCL          ;时钟线发出时钟脉冲
      CLR    SDA          ;在 SCL 高电平期间,SDA 下跳变(启动信号规定动作)
      CLR    SCL          ;SCL 低电平复位,与"SETB SCL"组成时钟脉冲
      RET                 ;子程序返回
```

（2）终止信号通用子程序 STOP

C51 程序：

```
void   STOP( ){           //终止信号子函数 STOP
  SCL = 0;SDA = 0;        //时钟线低电平期间,改变 SDA 电平(低电平)
  SCL = 1;                //时钟线发出时钟脉冲
  SDA = 1;                //在时钟线高电平期间,SDA 上跳变(终止信号规定动作)
  SCL = 0;}               //SCL 低电平复位,与 SCL = 1 组成时钟脉冲
```

汇编程序：

```
STOP: CLR    SCL          ;终止信号子程序。SCL 低电平复位
      CLR    SDA          ;时钟线低电平期间,改变 SDA 电平(低电平)
      SETB   SCL          ;时钟线发出时钟脉冲
      SETB   SDA          ;在 SCL 高电平期间,SDA 上跳变(终止信号规定动作)
      CLR    SCL          ;SCL 低电平复位,与"SETB SCL"组成时钟脉冲
      RET                 ;子程序返回
```

（3）发送应答 A 通用子程序 ACK

C51 程序：

```
void   ACK( ){            //发送应答 A 子函数 ACK
  SCL = 0;SDA = 0;        //时钟线低电平期间,改变 SDA 电平(发送数据 0)
  SCL = 1;                //时钟线发出时钟脉冲
  SCL = 0;                //与 SCL = 1 组成时钟脉冲
  SDA = 1;}               //数据线高电平复位
```

汇编程序：

ACK: CLR	SCL	;发送应答 A 子程序。SCL 低电平复位
CLR	SDA	;时钟线低电平期间,改变 SDA 电平(发送数据 **0**)
SETB	SCL	;时钟线发出时钟脉冲
CLR	SCL	;与"SETB SCL"组成时钟脉冲
SETB	SDA	;数据线高电平复位
RET		;子程序返回

（4）发送应答 $\overline{A}$ 通用子程序 NACK

C51 程序：

```
void  NACK(){                //发送应答 A̅ C51 子函数 NACK
  SCL = 0;SDA = 1;           //时钟线低电平期间,改变 SDA 电平(发送数据1)
  SCL = 1;                   //时钟线发出时钟脉冲
  SCL = 0;                   //与 SCL = 1 组成时钟脉冲
  SDA = 0;}                  //数据线低电平复位
```

汇编程序：

NACK: CLR	SCL	;发送应答 $\overline{A}$ 子程序。SCL 低电平复位
SETB	SDA	;时钟线低电平期间,改变 SDA 电平(发送数据**1**)
SETB	SCL	;时钟线发出时钟脉冲
CLR	SCL	;与"SETB SCL"组成时钟脉冲
CLR	SDA	;数据线低电平复位
RET		;子程序返回

（5）检查应答通用子程序 CACK

A 和 $\overline{A}$ 都是主器件发送的应答信号（主要作用是同步），另外还有主器件检查从器件应答，即主器件读从器件应答的信号，称为检查应答 CACK。并返回应答标志位 F0（PSW.5）。

C51 程序：

```
bit  CACK(){                 //检查应答 C51 子函数 CACK
  SCL = 0;SDA = 1;           //时钟线低电平期间,改变 SDA 电平(置 SDA 为输入态)
  SCL = 1;                   //时钟线发出时钟脉冲
  F0 = SDA;                  //取数据线为应答信号 F0
  SCL = 0;                   //与 SCL = 1 组成时钟脉冲
  return(F0);}               //返回应答信号(F0 为 PSW.5)
```

汇编程序：

CACK: CLR	SCL	;检查应答子程序。SCL 低电平复位
SETB	SDA	;时钟线低电平期间,改变 SDA 电平(置 SDA 为输入态)
SETB	SCL	;时钟线发出时钟脉冲
MOV	C,SDA	;读数据线信号
MOV	F0,C	;置检查应答信号 F0

CLR	SCL	;与"SETB SCL"指令组成时钟脉冲
RET		;子程序返回

4. 一字节数据发送和接收通用子程序

根据图 7-27，可将上述基本信号通用子程序组合成一字节数据发送和接收通用子程序，编制如下。

(1) 发送一字节数据通用子程序 WR1B

C51 程序：

```
void   WR1B(unsigned char   x){       //发送一字节数据 C51 子函数 WR1B,形参 x(发送数据)
  unsigned char   i;                    //定义无符号字符型变量序号 i
  for(i=0;i<8;i++){                     //循环,逐位发送
    if((x&0x80)==0)   SDA=0;           //最高位(发送位)为 0,数据线发送 0
    else   SDA=1;                       //最高位(发送位)为 1,数据线发送 1
    SCL=1;                              //时钟线发出时钟脉冲
    SCL=0;                              //与 SCL=1 组成时钟脉冲
    x<<=1;}}                            //发送数据左移一位
```

汇编程序（发送数据应先存入 A 中）：

```
WR1B: MOV    R2,#08H       ;发送一字节汇编程序。置 8 位数据长度
WLP:  RLC    A             ;发送位数据→C
      JC     WR1           ;发送数据 1,转 WR1
WR0:  CLR    SDA           ;发送数据 0,SDA=0
WRP:  SETB   SCL           ;SCL 发出时钟脉冲
      CLR    SCL           ;与"SETB SCL"组成时钟脉冲
      DJNZ   R2,WLP        ;判 8 位数据发完否? 未完继续
      RET                  ;8 位数据发完,子程序返回
WR1:  SETB   SDA           ;发送数据 1,SDA=1
      SJMP   WRP           ;返回循环发送
```

(2) 接收一字节数据通用子程序 RD1B

C51 程序：

```
unsigned char   RD1B(){              //接收一字节 C51 子函数 RD1B,有返回值(接收数据)
  unsigned char   i,x=0;             //定义无符号字符型变量 i(序号)、x(返回值)
  SDA=1;                             //数据线高电平(置 SDA 为输入态)
  for(i=0;i<8;i++){                  //循环,逐位接收
    SCL=1;                           //时钟线发出时钟脉冲
    x=(x<<1)|SDA;                    //原接收数据左移一位后与新接收位(自动转型)逻辑或
    SCL=0;}                          //与 SCL=1 组成时钟脉冲
  return(x);}                        //返回值 x(接收数据)
```

汇编程序（接收数据存 A 中）：

RD1B:	MOV	R2,#08H	;接收一字节汇编子程序。置 8 位数据长度
	SETB	SDA	;置 SDA 输入态
RLP:	SETB	SCL	;发 SCL 时钟脉冲
	MOV	C,SDA	;读 SDA 数据
	RLC	A	;移入 A 中
	CLR	SCL	;与"SETB SCL"组成时钟脉冲
	DJNZ	R2,RLP	;判 8 位数据读完否？未完继续
	RET		;8 位数据读完,子程序返回

7.4.3　虚拟 I²C 总线扩展 AT24C02

带 I²C 总线接口的 E²PROM 有许多型号系列，有多家生产厂商生产，其中应用比较广泛的是 AT24Cxx 系列，可读写 100 万次，数据保存 100 年，型号有 AT24C01/02/04/08/16/32/64 等，其容量分别为 $128 \times 8/256 \times 8/512 \times 8/1024 \times 8/2048 \times 8/4096 \times 8/8192 \times 8$ bit，常用于希望在关机和断电时保存少量现场数据的场合。本节以 AT24C02 为例，说明 AT24Cxx 系列 I²C 总线串行扩展 E²PROM 的典型应用电路和写入、读出的程序。

1. AT24C02 概述

（1）引脚功能

图 7-28（a）为 AT24C02 芯片 DIP 封装引脚图，其中：

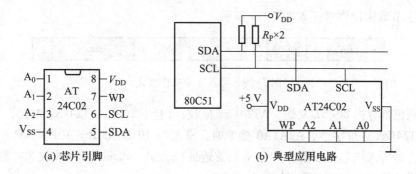

(a) 芯片引脚　　　　(b) 典型应用电路

图 7-28　AT24C02 芯片引脚及其应用电路

SDA、SCL：I²C 总线接口

A2 ~ A0：地址引脚

WP：写保护。WP = **0**，允许写操作；WP = **1**，禁止写操作。

V_{DD}、V_{SS}：电源端、接地端

（2）典型应用电路

图 7-28（b）为 AT24C02 典型应用电路，AT24C02 的 SDA 和 SCL 端分别接 80C51 虚拟 I²C

总线接口 SDA 和 SCL 端；WP 端接地；A2、A1、A0 可作为多片 AT24C02 寻址位，若只用一片 AT24C02，A2、A1、A0 接地为 **000**。

（3）寻址字节

AT24Cxx 的器件地址是 **1010**，A2A1A0 为引脚地址，按图 7-28（b）连接为 **000**，R/$\overline{\text{W}}$ = **1** 时，读寻址字节 SLA_R = 10100001B = A1H；R/$\overline{\text{W}}$ = **0** 时，写寻址字节 SLA_W = 10100000B = A0H。

（4）页写缓冲器

由于 E^2PROM 的半导体工艺特性，对 E^2PROM 的写入时间需要 5 ~ 10 ms，但 AT24Cxx 系列串行 E^2PROM 芯片内部设置了一个具有 SRAM 性质的输入缓冲器，称为页写缓冲器。CPU 对该芯片写操作时，AT24Cxx 系列芯片先将 CPU 输入的数据暂存在页写缓冲器内，然后，慢慢写入 E^2PROM 中。因此，CPU 对 AT24Cxx 系列 E^2PROM 一次写入的字节数，受到该芯片页写缓冲器容量的限制。页写缓冲器的容量为 16B，若 CPU 写入字节数超过芯片页写缓冲器容量，应在一页写完后，隔 5 ~ 10 ms 重新启动一次写操作。

而且，若不是从页写缓冲器页内零地址 **0000** 写起，一次写入地址超出页内最大地址 **1111** 时，也将出错。例如，若从页内地址 **0000** 写起，一次最多可写 16 字节；若从页内地址 **0010** 写起，一次最多只能写 14 字节，若要写 16 字节，超出页内地址 **1111**，将会引起地址翻卷，导致出错。

2. 读/写 N 字节操作格式

（1）写操作格式

写 N 个字节数据操作格式如图 7-29 所示。

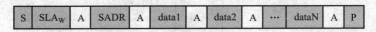

| S | SLA_W | A | SADR | A | data1 | A | data2 | A | ⋯ | dataN | A | P |

图 7-29　写 N 字节操作格式

其中，灰色部分由 80C51 发送，AT24Cxx 接收；白色部分由 AT24Cxx 发送，80C51 接收。SLA_W 为写 AT24Cxx 寻址字节，A2A1A0 接地时，SLA_W = 10100000B = A0H；SADR 为 AT24Cxx 片内子地址，是写入该芯片数据 N 个字节的首地址；data1 ~ dataN 为写入该芯片数据，N 数不能超过页写缓冲器容量。C51 程序如下：

```
void   WRNB(unsigned char   a[ ],n,sadr){//写 AT24Cxx n 字节子函数
    //形参:写入数据数组 a[ ],写入数据字节数 n,写入单元首地址 sadr
    unsigned char  i;              //定义序号变量 i
    unsigned int   t;              //定义延时参数 t
    STAT( );                       //发启动信号
    WR1B(0xa0);                    //发送写寻址字节
    CACK( );                       //检查应答
    WR1B(sadr);                    //发送写入 AT24Cxx 片内子地址首地址
```

```
    CACK();                              //检查应答
    for(i=0;i<n;i++){                    //循环写入 n 字节
      WR1B(a[i]);                        //写入 I²C 一个字节
      CACK();}                           //检查应答
    STOP();                              //n 个数据写入完毕,发终止信号
    for(t=0;t<1000;t++);}               //页写延时 5 ms
```

调用时,应给形参 a[ ]、n、sadr 赋值。其中,a[ ] 为写入数据数组;n 为写入数据字节数;sadr 为 AT24Cxx 写入单元首地址。汇编程序如下:

```
WRNB: LCALL    STAT        ;写 n 字节汇编子程序。启动 I²C 总线
      MOV      A,#0A0H     ;置发送寻址字节
      LCALL    WR1B        ;写发送寻址字节
      LCALL    CACK        ;检查应答
      MOV      A,R4        ;取写 I²C 片内子地址首址
      LCALL    WR1B        ;写 I²C 片内子地址首址
      LCALL    CACK        ;检查应答
WN1:  MOV      A,@R1       ;读 80C51 内 RAM 一个字节发送数据
      LCALL    WR1B        ;发送一个字节
      LCALL    CACK        ;检查应答
      INC      R1          ;指向发送数据下一字节地址
      DJNZ     R3,WN1      ;判 N 个数据发送完毕否? 未完继续
      LCALL    STOP        ;N 个数据发送完毕,发送结束信号
      LCALL    DY10ms      ;页写延时 10 ms,见例 3-24(2),调试时需插入
      RET                  ;子程序返回
```

调用时,应分别给 R1（80C51 内 RAM 发送数据区首址）、R3（写 AT24Cxx 字节数 N）和 R4（写 AT24Cxx 片内子地址首址）赋值。

需要说明的是,有些教材和技术资料对 I^{2}C 基本信号的脉宽和延时有一定的时间要求,在上述基本信号和数据传送子函数中加入了若干延时操作指令;另一些教材和技术资料则无此要求。经编者实验验证,Proteus 虚拟仿真时,80C51 单片机在 $f_{osc} = 12$ MHz 条件下,基本信号子函数和单字节读写子函数中的波形延时指令可以略去,但写 N 字节子函数中必须有页写缓冲延时,否则,写后若立即读 AT24C02,将写读失败。

（2）读操作格式

读 N 个字节数据操作格式如图 7-30 所示。

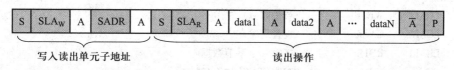

图 7-30　读 N 字节操作格式

其中，灰色部分由 80C51 发送，AT24Cxx 接收；白色部分由 AT24Cxx 发送，80C51 接收。SLA_R 为读 AT24Cxx 寻址字节，A2A1A0 接地时，SLA_R = 10100001B = A1H；SADR 为读 AT24Cxx 片内首地址；data1 ~ dataN 为 AT24Cxx 读出数据。读出操作，分两步进行：先发送读出单元首地址 SADR，然后重新启动读操作。C51 程序如下：

```
void  RDNB(unsigned char  b[ ],n,sadr){  //读 AT24Cxx n 字节子函数
    //形参:接收数据数组 b[ ],接收数据字节数 n,读出单元首地址 sadr
    unsigned char  i;            //定义序号变量 i
    STAT();                      //发启动信号
    WR1B(0xa0);                  //发送写寻址字节
    CACK();                      //检查应答
    WR1B(sadr);                  //发送读 AT24Cxx 片内首地址
    CACK();                      //检查应答
    STAT();                      //再次发启动信号
    WR1B(0xa1);                  //发送读寻址字节
    CACK();                      //检查应答
    for(i=0;i<n-1;i++){          //循环读出(n-1)个字节
        b[i] = RD1B();           //接收一个字节
        ACK();}                  //发送应答 A
    b[i] = RD1B();               //接收最后一个字节
    NACK();                      //发送应答A̅
    STOP();}                     //n 个数据接收完毕,发终止信号
```

调用时，应给形参 b[ ]、n、sadr 赋值。其中，b[ ] 为 80C51 接收数据数组；n 为接收数据字节数；sadr 为 AT24Cxx 读出单元首地址。汇编程序如下：

```
RDNB: LCALL    STAT        ;读 N 字节汇编子程序。启动 I²C 总线
      MOV      A,#0A0H      ;置发送寻址字节
      LCALL    WR1B         ;写发送寻址字节
      LCALL    CACK         ;检查应答位
      MOV      A,R4         ;应答正常,取读 I²C 片内子地址首址
      LCALL    WR1B         ;写 I²C 片内子地址首址
      LCALL    CACK         ;检查应答位
      LCALL    STAT         ;再次发启动信号
      MOV      A,#0A1H      ;置接收寻址字节
      LCALL    WR1B         ;写接收寻址字节
      LCALL    CACK         ;检查应答
RN1:  LCALL    RD1B         ;接收一个字节数据
      MOV      @R1,A        ;存入 80C51 内 RAM
      DJNZ     R3,RN2       ;判 N 个数据接收完毕否? 未完,转发送应答 A
```

```
        LCALL   NACK        ;N 个数据接收完毕,发送应答A̅
        LCALL   STOP        ;发送终止信号
        RET                 ;子程序返回
RN2：   LCALL   ACK         ;发送应答 A
        INC     R1          ;指向接收数据下一字节存储单元地址
        SJMP    RN1         ;转接收下一字节数据
```

调用时，应分别给 R1（80C51 内 RAM 接收数据区首址）、R3（读 AT24Cxx 字节数 N）和 R4（读 AT24Cxx 片内子地址首址）赋值。

3. 扩展 AT24C02 应用举例

【例 7-6】已知电路如图 7-28（b）所示，定义 P1.0 为 SCL，P1.1 为 SDA，8 个数据存在 80C51 内 RAM 中（汇编程序存首址 30H；C51 程序存数组 a），试将其写入 AT24C02 50H～57H 单元中；再将其读出，存在 80C51 内 RAM 中（汇编程序存首址 40H；C51 程序存数组 b）。

解： 汇编程序调试时，因需给内 RAM 首址 30H 的 8 个单元赋值，为方便起见，借用 DMOV 子程序，将 TAB 表中数据移至内 RAM 首址 30H 的 8 个单元中。C51 程序用数组 a 和数组 b 分别表示内 RAM 中数据（具体地址由 Keil 调试时分配）。

（1）汇编程序：

```
        SCL     EQU     P1.0        ;定义虚拟 I²C 总线时钟线端口
        SDA     EQU     P1.1        ;定义虚拟 I²C 总线数据线端口
MAIN：  LCALL   DMOV                ;主程序。调用数据移动子程序(8 个数据→内 RAM 30H)
        MOV     R1,#30H             ;置 80C51 内 RAM 发送数据区首址
        MOV     R3,#8               ;置写入 I²C 字节数 N
        MOV     R4,#50H             ;置写入 I²C 片内子地址首址
        LCALL   WRNB                ;调用写 N 字节子程序
        MOV     R1,#40H             ;置 80C51 内 RAM 接收数据区首址
        MOV     R3,#8               ;置读出 I²C 字节数 N
        MOV     R4,#50H             ;置读出 I²C 片内子地址首址
        LCALL   RDNB                ;调用读 N 字节子程序
        SJMP    $                   ;原地等待
;数据移动子程序
DMOV：  MOV     R1,#30H             ;置目的数据区首址
        MOV     DPTR,#TAB           ;置源数据表首址
        MOV     R3,#0               ;置数据序号初值 0
DV1：   MOV     A,R3                ;取数据序号
        MOVC    A,@A+DPTR           ;读源数据
        MOV     @R1,A               ;存入目的数据区
        INC     R1                  ;指向目的数据区下一存储地址
        INC     R3                  ;指向下一数据序号
```

```
        CJNE    R3,#8,DV1           ;判 8 个数据移位完成否? 未完继续
        RET                         ;8 个数据移完,子程序返回
TAB:    DB 1AH,2BH,3CH,4DH,5EH,6FH,79H,80H    ;源数据表
WRNB: …                             ;写 N 字节子程序。略,见前文,调试时需插入
RDNB: …                             ;读 N 字节子程序。略,见前文,调试时需插入
WR1B: …                             ;发送一字节子程序。略,见前文,调试时需插入
RD1B: …                             ;接收一字节子程序。略,见前文,调试时需插入
STAT: …                             ;启动信号子程序。略,见前文,调试时需插入
STOP: …                             ;终止信号子程序。略,见前文,调试时需插入
ACK:  …                             ;发送应答 A 子程序。略,见前文,调试时需插入
NACK: …                             ;发送应答A̅ 子程序。略,见前文,调试时需插入
CACK: …                             ;检查应答子程序。略,见前文,调试时需插入
DY10ms:…                            ;延时 10 ms 子程序。略,见例 3-24(2),调试时需插入
        END
```

(2) C51 程序:

```
#include < reg51. h >               //包含访问 sfr 库函数 reg51. h
#include < intrins. h >             //包含访问 sfr 库函数 intrins. h
sbit   SCL = P1^0;                  //定义时钟线 SCL 为 P1. 0
sbit   SDA = P1^1;                  //定义数据线 SDA 为 P1. 1
void   STAT();                      //启动信号子函数 STAT。略,见前文,调试时需插入
void   STOP();                      //终止信号子函数 STOP。略,见前文,调试时需插入
void   ACK();                       //发送应答 A 子函数 ACK。略,见前文,调试时需插入
void   NACK();                      //发送应答A̅ 子函数 NACK。略,见前文,调试时需插入
bit    CACK();                      //检查应答子函数 CACK。略,见前文,调试时需插入
void   WR1B();                      //发送一字节子函数 WR1B。略,见前文,调试时需插入
unsigned char   RD1B();            //接收一字节子函数 RD1B。略,见前文,调试时需插入
void   WRNB();                      //写 AT24Cxx n 字节子函数。略,见前文,调试时需插入
void   RDNB();                      //读 AT24Cxx n 字节子函数。略,见前文,调试时需插入
void   main() {                     //主函数
   unsigned char   a[8] = {         //定义写入数组 a[8],并赋值
      0x1a,0x2b,0x3c,0x4d,0x5e,0x6f,0x79,0x80};
   unsigned char   b[8];            //定义存入数组 b[8]
   WRNB(a,8,0x50);                  //调用写 n 字节子函数
                                    //实参:写入数组 a,写入字节数 8,写入起始地址 0x50
   RDNB(b,8,0x50);                  //调用读 n 字节子函数
                                    //实参:读出起始地址 0x50,字节数 8,存入数组 b,
   while(1);}                       //原地等待
```

本例 Keil C51 调试和 Proteus 仿真见实验 18。

【例7-7】已知条件同上例，要求将该数组写入 AT24C02 5BH~62H 单元中；再将其读出，存在 80C51 内 RAM 中。

解： AT24C02 一次写入字节不能超出页写缓冲器最大地址，即不能超出页内地址 **1111**，否则会引起地址翻卷，导致出错。因此，需分两次写入。第一次写入 5BH~5FH 单元，第二次写入 60H~62H 单元，中间还必须有页写延时。

据此，C51 主函数部分修改如下，其余与上例完全相同。

```
void   main( ) {                   //主函数
  unsigned char   a[8] = {         //定义写入数组 a[8]，并赋值
    0x1a,0x2b,0x3c,0x4d,0x5e,0x6f,0x79,0x80};
  unsigned char   b[8];            //定义存入数组 b[8]
  WRNB(a,5,0x5b);                  //调用写 n 字节子函数，先写 5 个字节
  WRNB((a+5),3,0x60);              //调用写 n 字节子函数，再写 3 个字节
  RDNB(b,8,0x5b);                  //调用读 n 字节子函数，存入数组 b[8]
  while(1);}                       //原地等待
```

汇编程序主程序部分修改如下，其余与上例完全相同。

```
MAIN：LCALL    DMOV        ;主程序。调用数据移动子程序(8 个数据→内 RAM 30H)
      MOV      R1,#30H     ;置 80C51 内 RAM 发送数据区首址
      MOV      R3,#5       ;置写入 I²C 字节数 N，先写 5 个字节
      MOV      R4,#5BH     ;置写入 I²C 片内子地址首址(改为 5BH)
      LCALL    WRNB        ;调用写 N 字节子程序
      MOV      R1,#35H     ;置 80C51 内 RAM 发送数据区首址(改为 35H)
      MOV      R3,#3       ;置写入 I²C 字节数 N，再写 3 个字节
      MOV      R4,#60H     ;置写入 I²C 片内子地址首址(改为 60H)
      LCALL    WRNB        ;调用写 N 字节子程序
      MOV      R1,#40H     ;置 80C51 内 RAM 接收数据区首址
      MOV      R3,#8       ;置读出 I²C 字节数 N
      MOV      R4,#5BH     ;置读出 I²C 片内子地址首址(改为 5BH)
      LCALL    RDNB        ;调用读 N 字节子程序
      SJMP     $           ;原地等待
```

本例 Keil C51 调试和 Proteus 仿真可仿照实验 18 进行（也可参阅与本书配套并可免费下载的"仿真练习 60 例"练习 33）。

【复习思考题】

7.10 I²C 总线只有两根连线（数据线和时钟线），如何识别扩展器件的地址？又如何识别相同器件的地址？

7.11 为什么 80C51 单片机 I²C 总线串行扩展只能用于单主系统，且必须虚拟扩展？

7.12 I²C 总线数据传送中，有哪些基本信号？一次完整的数据传送过程应包括哪些信号？

7.13 说明 AT24Cxx 系列 E²PROM 页写缓冲器的作用，如何应用？

7.5   实 验 操 作

实验 13   74HC164 串行输出控制 8 循环灯

74HC164 串行输出控制 8 循环灯电路和程序已在例 7-1 给出。

1. Keil 调试

按实验 1 所述步骤,编译链接 [汇编程序需将例 3-24(3)延时 0.5 秒子程序纳入],语法纠错,进入调试状态后,打开串行口对话窗口(主菜单 "Peripherals" → "Serial"),弹出串行口对话窗口(图 2-37)。全速运行后,可看到串行口对话窗口中 SBUF 数据框内的数据快速变化,表明 CPU 在不断串行发送 8 位循环灯控制字。若延长延时时间,可比较清楚地看到 SBUF 中的数据是按亮灯控制字有序变化。但由于无法得到 74HC164 并行口数据信号,Keil 调试无法全面反映调试状态,意义不大。仅编译链接,语法纠错,自动生成 Hex 文件。

2. Proteus 虚拟仿真

(1)按实验 1 所述 Proteus 仿真步骤,打开 Proteus 软件,按表 7-11 选择和放置元器件,并连接线路,画出 Proteus 仿真电路如图 7-31 所示。

表 7-11   74HC164 串行输出控制 8 循环灯 Proteus 仿真电路元器件

名　　称	编　　号	大　　类	子　　类	型号/标称值	数　　量
80C51	U1	Microprocessor Ics	80C51 family	AT89C51	1
74HC164	U2	TTL 74HC series		74HC164	1
发光二极管	VD0 ~ VD7	Optoelectronics	LEDs	Yellow	8

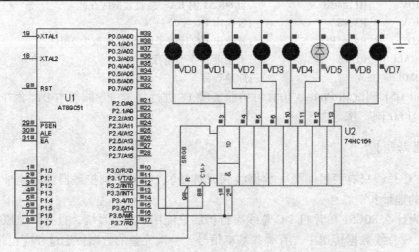

图 7-31   74HC164 串入并出控制 8 灯循环 Proteus 仿真电路

（2）鼠标左键双击 Proteus 仿真电路中 AT89C51，装入 Keil 调试后自动生成的 Hex 文件。

（3）全速运行后，可看到 8 个 LED 每隔 0.5 s，按本例要求亮灯，不断循环。

（4）终止程序运行，可按停止按钮。

实验 14　74HC165 串行输入 8 位数据信号

74HC165 串行输入 8 位数据信号电路和程序已在例 7-2 给出。

1. Keil 调试

本例因牵涉 74HC165 并行口，无法得到 165 片外数据信号，Keil 调试无法全面反映调试状态，意义不大。仅按实验 1 所述步骤，编译链接，语法纠错，自动生成 Hex 文件。

2. Proteus 虚拟仿真

（1）按实验 1 所述 Proteus 仿真步骤，打开 Proteus 软件，按表 7-12 选择和放置元器件，并连接线路，画出 Proteus 仿真电路如图 7-32 所示。

表 7-12　74HC165 串行输入 8 位数据信号 Proteus 仿真电路元器件

名　称	编　号	大　类	子　类	型号/标称值	数　量
80C51	U1	Microprocessor Ics	80C51 family	AT89C51	1
74HC165	U2	TTL 74HC series		74HC165	1
电阻	R0 ~ R7	Resistors	ChipResistor 1/8W 5%	510 Ω	8
拨盘开关	DSW1	Switches & Relays	Switches	DIPSW – 8	1
发光二极管	VD0 ~ VD7	Optoelectronics	LEDs	Yellow	8

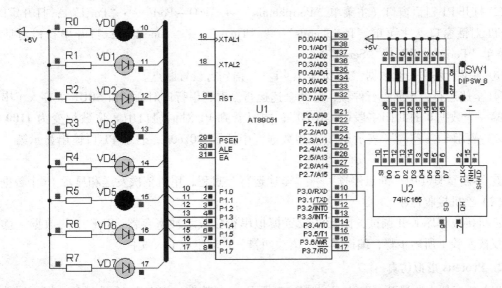

图 7-32　74HC165 并入串出 8 位数据信号 Proteus 仿真电路

（2）鼠标左键双击 Proteus 仿真电路中 AT89C51，装入 Keil 调试后自动生成的 Hex 文件。

（3）全速运行后，可看到 8 个 LED（P1.0 ~ P1.7）亮暗状态与拨盘开关 8 位数据信号一一对应。鼠标左键单击拨盘开关，修改其通断状态，8 个 LED 显示随之相应改变。

（4）按暂停键，打开 80C51 内 RAM（主菜单 "Debug" → "80C51 CPU" → "Internal（IDATA）Memory – U1"），可看到 30H 单元中存储了 8 位拨盘开关数据信号（按图 7-32 所示电路，数据信号为 D6H），如图 7-33 所示。鼠标左键单击拨盘开关，修改其通断状态，再次运行后暂停，可看到 30H 单元中存储数据随之相应改变。

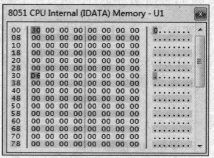

图 7-33　80C51 内 RAM

（5）终止程序运行，可按停止按钮。

实验 15　双机串行通信方式 1

双机串行通信方式 1 电路和程序已在例 7-3 给出。

1. Keil 调试

双机串行通信牵涉两片 80C51，发送和接收应分别编译调试，查看有否语法错误，若无错，分别生成发送和接收 Hex 文件。

（1）甲机发送程序

① 按实验 1 所述步骤，编译链接，语法纠错，并进入调试状态。

② 打开 P1 对话窗口（主菜单 "Peripherals" → "I/O – Port" → "Port1"）；打开定时/计数器 T1 对话窗口（主菜单 "Peripherals" → "Timer" → "Timer1"）；打开串行口对话窗口（主菜单 "Peripherals" → "Serial"）。

③ 在串行发送一帧数据 "SBUF = c［i］;" 语句行设置断点。

④ 全速运行，至断点行停顿，继续全速运行。看到串行口对话窗口 SBUF 中存入了串行发送的第一个数据 0 的共阳字段码 "0xc0"；同时看到 P1 对话窗口中 8 位数据变为 **1100 0000**（"√"表示 1，"空白"表示 0），左边数据框中标示 "0xc0"，表示 P1 口输出显示第一个数据 0。

⑤ 不断重复④中 "断点停顿" ~ "全速运行" 过程，甲机依次发送和显示 16 个数据。

（2）乙机接收程序

乙机接收程序 Keil 调试，因无法设置模拟串行接收缓冲寄存器 SBUF 中的数据，意义不大，仅按实验 1 所述步骤，编译链接，语法纠错，自动生成 Hex 文件。

2. Proteus 虚拟仿真

（1）按实验 1 所述 Proteus 仿真步骤，打开 Proteus 软件，按表 7-13 选择和放置元器件，并连接线路，画出 Proteus 仿真电路如图 7–34 所示。

表 7–13　双机串行通信方式 1 Proteus 仿真电路元器件

名　称	编　号	大　类	子　类	型号/标称值	数　量
80C51	U1、U2	Microprocessor Ics	80C51 family	AT89C51	2
数码管		Optoelectronics	7 – Segment Displays	7SEG – MPX1 – CA	2
串行虚拟终端		左侧辅工具栏	虚拟仪表（图标☑）	Virtual Terminal	1

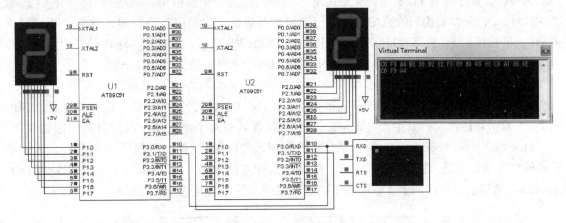

图 7–34　串行方式 1 双机通信 Proteus 仿真电路

（2）左键分别双击 Proteus 仿真电路中两片 AT89C51，分别装入发送和接收 Hex 文件，U1 发送，U2 接收。注意设置 AT89C51 的晶振频率，$f_{osc} = 11.0592\,\text{MHz}$。

（3）左键双击串行虚拟终端（或右键单击，在右键菜单中选择"Edit Properties"），弹出该终端属性编辑对话框，在"Baud Rate"（波特率）框内填入"1200"（由本题程序设置）。

（4）鼠标左键单击全速运行按钮，虚拟电路中两个数码管依次显示串行发送和接收的 16 个数据：0～9、A～F，循环不断。

（5）右键单击串行虚拟终端，弹出右键菜单，左键单击该菜单最末一行"Virtual Terminal"，即刻弹出串行虚拟终端的数据显示屏。右键单击该数据显示屏，在弹出的右键菜单中选择"Hex Display Mode"（十六进制数据显示方式）。显示屏依次显示甲机发送的共阳字段码"C0、F9、A4、B0、99、92、82、F8、80、90、88、83、C6、A1、86、8E"。

（6）终止程序运行，可按停止按钮。

实验 16　单片机与 PC 机虚拟串行通信

单片机与 PC 机虚拟串行通信电路和程序已在例 7–4 给出。

1. Keil 调试

本例因涉及片外元件和信号，Keil 调试无法全面反映串行通信状态，意义不大。仅按实验

1 所述步骤，编译链接，语法纠错，自动生成 Hex 文件。

2. 虚拟串行通信说明

图 7-16 电路涉及两个硬件物理实体，一是单片机，二是 PC 机。80C51 单片机与 PC 机的编程语言是不同的，单片机用汇编或 C51，PC 机一般用 VB。PC 机编程语言已超出本书范围。而且，本书需要用 Proteus 电路仿真，即在一台 PC 机中，利用 Proteus 仿真软件平台，虚拟单片机与 PC 机之间的串行通信。

这种形式的虚拟串行通信，需要用到两个软件：一是虚拟串口驱动软件"Virtual Serial Port Driver"，用于设置 PC 机中两个虚拟通信的串行口：一个模拟单片机串行口，另一个模拟 PC 机串行口，并设置相同的波特率，进行虚拟串行通信。二是国产串口调试软件"串口调试助手"，可在模拟 PC 机串行口，避开超出本书范围的 VB 语言，直接用 ASCII 码或十六进制数发送或接收串行通信数据。读者 PC 机中，若无这两个软件，应先从网上下载。

（1）添加虚拟串口

从网上下载虚拟串口驱动软件"Virtual Serial Port Driver"，完成安装并运行该软件，弹出图 7-35 所示对话窗口。其中，"Manage ports"标签页中两个虚拟串行通信口需要添加对接，在"First Port"和"Second Port"对话框中分别填入"COM3"和"COM4"（注意：填入的串行通信口序号必须是未被占用的串口）。然后，鼠标左键单击 < Add pair > 按钮，"Serial ports explorer"窗口会显示该两个虚拟串行口的通信链接关系（有蓝色虚线连接）。

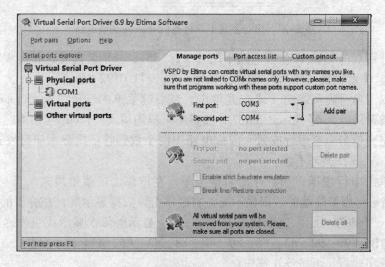

图 7-35　虚拟串口驱动软件

打开 PC 机的设备管理器（"控制面板"→"系统和安全"→"系统"→"设备管理器"），可看到在"端口"目录下，已多出了两个串口"ELTIMA virtual serial port"，如图 7-36 所示。

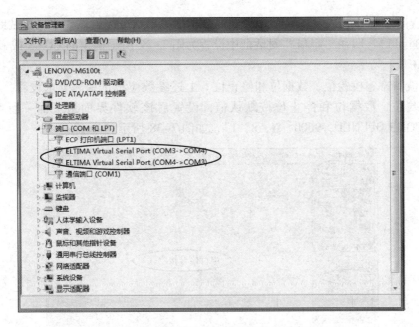

图 7-36　PC 机设备管理器中的虚拟串口

（2）下载"串口调试助手"

"串口调试助手"是国产软件，版本很多，大多能适用，本例选用"串口调试助手 ScomAssistant V2. 2"。下载后打开该软件，弹出其初始界面如图 7-37 所示。需要对图中部分对话框修改设置。

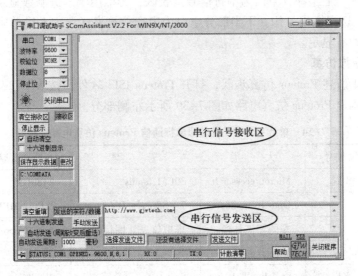

图 7-37　串口调试助手 ScomAssistant V2. 2

① 将"Virtual Serial Port Driver"中设定的一个虚拟串口分配给该"串口调试助手"（用于模拟 PC 机串行口）。即在"串口"对话框中设置为图 7-37 所示确定的 COM3 或 COM4，本例设置为 COM3。

② 设置波特率、校验位、数据位和停止位。上述参数应根据课题要求设置，本例波特率为 9600，校验位、数据位和停止位按默认值，设置后该软件界面最下面一行状态栏显示"STATUS：COM3 OPENED，9600，N，8，1"，如图 7-38 所示。

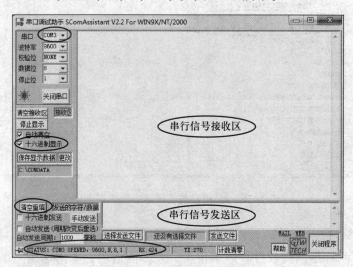

图 7-38   串口调试助手参数修改设置

③ 图 7-37 中，上半部分空白为串行信号接收区，若拟用十六进制数显示接收数据，应在"十六进制显示"选择框内打钩。下半部分空白为串行信号发送区，左键单击 < 清空重填 > 按钮，可清空区内原有显示。

3. Proteus 虚拟仿真

（1）按实验 1 所述 Proteus 仿真步骤，打开 Proteus ISIS 软件，按表 7-14 选择和放置元器件。连接线路，画出 Proteus 仿真电路如图 7-39 所示左侧部分。

表 7-14   单片机与 PC 机虚拟串行通信 Proteus 仿真电路元器件

名　称	编号	大　类	子　类	型号/标称值	数量
80C51	U1	Microprocessor Ics	80C51 family	AT89C51	1
数码管		Optoelectronics	7 – Segment Displays	7SEG – MPX1 – CA	1
串行虚拟终端		左侧辅工具栏	虚拟仪表（图标☏）	Virtual Terminal	2
串行接口组件		Miscellaneous		COMPIM	1
按键	K1	Switches & Relays	Switches	BUTTON	1

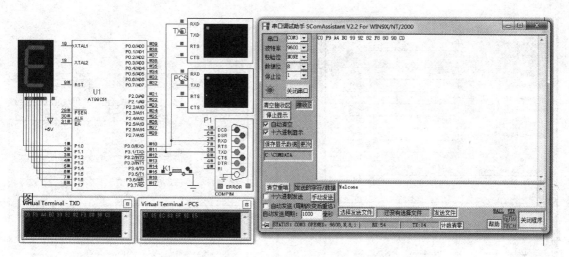

图 7-39　单片机与 PC 机虚拟串行通信 Proteus 仿真电路

需要说明的是，图 7-16 电路用 MAX232 转换电平，但 Proteus 串行虚拟终端 Virtual Terminal 不能识别 RS232 电平，无法显示串行通信数据；而串行接口组件 COMPIM 能与模拟 PC 机串行口的"串口调试助手"虚拟串行通信。因此，图 7-39 电路中未用 MAX232 转换电平，但在实际电路中，TTL 电平与 RS232 电平相互转换的电路器件必不可缺。

另外，Proteus 虚拟仿真电路，若缺省晶振和复位电路，系统仍默认连接，工作频率可在 CPU 芯片属性中设置，不影响仿真运行。因此，为使电路版面整洁，也可不画晶振和复位电路。

（2）鼠标左键双击 Proteus 仿真电路中 AT89C51，装入 Keil 调试后自动生成的 Hex 文件。同时设置 AT89C51 的晶振频率，$f_{osc} = 11.0592\,\text{MHz}$。

（3）鼠标左键双击 Proteus 仿真电路中串行接口组件"COMPIM"，弹出元器件编辑对话框"Edit Component"，如图 7-40 所示。注意：在"Physical Port"框内选择"COM4"（注意，"COMPIM"与"串口调试助手"必须成为前述设置的一对虚拟串口）；在"Physical Baud Rate"和"Virtual Baud Rate"框内分别选择"9600"（需与程序设定的波特率相同）。

（4）鼠标左键双击 Proteus 仿真电路中串行虚拟终端"Virtual Terminal"，弹出元器件编辑对话框"Edit Component"，如图 7-41 所示。注意：在"Baud Rate"框内需选择程序设定的波特率，本例为 9600。并在"Component Reference"框内键入元件名，本例两个串行虚拟终端分别取名"TXD"和"PCS"，分别显示单片机串行发送信号和 PC 机串行发送信号。

（5）鼠标左键单击全速运行按钮，仿真电路开始运行。鼠标左键单击暂停按钮，然后，鼠标左键单击主菜单"Debug"，弹出下拉子菜单，如图 7-42 所示。其中，最末两行"Virtual Terminal TXD"和"Virtual Terminal PCS"需选中（打钩），才能在仿真运行时自动弹出显示屏。而且，还应右键单击该显示屏，弹出右键菜单，如图 7-43 所示，在"Hex Display Mode"选择框内"打钩"。

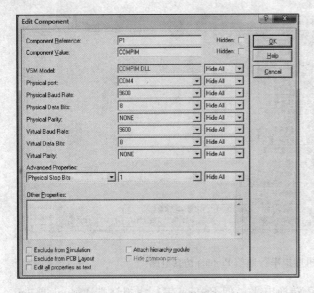

图 7-40   COMPIM 属性编辑对话框

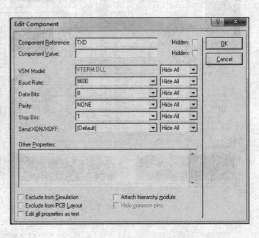

图 7-41   Virtual Terminal 属性编辑对话框

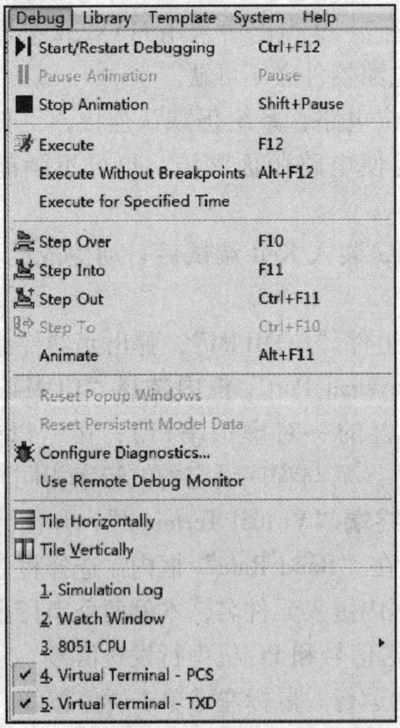

图 7-42   Debug 下拉子菜单 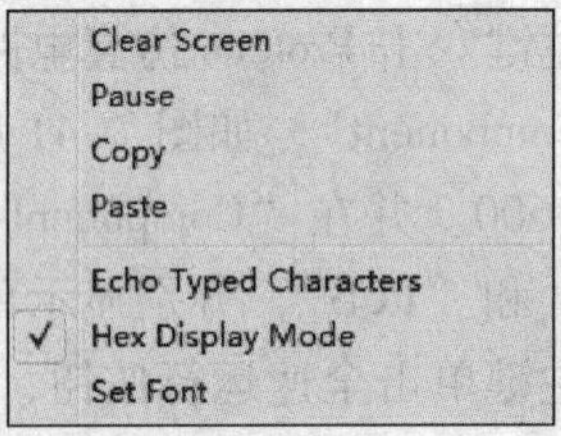   图 7-43   Virtual Terminal 右键菜单

（6）打开"串口调试助手"，设置虚拟串行口"COM3"，设置波特率9600，设置接收数据十六进制数显示，清空串行信号接收区和发送区。

（7）鼠标左键单击全速运行按钮，仿真电路开始运行。可以看到串行虚拟终端"Virtual Terminal TXD"显示屏和"串口调试助手"串行信号接收区，同时依次显示单片机串行发送的"0 ~ 9、abc ~ xyz –"37 个共阳字段码信号："C0、F9、A4、…、88、83、…、91、B6、BF"，分别如图 7-44、图 7-45 所示。同时，P1 口控制输出的数码管依次对应显示"0 ~ 9、abc ~ xyz –"37 个字符笔段，循环不断。

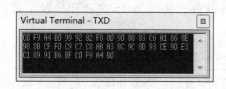

图 7-44   单片机串发信号

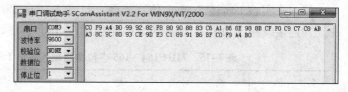

图 7-45   PC 机串收信号

（8）鼠标左键单击 K1 按钮（锁定），单片机停止串行发送 37 个共阳字段码信号。

鼠标左键单击"串口调试助手"发送区 < 清空重填 > 按钮，清空发送区串发信号。键入大写字母"A"，然后左键单击 < 手动发送 > 按钮，"Virtual Terminal PCS"显示 41（"A"的 ASCII 码），数码管显示字母"A"。键入小写字母"a"（先清空），然后左键单击 < 手动发送 > 按钮，"Virtual Terminal PCS"显示 61（"a"的 ASCII 码），数码管显示字母"A"。若键入 26 个大小写字母，手动发送后，"Virtual Terminal PCS"显示其 ASCII 码，数码管按程序中共阳字段码数组笔段显示字母符号（大小写相同，显示笔段自编）。

在"串口调试助手"串行信号发送区，键入字符串"Welcome"，然后鼠标左键单击 < 手动发送 > 按钮，可以看到串行虚拟终端"Virtual Terminal PCS"显示屏，显示"Welcome"的 ASCII 码："57、65、6C、63、6F、6D、65"，分别如图 7-46、图 7-47 所示。但数码管显示的信号，我们只能看到"Welcome"的最后一个字母"E"。实际上，之前数码管已瞬间显示过前 6 个字母，不过，人眼来不及反应罢了。

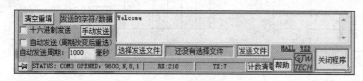

图 7-46   PC 机串发"Welcome"

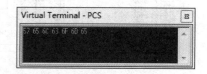

图 7-47   单片机串收"Welcome"

若键入 ASCII 码其余字符，例如逗号"，"，手动发送后，"Virtual Terminal PCS"显示其 ASCII 码"2C"，数码管显示" –"。

（9）释放 K1，仿真电路恢复单片机串行自动发送功能。

（10）终止程序运行，可按停止按钮。

实验 17   74HC164 + 165 虚拟串行输入输出

74HC164 + 165 虚拟串行输入输出电路和程序已在例 7-5 给出。

1. Keil 调试

由于无法得到 74HC164 和 74HC165 并行口数据信号，Keil 调试无法全面反映调试状态，意义不大。仅按实验 1 所述步骤，编译链接［汇编程序需将例 3-24（3）延时 0.5 s 子程序纳入］，语法纠错，自动生成 Hex 文件。

2. Proteus 虚拟仿真

（1）按实验 1 所述 Proteus 仿真步骤，打开 Proteus ISIS 软件，按表 7-15 选择和放置元器件，并连接线路，画出 Proteus 仿真电路如图 7-48 所示。

表 7-15　74HC164 + 165 虚拟串行输入输出 Proteus 仿真电路元器件

名　称	编　号	大　类	子　类	型号/标称值	数　量
80C51	U1	Microprocessor Ics	80C51 family	AT89C51	1
74HC165	U2	TTL 74HC series		74HC165	1
74HC164	U3	TTL 74HC series		74HC164	1
拨盘开关	DSW1	Switches & Relays	Switches	DIPSW – 8	1
发光二极管	VD0 ~ VD7	Optoelectronics	LEDs	Yellow	8

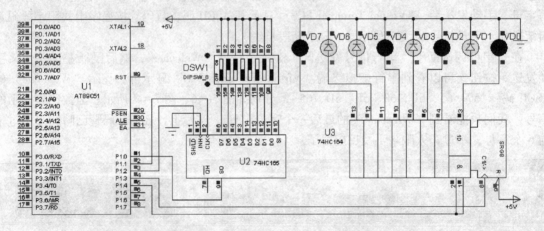

图 7-48　74HC164 + 165 虚拟串行输入输出 Proteus 仿真电路

（2）鼠标左键双击 Proteus 仿真电路中 AT89C51，装入 Keil 调试后自动生成的 Hex 文件。

（3）鼠标左键单击全速运行按钮，可看到 74HC164 并行口输出的 VD0 ~ VD7 亮暗状态与 74HC165 并行口输入的拨盘开关通断状态一一对应。

（4）鼠标左键单击拨盘开关，修改其通断状态，VD0 ~ VD7 亮暗状态随之相应改变。

（5）终止程序运行，可按停止按钮。

实验 18 读写 AT24C02

读写 AT24C02 电路和程序已在例 7-6 给出。

1. Keil 调试

由于本题涉及外围元件 AT24C02，在 Keil 调试中无法反映写入和读出数据。因此，Keil 调试的主要作用是：按实验 1 所述步骤，编译链接（注意输入源程序时，需将引用的各子程序插入，否则出错），语法纠错，自动生成 Hex 文件。

C51 程序还可在变量观察窗口 Locals 页中获得数组 a 和数组 b 的存储单元首地址（程序不同，编译后的存储区域不同。本例程序数组 a、b 首地址分别为 0x08 和 0x10），以便在 Proteus 虚拟内 RAM 中观察。

此外，也可分别 Keil 调试前述 I^2C 各子程序，观测程序运行过程，能否达到预期效果。

2. Proteus 虚拟仿真

（1）按实验 1 所述 Proteus 仿真步骤，打开 Proteus 软件，按表 7-16 选择和放置元器件，并连接线路，画出 Proteus 仿真电路如图 7-49 所示。

表 7-16 读写 AT24C02 Proteus 仿真电路元器件

名　称	编　号	大　类	子　类	型号/标称值	数　量
80C51	U1	Microprocessor Ics	80C51 family	AT89C51	1
AT24C02	U2	Memory Ics		AT24C02	1
石英晶体	X1	Miscellaneous	CRYSTAL	12 MHz	1
电阻		Resistors	ChipResistor 1/8W 5%	10 kΩ	3
电容	C00	Capacitors	Miniature Electronlytic	2 μ2	1
	C01、C02	Capacitors	Ceramic Disc	33P	2

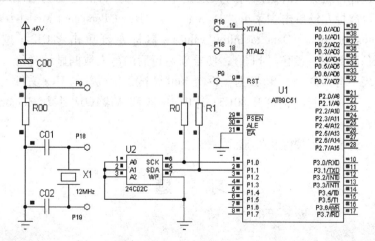

图 7-49 读写 AT24C02 Proteus 仿真电路

（2）鼠标左键双击 Proteus 仿真电路中 AT89C51，装入 Keil 调试后自动生成的 Hex 文件。

（3）鼠标左键单击全速运行按钮后，仅看到各连接断点出现红色或蓝色小方块，表示其高低电平，也表示仿真电路正在按程序运行，至于运行结果，没有呈现。

（4）按暂停钮按，打开 80C51 片内 RAM（主菜单 "Debug" → "80C51 CPU→Internal（IDATA）Memory – U1"）和 AT24C02 片内 Memory（主菜单 "Debug" → "I2C Memory Internal Memory – U2"），看到在 80C51 片内 RAM 0x08 ~0x0f 和 0x10 ~0x17 区域分别显示数组 a 和数组 b 的数据。其中，数组 a 的数据是 Keil C51 编译后生成的，数组 b 的数据是从 AT24C02 读出后存进去的，如图 7-50 所示。同时看到 AT24C02 片内 Memory 0x50 ~0x57 区域已被写入数组 a 数据，如图 7-51 所示。

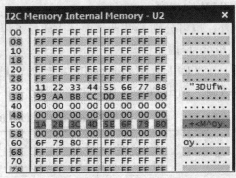

图 7-50　80C51 片内 RAM 仿真数据　　　　图 7-51　AT24C02 片内 RAM 仿真数据

需要说明的是，Proteus 中虚拟存储器数据，刷新后会显示黄色。80C51 片内 RAM 每次重新运行复位，每次均会显示黄色。而 AT24C02 是 ROM，写入后能保持不变，包括很早以前写入的，并不因重新运行而复位 "FF"。因此，若重新运行后写入的数据与以前写入的相同，则不会显示黄色。这样，就分不清是以前写入还是本次写入。为清楚观测 AT24C02 片内数据是否是新写入的，可鼠标左键单击主菜单 "Debug" → "Reset Persistent Model Data"，弹出对话框：Reset all Persistent Model Data to initial values? 鼠标左键单击 < OK > 按钮，即可清除 AT24C02 片内原仿真数据（复位 "FF"），使重新运行后的写入数据显示黄色。

（5）修改程序中写入数组 a[8]数据，再次 Keil 调试，生成新的 Hex 文件，在 Proteus 中装入新的 Hex 文件，全速运行后，打开 80C51 片内 RAM 和 AT24C02 片内 Memory，上述存储单元中数据会被刷新。

（6）终止程序运行，可按停止按钮。

习　题

7.1　选择题：

（1）下列有关串行缓冲寄存器的说法中，不正确的是＿＿＿。（A. 串行缓冲寄存器有两个；

B．串行缓冲寄存器具有双缓冲结构；C．串行缓冲寄存器只有一个寄存器名；D．串行缓冲寄存器只有一个单元地址）

（2）串行4种工作方式的通信方式分别为，方式0：____；方式1：____；方式2：____；方式3：____。（A．8位同步；B．9位同步；C．8位异步；D．9位异步；E．10位异步；F．11位异步）

（3）串行4种工作方式的波特率分别为，方式0：____；方式1：____；方式2：____；方式3：____。（A．$f_{osc}/6$；B．$f_{osc}/12$；C．$f_{osc}/64$ 或32；D．T1溢出率/12；E．T1溢出率/32 或16）

（4）下列有关80C51串行扩展的说法中，不正确的是____。（A．电路连接简单；B．占用 I/O 口线少；C．只能应用 TXD 和 RXD 端；D．信号传输速度较慢）

（5）下列有关80C51 I^2C 总线串行扩展的说法中，正确的是____。（A．80C51 无 I^2C 总线结构，不能进行 I^2C 串行扩展；B．80C51 有 I^2C 总线结构，可进行 I^2C 串行扩展；C．80C51 串行口 TXD 和 RXD 端可直接进行 I^2C 串行扩展；D．80C51 任一 I/O 端线均可进行虚拟 I^2C 串行扩展）

（6）下列有关写 AT24C02 的说法中，错误的是____。（A．每写一个字节需要 5～10 ms 时间；B．每写一次需要 5～10 ms 时间；C．一次最多只能写入的 16 字节；D．片内写入地址不能跨越 2 页）

7.2　已知异步通信接口的帧格式由 1 个起始位，7 个数据位，1 个奇偶校验位和 1 个停止位组成。当该接口每分钟传送 3600 个字符时，试计算其波特率。

7.3　已知 CC4094（功能表 7-5）串入并出控制 8 循环灯电路如图 7-52 所示，要求 4094 并行输出口 8 个发光二极管从右至左不断循环点亮，试编程并 Proteus 仿真。

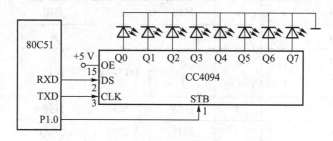

图 7-52　CC4094 串入并出控制 8 循环灯电路

7.4　已知 74HC595 与 80C51 组成的串行输出控制 8 循环灯电路如图 7-53 所示。74LS595 为串行移位寄存器，引脚图如图 7-54 所示，功能表如表 7-17 所示，与 74HC164 功能相仿，区别是 595 串入并出分两步操作，第一步在 CLK 信号有效条件下移入 595 片内缓冲寄存器，第二步由 595 RCK 端（#12）输入一个触发正脉冲，片内缓冲寄存器中的数据进入输出寄存器。而 74HC164 是直接串入输出寄存器，串入中间过程有可能在并行输出端产生误动作。现要求 595 并行输出口 8 个发光二极管从右至左间隔 0.5 秒移位点亮，然后全亮闪烁 5 次（亮暗各

0.25 秒），不断循环，试编程并 Proteus 仿真。

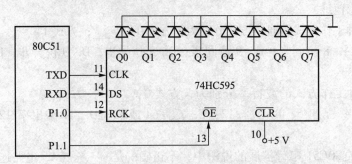

图 7-53 74HC595 串入并出控制 8 循环灯电路

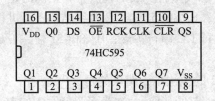

图 7-54 74HC595 引脚图

表 7-17 74HC595 功能表

输　　入					片内缓冲寄存器		并行输出	串行输出	功能
$\overline{OE}$	$\overline{CLR}$	CLK	RCK	DS	Q0	Q1 ~ Q7	Q0 ~ Q7	QS	
0	×	×	×	×	高阻	高阻	高阻	高阻	高阻
1	0	×	×	×	0	0	0	0	清零
1	1	↑	1	0	0	Q0 ~ Q6	保持	Q7	内部移位
1	1	↑	1	1	1				
1	1	↓	1	×	保持	保持	保持	保持	保持
1	1	×	↑	×	保持	保持	Q0 ~ Q7	保持	输出
1	1	×	↓	×	保持	保持	保持	保持	保持

7.5 已知 CC4021（功能表 7-7）并入串出电路如图 7-55 所示，要求从 CC4021 并行口输入拨盘开关 8 位数据信号，并从 P1 口输出，驱动发光二极管，以亮暗表示数据信号，试编程并 Proteus 仿真。

7.6 CC4014（功能表 7-7）与 CC4021 同为 CMOS 4000 系列"并入串出"移位寄存器，引脚相同，区别在于置入并行数据的条件不同。要求按图 7-55 电路，编制输入输出程序并

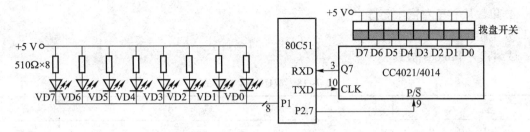

图 7-55 CC4021/4014 并入串出电路

Proteus 仿真。

7.7 已知 2 片 74HC164 串入并出控制 16 循环灯电路如图 7-56 所示，要求 16 个发光二极管，从左至右每隔 0.5 s 移位点亮，不断循环，试编程并 Proteus 仿真。

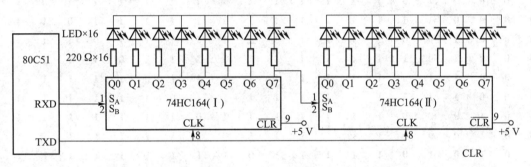

图 7-56 2 片 74HC 164 串入并出控制 16 循环灯电路

7.8 已知 74HC154 译码输出控制 16 循环灯电路如图 7-57 所示。74HC154 为 4-16 译码器，能将 4 位编码信号译为 16 种位码信号，表 7-18 为其功能表。80C51 P1.3 ~ P1.0 与 154 译码输入端 DCBA（A 为低位）连接；片选端 $\overline{E1}$ 接 P1.4，$\overline{E2}$ 接地；译码输出端 Y0 ~ Y15 驱动 16 位发光二极管（低电平有效）。要求 16 位发光二极管按下列①→⑤顺序不断重复循环：

① 单数从左至右依次亮灯；

② 双数从右至左依次亮灯；

③ 双数从左至右依次亮灯；

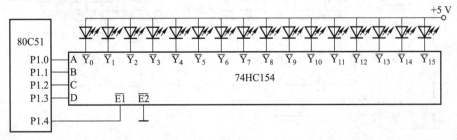

图 7-57 74LS154 译码输出控制 16 循环灯电路

④ 单数从右至左依次亮灯；

⑤ 全暗 1 s，然后回至①。

试编程并 Proteus 仿真。

表 7-18 74HC154 功能表

输 入						输 出															
$\overline{E1}$	$\overline{E2}$	D	C	B	A	$\overline{Y_{15}}$	$\overline{Y_{14}}$	$\overline{Y_{13}}$	$\overline{Y_{12}}$	$\overline{Y_{11}}$	$\overline{Y_{10}}$	$\overline{Y_{9}}$	$\overline{Y_{8}}$	$\overline{Y_{7}}$	$\overline{Y_{6}}$	$\overline{Y_{5}}$	$\overline{Y_{4}}$	$\overline{Y_{3}}$	$\overline{Y_{2}}$	$\overline{Y_{1}}$	$\overline{Y_{0}}$
1	×	×	×	×	×	1	1	1	1	1	1	1	1	1	1	1	1	1	1	1	1
×	1	×	×	×	×	1	1	1	1	1	1	1	1	1	1	1	1	1	1	1	1
0	0	0	0	0	0	1	1	1	1	1	1	1	1	1	1	1	1	1	1	1	0
0	0	0	0	0	1	1	1	1	1	1	1	1	1	1	1	1	1	1	1	0	1
0	0	0	0	1	0	1	1	1	1	1	1	1	1	1	1	1	1	1	0	1	1
0	0	0	0	1	1	1	1	1	1	1	1	1	1	1	1	1	1	0	1	1	1
0	0	0	1	0	0	1	1	1	1	1	1	1	1	1	1	1	0	1	1	1	1
0	0	0	1	0	1	1	1	1	1	1	1	1	1	1	1	0	1	1	1	1	1
0	0	0	1	1	0	1	1	1	1	1	1	1	1	1	0	1	1	1	1	1	1
0	0	0	1	1	1	1	1	1	1	1	1	1	1	0	1	1	1	1	1	1	1
0	0	1	0	0	0	1	1	1	1	1	1	1	0	1	1	1	1	1	1	1	1
0	0	1	0	0	1	1	1	1	1	1	1	0	1	1	1	1	1	1	1	1	1
0	0	1	0	1	0	1	1	1	1	1	0	1	1	1	1	1	1	1	1	1	1
0	0	1	0	1	1	1	1	1	1	0	1	1	1	1	1	1	1	1	1	1	1
0	0	1	1	0	0	1	1	1	0	1	1	1	1	1	1	1	1	1	1	1	1
0	0	1	1	0	1	1	1	0	1	1	1	1	1	1	1	1	1	1	1	1	1
0	0	1	1	1	0	1	0	1	1	1	1	1	1	1	1	1	1	1	1	1	1
0	0	1	1	1	1	0	1	1	1	1	1	1	1	1	1	1	1	1	1	1	1

7.9 已知 2 片 74HC165 并入串出 16 位数据信号电路如图 7-58 所示，要求随机输入拨盘开关 16 位数据信号，存 80C51 内 RAM 30H、31H，试编程并 Proteus 仿真。

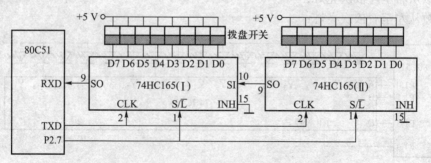

图 7-58 2 片 74HC165 并入串出 16 位数据信号电路

7. 10 已知 CC4021 + CC4094 虚拟串行输入输出电路，如图 7-59 所示。其中，P1.2、P1.3 分别模拟串行数据输入/输出端 RXD，P1.1、P1.4 分别模拟串行移位脉冲输出端 TXD，P1.0 控制 4021 移位/置入端 P/$\overline{S}$，P1.5 控制 4094 选通/锁定输出端 STB。要求将 CC4021 并行口的拨盘开关 8 位数据信号串行输入，再串行输出至 CC4094，控制 4094 并行口 LED 亮暗，LED 亮暗状态需与拨盘开关通断状态一致，试编程并 Proteus 仿真。

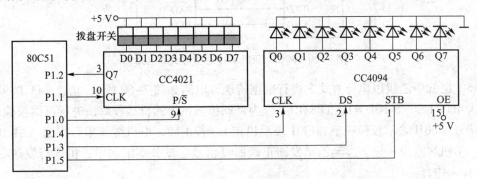

图 7-59 CC4021 + 4094 虚拟串行输入输出电路

7. 11 已知下列 f_{osc}、SMOD 和波特率，试求串行方式 1 时 T1 定时初值。并说明由此而产生的实际波特率有否误差？

① $f_{osc} = 12$ MHz，SMOD = **0**，波特率 2400；

② $f_{osc} = 6$ MHz，SMOD = **1**，波特率 1200；

③ $f_{osc} = 11.0592$ MHz，SMOD = **1**，波特率 9600；

④ $f_{osc} = 11.0592$ MHz，SMOD = **0**，波特率 2400。

7. 12 若异步通信接口按方式 3 传送，已知其每分钟传送 3600 个字符，其波特率是多少？

7. 13 已知甲乙机以串行方式 1 进行数据传送，$f_{osc} = 6$ MHz，波特率为 2400 b/s。甲机发送的 10 个数据（设为 0~9 共阳字段码），依次存在外 ROM 中，甲机发送后将数据送 P1口显示；乙机接收后输出到 P2 口显示，试分别编制甲乙机串行发送/接收程序并 Proteus 仿真。

7. 14 已知 80C51 双机串行通信方式 2 电路如图 7-60 所示。$f_{osc} = 12$ MHz，SMOD = **0**，TB8/RB8 作为奇偶校验位。甲机每发送一帧数据（设为 0~9 共阳字段码，存在外 ROM 中），同时在 P1 口显示；用 P2.7（驱动 LED 灯）显示奇偶校验位（**1** 亮 **0** 暗）；接到乙机回复信号后，显示暗 0.5 秒（作为帧间隔）；然后发送下一数据，直至 10 个数据串送完毕；显示再暗 0.5 秒（作为周期间隔），然后重新开始第二轮重复循环操作。乙机接收甲机发送的一帧数据后，送 P2 口显示；用 P1.1 显示第 9 位数据（**1** 亮 **0** 暗），用 P1.0 显示接收数据的奇偶性（奇亮偶暗）；并进行奇偶校验，向甲机发送回复信号（00H 表示校验正确，FFH 表示出错）。若正确，甲机继续串行发送（共 10 帧）；若出错，甲机再重发一遍，直至乙机发回正确回复信号。试分别编制甲乙机串行发送/接收程序并 Proteus 仿真。

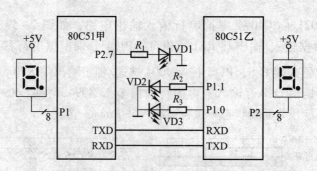

图 7-60　80C51 双机串行通信方式 2 电路

7.15　已知甲乙机以串行方式 3 进行数据传送，电路如图 7-60 所示。f_{osc} = 11.0592 MHz，波特率为 4800 b/s，SMOD = **1**，TB8/RB8 作为奇偶校验位，乙机接收后，进行奇偶校验，并发送回复信号（00H 表示校验正确，FFH 表示出错）。若正确，甲机继续串行发送（共 10 帧）；若出错，甲机再重发一遍，直至乙机发回正确回复信号，试分别编制甲乙机串行发送/接收程序并 Proteus 仿真。

7.16　带 RS232 接口的双机通信电路如图 7-61 所示。甲乙机以串行方式 1 进行数据传送，f_{osc} = 11.0592 MHz，波特率为 1200 b/s，SMOD = **0**。甲机发送 16 个数据（设为 16 进制数 0 ~ 9、A ~ F 的共阳字段码），间隔 1 秒，发送后，输出到 P1 口显示；乙机接收后输出到 P2 口显示，试分别编制甲乙机串行发送/接收程序并 Proteus 仿真。

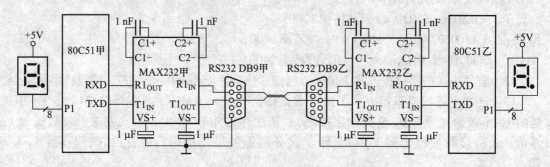

图 7-61　带 RS232 接口的双机通信电路

7.17　已知 I²C 总线串行扩展 AT24C02 电路与图 7-25（b）相似，P1.6 接 SCL，P1.7 接 SDA，a[16] = {0x11,0x22,0x33,0x44,0x55,0x66,0x77,0x88,0x99,0xaa,0xbb,0xcc,0xdd,0xee,0xff,0}，试将其写入 AT24C02 首址为 30H 的连续单元中；再将其读出，存在数组 b 中，试编程并 Proteus 仿真。

7.18　已知电路及条件同上题，要求将该数组写入 AT24C02 4AH ~ 59H 单元中；再将其读出，存在 80C51 内 RAM 中，试编程并 Proteus 仿真。

第 *8* 章

显示与键盘

单片机虽然成功地将运算部件、逻辑控制部件和存储器等集成在一片芯片中，但还有一些外围设备无法全部集成在片内，需要外接。例如 LED/LCD 显示器、键盘等，本章介绍显示与键盘的接口电路和应用程序。

8.1　LED 数码管显示

在单片机应用系统中，如果需要显示的内容只有数码和某些字母，使用 LED 数码管是一种较好的选择。LED 数码管显示清晰，成本低廉，配置灵活，与单片机接口简单易行。

8.1.1　LED 数码管和编码方式

1. LED 数码管

LED 数码管是由发光二极管作为显示字段的数码型显示器件。图 8-1（a）为 0.5″ LED 数码管的外形和引脚图，其中 7 只发光二极管分别对应 a～g 笔段构成"8"字形，另一只发光二极管 Dp 作为小数点，因此这种 LED 显示器称为 7 段（实际是 8 段）数码管。

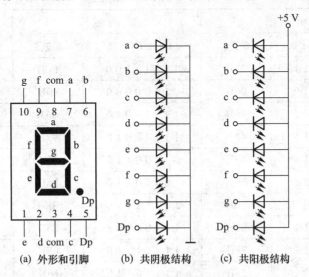

图 8-1　LED 数码管

LED 数码管按电路中的连接方式可以分为共阴型和共阳型两大类：共阴型是将各段发光二极管的阴极连在一起，作为公共端 COM 接地，如图 8-1（b）所示。各笔段阳极接高电平时发光，低电平时不发光。共阳型是将各段发光二极管的阳极连在一起，作为公共端 COM，如图 8-2（c）所示。各笔段阴极接低电平时发光，高电平时不发光。

LED 数码管按其外形尺寸有多种形式，使用较多的是 0.5" 和 0.8"；按显示颜色也有多种形式，主要有红色和绿色；按亮度强弱可分为超亮、高亮和普亮，指通过同样的电流显示亮度不一样，这是因发光二极管的材料不同而引起的。

LED 数码管的使用与发光二极管相同，根据其材料不同，正向压降一般为 1.5 ~ 2 V，额定电流为 10 mA，最大电流为 40 mA。静态显示时取 10 mA 为宜，动态扫描显示，可加大脉冲电流，但一般不超过 40 mA。

2. LED 数码管编码方式

当 LED 数码管与单片机相连时，一般将 LED 数码管的各笔段引脚 a、b、…、g、Dp 按某一顺序接到 80C51 单片机某一个并行 I/O 口 D0、D1、…、D7 端，当该 I/O 口输出某一特定数据时，就能使 LED 数码管显示出某个字符。例如，要使共阴极 LED 数码管显示"0"，则 a、b、c、d、e、f 各笔段引脚为高电平，g 和 Dp 为低电平，组成字段码 3FH，如表 8-1 中共阴顺序小数点暗第一行所示。

LED 数码管编码方式有多种，按公共端连接方式可分为共阴字段码和共阳字段码，共阴字段码与共阳字段码互为反码；按 a、b、…、g、Dp 编码顺序是高位在前，还是低位在前，又可分为顺序字段码和逆序字段码。甚至在某些特殊情况下可将 a、b、…、g、Dp 顺序打乱编码。表 8-1 为共阴和共阳 LED 数码管编码表。

表 8-1 共阴和共阳 LED 数码管编码表

显示数字	共 阴 顺 序		共 阴 逆 序		共阳逆序	共阳顺序
	Dp g f e d c b a	16 进制	a b c d e f g Dp	16 进制		
0	0 0 1 1 1 1 1 1	3FH	1 1 1 1 1 1 0 0	FCH	03H	C0H
1	0 0 0 0 0 1 1 0	06H	0 1 1 0 0 0 0 0	60H	9FH	F9H
2	0 1 0 1 1 0 1 1	5BH	1 1 0 1 1 0 1 0	DAH	25H	A4H
3	0 1 0 0 1 1 1 1	4FH	1 1 1 1 0 0 1 0	F2H	0DH	B0H
4	0 1 1 0 0 1 1 0	66H	0 1 1 0 0 1 1 0	66H	99H	99H
5	0 1 1 0 1 1 0 1	6DH	1 0 1 1 0 1 1 0	B6H	49H	92H
6	0 1 1 1 1 1 0 1	7DH	1 0 1 1 1 1 1 0	BEH	41H	82H
7	0 0 0 0 0 1 1 1	07H	1 1 1 0 0 0 0 0	E0H	1FH	F8H
8	0 1 1 1 1 1 1 1	7FH	1 1 1 1 1 1 1 0	FEH	01H	80H
9	0 1 1 0 1 1 1 1	6FH	1 1 1 1 0 1 1 0	F6H	09H	90H

LED 数码管除组成数字 0 ~ 9 外，还能组成不规则英文字母（AbCdEF 等）和部分符号。

3. 显示数转换为显示字段码

显示数转换为显示字段码的转换过程需分两步进行：

（1）从显示数中分离出每一位显示数字。方法是将显示数除以十进制的权。例如，显示数 123，除以 100，分离出百位显示数字 1；再除以 10，分离出十位显示数字 2；余数 3 为个位显示数字。

（2）将显示数字转换为显示字段码。通常是用查表的方法。

【例 8-1】 已知显示数（≤999）存在内 RAM 30H（高位）、31H 中，试将其转换为 3 位共阳字段码（顺序），存在以 30H（高位）为首址的内 RAM 中。

解：（1）汇编程序

对汇编程序来讲，显示数≥256，超过 1 字节，分离显示数字就不能运用 1 字节除法指令"DIV　AB"，需另编多字节除法子程序。现设显示数≤999（若大于 999，汇编程序将更复杂，限于篇幅，不予展开），编程如下：

```
CHAG3: MOV   R7,30H        ;置被除数高位字节
       MOV   R6,31H        ;置被除数低位字节
       MOV   R5,#100       ;置除数100
       LCALL DIVH          ;2字节除以1字节:(R7R6÷R5),商→R6,余数→R7
       MOV   DPTR,#TAB     ;置共阴字段码表首址
       MOV   A,R6          ;取除以100后的商
       MOVC  A,@A+DPTR     ;读相应显示字段码
       MOV   30H,A         ;存百位显示数字字段码
       MOV   A,R7          ;取除以100后的余数(被除数)
       MOV   B,#10         ;置除数10
       DIV   AB            ;除以10
       MOVC  A,@A+DPTR     ;读相应显示字段码
       MOV   31H,A         ;存十位显示数字字段码
       MOV   A,B           ;取个位显示数字
       MOVC  A,@A+DPTR     ;读相应显示字段码
       MOV   32H,A         ;存个位显示数字字段码
       RET                 ;
DIVH:  …                   ;2字节除以1字节子程序。略,见例3-25,调试时需插入
       ;(R7R6÷R5)。被除数存R7R6(R7为高8位),除数存R5。运行后,商→R6,余数→R7
RLC2:  …      ;2字节左移子程序。功能:└─C←R6←R7┘。略,见例3-25,调试时需插入
TAB:   DB 0C0H,0F9H,0A4H,0B0H,99H    ;共阳字段码表
       DB 92H,82H,0F8H,80H,90H;
       END                 ;伪指令,程序结束
```

说明：调用本程序，应先将显示数存入 30H（高 8 位）、31H（低 8 位），程序运行结束

后，3 位显示数字的字段码分别存 30H、31H、32H。其中，DIVH 为 2 字节除以 1 字节子程序，RLC2 为 2 字节左移子程序。

（2）C51 程序

```
unsigned char   code  c[10] = {        //定义共阳字段码表数组,存在 ROM 中
    0xc0,0xf9,0xa4,0xb0,0x99,0x92,0x82,0xf8,0x80,0x90};
void   chag3(unsigned int  x,unsigned char  y[]){      //3 位字段码转换子函数 chag3
    unsigned char   i;              //定义无符号字符型变量 i(循环序数)
    y[0] = x/100;                   //显示数除以 100,产生百位显示数字
    y[1] = (x%100)/10;              //(除以 100 后的余数)除以 10,产生十位显示数字
    y[2] = x%10;                    //显示数除以 10 后的余数就是个位显示数字
    for(i = 0;i < 3;i++)            //循环
        y[i] = c[y[i]];}            //转换显示字段码
void   main(){                      //主函数
    unsigned int   a = 567;         //定义无符号整型变量 a(显示数),并赋值
    unsigned char   b[3];           //定义无符号字符型数组 b(3 位显示字段码)
    chag3(a,b);                     //调用 3 位字段码转换子函数 chag3
    while(1);}                      //原地等待
```

8.1.2   静态显示方式及其典型应用电路

LED 数码管显示电路在单片机应用系统中可分为静态显示方式和动态显示方式。

在静态显示方式下，每一位显示器的字段需要一个 8 位 I/O 口控制，而且该 I/O 口需有锁存功能，N 位显示器就需要 N 个 8 位 I/O 口，公共端可直接接 +5 V（共阳）或接地（共阴）。显示时，每一位字段码分别从 I/O 控制口输出，保持不变（亮灭状态不变），直至 CPU 刷新显示为止。

静态显示方式编程较简单，显示稳定，数码管驱动电流较小，但占用 I/O 端线多，即软件简单、硬件成本高，一般适用显示位数较少的场合。

1. 并行扩展静态显示电路

图 8-2 为并行扩展 3 位 LED 数码管静态显示电路，74LS377 并行扩展（参阅 6.4.2 节）8 位 I/O 口，P0 口输出 8 位字段码，P2.5、P2.6、P2.7 分别片选百、十、个位 74377，控制显示，LED 数码管为共阳结构。

【例 8-2】已知电路如图 8-2 所示，显示数（≤999）存在内 RAM 30H、31H（设为 567）中，试编制显示程序。

解：（1）汇编程序

```
MAIN:  MOV   SP,#50H      ;主程序。设置堆栈
       MOV   30H,#02H     ;置显示数高 8 位(显示数 567)
       MOV   31H,#37H     ;置显示数低 8 位
```

LCALL	CHAG3	;调用 3 位显示数转换为字段码子程序
MOV	A,30H	;读显示数
MOV	DPTR,#0DFFFH	;置 74377(百位)地址
MOVX	@DPTR,A	;输出百位显示符
MOV	A,31H	;读余数
MOVD	PTR,#0BFFFH	;置 74377(十位)地址
MOVX	@DPTR,A	;输出十位显示符
MOV	A,32H	;读个位显示数字
MOV	DPTR,#7FFFH	;置 74377(个位)地址
MOVX	@DPTR,A	;输出个位显示符
SJMP	$	;原地等待
CHAG3:…		;3 位字段码转换子程序。略,见例 8-1,调试时需插入
DIVH:…		;2 字节除以 1 字节子程序。略,见例 3-25,调试时需插入
RLC2:…		;2 字节左移子程序。略,见例 3-25,调试时需插入
TAB:	DB 0C0H,0F9H,0A4H,0B0H,99H	;共阳字段码表,0~4
	DB 92H,82H,0F8H,80H,90H	;5~9
	END	;伪指令,程序结束

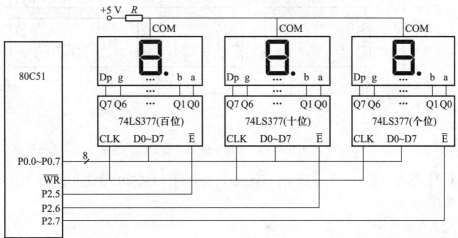

图 8-2 74LS377 并行扩展 3 位 LED 静态显示电路

（2）C51 程序

#include <reg51.h>	//包含访问 sfr 库函数 reg51.h
#include <absacc.h>	//包含绝对地址访问库函数 absacc.h
unsigned char code c[10]={	//定义共阳字段码数组,并赋值
0xc0,0xf9,0xa4,0xb0,0x99,0x92,0x82,0xf8,0x80,0x90};	
void chag3(unsigned int x,unsigned char y[]	//3 位字段码转换子函数。见例 8-1
void main(){	//主函数

```
unsigned int   a = 567;                  //定义无符号整型变量 a(显示数),并赋值 567
unsigned char  b[3];                     //定义无符号字符型数组 b(3 位显示字段码)
chag3(a,b);                              //调用 3 位字段码转换子函数 chag3,见例 8-1
XBYTE[0xdfff] = b[0];                    //输出百位显示符
XBYTE[0xbfff] = b[1];                    //输出十位显示符
XBYTE[0x7fff] = b[2];                    //输出个位显示符
while(1);}                              //原地等待
```

本例 Keil C51 调试和 Proteus 仿真见实验 19。

2. 串行扩展静态显示电路

图 8-3 为 74LS164 串行扩展(参阅 7.1.3 节)3 位 LED 数码管静态显示电路,80C51 RXD 串行输出显示字段码,TXD 发出移位脉冲,P1.0 控制 74LS164 串行输出,LED 数码管为共阳结构。

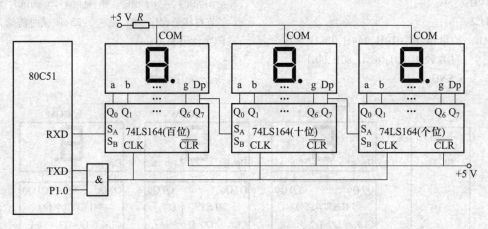

图 8-3　74LS164 串行扩展 3 位 LED 静态显示电路

【例 8-3】已知电路如图 8-3 所示,显示数已存在内 RAM 30H(高 8 位)、31H 中,试编制显示子程序。

解:(1)汇编程序

```
MAIN:  MOV    SP,#50H          ;主程序。设置堆栈
       MOV    30H,#01H         ;置显示数高 8 位(显示数 432)
       MOV    31H,#0B0H        ;置显示数低 8 位
       LCALL  CHAG3            ;调用 3 位显示数转换为字段码子程序。见例 8-1
       MOV    SCON,#00H        ;置串口方式 0
       CLR    ES               ;串口禁中
       SETB   P1.0             ;与门开,允许 TXD 发移位脉冲
       MOV    SBUF,32H         ;串行输出个位显示字段码
       JNB    TI,$             ;等待串行发送完毕
```

```
        CLR     TI                      ;清串行中断标志
        MOV     SBUF,31H                ;串行输出十位显示字段码
        JNB     TI,$                    ;等待串行发送完毕
        CLR     TI                      ;清串行中断标志
        MOV     SBUF,30H                ;串行输出百位显示字段码
        JNB     TI,$                    ;等待串行发送完毕
        CLR     TI                      ;清串行中断标志
        CLR     P1.0                    ;3 位显示完,与门关,禁止 TXD 发移位脉冲
        SJMP    $                       ;原地等待
CHAG3:  …                               ;3 位字段码转换子程序。略,见例 8-1,调试时需插入
DIVH:   …                               ;2 字节除以 1 字节子程序。略,见例 3-25,调试时需插入
RLC2:   …                               ;2 字节左移子程序。略,见例 3-25,调试时需插入
TAB:    DB 0C0H,0F9H,0A4H,0B0H,99H     ;共阳字段码表,0~4
        DB 92H,82H,0F8H,80H,90H        ;5~9
        END                             ;伪指令,程序结束
```

(2) C51 程序

```c
#include <reg51.h>                      //包含访问 sfr 库函数 reg51.h
#include <absacc.h>                     //包含绝对地址访问库函数 absacc.h
sbit  P10 = P1^0;                       //定义位标识符 P10 为 P1.0。
unsigned char  code  c[10] = {          //定义共阳顺序(a 是低位)小数点暗字段码数组
  0xc0,0xf9,0xa4,0xb0,0x99,0x92,0x82,0xf8,0x80,0x90};
void  chag3(unsigned int  x,unsigned char  y[])    //3 位字段码转换子函数。见例 8-1
void  main(){                           //主函数
  unsigned char  i;                     //定义循环序数 i
  unsigned int  a = 432;                //定义显示数 a,并赋值 432
  unsigned char  b[3];                  //定义 3 位显示字段码数组 b
  SCON = 0x00;                          //置串口方式 0
  ES = 0;                               //串口禁中
  chag3(a,b);                           //调用 3 位字段码转换子函数 chag3
  P10 = 1;                              //与门开,允许 TXD 发送移位脉冲
  for(i = 2;i < 3;i -- ){               //3 字节串行发送循环
    SBUF = b[i];                        //串行发送显示数
    while(TI ==0);                      //等待一字节串行发送完毕
    TI = 0;}                            //一字节串行发送完毕,清发送中断标志
  P10 = 0;                              //3 字节串行发送完毕,与门关,禁止 TXD 发送移位脉冲
  while(1);}                            //原地等待
```

本例 Keil C51 调试和 Proteus 仿真见实验 20。

3. CC4511 BCD 码驱动 3 位 LED 数码管静态显示

CC4511 是 CMOS 4000 系列 4 线 –7 段锁存/译码/驱动电路，能将 BCD 码译成 7 段显示码输出，图 8-4 为其引脚图，表 8-2 为其功能表。ABCD 为 BCD 码输入端（A 是低位），$Q_a \sim Q_g$ 为译码笔段输出端。$\overline{LE}$ 为输入信号锁存控制，$\overline{LE} = 0$，允许从 DCBA 端输入 BCD 码数据，刷新显示；$\overline{LE} = 1$，维持原显示状态。$\overline{BI}$ 为消隐控制端，$\overline{BI} = 0$，全暗。LT 为灯测试控制端，$\overline{LT} = 0$，全亮。

图 8-4　CC 4511 引脚图

表 8-2　CC 4511 功能表

$\overline{LE}$	$\overline{BI}$	$\overline{LT}$	D	C	B	A	显示数字
×	×	0	×	×	×	×	全亮
×	0	1	×	×	×	×	全暗
1	1	1	×	×	×	×	维持
0	1	1	0000 ~ 1001				0 ~ 9
			1010 ~ 1111				全暗

利用 4511 实现静态显示与一般静态显示电路不同，一是节省 I/O 端线，显示数据输入只需 4 根；二是不需专用驱动电路，可直接输出；三是不需译码，直接输入 BCD 码，编程简单；缺点是只能显示数字，不能显示各种符号。

CC4511 BCD 码驱动 3 位 LED 数码管静态显示电路如图 8-5 所示。80C51 P1.0 ～ P1.3 与 4511 BCD 码输入端连接（P1.0 低位）；P1.7 接 $\overline{BI}$，控制闪烁；P1.4、P1.5、P1.6 接 $\overline{LE}$，分别片选百、十、个位 4511；4511 译码笔段输出端 $Q_a \sim Q_g$ 接共阴数码管相应笔段。

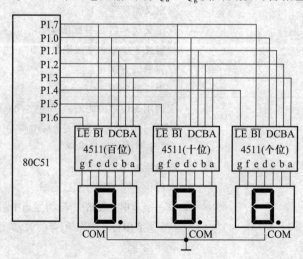

图 8-5　CC 4511 驱动 3 位 LED 数码管静态显示电路

【例8-4】已知电路如图8-5所示，百、十、个位显示数字（BCD 码）已依次存在内 RAM 32H～30H 中，要求闪烁显示，试编制显示子程序。

解：（1）汇编程序

```
MAIN: MOV   SP,#50H              ;主程序。设置堆栈
      MOV   30H,#2               ;置个位显示数字(BCD 码)
      MOV   31H,#3               ;置十位显示数字(BCD 码)
      MOV   32H,#4               ;置百位显示数字(BCD 码)
      MOV   A,#11100000B         ;选通个位(P1.4=0、P1.5=P1.6=P1.7=1)
      ADD   A,30H                ;加入个位显示数(BCD 码在低4位)
      MOV   P1,A                 ;输出个位显示
      MOV   A,#11010000B         ;选通十位(P1.5=0、P1.4=P1.6=P1.7=1)
      ADD   A,31H                ;加入十位显示数(BCD 码在低4位)
      MOV   P1,A                 ;输出十位显示
      MOV   A,#10110000B         ;选通百位(P1.6=0、P1.4=P1.5=P1.7=1)
      ADD   A,32H                ;加入百位显示数(BCD 码在低4位)
      MOV   P1,A                 ;输出百位显示
      LCAL  LDY05s               ;亮显示延时0.5 s
      CLR   P1.7                 ;暗显示
      LCALL DY05s                ;暗显示延时0.5 s
      SETB  P1.7                 ;亮显示
      SJMP  MAIN                 ;返回循环
DY05s:…                          ;延时0.5 s 子程序。略,见例3-24(3),调试时需插入
      END
```

（2）C51 程序

```c
#include <reg51.h>              //包含访问 sfr 库函数 reg51.h
#include <absacc.h>             //包含绝对地址访问库函数 absacc.h
sbit  BI = P1^7;               //定义 BI 为 P1^7,控制 4511 消隐控制端
void  main() {                 //主函数
  unsigned long  t;            //定义延时参数 t
  DBYTE[0x32] = 4;             //绝对地址 0x32 赋值(百位显示数 4)
  DBYTE[0x31] = 3;             //绝对地址 0x31 赋值(十位显示数 3)
  DBYTE[0x30] = 2;             //绝对地址 0x30 赋值(个位显示数 2)
  while(1){                    //无限循环显示
    P1 = (DBYTE[0x30]&0x8f)|0xe0;   //个位输出显示 BCD 码
    P1 = (DBYTE[0x31]&0x8f)|0xd0;   //十位输出显示 BCD 码
    P1 = (DBYTE[0x32]&0x8f)|0xb0;   //百位输出显示 BCD 码
    for(t=0;t<=11000;t++);     //亮延时0.5 s
    BI = 0;                    //全暗
```

              for(t = 0; t < = 11000; t ++); } }　　　　//暗延时 0.5 s

本例 Keil C51 调试和 Proteus 仿真见实验 21。

8.1.3　动态显示方式及其典型应用电路

动态扫描显示电路是将显示各位的所有相同字段线连在一起，每一位的 a 段连在一起，b 段连在一起，…，g 段连在一起，共 8 段，由一个 8 位 I/O 口控制，而每一位的公共端（共阳或共阴 COM）由另一个 I/O 口控制，如图 8-6 所示。

由于这种连接方式将每位相同字段的字段线连在一起，当输出字段码时，每一位将显示相同的内容。因此，要想显示不同的内容，必须采取轮流显示的方式。即在某一瞬时，只让某一位的字位线处于选通状态（共阴极 LED 数码管为低电平，共阳极为高电平），其他各位的字位线处于开断状态，同时字段线上输出该位要显示的相应字符的字段码。在这一瞬时，只有这一位在显示，其他几位暗。同样，在下一瞬时，单独显示下一位，这样依次轮流显示，并循环扫描。由于人视觉的滞留效应，人们看到的将是多位同时稳定显示。

在动态显示方式下，每位显示时间只有静态显示方式下 $1/N$（N 为显示位数）。因此，为了达到足够的亮度，需要较大的瞬时驱动电流。一般来讲，瞬时驱动电流约为静态显示方式下的 N 倍。8 位动态扫描显示，每位显示时间只有 1/8，需要较大的瞬时电流，应加接驱动电路，如 74LS06、74LS07、MC1413（ULN2003A）等或用分立元件晶体管作为驱动器。

动态扫描显示电路的特点是占用 I/O 端线少；电路较简单，硬件成本低；编程较复杂，CPU 要定时扫描刷新显示。当要求显示位数较多时，通常采用动态扫描显示方式。

动态扫描显示主要可分为译码选通、串行选通和可编程芯片选通。译码选通是应用译码器，例如 74139（2 - 4 译码器）和 74138（3 - 8 译码器）。串行选通是应用"串入并出"移位寄存器，例如 74164 和 74595。可编程芯片选通是应用可编程芯片，例如 8255、8155 和 MAX7221 等。本节仅列举篇幅较少的前两类方式。

1. 74LS138 译码选通 8 位共阴型 LED 数码管动态显示

图 8-6 为 8 位共阴型 LED 动态显示电路。74LS138 为 3 - 8 译码器（参阅 6.1.2 节），能将 3 位编码信号译码转换为 8 位位码选通信号。C、B、A（A 为低位）为编码输入端，与 80C51 P1.2 ~ P1.0 连接；$\overline{Y0} \sim \overline{Y7}$（低电平有效）为译码输出端，选通 8 位共阴型 LED 数码管动态显示；E1、$\overline{E2}$、$\overline{E3}$ 为片选端，E1 接 + 5 V，$\overline{E2}$、$\overline{E3}$ 接地，片选始终有效。段码驱动由 74LS164 "串入并出"，80C51 TXD 端与 164 CLK 连接，RXD 端与 164 S_A、S_B 连接，发送段码数据。

【例 8-5】已知电路如图 8-6 所示，要求动态显示 8 位数字：2、0、1、3、9、8、7、6，试编制程序。

解：（1）汇编程序

```
MAIN： MOV    SP,#50H      ;主程序。设置堆栈
       LCALL  DMOV         ;数据移动(8 个显示数字→内 RAM 30H),见例 7-5
       MOV    SCON,#0      ;置串口方式 0
```

```
           CLR      ES                    ;串口禁中
           MOV      DPTR,#TAB1            ;置显示字段码表首地址
LOP1：    ANL      P1,#11111000B        ;置138译码地址初值(第0位)
           MOV      R2,#8                ;置一轮循环扫描次数
           MOV      R0,#30H              ;置显示数字间址
LOP2：    MOV      A,@R0                ;读显示数字
           MOVC     A,@A+DPTR            ;取显示字段码
           MOV      SBUF,A               ;串行发送显示字段码
           JNB      TI,$                 ;等待串行发送完毕
           CLR      TI                   ;清串行发送中断标志
           LCALL    DY2ms                ;延时2ms
           INC      R0                   ;指向下一显示数间址
           INC      P1                   ;选通下一显示位
           DJNZ     R2,LOP2              ;判一轮8位扫描显示完否？未完返回继续
           SJMP     LOP1                 ;一轮8位扫描显示完毕,重新下一轮
DY2ms：   MOV      R6,#4                ;延时2ms子程序。置外循环次数
DY1：     MOV      R7,#250              ;置内循环次数
DY2：     DJNZ     R7,DY2               ;250×2机周=500机周
           DJNZ     R6,DY1               ;500机周×4=2000机周
           RET                           ;子程序返回。2000机周×1μs/机周=2ms
DMOV：    …                             ;数据移动子程序。略,见例7-5,Keil C调试时需插入
TAB：     DB 2,0,1,3,9,8,7,6           ;显示数字表
TAB1：    DB 0FCH,60H,0DAH,0F2H,66H              ;共阴逆序(a是高位)字段码表
           DB 0B6H,0BEH,0E0H,0FEH,0F6H;
           END
```

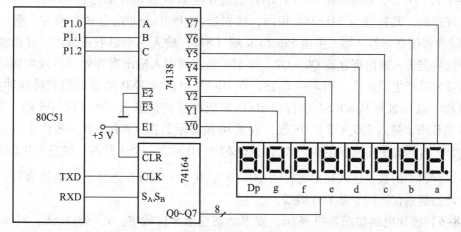

图8-6　74LS138选通8位共阴型LED数码管动态显示电路

（2）C51 程序

```
#include < reg51. h >                            //包含访问 sfr 库函数 reg51. h
#include < absacc. h >                           //包含绝对地址访问库函数 absacc. h
unsigned char  code c[10] = {                   //定义共阴逆序(a 是高位)字段码数组
   0xfc,0x60,0xda,0xf2,0x66,0xb6,0xbe,0xe0,0xfe,0xf6};
void  main( ) {                                 //主函数
   unsigned char  i;                            //定义循环序数 i
   unsigned int  t;                             //定义扫描延时参数 t
   unsigned char   d[8] = {2,0,1,3,9,8,7,6};    //定义显示数字数组,并赋值
   SCON = 0;                                    //置串口方式 0
   ES = 0;                                      //串口禁中
   while(1){                                    //无限循环
     for(i=0;i<8;i++){                          //8 位依次扫描输出
       P1 = 0xf8 + i;                           //输出位码(i 由 138 译码)
       SBUF = c[d[i]];                          //串行发送段码
       while(TI ==0);                           //等待一字节串行发送完毕
       TI = 0;                                  //一字节串行发送完毕,清发送中断标志
       for(t=0;t<360;t++);}}}                   //延时约 2 ms
```

需要说明的是，由于 80C51 串行传送时低位在前高位在后，与 164 移位次序相反。因此，字段码采用逆序（a 是高位）。这样，164 输出端 Q0 ~ Q7 可依次接显示屏笔段 a ~ g、Dp 端，避免电路连线绕行错位。

本例 Keil C51 调试和 Proteus 仿真见实验 22。

2. 74LS595 串行选通 8 位 LED 数码管动态显示

图 8-7 为 74LS595（功能表 7-17）串行选通 8 位 LED 数码管动态显示电路。74LS595 为串行移位寄存器，其特性与 74LS164 相同，区别是：595 串入并出分两步操作，第一步移入 595 片内缓冲移位寄存器，第二步由 595 RCK 端（#12）输入一个触发正脉冲，片内缓冲移位寄存器中的数据进入输出寄存器 Q0 ~ Q7。而 164 是直接串入输出寄存器，串入中间过程有可能在并行输出端产生误动作。图 8-7 电路，在 80C51 串行口 TXD 端发出的时钟脉冲控制下，显示位码和字段码数据从 80C51 串行口 RXD 端依次移出，进入 595（Ⅰ）DS 端，再由 595（Ⅰ）QS 端移出，进入 595（Ⅱ）DS 端，直至 16 位显示数据（8 位位码 +8 位字段码）全部移入 2 片 595 内部缓冲移位寄存器。然后由 80C51 P1.0 输出一个正脉冲，触发 2 片 595 将内部缓冲移位寄存器中的数据送入输出寄存器 Q0 ~ Q7，在 595 $\overline{OE}$ =0 条件下（始终有效）输出显示，整个动态显示仅占用 3 条 I/O 端线。

【例 8-6】已知电路如图 8-7 所示，要求动态显示 8 位数字：9、8、7、6、5、4、3、2，试编制程序。

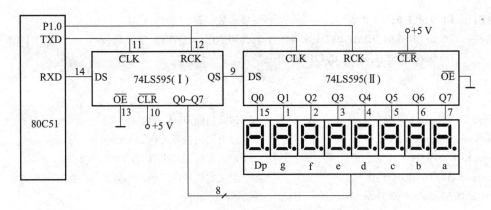

图 8-7　74LS595 串行选通 8 位 LED 动态显示电路

解：（1）汇编程序

MAIN：	MOV	SP,#50H	;主程序。设置堆栈
	LCALL	DMOV	;数据移动(8 个显示数字→内 RAM 30H),见例 7-5
	MOV	SCON,#0	;置串口方式 0
	CLR	ES	;串口禁中
	MOV	DPTR,#TAB1	;置显示字段码表首地址
	MOV	R2,#01111111B	;置显示字位码初值(第 0 位)
LOP1：	MOV	R0,#30H	;置显示数字间址
LOP2：	MOV	A,R2	;取显示字位码
	MOV	SBUF,A	;串行发送字位码
	RR	A	;显示字位右移一位(指向下一位)
	MOV	R2,A	;回存字位码
	JNB	TI,$	;等待字位码串行发送完毕
	CLR	TI	;清串行发送中断标志
	MOV	A,@ R0	;读显示数字
	MOVC	A,@ A + DPTR	;取显示字段码
	MOV	SBUF,A	;串行发送字段码
	JNB	TI,$	;等待字段码串行发送完毕
	CLR	TI	;清串行发送中断标志
	CLR	P1. 0	;595 RCK 端复位,准备发出触发正脉冲
	SETB	P1. 0	;RCK 端生成上升沿,触发 595 刷新并行输出
	LCALL	DY2ms	;延时 2 ms
	INC	R0	;指向下一显示数间址
	CJNE	R2,#7FH,LOP2	;判一轮 8 位扫描显示完否? 未完返回继续
	SJMP	LOP1	;一轮 8 位扫描显示完毕,重新下一轮
DY2ms：	…		;延时 2 ms 子程序。见例 8-5,Keil C 调试时需插入
DMOV：	…		;数据移动子程序。见例 7-5,Keil C 调试时需插入

```
TAB:     DB 9,8,7,6,5,4,3,2                      ;显示数字表
TAB1:    DB 0FCH,60H,0DAH,0F2H,66H               ;共阴逆序(a是高位)字段码表
         DB 0B6H,0BEH,0E0H,0FEH,0F6H;
         END
```

（2）C51 程序

```
#include <reg51.h>                      //包含访问 sfr 库函数 reg51.h
#include <intrins.h>                    //包含访问内联库函数 intrins.h
sbit    RCK = P1^0;                     //定义位标识符 RCK 为 P1.0
unsigned char  code  c[10] = {          //定义共阴逆序字段码表数组,存在 ROM 中
   0xfc,0x60,0xda,0xf2,0x66,0xb6,0xbe,0xe0,0xfe,0xf6};
void   main() {                         //主函数
   unsigned char   i,b;                 //定义循环序号 i,初始位码 b
   unsigned int   t;                    //定义延时参数 t
   unsigned char   d[8] = {9,8,7,6,5,4,3,2};  //定义显示数组"98765432"
   SCON = 0;                            //置串行口方式 0
   ES = 0;                              //禁止串行中断
   while(1) {                           //无限循环
       b = 0x7f;                        //赋值初始位码(第 0 位显示)
       for(i=0;i<8;i++) {               //依次循环输出
         SBUF = _cror_(b,i);            //串行发送位码(显示位依次循环右移 i 位)
         while(TI==0);                  //等待串行发送完毕
         TI = 0;                        //串行发送完毕,清发送中断标志
         SBUF = c[d[i]];                //串行发送显示字段码
         while(TI==0);                  //等待串行发送完毕
         TI = 0;                        //串行发送完毕,清发送中断标志
         RCK = 0;                       //RCK 复位,准备发出触发正脉冲
         RCK = 1;                       //RCK 端生成上跳变↑脉冲,595 刷新并行输出
         for(t=0;t<1000;t++);}}}        //每位显示延时 5 ms
```

需要说明的是，80C51 串行传送次序是"低位在前，高位在后"，而 595 的移位秩序是从 Q0→Q7，位秩序相反。因此，程序中采用逆序字段码（a 是高位）。这样，595 输出端 Q0～Q7 可依次接显示屏笔段 a～g、Dp 端，避免电路连线绕行错位。

本例 Keil C51 调试和 Proteus 仿真见实验 23。

【复习思考题】

8.1 简述 LED 数码管的结构和分类。LED 正向压降、额定电流和最大电流各是多少？

8.2 简述从显示数中分离出显示数字的方法。

8.3 简述将显示数字转换为显示字段码的方法。

8.4　什么叫静态显示方式和动态显示方式？各有什么特点？

8.5　动态扫描显示电路如何连线？对数码管的驱动电流有什么要求？

8.2　LCD 显示屏显示

液晶，具有特殊的光学性质，利用其在电场作用下的扭曲效应，可以显示字符及图像。由液晶做成的显示器（Liquid Crystal Display，缩写为 LCD）具有体积小、功耗低、显示内容丰富、超薄轻巧等优点，在单片机系统中得到广泛的应用。目前，常用的字符型 LCD 显示屏主要有 1602 和 12864。1602 能显示 ASCII 字符，12864 可显示汉字。

8.2.1　LCD1602 显示屏显示字符

1602 系列液晶屏有 16×1、16×2、20×2 和 40×2 行等模块。本节以 1602 为例，介绍其接口电路和程序设计。

1. 1602 简介

1602 液晶显示器由液晶显示屏和驱动控制集成电路（HD44780）组成，分析其功能实际上主要是分析驱动电路 HD44780 的功能，1602 的外形和引脚结构如图 8-8 所示。

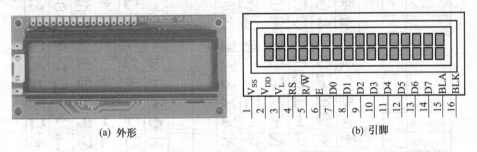

(a) 外形　　　　(b) 引脚

图 8-8　1602 字符型 LCD 显示器

（1）引脚功能

1602 共有 16 个引脚，其名称和功能如下。

V_{SS}：电源地端。

V_{DD}：电源正极。$4.5 \sim 5.5\,V$，通常接 $+5\,V$。

V_{L}：LCD 对比度调节端（有些技术资料用 V_{EE} 表示）。调节范围为 $0 \sim +5\,V$，接正电源时对比度最弱，接电源地时对比度最高；一般将其调节到 $0.3 \sim 0.4\,V$ 时对比度效果最好。

RS：寄存器选择端。RS $= 1$，读写数据寄存器；RS $= 0$，读写指令寄存器。

$R/\overline{W}$：读/写控制端。$R/\overline{W} = 1$，读出数据；$R/\overline{W} = 0$，写入数据。

E：使能端。E $= 1$，允许读写操作，下降沿触发；E $= 0$，禁止读写操作。

D0 ~ D7：8 位数据线，三态双向，也可采用 4 位数据传送方式。

BLA：LCD 背光源正极。

BLK：LCD 背光源负极。

（2）内部寄存器

1602 内部寄存器有指令寄存器 IR、数据寄存器 DR、地址计数器 AC、数据显示存储器 DDRAM、既有字符存储器 CGROM、自定义字符存储器 CGRAM、光标控制寄存器、输入/输出缓冲器和忙标志位 BF 等。其中与编程应用有关的寄存器简介如下。

① 数据显示存储器 DDRAM。DDRAM 存放 LCD 显示的点阵字符代码，共有 80 字节。1602 是 16×2，即可显示 2 行，每行 16 个字符。其对应的存储器地址分别为：00H ~ 0FH（第一行）和 40H ~ 4FH（第二行），其余存储单元可作一般 RAM 用。

② 既有字符存储器 CGROM。内部固化了 192 个点阵字符（160 个 5×7 点阵字符和 32 个 5×10 点阵字符），如图 8-9 所示。其中，标点符号、阿拉伯数字和英文大小写字母等字符为 ASCII 码。

图 8-9　1602 点阵字符字形表

③ 自定义字符存储器 CGRAM。有 64 字节 RAM，可自定义 8 个 5×8 点阵字符或 4 个 5×11 点阵字符。

④ 地址计数器 AC。作为 DDRAM 或 CGRAM 的地址指针，具有自动加 1 和自动减 1 功能。当数据从 DR 送到 DDRAM/CGRAM 时，AC 自动加 1；当数据从 DDRAM/CGRAM 送到 DR 时，AC 自动减 1。当 RS = 0、R/$\overline{\text{W}}$ = 1 时，在使能端 E = 1 激励下，AC 的内容送到 D7 ~ D0。

⑤ 忙标志 BF。BF = 1，忙；BF = 0，不忙。在 RS = 0、R/$\overline{\text{W}}$ = 1 时，令 E = 1，BF 信号输出到 D7 上，CPU 可对其读出判别。

（3）控制指令

1602 读写控制由寄存器选择端 RS、读/写控制端 R/$\overline{\text{W}}$ 和使能端 E 确定，如表 8-3 所示。

表 8-3 1602 读写控制

操作名称	E = 1（下降沿触发）		编码								说　明
	RS	R/$\overline{\text{W}}$	D7	D6	D5	D4	D3	D2	D1	D0	
写指令	0	0	×	×	×	×	×	×	×	×	写入 1602 操作指令
读地址	0	1	BF	AC6	AC5	AC4	AC3	AC2	AC1	AC0	读忙标志 BF 和地址值 AC
写数据	1	0	×	×	×	×	×	×	×	×	数据写入 DDRAM/CGRAM
读数据	1	1	×	×	×	×	×	×	×	×	从 DDRAM/CGRAM 读出数据

在 RS = 0、R/$\overline{\text{W}}$ = 0 并 E = 1 的条件下，写入 1602 的操作指令如表 8-4 所示。

表 8-4 写入 1602 的操作指令

名称	编码								说　明
	D7	D6	D5	D4	D3	D2	D1	D0	
清屏	0	0	0	0	0	0	0	1	显示空白，并清 DDRAM（空格），AC 清零，光标移至左上角
归位	0	0	0	0	0	0	1	×	显示回车，AC 清零，光标移至左上角，原屏幕显示内容不变
输入模式	0	0	0	0	0	1	I/D	—	I/D = 1，读/写一个字符后，AC 加 1，光标加 1 I/D = 0，读/写一个字符后，AC 减 1，光标减 1
	0	0	0	0	0	1	—	S	S = 1，读/写一个字符后整屏显示移动（移动方向由 I/D 确定） S = 0，读/写一个字符时整屏显示不动
显示开关控制	0	0	0	0	1	D	×	×	显示开关：D = 1，开；D = 0，关。DDRAM 中内容不变
	0	0	0	0	1	1	C	×	光标开关：C = 1，开；C = 0，关
	0	0	0	0	1	1	1	B	光标闪烁开关：B = 1，光标闪烁；B = 0，光标不闪烁
显示移位	0	0	0	1	S/C	—	×	×	S/C = 1，移动显示字符；S/C = 0，移动光标
	0	0	0	1	—	R/L	×	×	R/L = 1，左移一个字符位；R/L = 0，右移一个字符位

续表

名称	编码								说　　明
	D7	D6	D5	D4	D3	D2	D1	D0	
显示模式	**0**	**0**	**1**	DL	—	—	×	×	DL = **1**，8 位数据接口；DL = **0**，4 位数据接口
	0	**0**	**1**	—	N	—	×	×	N = **1**，双行显示；N = **0**，单行显示
	0	**0**	**1**	—	—	F	×	×	F = **1**，采用 5 × 7 点阵字符；F = **0**，采用 5 × 10 点阵字符
地址设置	**0**	**1**	A5	A4	A3	A2	A1	A0	设置 CGRAM 地址
	1	A6	A5	A4	A3	A2	A1	A0	设置 DDRAM 地址

需要说明的是，与 LED 比较，LCD 是一种慢响应器件，从地址建立、保持到数据建立、保持均需要时间（ms 级），在其内部操作未完成前对其读写，将出错。解决的办法有两种：一是对其"忙"查询，在确认 1602"不忙"条件下，才能对其读写操作；二是适当延时操作（延时 1.6 ms 以上即可），本例采用后一种方法。

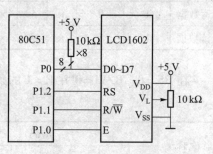

图 8-10　1602 液晶显示电路

2. 典型接口电路

1602 与 80C51 典型接口电路如图 8-10 所示。其中，10 kΩ 可变电阻用于调节 1602 显示对比度；排阻 10 kΩ × 8 作为 P0 口上拉电阻。

3. 应用程序

【例 8-7】 已知电路如图 8-10 所示，要求在 1602 LCD 显示屏上第一行显示 0 ~ 9 十个数字，第二行显示 A ~ P 十六个字母，试编制显示程序。

解：（1）汇编程序

```
        RS    EQU  P1. 2        ;伪指令,定义 RS 等值 P1. 2
        RW    EQU  P1. 1        ;伪指令,定义 RW 等值 P1. 1
        E     EQU  P1. 0        ;伪指令,定义 E 等值 P1. 0
;主程序
MAIN:   MOV   SP,#50H          ;设置堆栈
        CLR   E                ;使能端 E 保持低电平
        LCALL INIT             ;1602 初始化设置
        MOV   DPTR,#TAB1        ;置第 1 行显示数表首地址
        MOV   A,#80H            ;置 1602 显示地址:第 1 行第 1 列
        LCALL W1602            ;显示数 ASCII 码写入 1602
        MOV   DPTR,#TAB2        ;置第 2 行显示数表首地址
        MOV   A,#0C0H           ;置 1602 显示地址:第 2 行第一列
```

```
        LCALL  W1602              ;显示数 ASCII 码写入 1602
        SJMP   $                  ;原地等待
;写 1602 子程序
W1602：CLR    RS                  ;写指令寄存器
        LCALL  DIN                ;显示地址写入 1602
        LCALL  DY2ms              ;延时 2ms
        SETB   RS                 ;写数据寄存器,准备输入第一行显示数据
        MOV    R2,#0              ;置显示数初始序号
WR1：   MOV    A,R2               ;取显示数序号
        MOVC   A,@ A + DPTR       ;读对应的 ASCII 码
        LCALL  DIN                ;显示数 ASCII 码写入 1602
        LCALL  DY2ms              ;延时 2ms
        INC    R2                 ;显示数序号加 1,指向下一显示数
        CJNE   R2,#16,WR1         ;判显示完否? 未完转继续
        RET
;并行数据(预置 A 中)输入子程序
DIN：   CLR    RW                 ;置写 1602 有效
        MOV    P0,A               ;写入信号送 P0 口
        MOV    R7,#20             ;置延时参数
        DJNZ   R7,$               ;延时稳定
        SETB   E                  ;1602 使能端 E 置 1 有效
        MOV    R7,#20             ;置延时参数
        DJNZ   R7,$               ;延时稳定
        CLR    E                  ;使能端 E 下降沿触发
        RET                       ;
;1602 初始化子程序
INIT：  CLR    RS                 ;写指令寄存器
        MOV    A,#38H             ;设置显示模式:16 ×2 显示,5 ×7 点阵,8 位数据
        LCALL  DIN                ;显示模式参数写入 1602
        MOV    A,#06H             ;设置输入模式:AC 加 1,整屏显示不动
        LCALL  DIN                ;输入模式参数写入 1602
        MOV    A,#0CH             ;设置显示开关模式:开显示,无光标,不闪烁
        LCALL  DIN                ;显示开关参数写入 1602
        MOV    A,#03H             ;设置清屏参数
        LCALL  DIN                ;清屏参数写入 1602,初始化结束
        RET                       ;延时返回
DY2ms：…                          ;延时 2ms 子程序。见例 8-5,Keil C 调试时需插入
TAB1：  DB "0","1","2","3","4","5","6","7","8","9",0,0,0,0,0,0    ;第 1 行显示数表
```

TAB2： DB "A","B","C","D","E","F","G","H","I","J","K","L","M","N","O","P"　　;第 2 行显示数表
　　　END

（2） C51 程序

```
#include < reg51. h >                              //包含库函数 reg51. h
sbit   RS = P1^2;                                 //定义 RS(寄存器选择)为 P1. 2
sbit   RW = P1^1;                                 //定义 RW(读/写控制)为 P1. 1
sbit   E = P1^0;                                   //定义 E(使能片选)为 P1. 0
void   din1602(unsigned char   x) {               //并行数据输入 1602 子函数。形参:输入数据 x
  unsigned char   t;                              //定义延时参数 t
  RW = 0;                                         //写 1602 有效
  P0 = x;                                         //输入并行数据
  for(t = 0;t < 10;t ++ );                        //延时稳定
  E = 1;                                          //使能端 E 有效
  for(t = 0;t < 10;t ++ );                        //延时稳定
  E = 0;}                                         //使能端 E 下降沿触发
void   init1602() {                               //1602 初始化设置子函数
  RS = 0;                                         //写指令寄存器
  din1602(0x38);                                  //设置显示模式:16 ×2 显示,5 ×7 点阵,8 位数据
  din1602(0x06);                                  //设置输入模式:AC 加 1,整屏显示不动
  din1602(0x0c);                                  //设置显示开关模式:开显示,无光标,不闪烁
  din1602(0x03);}                                 //清屏,初始化结束
void   wr1602(unsigned char d[ ],a) {             //写 1602 子函数。形参:写入数组 d[ ],写入地址 a
  unsigned char   i;                              //定义循环序数 i
  unsigned int   t;                               //定义延时参数 t
  RS = 0;                                         //写指令寄存器(写入显示地址)
  din1602(a);                                     //输入显示地址:×行第一列
  for(t = 0;t < 360;t ++ );                       //延时约 2 ms(12 MHz)
  RS = 1;                                         //写数据寄存器(写入显示数据)
  for(i = 0;i < 16;i ++ ) {                       //循环输入 16 个显示数据
    din1602(d[i]);                                //依次输入显示数据(在数组 d 中)
    for(t = 0;t < 360;t ++ );}}                   //延时约 2 ms(12 MHz)
void   main() {                                   //主函数
  unsigned char   x[16] = {"0123456789"};         //定义第一行显示数组 x
  unsigned char   y[16] = {"ABCDEFGHIJKLMNOP"};   //定义第二行显示数组 y
  E = 0;                                          //使能端 E 低电平,1602 准备
  init1602();                                     //1602 初始化设置
  wr1602(x,0x80);                                 //写 1602 第一行数据
  wr1602(y,0xc0);                                 //写 1602 第二行数据
```

```
while(1);}                                    //原地等待
```

根据表 8-3 和表 8-4，有关 1602 初始化，说明如下。

显示模式：38H = 00111000。DL = **1**，8 位数据接口；N = **1**，双行显示；F = **0**，5×10 点阵。

输入模式：06H = 00000110。I/D = **1**，写一个字符后，AC 加 1；S = **0**，显示不动。

显示开关：0CH = 00001111。D = **1**，显示开；C = **0**，光标关；B = **0**，光标不闪烁。

本例 Keil C51 调试和 Proteus 仿真见实验 24。

8.2.2　LCD12864 显示屏显示汉字

LCD12864 是一种可显示 128 列 ×64 行点阵的液晶屏，通常将 LCD 显示屏与控制器组装在一块印制板模块上，有多种型号，按模块内液晶控制器分类，主要有 ST7920、T6963C、KS0108 等。其中，ST7920 带中文字库（国标二级，8000 多汉字），T6963C 带 ASCII 码字库，KS0108 不带任何字库。

需要说明的是，Proteus 仿真元件库中的 LCD12864 均不带中文字库，且即使是同一液晶屏控制器，也有许多不同的生产厂商和型号。本节介绍台湾晶采光电公司出品的 AMPIRE 12864，其控制器为 KS0108，控制指令比较简单，易理解，易编程。

1. AMPIRE 12864 型 LCD 显示屏简介

AMPIRE 12864 型 LCD 显示屏外形和引脚结构如图 8-11 所示。

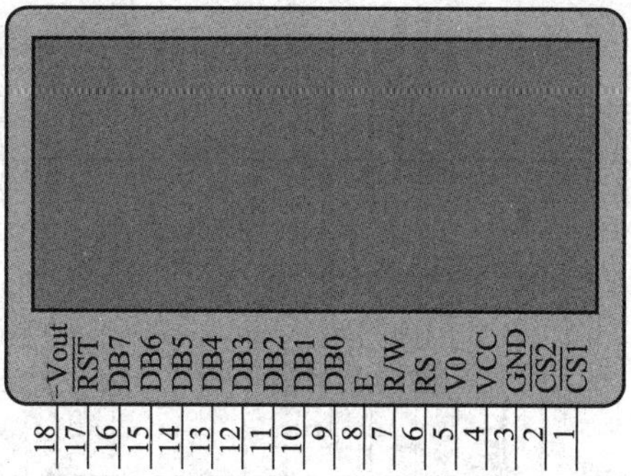

图 8-11　AMPIRE12864 型 LCD 显示器

（1）引脚功能

AMPIRE 12864 共有 18 个引脚，其名称和功能如下。

V_{CC}：电源正极，接 +5 V。

GND：电源地。

V_{OUT}：LCD 驱动电压输出端，约 −10 V。

V_0：LCD 对比度调节端，可在 V_{OUT} 接一个 2 kΩ 可变电阻之间取得。

RS：寄存器选择端。RS = **1**，读写数据寄存器；RS = **0**，读写指令寄存器。

R/W：读/写控制端。R/W = **1**，读出数据；R/W = **0**，写入数据。

E：读写使能端，高电平有效，下降沿锁定数据。

RST：复位端，低电平有效。

CS1：右半屏片选端，低电平有效。

CS2：左半屏片选端，低电平有效。

DB0 ~ DB7：8 位数据线，三态双向。

（2）显示屏数据结构

显示屏分为左右两个半屏，分别由两片 KS0108 控制器通过 CS1、CS2 引脚信号控制，控屏方式如表 8-5 所示。每半屏有 8 页，每页有 8 行，共 64 行。每半屏有 64 列，两个半屏共 128 列，全屏有 128×64 个点，显示一个中文汉字要 16×16 个点，因此可显示 32 个汉字。每上下两页显示一行汉字，可显示 4 行汉字，每行 8 个汉字，共 32 个汉字。若显示英文字母和数字，只需 8×16 个点，显示字数是汉字的两倍。AMPIRE 12864 型 LCD 显示屏行、列、页结构和编号如图 8-12 所示。其中，单个中文汉字占有的行、列、页数据结构如图 8-13 所示，注意数据是按列结构排列的。汉字字模提取方法稍后介绍，字模数据按 D7 ~ D0 排列（D7 高位），先提取上半页的 16 个数据，后提取下半页的 16 个数据，分别写入对应地址的 DDRAM（显示数据 RAM），就可显示所需汉字。

表 8-5　12864 控屏方式

CS1	CS2	选　屏
0	0	全屏
0	1	左半屏
1	0	右半屏
1	1	不选

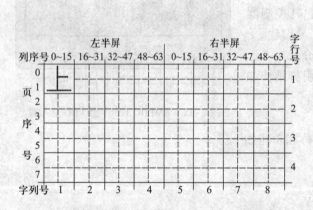

图 8-12　AMPIRE 12864 显示屏行、列、页结构示意图

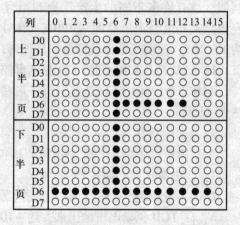

图 8-13　12864 单个汉字点阵结构示意图

（3）操作指令

KS0108 控制的 12864 操作指令，如表 8-6 所示。其中，前 4 行为写指令操作，后 3 行为读/写数据操作，由寄存器选择 RS 和读/写控制 R/$\overline{\text{W}}$ 编码确定操作类型，在使能端 E = 1 条件下，指令码和数据有效（E 下降沿锁存）。

表 8-6　AMPIRE 12864 操作指令

操作名称	E = 1 有效		数据总线编码								说　明
	RS	RW	DB7	DB6	DB5	DB4	DB3	DB2	DB1	DB0	
显示开关	0	0	0	0	1	1	1	1	1	D0	D0 = 0，开显示；D0 = 1，关显示

续表

操作名称	E = 1 有效		数据总线编码								说　　明
	RS	RW	DB7	DB6	DB5	DB4	DB3	DB2	DB1	DB0	
设置起始行	**0**	**0**	**1**	**1**	L5	L4	L3	L2	L1	L0	6 位行地址：L5 ~ L0
设置页地址	**0**	**0**	**1**	**0**	**1**	**1**	**1**	P2	P1	P0	3 位页地址：P2 ~ P0
设置列地址	**0**	**0**	**0**	**1**	C5	C4	C3	C2	C1	C0	6 位列地址：C5 ~ C0
读状态	**0**	**1**	BF	**0**	ON	RST	**0**	**0**	**0**	**0**	BF = 1，忙；ON = 1，关显示
写显示数据	**1**	**0**	D7	D6	D5	D4	D3	D2	D1	D0	D7 ~ D0 写入相应 DDRAM 单元
读显示数据	**1**	**1**	D7	D6	D5	D4	D3	D2	D1	D0	DDRAM 中 D7 ~ D0 内容→DB7 ~ DB0

说明：① 屏幕显示开/关操作不影响 DDRAM 中的内容。

② 设置起始行是设置屏幕显示的第一行，可以是 0 ~ 63 范围内任意一行。有规律的改变显示起始行，可产生滚屏效应。

③ 显示 RAM 共有 64 行，分 8 页，每页 8 行。设置页地址后，读写操作将在指定页内，直到重新设置。页地址存储在 X 地址计数器中，读写数据对页地址没有影响，但 RST 端复位信号可使页地址计数器清零。

④ 页地址和列地址可以确定 DDRAM 中唯一单元。DDRAM 的列地址存储在 Y 地址计数器中，读写数据对列地址有影响，读写操作后，Y 地址自动加一。

⑤ LCD 为慢响应器件，对其读写操作前需先检测状态。BF = 1，忙；BF = 0，允许操作。ON/OFF = 1，显示关闭；ON/OFF = 0，显示开。RST = 1，复位状态；RST = 0，正常状态。

⑥ 写显示数据到 DDRAM 前，要先执行"设置页地址"和"设置列地址"指令。

2. 汉字编码

（1）汉字编码概述

国家汉字代码标准 GB2312 – 80（包含常用汉字 6763 个和符号 715 个），是我国普遍使用的简体字字符集，字符集规定了这些汉字的二进制编码。后来又扩充了 GBK 字符集（国家标准扩展字符集），还有香港、台湾以及宋体、楷体、简体、繁体等各种字符集。

（2）汉字点阵显示代码

汉字编码仅代表了该汉字，并不能直接驱动点阵显示，还需要将其转换成能驱动点阵显示的二进制代码，控制 16 × 16 点阵中部分"点"发光，形成汉字显示。

（3）汉字点阵取模软件

对几千个汉字编制点阵代码，实在是一项繁重的工作，好在国内已经有人制作了免费使用的汉字点阵取模软件，可用于 LED/LCD 16 × 16 点阵显示。

汉字点阵取模软件有多种，常用的是可从网上免费下载的"zimotiquV2.1"软件，能比较方便地生成字符点阵代码。现简要介绍该软件使用方法。

① 打开 "zimotiquV2.1" 软件，弹出其初始界面，如图 8-14 所示。

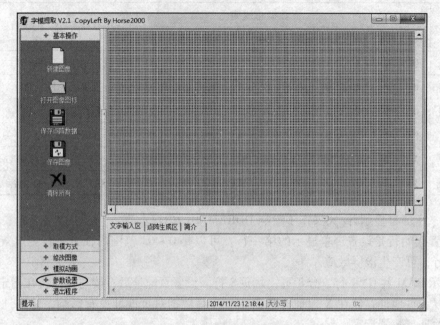

图 8-14 汉字点阵取模软件界面

② 设置参数。左键单击左下方参数设置选项，弹出参数设置选择界面，如图 8-15 所示。

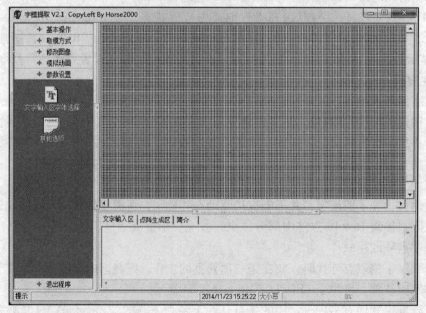

图 8-15 参数设置选择界面

参数设置有两项：一是"文字输入区字体选择"，可设定字体、字形、大小及效果等，如图 8-16 所示。一般，字体大小选"小四"，生成字模为 16×16 点阵，选好后左键单击"确定"按钮。二是"其他选项"，可设置取模方式、字节倒序等，如图 8-17 所示，取模方式选择纵向，字节倒序选钩，其余可选择默认，并左键单击 <确定> 按钮返回至图 8-15。

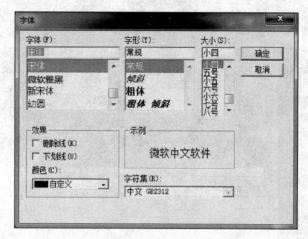

图 8-16 文字输入区字体选择设置界面

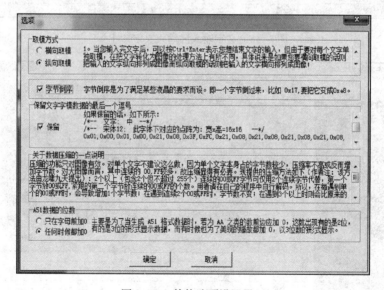

图 8-17 其他选项设置界面

③ 在图 8-15 下方文字输入区，输入所需要的文字，例如"上"字。按 < Ctrl + Enter > 键，文字就显示在点阵区上，如图 8-18 所示。

然后左键单击左上方"取模方式"，弹出取模方式两种选项。其中，C51 是用 C 语言编程使用的数据格式，A51 是用汇编编程使用的数据格式，左键单击编程所需的数据格式，在下方

"点阵生成区"标签页，即能生成输入文字的字模数据，如图 8-19 所示，可将其复制到程序中直接使用。

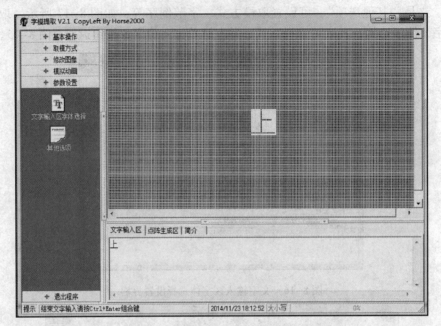

图 8-18　文字输入区输入文字"上"

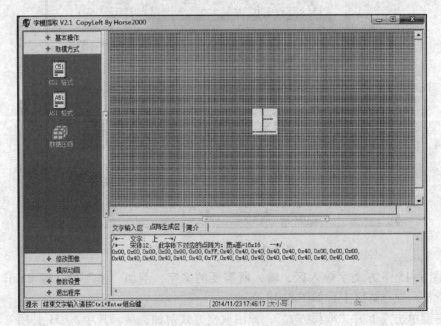

图 8-19　点阵生成区生成字模数据

如上述汉字"上"，在下方"点阵生成区"标签页生成的字模如下：

/* --文字：上 -- */

/* --宋体12；此字体下对应的点阵为:宽 x 高 =16x16 -- */

0x00,0x00,0x00,0x00,0x00,0x00,0xFF,0x40,0x40,0x40,0x40,0x40,0x40,0x00,0x00,0x00,

0x40,0x40,0x40,0x40,0x40,0x40,0x7F,0x40,0x40,0x40,0x40,0x40,0x40,0x40,0x40,0x00,

初学者往往一下子看不明白，这些字模代码与文字的对应关系，可对照图 8-13 分析。上述第一行代码是 16×16 点阵上半部分从左到右排列，共 16 个；第二行代码是点阵下半部分从左到右排列，共 16 个，一共为 32 个二进制代码。例如，左上半部分：第 0 列 D7→D0 数据为 0x00；接着第 1 列~第 5 列均为 0x00；第 6 列为 0xff；第 7 列为 0x40。再看左下半部分：第 0 列 D7→D0 数据为 0x40；接着第 1 列~第 5 列均为 0x40；第 6 列为 0x7f；第 7 列为 0x40。以此类推，可得到整个汉字 16×16 点阵的二进制代码。

需要说明的是，同一个汉字，不同的字体，其代码完全不同。

3. 电路和应用程序

AMPIRE 12864 LCD 显示屏显示电路如图 8-20 所示。80C51 P0 与 12864 数据线 D0 ~ D7 连接，排阻 $10 \text{ k}\Omega \times 8$ 作为 P0 口上拉电阻；P2.0 ~ P2.5 分别与 12864 CS1、CS2、RS、R/$\overline{\text{W}}$、E 和 RST 连接；$10 \text{ k}\Omega$ 可变电阻一端接 V_{OUT}，另一端接地，调节端接 V_0，用于调节 12864 显示对比度。

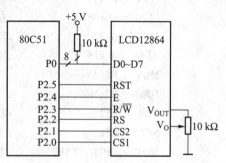

图 8-20　AMPIRE 12864 LCD 显示电路

【例 8-8】已知电路如图 8-20 所示，要求在 LCD 12864 显示屏第 2 字行显示"80C51 单片机"（居中），第 3 字行显示"实用教程"（居中），其余空白。

解：（1）汇编程序

```
        CS1     EQU   P2.0      ;伪指令,定义 CS1(左屏控制)等值 P2.0
        CS2     EQU   P2.1      ;伪指令,定义 CS2(右屏控制)等值 P2.1
        RS      EQU   P2.2      ;伪指令,定义 RS(寄存器选择)等值 P2.2
        RW      EQU   P2.3      ;伪指令,定义 RW(读/写控制)等值 P2.3
        E       EQU   P2.4      ;伪指令,定义 E(读写使能)等值 P2.4
        RST     EQU   P2.5      ;伪指令,定义 RST(复位控制)等值 P2.5
;主程序
MAIN：   MOV    SP,#50H         ;置堆栈
        LCALL  INIT            ;12864 初始化
MN0：    CLR    CS1             ;左屏开
        SETB   CS2             ;右屏关
        MOV    DPTR,#TAB1       ;置"80C51"字模表首址
        MOV    R2,#5           ;置写入字数("80C51"共 5 个字)
```

	MOV	R5,#16	;置起始列初值(左屏第 16 列)
MN1：	MOV	R3,#8	;置列循环次数(字符 8 列)
	MOV	R4,#2	;置页地址初值(第 2、3 页)
	LCALL	SHOW	;左屏第 2、3 页第 16 列起依次显示"80C51"
	MOV	A,R5	;读起始列地址
	ADD	A,#8	;修改列地址,指向下一字符起始列地址
	MOV	R5,A	;列地址回存
	DJNZ	R2,MN1	;"80C51"未写完,继续
	MOV	DPTR,#TAB3	;置"实用"字模表首址
	MOV	R2,#2	;置写入字数("实用"共 2 个字)
	MOV	R5,#32	;置起始列初值(左屏第 32 列)
MN2：	MOV	R3,#16	;置列循环次数(汉字 16 列)
	MOV	R4,#4	;置页地址初值(第 4、5 页)
	LCALL	SHOW	;左屏第 4、5 页第 32 列起依次显示"实用"
	MOV	A,R5	;读起始列地址
	ADD	A,#16	;修改列地址,指向下一汉字起始列地址
	MOV	R5,A	;列地址回存
	DJNZ	R2,MN2	;"实用"未写完,继续
	CLR	CS2	;右屏开
	SETB	CS1	;左屏关
	MOV	DPTR,#TAB2	;置"单片机"字模表首址
	MOV	R2,#3	;置写入字数("单片机"共 3 个字)
	MOV	R5,#0	;置起始列初值(右屏第 0 列)
MN3：	MOV	R3,#16	;置列循环次数(汉字 16 列)
	MOV	R4,#2	;置页地址初值(第 2、3 页)
	LCALL	SHOW	;右屏第 2、3 页第 0 列起依次显示"单片机"
	MOV	A,R5	;读起始列地址
	ADD	A,#16	;修改列地址,指向下一汉字起始列地址
	MOV	R5,A	;列地址回存
	DJNZ	R2,MN3	;"单片机"未写完,继续
	MOV	DPTR,#TAB4	;置"教程"字模表首址
	MOV	R2,#2	;置写入字数("教程"共 2 个字)
	MOV	R5,#0	;置起始列初值(右屏第 0 列)
MN4：	MOV	R3,#16	;置列循环次数(汉字 16 列)
	MOV	R4,#4	;置页地址初值(第 4、5 页)
	LCALL	SHOW	;右屏第 4、5 页第 0 列起依次显示"教程"
	MOV	A,R5	;读起始列地址
	ADD	A,#16	;修改列地址,指向下一汉字起始列地址

	MOV	R5,A	;列地址回存
	DJNZ	R2,MN4	;"教程"未写完,继续
	SJMP	MN0	;返回循环

;写入显示数据子程序。调用前先赋值字模表首址 DPTR、列循环次数 R3、页地址 R4、起始列 R5

SHOW:	LCALL	WRP	;页地址和起始列写入 12864
	MOV	B,R3	;列循环次数存 B 待用
SW1:	CLR	A	;A 清零
	MOVC	A,@ A + DPTR	;读字模数据
	MOV	R1,A	;存 R1 待输出
	LCALL	WRD	;数据写入 12864 上半页
	INC	DPTR	;指向下一列字模数据
	DJNZ	R3,SW1	;判该字模上半页数据写完否? 未完继续
	INC	R4	;上半页数据写完,指向下半页地址
	LCALL	WRP	;页地址和起始列写入 12864
	MOV	R3,B	;恢复列循环次数
SW2:	CLR	A	;A 清零
	MOVC	A,@ A + DPTR	;读字模数据
	MOV	R1,A	;存 R1 待输出
	LCALL	WRD	;数据写入 12864 下半页
	INC	DPTR	;指向下一列字模数据
	DJNZ	R3,SW2	;判该字模下半页数据写完否? 未完继续
	RET		;下半页数据写完,子程序返回

;设置页地址和起始列子程序。调用前先赋值页地址 R4、起始列 R5

WRP:	MOV	A,#0B8H	;置设置页地址指令(1011 1×××)
	ORL	A,R4	;加入页地址
	MOV	R1,A	;存 R1 待输出
	LCALL	WRC	;页地址指令写入 12864
	MOV	A,#40H	;置设置起始列指令(01×× ××××)
	ORL	A,R5	;加入起始列
	MOV	R1,A	;存 R1 待输出
	LCALL	WRC	;起始列指令写入 12864
	RET		;子程序返回

;写数据子程序。调用前先将写入数据→R1

WRD:	LCALL	CHECK	;检测忙状态,直至不忙
	SETB	RS	;选择数据寄存器
	CLR	RW	;写 12864
	MOV	P0,R1	;写数据
	SETB	E	;读写使能有效

```
            CLR     E               ;读写使能端下降沿锁定数据
            RET                     ;子程序返回
;写指令子程序。调用前先将写入指令→R1
WRC:        LCALL   CHECK           ;检测忙状态,直至不忙
            CLR     RS              ;选择指令寄存器
            CLR     RW              ;写 12864
            MOV     P0,R1           ;写指令
            SETB    E               ;读写使能有效
            CLR     E               ;读写使能端下降沿锁定数据
            RET                     ;子程序返回
;忙状态检测子程序
CHECK:      MOV     P0,#0FFH        ;忙状态检测子程序。P0 口置输入态
            CLR     RS              ;选择指令寄存器
            SETB    RW              ;读 12864
CK1:        SETB    E               ;读写使能有效
            CLR     E               ;读写使能端下降沿锁定数据
            JB      P0.7,CK1        ;若处于忙状态(P0.7 = 1),转再读忙标志
            RET                     ;子程序返回
;初始化子程序
INIT:       CLR     RST             ;12864 初始化子程序。复位
            SETB    RST             ;复位后正常工作
            CLR     CS1             ;选择左屏
            CLR     CS2             ;选择右屏
            MOV     R1,#0C0H        ;设置起始行 0
            LCALL   WRC             ;起始行指令写入 12864
            MOV     R1,#3FH         ;设置开显示
            LCALL   WRC             ;开显示指令写入 12864
            MOV     R4,#0           ;置页地址初值
            MOV     R5,#0           ;置起始列初值
LOP1:       LCALL   WRP             ;页地址和起始列写入 12864
            INC     R4              ;指向下一页地址
            MOV     R3,#64          ;置列循环次数
LOP2:       MOV     R1,#0           ;数据 0 存 R1 待输出
            LCALL   WRD             ;写入数据 0(清屏)
            DJNZ    R3,LOP2         ;判 64 列写入数据 0 完否? 未完继续
            CJNE    R4,#8,LOP1      ;64 列清零完毕,再判 8 页初始化完否? 未完继续
            RET                     ;子程序返回
;显示字模点阵数据表(宋体、小四、纵向、倒序)
```

```
TAB1: DB   0,70H,88H,08H,08H,88H,70H,0,0,1CH,22H,21H,21H,22H,1CH,0      ;8
      DB   0,0E0H,10H,08H,08H,10H,0E0H,0,0,0FH,10H,20H,20H,10H,0FH,0    ;0
      DB   0C0H,30H,08H,08H,08H,08H,38H,0,07H,18H,20H,20H,20H,10H,08H,0 ;C
      DB   0,0F8H,08H,88H,88H,08H,08H,0,0,19H,21H,20H,20H,11H,0EH,0     ;5
      DB   0,10H,10H,0F8H,0,0,0,0,0,20H,20H,3FH,20H,20H,0,0            ;1
TAB2: DB   0,0,0F8H,49H,4AH,4CH,48H,0F8H,48H,4CH,4AH,49H,0F8H,0,0,0     ;单
      DB   10H,10H,13H,12H,12H,12H,12H,0FFH,12H,12H,12H,12H,13H,10H,10H,0 ;
      DB   0,0,0,0FEH,20H,20H,20H,20H,20H,3FH,20H,20H,20H,20H,0,0      ;片
      DB   0,80H,60H,1FH,02H,02H,02H,02H,02H,02H,0FEH,0,0,0,0,0        ;
      DB   10H,10H,0D0H,0FFH,90H,10H,0,0FEH,02H,02H,02H,0FEH,0,0,0,0   ;机
      DB   04H,03H,0,0FFH,0,83H,60H,1FH,0,0,0,3FH,40H,40H,78H,0        ;
TAB3: DB   10H,0CH,04H,84H,14H,64H,05H,06H,0F4H,04H,04H,04H,04H,14H,0CH,0 ;实
      DB   04H,84H,84H,44H,47H,24H,14H,0CH,07H,0CH,14H,24H,44H,84H,04H,0 ;
      DB   0,0,0FEH,22H,22H,22H,22H,0FEH,22H,22H,22H,22H,0FEH,0,0,0    ;用
      DB   80H,60H,1FH,02H,02H,02H,02H,7FH,02H,02H,42H,82H,7FH,0,0,0   ;
TAB4: DB   20H,0A4H,0A4H,0A4H,0FFH,0A4H,0B4H,28H,84H,70H,8FH,08H,08H,0F8H,08H,0 ;教
      DB   04H,0AH,49H,88H,7EH,05H,04H,84H,40H,20H,13H,0CH,33H,40H,80H,0 ;
      DB   24H,24H,0A4H,0FEH,23H,22H,0,3EH,22H,2H,22H,22H,22H,3EH,0,0  ;程
      DB   08H,06H,01H,0FFH,01H,06H,40H,49H,49H,49H,7FH,49H,49H,49H,41H,0 ;
      END
```

（2）C51 程序

```c
#include <reg51.h>          //包含访问 sfr 库函数 reg51.h
#define  uchar  unsigned char  //用 uchar 表示 unsigned char
#define  uint   unsigned int   //用 uint 表示 unsigned int
sbit  CS1 = P2^0;           //定义 CS1(左屏控制)为 P2.0
sbit  CS2 = P2^1;           //定义 CS2(右屏控制)为 P2.1
sbit  RS = P2^2;            //定义 RS(寄存器选择)为 P2.2
sbit  RW = P2^3;            //定义 RW(读/写控制)为 P2.3
sbit  E = P2^4;             //定义 E(读写使能)为 P2.4
sbit  RST = P2^5;           //定义 RST(复位控制)为 P2.5
uchar  code z[][32] = {     //定义显示字模点阵二维数组,宋体、小四、纵向、倒序
  {0x00,0x70,0x88,0x08,0x08,0x88,0x70,0x00,0x00,0x1C,0x22,0x21,0x21,0x22,0x1C,0x00}, //8
  {0x00,0xE0,0x10,0x08,0x08,0x10,0xE0,0x00,0x00,0x0F,0x10,0x20,0x20,0x10,0x0F,0x00}, //0
  {0xC0,0x30,0x08,0x08,0x08,0x08,0x38,0x00,0x07,0x18,0x20,0x20,0x20,0x10,0x08,0x00}, //C
  {0x00,0xF8,0x08,0x88,0x88,0x08,0x08,0x00,0x00,0x19,0x21,0x20,0x20,0x11,0x0E,0x00}, //5
  {0x00,0x10,0x10,0xF8,0x00,0x00,0x00,0x00,0x00,0x20,0x20,0x3F,0x20,0x20,0x00,0x00}, //1
  {0x00,0x00,0xF8,0x49,0x4A,0x4C,0x48,0xF8,0x48,0x4C,0x4A,0x49,0xF8,0x00,0x00,0x00,  //单
    0x10,0x10,0x13,0x12,0x12,0x12,0x12,0xFF,0x12,0x12,0x12,0x12,0x13,0x10,0x10,0x00},
```

```
        {0x00,0x00,0x00,0xFE,0x20,0x20,0x20,0x20,0x20,0x3F,0x20,0x20,0x20,0x20,0x00,0x00,    //片
         0x00,0x80,0x60,0x1F,0x02,0x02,0x02,0x02,0x02,0x02,0xFE,0x00,0x00,0x00,0x00,0x00},
        {0x10,0x10,0xD0,0xFF,0x90,0x10,0x00,0xFE,0x02,0x02,0x02,0xFE,0x00,0x00,0x00,0x00,    //机
         0x04,0x03,0x00,0xFF,0x00,0x83,0x60,0x1F,0x00,0x00,0x00,0x3F,0x40,0x40,0x78,0x00},
        {0x10,0x0C,0x04,0x84,0x14,0x64,0x05,0x06,0xF4,0x04,0x04,0x04,0x04,0x14,0x0C,0x00,    //实
         0x04,0x84,0x84,0x44,0x47,0x24,0x14,0x0C,0x07,0x0C,0x14,0x24,0x44,0x84,0x04,0x00},
        {0x00,0x00,0xFE,0x22,0x22,0x22,0x22,0xFE,0x22,0x22,0x22,0x22,0xFE,0x00,0x00,0x00,    //用
         0x80,0x60,0x1F,0x02,0x02,0x02,0x02,0x7F,0x02,0x02,0x42,0x82,0x7F,0x00,0x00,0x00},
        {0x20,0xA4,0xA4,0xA4,0xFF,0xA4,0xB4,0x28,0x84,0x70,0x8F,0x08,0x08,0xF8,0x08,0x00,    //教
         0x04,0x0A,0x49,0x88,0x7E,0x05,0x04,0x84,0x40,0x20,0x13,0x0C,0x33,0x40,0x80,0x00},
        {0x24,0x24,0xA4,0xFE,0x23,0x22,0x00,0x3E,0x22,0x22,0x22,0x22,0x22,0x3E,0x00,0x00,    //程
         0x08,0x06,0x01,0xFF,0x01,0x06,0x40,0x49,0x49,0x49,0x7F,0x49,0x49,0x49,0x41,0x00}};
void check(){                           //忙状态检测子函数
    uchar s;                            //定义忙状态变量 s
    P0 = 0xff;                          //P0 口置输入态
    RS = 0;                             //选择指令寄存器
    RW = 1;                             //选择读
    do {E = 1;                          //读写使能有效
      E = 0;                            //读写使能端下降沿锁定数据
      s = P0&0x80;}                     //取出状态字中忙标志
    while(s!=0);}                       //若处于忙状态(s=0x80),就不断重读 s
void   wr(uchar c,d){                   //写 12864 子函数,形参:指令标志 c,数据 d
    check();                            //检测忙状态,直至不忙
    if(c)   RS = 0;                     //c=1,选择写指令
    else    RS = 1;                     //c=0,选择写数据
    RW = 0;                             //写
    P0 = d;                             //输出数据
    E = 1;                              //读写使能有效
    E = 0;}                             //读写使能端下降沿锁定数据
void   init12864(){                     //12864 初始化子函数
    uchar i,j;                          //定义循环序数 i、j
    RST = 0;                            //复位
    RST = 1;                            //复位后正常工作
    CS1 = 0;CS2 = 0;                    //选择全屏
    check();                            //忙状态检测
    wr(1,0xc0);                         //选择起始行 0
    wr(1,0x3f);                         //开显示
    for(i = 0;i < 8;i + +){             //页循环:0→7
```

```
    wr(1,0xb8|i);                   //设置页地址(1011 1×××)
    wr(1,0x40);                     //设置起始列(01×× ××××)
    for(j=0;j<64;j++)               //列循环:0→63
      wr(0,0);}}                    //写入数据0(清屏)
void show(uchar j,w,x,y,n){         //屏显示单个字符子函数
                                    //形参:选屏j、字宽w、页x、列y、字符数组序号n
  uchar i;                          //定义循环变量i
  if(j){CS1=1;CS2=0;}               //j=1,选择右屏
  else  {CS1=0;CS2=1;}              //j=0,选择左屏
  wr(1,0xb8|x);                     //设置写上半页(1011 1×××)
  wr(1,0x40|y);                     //设置起始列(01×× ××××)
  for(i=0;i<w;i++)                  //写入循环
    wr(0,z[n][i]);                  //依次写入上半页w个数据
  wr(1,0xb8|(x+1));                 //设置写下半页(1011 1×××)
  wr(1,0x40|y);                     //设置起始列(01×× ××××)
  for(i=0;i<w;i++)                  //写入循环
    wr(0,z[n][i+w]);}               //依次写入下半页w个数据
void main(){                        //主函数
  uchar i;                          //定义循环序数i
  init12864();                      //初始化
  while(1){                         //无限循环
    for(i=0;i<5;i++)                //显示循环
      show(0,8,2,i*8+16,i);         //左屏第2、3页第16列起依次显示"80C51"
    for(i=0;i<3;i++)                //显示循环
      show(1,16,2,i*16,i+5);        //右屏第2、3页第0列起依次显示"单片机"
    for(i=0;i<2;i++)                //显示循环
      show(0,16,4,i*16+32,i+8);     //左屏第4、5页第32列起依次显示"实用"
    for(i=0;i<2;i++)                //显示循环
      show(1,16,4,i*16,i+10);}}     //右屏第4、5页第0列起依次显示"教程"
```

本例 Keil C51 调试和 Proteus 仿真见实验 25。

【复习思考题】

8.6 LCD1602 能显示多少字符？能显示汉字吗？

8.7 试述汉字 16×16 点阵与字模代码的对应关系。

8.3 键　　盘

键盘在单片机系统中是一个很重要的部件。输入数据、查询和控制系统的工作状态，都要

用到键盘，键盘是人工干预计算机的主要手段。

微机所用的键盘可分为编码键盘和非编码键盘两种。编码键盘采用硬件线路来实现键盘编码，每按下一个键，键盘能自动生成按键代码，键数较多，而且还具有去抖动功能，这种键盘使用方便，但硬件较复杂，PC 机所用的键盘就属于这种。非编码键盘仅提供按键开关工件状态，其他工作由软件完成，这种键盘键数较少，硬件简单，一般在单片机应用系统中广泛使用。本节主要介绍该类非编码键盘及其与 80C51 单片机的接口。

8.3.1　键盘接口概述

1. 按键开关去抖动问题

按键开关在电路中的连接如图 8-21（a）所示。按键未按下时，A 点电位为高电平 5 V；按键按下时，A 点电位为低电平。A 点电位就用于向 CPU 传递按键的开关状态。但是由于按键开关的结构为机械弹性元件，在按键闭合和断开瞬间，触点间会产生接触不稳定，引起 A 点电平不稳定，如图 8-21（b）所示。键盘的抖动时间一般为 5 ~ 10 ms，抖动现象会引起 CPU 对一次键操作进行多次处理，从而可能产生错误，因此必须设法消除抖动的不良后果。

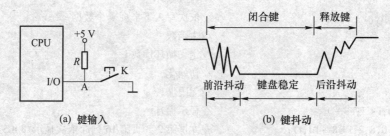

图 8-21　键操作和键抖动

消除抖动不良后果的方法有硬、软两种方法。

（1）硬件去抖动

硬件去抖动通常用电路来实现，一般有以下 3 种方法：

① 图 8-22（a）为利用双稳电路的去抖动电路。

② 图 8-22（b）是利用单稳电路的去抖动电路。

③ 图 8-22（c）为利用 RC 滤波电路的去抖动电路。RC 滤波电路具有吸收干扰脉冲的作用，只要适当选择 RC 电路的时间常数，便可消除抖动的不良后果。当按键未按下时，电容 C 两端电压为零；当按键按下后，电容 C 两端电压不能突变，CPU 不会立即接受信号，电源经 R_1 向 C 充电，即使在按键按下的过程中出现抖动，只要 RC 电路的时间常数大于抖动电平变化周期，门的输出将不会改变。在图 8-22（c）中，$R_1 C$ 应大于 10 ms，且 $\left[V_{CC} R_2 / (R_1 + R_2)\right]$ 值应大于门的高电平阈值，$R_2 C$ 应大于抖动波形周期。这既可以由计算确定，也可以由实验或根据经验数据确定。图 8-22（c）电路简单实用，若要求不严格，还可将图中非门取消，直接与 CPU 相连。

(a) 双稳态消抖电路　　(b) 单稳态消抖电路　　(c) 滤波消抖电路

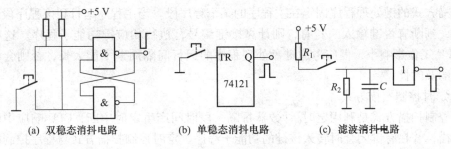

图 8-22　硬件消抖电路

（2）软件去抖动

软件去抖动的原理是根据按键抖动的特性，在第一次检测到按键按下后，执行延时 10 ms 子程序后再确认该键是否确实按下，从而消除抖动的影响。

2. 按键连接方式

键盘与 CPU 的连接方式可以分为独立式按键和矩阵式键盘。

（1）独立式按键

独立式按键是各按键相互独立，每个按键占用一根 I/O 端线，每根 I/O 端线上的按键工作状态不会影响其他 I/O 端线上按键的工作状态，如图 8-23 所示。

图 8-23　独立式按键接口电路

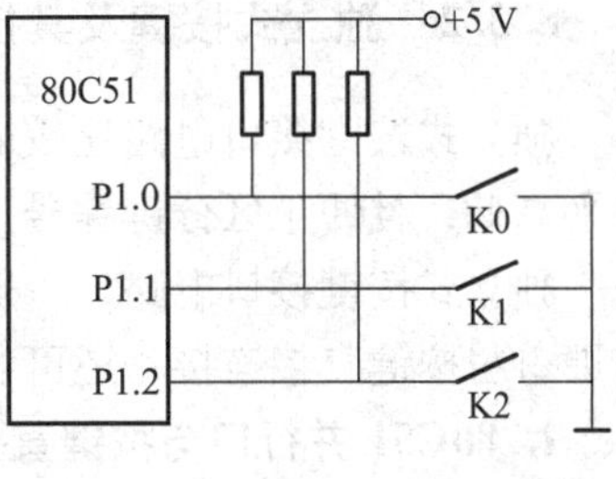

独立式按键电路配置灵活，软件结构简单，但每个按键必须占用一根 I/O 端线，在按键数量较多时，I/O 端线耗费较多，且电路结构显得繁杂。故这种形式适用于按键数量较少的场合。

（2）矩阵式键盘

矩阵式键盘又称行列式键盘，I/O 端线分为行线和列线，按键跨接在行线和列线上。按键按下时，行线与列线连通。其结构可用图 8-26 示意说明，图中有 4 根行线和 4 根列线，4×4 行列结构可连接 16 个按键，组成一个键盘。与独立式按键相比，16 个按键只占用 8 根 I/O 端线，占用 I/O 端线较少，因此适用于按键较多的场合。

无论独立式按键还是矩阵式键盘，与 80C51 I/O 口的连接方式可以分为与 I/O 口直接连接和与扩展 I/O 口连接，与扩展 I/O 口连接又可分为与并行扩展 I/O 口连接和与串行扩展 I/O 口连接。

3. 键盘扫描控制方式

在单片机应用系统中，键盘处理工作仅是 CPU 工作内容的一部分，CPU 还要进行数据处理、显示和其他输入输出操作，因此键盘处理工作既不能占用 CPU 太多时间，又需要对键盘操作能及时做出响应。CPU 对键盘处理控制的工作方式有以下几种。

（1）程序控制扫描方式

程序控制扫描方式是在 CPU 工作空余，调用键盘扫描子程序，响应键输入信号要求。程序控制扫描方式的键处理程序固定在主程序的某个程序段。当主程序运行到该程序段时，依次扫描键盘，判断有否键输入。若有，则计算按键编号，执行相应键功能子程序。这种工作方式，对 CPU 工作影响小，但应考虑键盘处理程序的运行间隔周期不能太长，否则会影响对键输入响应的及时性。

（2）定时控制扫描方式

定时控制扫描方式是利用定时/计数器每隔一段时间产生定时中断，CPU 响应中断后对键盘进行扫描，并在有键闭合时转入该键的功能子程序。定时控制扫描方式与程序控制扫描方式的区别是，在扫描间隔时间内，前者用 CPU 工作程序填充，后者用定时/计数器定时控制。定时控制扫描方式也应考虑定时时间不能太长，否则会影响对键输入响应的及时性。

（3）中断控制方式

中断控制方式是利用外部中断源，响应键输入信号。当无按键按下时，CPU 执行正常工作程序。当有按键按下时，CPU 立即产生中断。在中断服务子程序中扫描键盘，判断是哪一个键被按下，然后执行该键的功能子程序。这种控制方式克服了前两种控制方式可能产生的空扫描和不能及时响应键输入的缺点，既能及时处理键输入，又能提高 CPU 运行效率，但要占用一个宝贵的中断资源。

8.3.2 独立式按键及其接口电路

独立式按键接口电路比较简单，端口与按键一一对应，判断有无键按下只需根据相应端口电平高低，且便于区分键编号。因此，编程比较容易。

独立式按键接口电路，一般为 80C51 并行口与按键直接连接，也可运用并行扩展口或串行扩展口与按键直接连接，还可利用编码器编码输入键信号。

1. 80C51 并行口与按键直接连接

【例 8−9】80C51 并行口与按键直接连接，如图 8-23 所示，键按下时输入低电平信号，试编制按键扫描子程序。

解：（1）汇编程序

```
KEY:   ORL    P1,#07H          ;置 P1.0～P1.2 为输入态
       MOV    A,P1             ;读键值,键闭合相应位为 0
       CPL    A                ;取反,键闭合相应位为 1
       ANL    A,#00000111B     ;屏蔽高 5 位,保留有值信息的低 3 位
       JZ     GRET             ;全 0,无键闭合,返回
       MOV    B,A              ;存键值
       LCALL  DY10ms           ;非全 0,有键闭合,延时 10 ms 消抖
       MOV    A,P1             ;重读键值,键闭合相应位为 0
       CPL    A                ;取反,键闭合相应位为 1
       ANL    A,#00000111B     ;屏蔽高 5 位,保留有值信息的低 3 位
       JZ     GRET             ;全 0,无键闭合,返回;非全 0,确认有键闭合
```

```
        XRL     A,B                 ;与消抖前键值异或比较,相同出 0
        JNZ     GRET                ;不是全 0,表明两次键值不相同,有误
        JB      ACC.0,KA0           ;转 0# 键功能程序
        JB      ACC.1,KA1           ;转 1# 键功能程序
        JB      ACC.2,KA2           ;转 2# 键功能程序
GRET:   RET                         ;返回主程序
KA0:    LCALL   WORK0               ;执行 0# 键功能子程序
        RET                         ;返回调用程序
KA1:    LCALL   WORK1               ;执行 1# 键功能子程序
        RET                         ;返回调用程序
KA2:    LCALL   WORK2               ;执行 2# 键功能子程序
        RET                         ;返回调用程序
DY10ms: …                           ;延时 10 ms 子程序。略,见例 3-24(2),调试时需插入
        END
```

（2）C51 程序

```
#include < reg51.h >               //包含访问 sfr 库函数 reg51.h
sbit   k0 = P1^0;                   //定义位标识符 k0 为 P1.0
sbit   k1 = P1^1;                   //定义位标识符 k1 为 P1.1
sbit   k2 = P1^2;                   //定义位标识符 k2 为 P1.2
void   work0( ) {;}                 //k0 键功能子函数
void   work1( ) {;}                 //k1 键功能子函数
void   work2( ) {;}                 //k2 键功能子函数
void   main( ){                     //主函数
  unsigned int  t;                  //定义无符号整型变量 t(延时参数)
  k0 = k1 = k2 = 1;                 //置 P1.0 ~ P1.2 为输入态
  while(1){                         //无限循环
    if(k0 ==0){                     //若 k0 键闭合
     for(t =0;t <2000;t ++);        //延时约 10 ms
     if(k0 ==0)   work0( );}        //再判 k0 键是否闭合?若确认 k0 键闭合,转 k0 键功能程序
    else   if(k1 ==0){              //若 k1 键闭合
     for(t =0;t <2000;t ++);        //延时约 10 ms
     if(k1 ==0)   work1( );}        //再判 k1 键是否闭合?若确认 k1 键闭合,转 k1 键功能程序
    else   if(k2 ==0){              //若 k2 键闭合
     for(t =0;t <2000;t ++);        //延时约 10 ms
     if(k2 ==0)   work2( );}}       //再判 k2 键是否闭合?若确认 k2 键闭合,转 k2 键功能程序
```

Keil C51 软件调试：汇编程序需加入 10 ms 延时子程序和键功能子程序，编译链接进入调试状态后，打开 P1 口对话框，分别设置 k0 ~ k2（P1.0 ~ P1.2）键状态，单步结合过程单步，观察程序运行状态，是否符合题目要求。

2. 串行扩展口与按键直接连接

串行扩展口与按键直接连接按键接口电路如图 7-11 所示，只需将拨盘开关换作按键，例 7-2 程序中加入按键延时 10 ms 消抖即可，其余相同，本节不再赘述。

3. 编码输入键信号电路

编码器编码输入键信号电路如图 8-24 所示，74HC148 是 8 线 - 3 线优先编码器，可将 8 位键状态信号转换为 3 位数码信号，其引脚图如图 8-25 所示，功能表如表 8-7 所示。$\overline{I_0} \sim \overline{I_7}$ 为编码输入端，$\overline{Y_0} \sim \overline{Y_2}$ 为编码输出端；$\overline{EI}$ 为编码控制端；$\overline{EI} = 0$ 时，芯片编码；$\overline{GS}$ 为扩展输出端，无编码信号输入时，$\overline{GS} = 1$；有编码信号输入时，$\overline{GS} = 0$。80C51 只需 3 条 I/O 端线，就能获取 8 位键状态信号。还可利用 148 特有的 $\overline{GS}$ 信号，在按键闭合时，触发 $\overline{INT0}$ 中断，及时判断闭合键序号。

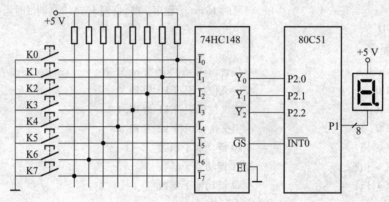

图 8-24　74HC148 编码输入 8 位按键状态电路

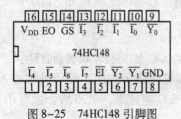

图 8-25　74HC148 引脚图

表 8-7　74HC148 功能表

输入端									输出端				
$\overline{EI}$	$\overline{I_7}$	$\overline{I_6}$	$\overline{I_5}$	$\overline{I_4}$	$\overline{I_3}$	$\overline{I_2}$	$\overline{I_1}$	$\overline{I_0}$	$\overline{Y_2}$	$\overline{Y_1}$	$\overline{Y_0}$	EO	$\overline{GS}$
1	×	×	×	×	×	×	×	×	1	1	1	1	1
0	0	×	×	×	×	×	×	×	0	0	0	1	0
0	1	0	×	×	×	×	×	×	0	0	1	1	0
0	1	1	0	×	×	×	×	×	0	1	0	1	0
0	1	1	1	0	×	×	×	×	0	1	1	1	0
0	1	1	1	1	0	×	×	×	1	0	0	1	0
0	1	1	1	1	1	0	×	×	1	0	1	1	0
0	1	1	1	1	1	1	0	×	1	1	0	1	0
0	1	1	1	1	1	1	1	0	1	1	1	1	0
0	1	1	1	1	1	1	1	1	1	1	1	0	1

【**例 8-10**】按键电路如图 8-24 所示，要求键按下时，在 P1 口输出显示该键编号，试编制程序。

解：（1）汇编程序

	ORG	0000H	;复位地址
	LJMP	MAIN	;转主程序
	ORG	0003H	;INT0 中断入口地址
	LJMP	LIT0	;转 $\overline{INT0}$ 中断服务程序
MAIN:	MOV	SP,#50H	;主函数。置堆栈
	SETB	IT0	;置 $\overline{INT0}$ 边沿触发方式
	MOV	IP,#01H	;置 $\overline{INT0}$ 为高优先级中断
	MOV	IE,#81H;	;INT0 开中
	MOV	P1,#0BFH	;先显示"一"(表示无键闭合,待中断)
	MOV	DPTR,#TAB	;置共阳字段码表首址
LOP:	JNB	F0,$	;无键中断,原地等待
	MOVC	A,@ A + DPTR	;有键中断,读键序号相应字段码
	MOV	P1,A	;键序号输出 P1 口显示
	CLR	F0	;键中断标志清零
	LCALL	DY1s	;延时 1 s
	MOV	P1,#0BFH	;恢复显示"一"
	SJMP	LOP	;返回循环,等待下一闭合键中断

```
;INT0 中断子函数
LIT0:   MOV    A,P2              ;读 P2 口
        ANL    A,#07H            ;取出 P2 口低 3 位编码数据,存 A
        SETB   F0                ;置键中断标志
        RETI                     ;中断返回
DY1s:   …                        ;延时 1 s 子程序。略,参阅例 3-24(3),调试时需插入
TAB:    DB   0C0H,0F9H,0A4H,0B0H,99H,92H,82H,0F8H,80H,90H   ;共阳字段码表
        END
```

（2）C51 程序

```
#include < reg51. h >             //包含访问 sfr 库函数 reg51. h
unsigned char  n;                 //定义键序号 n(全局变量)
unsigned char   code   c[10] = {   //定义共阳字段码数组,并赋值
  0xc0,0xf9,0xa4,0xb0,0x99,0x92,0x82,0xf8,0x80,0x90};
bit   f = 0;                      //定义外中断标志,并赋值(f = 0,无外中断)
void   main() {                   //主函数
  unsigned long   t;              //定义延时参数 t
```

```
    IT0 = 1;                    //置INT0边沿触发方式
    IP = 0x01;                  //置INT0为高优先级中断
    IE = 0x81;                  //INT0开中
    P1 = 0xbf;                  //先显示"—"(表示无键闭合,待中断)
    while(1) {                  //无限循环
      while(f == 0);            //无外中断,原地等待
      P1 = c[n];               //有外中断,P1 口输出显示中断源序号
      for(t = 0;t < 22000;t ++);  //延时 1s
      P1 = 0xbf;               //恢复显示"—"
      f = 0;}}                  //外中断标志清零
void  int0() interrupt 0 {      //外中断 0 中断函数
    n = P2&0x07;                //P2 口编码数据低 3 位→闭合键序号 n
    f = 1;}                     //置外中断标志(用于在主函数中鉴别)
```

本例 Keil C51 调试和 Proteus 仿真见实验 26。

8.3.3 矩阵式键盘及其接口电路

矩阵式键盘又称行列式键盘,I/O 端线分为行线和列线,按键跨接在行线和列线上,组成一个键盘。按键按下时,行线与列线连通,输出键信号。其特点是占用 I/O 端线较少,但需要扫描获取键信号,软件结构较复杂,可适用于按键较多的场合。

与独立式按键接口电路相似,矩阵式键盘也有按键与 80C51 并行口直接连接,与并行扩展口或串行扩展口连接,还有专用键盘接口芯片,例如 8279 等。

1. 4×4 矩阵式键盘电路

图 8-26 为 4×4 矩阵式键盘电路。有 4 根行线和 4 根列线,P1.0~P1.3 作为列线,P1.4~P1.7 作为行线,按键 K0~K15 跨接在行线和列线上。无键闭合时,P1.0~P1.3 与相应的 P1.4~P1.7 之间开路;有键闭合时,与闭合键相连接的两条 I/O 端线之间短路。判断有无键按下的方法如下。

(1) 判有无键闭合。置列线 P1.0~P1.3 为输入态(高电平),行线 P1.4~P1.7 输出低电平。有键闭合时,列线因短路出现低电平,与门有 **0** 出 **0**,触发INT0中断。

(2) 读入 P1 口数据,若与输出不符,则延时 10 ms 消抖。再读 P1 口数据,若仍与输出不符,则确认有键闭合。

(3) 逐行逐列扫描,找出闭合键所在行列。

(4) 计算闭合键编号。

【例 8-11】已知电路如图 8-26 所示,要求即时判断闭合键序号,并送 P2 口显示,试编制键盘扫描程序。

解:(1)汇编程序

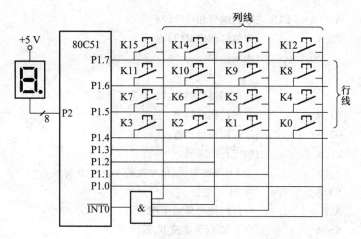

图 8-26 4×4 矩阵式键盘中断扫描电路

	ORG	0000II	;复位地址
	LJMP	MAIN	;转主程序
	ORG	0003H	;INT0中断入口地址
	LJMP	LIT0	;转INT0中断服务程序
MAIN:	MOV	SP,#50H	;主函数。置堆栈
	SETB	IT0	;置INT0边沿触发方式
	MOV	IP,#01H	;置INT0为高优先级中断
	MOV	IE,#81H	;INT0开中
	MOV	DPTR,#TAB	;置共阳字段码表首址
MN0:	MOV	P2,#3FH	;先显示"一"(表示无键闭合,待中断)
MN1:	MOV	P1,#0FH	;发出键状态搜索信号:行线置低电平,列线置输入态
	LCALL	DY10ms	;延时 10 ms,并等待INT0中断
	SJMP	MN1	;返回循环

;INT0中断子函数

LIT0:	MOV	A,P1	;读 P1 口数据
	XRL	A,#0FH	;与原输入 P1 口数据**异或**比较
	JZ	GRET	;全 0,无键按下,返回循环扫描
	LCALL	DY10ms	;非全 0,有键按下。延时 10 ms 消抖
	MOV	A,P1	;再读 P1 口数据
	XRL	A,#0FH	;与原输入 P1 口数据**异或**比较
	JZ	GRET	;全 0,无键按下,返回循环扫描
	LCALL	KSN	;非全 0,确认有键按下,调用键扫描子程序
	MOV	A,30H	;读闭合键编号

```
            MOVC    A,@ A + DPTR    ;取键编号相应字段码
            MOV     P2,A            ;键编号输出 P2 口显示
GRET:       RETI                    ;中断返回
;键扫描子程序
KSN:        MOV     B,#0EFH         ;置行扫描码初值:P1.4 先置低电平,其余高电平
            MOV     R1,#0           ;置列扫描号初值
            MOV     R2,#0           ;置行扫描号初值
KSN1:       MOV     P1,B            ;输出行扫描码
            MOV     A,P1            ;读 P1 口数据(键信号在低 4 位中,0 有效)
            MOV     R3,A            ;存 P1 口数据
            XRL     A,B             ;与行扫描码异或比较
            JZ      KSN4            ;全 0,本行无键按下,返回
KSN2:       MOV     A,R3            ;非全 0,本行有键按下,取 P1 口数据进行列扫描
            RRC     A               ;键信号右移入 C 中
            MOV     R3,A            ;回存 P1 口数据
            JC      KSN3            ;C=1,该列无键按下,转列扫描号加 1
            MOV     A,R2            ;C=0,该列有键按下,读行扫描号
            CLR     C               ;
            RLC     A               ;行扫描号×2
            RLC     A               ;行扫描号×4
            ADD     A,R1            ;行扫描号×4+列扫描号=闭合键编号
            MOV     30H,A           ;存闭合键编号
            RET                     ;子程序返回
KSN3:       INC     R1              ;列扫描号加 1
            CJNE    R1,#4,KSN2      ;列扫描(0→3)未完,转继续
            MOV     R1,#0           ;列扫描结束,重置列扫描号初值
KSN4:       MOV     A,B             ;读原行扫描码
            RL      A               ;左移一位(产生新一行扫描码)
            MOV     B,A             ;回存新一行扫描码
            INC     R2              ;行扫描号加 1
            CJNE    R2,#4,KSN1      ;行扫描(0→3)未完,转继续行扫描
            RET                     ;行扫描结束返回
DY10ms:…                            ;延时 10 ms 子程序。略,见例 3-24(2),调试时需插入
TAB:    DB  0C0H,0F9H,0A4H,0B0H,99H,92H,82H,0F8H,80H,90H    ;共阳字段码表
        DB  88H,83H,0C6H,0A1H,86H,8EH,3FH;
        END
```

(2) C51 程序

```
#include  < reg51. h >                 //包含访问 sfr 库函数 reg51. h
```

```
#include < intrins. h >                          //包含访问内联库函数 intrins. h
unsigned char   code   c[16] = {                  //定义共阳字段码数组(0~9、a~f 及无键闭合状态标志)
    0xc0,0xf9,0xa4,0xb0,0x99,0x92,0x82,0xf8,0x80,0x90,0x88,0x83,0xc6,0xa1,0x86,0x8e};
unsigned int   t;                                 //定义延时参数 t
unsigned char   k_scan( ){                        //键扫描子函数
    unsigned char   s = 0xef;                     //定义行扫描码,并置初始值(P1.4 先置低电平)
    unsigned char   i,k,n;                        //定义行扫描序数 i,列码寄存器 k,闭合键序号 n
    for(i = 0;i < 4;i + +){                        //行循环扫描
        P1 = s;                                    //输出行扫描码
        k = P1&0x0f;                               //取列码(低 4 位)
        if( k! = 0x0f)                             //若本行有键闭合(列码低 4 位有 0)
            switch( ~ k){                          //判何列有键闭合(低 4 位 1 有效)
                case 0xf1: n = i * 4 + 0;break;    //0 列有键闭合,计算闭合键序号
                case 0xf2: n = i * 4 + 1;break;    //1 列有键闭合,计算闭合键序号
                case 0xf4: n = i * 4 + 2;break;    //2 列有键闭合,计算闭合键序号
                case 0xf8: n = i * 4 + 3;break;}   //3 列有键闭合,计算闭合键序号
        s = _crol_(s,1);}                          //行扫描码左移一位
    return   n;}                                   //返回闭合键序号
void   main( ){                                    //主函数
    P2 = 0x3f;                                     //P2 输出显示无键闭合状态标志
    IT0 = 1;                                       //INT0边沿触发
    IP = 0x01;                                     //INT0高优先级
    IE = 0x81;                                     //INT0开中
    while(1){                                       //无限循环
        P1 = 0x0f;                                 //发出键状态搜索信号:置行线低电平、列线高电平
        for(t = 0;t < 2000;t + +);}}               //延时 10 ms,并等待INT0中断
void   int0( )   interrupt 0{                      //外中断 0 中断函数(有键闭合中断)
    for(t = 0;t < 2000;t + +);                     //延时约 10 ms 消抖
    P1 = 0x0f;                                     //再发键状态搜索信号:置行线低电平,列线高电平
    if(P1! = 0x0f)                                 //若 P1 口电平仍有变化,确认有键闭合
        P2 = c[k_scan( )];}                        //P2 输出显示闭合键序号
```

本例 Keil C51 调试和 Proteus 仿真见实验 27。

需要说明的是,图 8-26 电路在许多单片机教材和技术资料中被介绍,但实际上该电路连接存在一定问题。当同一行有多键同时按下(带锁),且该行其中一键所在列又有多键同时按下时,会发生信号传递路径出错。例如,K1、K2、K8、K9 同时按下,当 P1.4 行扫描输出低电平时,按理,仅有 P1.2、P1.1 会因 K2、K1 闭合而得到低电平列信号。但由于 K2 与 K9 同列且 K8 与 K9 同行,P1.4 输出的低电平信号会通过 K1→K9→K8 传递到 P1.0,产生低电平列

信号，引起出错。同理，当 P1.6 行扫描输出低电平时，其低电平信号会通过 K9→K1→K2 传递到 P1.2，产生低电平列信号，引起出错。不出错的条件是多键行与多键列不交叉。因此，这种矩阵式键盘电路适用于无锁按键并使用中断处理时才相对合理。

2. 电子密码锁

由单片机控制的电子密码锁是一种智能化的电子产品，近年来得到较多应用。

（1）电路设计

电子密码锁电路如图 8-27 所示，该电路具有 EPROM 存储开锁密码、LCD 显示、4×4 矩阵键盘输入和声光报警功能。

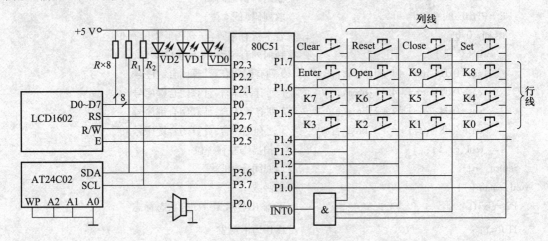

图 8-27   电子密码锁电路

① 右半部分为 4×4 矩阵式键盘电路，与图 8-26 电路相同。其中，K0 ~ K9 为密码数字键，其余 6 键为功能键：K10 为开锁键 Open，K11 为确认键 Enter，K12 为设置键 Set，K13 为闭锁键 Close，K14 为复位键 Reset，K10 为清除键 Clear。

② 左上部分为 LED 灯状态显示电路，VD0 为闭锁灯，VD1 为开锁灯，VD2 为报警灯，分别由 P2.3、P2.2、P2.1 控制，开锁灯 VD1 模拟开锁机械动作。

③ 左中部分为 LCD1602 显示屏电路，与图 8-10 电路相同（控制端改为 P2.5 ~ P2.7）。

④ 左下部分为串行 EPROM AT24C02 存储开锁密码电路，与图 7-28（b）电路相同（数据线和时钟线分别为 P3.6、P3.7）。

⑤ 蜂鸣器（警报发声）接 80C51 P2.0。

（2）功能设计

① 开机。闭锁灯 VD0 亮（红），表示闭锁；其余灯灭。

② 开锁。

a. 按开锁键 Open（键编号 10），发按键嘟声，LCD1602 第 1 行显示：input password（输入密码）。

b. 键入 8 位密码，1602 第 2 行依次显示键入的 8 位隐形密码：＊＊＊＊＊＊＊＊。每键入一位密码数字，发一次按键嘟声。

c. 8 位密码输入完毕，按确认键 Enter（键编号 11）后，系统核对密码。

d. 若密码正确，1602 第 1 行显示：password ok!（密码正确通过），闭锁灯 VD0 灭（红），开锁灯 VD1 亮（绿），表示已开锁。

e. 若键入密码中途发现键入有误，可按清除键 Clear（键编号 15）。按一次 Clear 键，已键入的隐形密码"＊"退一格。

f. 若键入 8 位密码有误，1602 第 1 行显示：error, try again（错，再输入一次），允许用户输错 3 次（有 error1、error2、error3 提示）。

g. 若连续 4 次输入错误，1602 第 1 行显示：input fail!（输入失败），并发出警车声，报警灯 VD2（黄）闪烁，中间不能打断。

h. 开锁操作有时限，从按下开锁键后，60 s 内未键入正确密码，声光报警。

i. 警车声停后，仍可正常操作（为便于验证操作演示，警车声频率升降循环 3 次，实用时可大大延长警车声时间，用作锁定功能）。

③ 设置。

本例初始密码为 12345678，由生产厂商在出厂前录入串行 EPROM AT24C02，用户使用时，可设置新的密码；或者用户需要修改原用密码，前提是先用原有效密码打开密码锁。

a. 按设置键 Set（键编号 12），1602 第 1 行显示：input password（输入密码）。

b. 先按开锁操作步骤和过程键入 8 位有效密码，密码验证正确后，1602 第 1 行显示：password ok!（密码正确通过），第 2 行显示：set new password（设置新密码）。

c. 若不能键入原有效密码，则不能进入设置程序。并在第 4 次输入错误后，声光报警。

d. 系统提示设置新密码后，键入 8 位新密码，1602 第 2 行依次显示键入的 8 位隐形密码：＊＊＊＊＊＊＊＊。操作步骤和功能同开锁过程。

e. 按 Enter 键后，1602 第 1 行显示：input again（再输入一遍）。

f. 再次输入第一次键入的 8 位新密码，按 Enter 键后，若二次密码相同，1602 第 1 行显示：new password ok!（新密码设置完成）。

g. 若二次密码不相同，1602 第 1 行显示：error, try again（错，再输入一次），允许用户输错 2 次（有 error1、error2 提示）。若第 3 次输入错误，1602 第 1 行显示：input fail!（输入失败）。

h. 设置操作有时限，从按下设置键后，60 s 内未键入正确密码，声光报警。

④ 复位。用于用户忘记密码，无法开锁时，由生产厂商高级维修人员将密码锁初始化。因此，复位操作的功能需要保密和隐蔽，并不对用户和无关人员公开，以防被非法利用。

a. 按复位键 Reset（键编号 14），1602 及 LED 灯均无反应（对无关人员表示 Reset 键无作用），但若按下复位键后 10 s 内，不能进行正确的第二步操作，立刻声光报警。

b. 正确的第二步操作是在 10 s 内，按下清除键 Clear（键编号 15）。

c. 正确的第三步操作是键入 8 位复位密码（81815151）。若依次键入密码中，有一位出错，1602 第 1 行立刻显示：error，并声光报警。出错后，需再次按复位键 Reset，才能重新进入复位操作。

d. 正确键入 8 位复位密码后，开锁灯 VD1 亮（绿），1602 第 1 行显示：reset ok!（复位成功），第 2 行显示：12345678（初始密码）。

e. 复位操作进入第三步操作后，仍有时限要求，若 30 s 内未正确键入 8 位复位密码，声光报警。

⑤ 关闭。用于上述几种操作完成后退出。

按闭锁键 Close（键编号 13），停显示、停嘟声、灭灯。但在进入上述 4 种键操作程序或报警过程中，按闭锁键无效，需待程序和报警执行完毕，才有效。

（3）程序设计

密码锁程序流程图如图 8-28 所示。

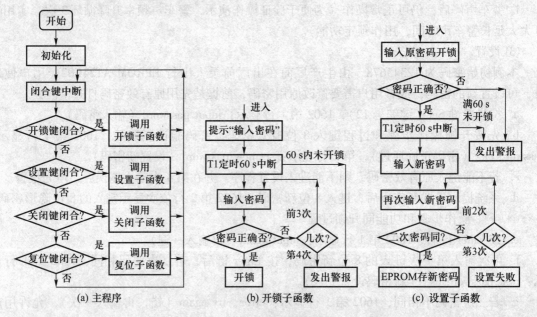

图 8-28　电子密码锁流程图

【例 8-12】 按图 8-27 所示电子密码锁电路，设开机即接通电源，关机即关闭电源，$f_{osc} = 12\,\text{MHz}$，试编程实现上述功能设计要求。

解： 本例应用 3 个中断：INT0 用于键闭合中断，T0 用于警报声频率控制中断，T1 用于 50 ms 定时中断。

定时初值计算：T1 初值 $= 2^{16} - 50000\,\mu s/1\,\mu s = 65536 - 50000 = 15536 = 3CB0H$

因汇编程序篇幅过于冗长，未予刊入，仅编写 C51 程序如下。

```
#include <reg51.h>                                    //包含访问 sfr 库函数 reg51.h
#include <intrins.h>                                  //包含访问内联库函数 intrins.h
unsigned char code   x1[16] = "input password";      //定义显示数组 x1(输入密码)
unsigned char code   x2[16] = "password ok!";        //定义显示数组 x2(密码正确通过)
unsigned char code   x4[16] = "set new password";    //定义显示数组 x4(设置新密码)
unsigned char code   x5[16] = "input again";         //定义显示数组 x5(再输入一遍)
unsigned char code   x6[16] = "new password ok!";    //定义显示数组 x6(新密码设置完成)
unsigned char code   x7[16] = "input fail!";         //定义显示数组 x7(输入失败)
unsigned char code   x8[16] = "over time,fail!";     //定义显示数组 x8(超时失败)
unsigned char code   x9[16] = "                ";    //定义显示数组 x9(全空白,共 16 个空格)
unsigned char code   x10[16] = " ********ok!";       //定义显示数组 x10(输入密码完成)
unsigned charcode    x11[16] = "error";              //定义显示数组 x11:错
unsigned char code   x12[16] = "no function";        //定义显示数组 x12(无功能)
unsigned char code   x13[16] = "reset ok!";          //定义显示数组 x13(复位成功)
unsigned char code   x14[16] = "12345678";           //定义显示数组 x14(初始密码 12345678)
unsigned char code   fst[8] = {1,2,3,4,5,6,7,8};     //定义初始密码数组,并赋值
unsigned char code   wd[8] = {8,1,8,1,5,1,5,1};      //定义复位密码数组,并赋值
unsigned char code   k[16] = {                       //定义键闭合状态码数组(用于查找闭合键对应序号)
   0xee,0xed,0xeb,0xe7,0xde,0xdd,0xdb,0xd7,0xbe,0xbd,0xbb,0xb7,0x7e,0x7d,0x7b,0x77};
unsigned char   p[8];                                //定义 8 位密码存储数组(用于核对密码)
unsigned char   n = 0xff;                            //定义闭合键序号 n,并赋初值
unsigned char   frq;                                 //定义发声频率
unsigned char   ms50 = 0;                            //定义 50 ms 计数器,并清零
unsigned char   s10 = 0;                             //定义 10 s 计数器,并清零
unsigned char   m = 0;                               //定义超时计数变量,并清零
bit   f = 0;                                         //定义键闭合标志,并赋初值(无键闭合)
bit   err = 1;                                       //定义核对标志 err,并赋初值 err = 1(核对错误)
sbit   D0 = P2^3;                                    //定义 VD0 为 P2.3(闭锁灯)
sbit   D1 = P2^2;                                    //定义 VD1 为 P2.2(开锁灯)
sbit   D2 = P2^1;                                    //定义 VD2 为 P2.1(报警灯)
sbit   BUZ = P2^0;                                   //定义 BUZ 为 P2.0(报警声)
sbit   E = P2^5;                                     //定义 E 为 P2.5(1602 使能片选)
sbit   RW = P2^6;                                    //定义 RW 为 P2.6(1602 读/写控制)
sbit   RS = P2^7;                                    //定义 RS 为 P2.7(1602 寄存器选择)
sbit   SDA = P3^6;                                   //定义 SDA 为 P3.6(24C02 数据端)
sbit   SCL = P3^7;                                   //定义 SCL 为 P3.7(24C02 时钟端)
void   STAT();                                       //启动信号子函数 STAT,见 7.4.2 节
void   STOP();                                       //终止信号子函数 STOP,见 7.4.2 节
```

```
void   ACK();                              //发送应答 A 子函数 ACK,见 7.4.2 节
void   NACK();                             //发送应答A̅子函数 NACK,见 7.4.2 节
bit    CACK();                             //检查应答子函数 CACK,见 7.4.2 节
void   WR1B();                             //写一字节子函数 WR1B,形参 x:发送数据,见 7.4.2 节
unsigned char   RD1B();                    //读一字节子函数 RD1B,返回值:接收数据,见 7.4.2 节
void   WRNB();                             //写 AT24Cxx n 字节子函数,见 7.4.3 节
void   RDNB();                             //读 AT24Cxx n 字节子函数,见 7.4.3 节
void   in1602(unsigned char  x);           //并行数据输入 1602 子函数,形参:输入数据 x,见例 8-7
void   init1602();                         //1602 初始化设置子函数,见例 8-7
void   wr1602(unsigned char d[ ],a);       //写 1602 子函数,形参:写入数组 d[ ],地址 a,见例 8-7
unsigned char   k_scan();                  //键扫描子函数,返回值:闭合键序号,见例 8-11
void   input() {                           //键入密码子函数
  unsigned char  i,j;                      //定义循环序号 i、j
  unsigned char  b[8];                     //定义原始密码存储数组(用于核对密码)
  unsigned char  y[16] = "                ";//定义第二行显示数组,并赋值(16 位空)
  for(i=0;i<9;i++){                        //依次读 8 位密码和一位确认键
    while(f==0);                           //等待键入密码(键闭合中断)
    f=0;                                   //键闭合标志清零
    if((n<10)&(i<8)) {                     //若是密码数字键(只能有 8 位)
      p[i]=n;                              //读存一位开锁密码
      y[i]=' *';                           //第二行显示数组相应位赋值 *
      wr1602(y,0xc0);}                     //显示第二行( * 号个数由 i 确定)
    else  if((n==15)&(i!=0))){             //若是清除键(不能是第 0 位)
      i--;                                 //退一格,指向前一密码输入位
      y[i]=";                              //该位用"空格"替代" * "(显示数组赋值)
      wr1602(y,0xc0);                      //显示第二行( * 号个数由 i 确定)
      i--;}                                //再退一格(抵消 for 循环中 i++)
    else  if((n==11)&(i==8)){              //若在 8 位密码输入后,按确认键
      wr1602(x10,0xc0);                    //1602 第二行显示:********ok!
      err=0;                               //先设核对正确,err=0
      RDNB(b,8,0x50);                      //读密码,存入数组 b[8]
      for(j=0;j<8;j++)                     //核对密码循环
        if(b[j]!=p[j])  err=1;}            //若输入密码有误,置错误标志 err=1
    else {err=1;                           //其他情况,置错误标志 err=1
      break;}}}                            //跳出循环
void   alm() {                             //警报子函数
  unsigned char i,j;                       //定义循环序号 i、j
  unsigned int  t;                         //定义延时参数 t
```

```
  EX0 = 0;                                  //INT0禁中(暂停按键功能)
  TH0 = 0xfe;                               //置 T0 定时高 8 位
  TL0 = frq;                                //置 T0 定时低 8 位(不断升降)
  TR0 = 1;                                  //T0 运行
  D2 = 0;                                   //警报灯(黄)亮
  for( j = 0;j < 3;j ++ ) {                 //发警报声循环 3 次(实用时可大大延长)
    for( i = 0;i < 200;i ++ ) {             //发声频率上升循环
      for( t = 0;t < 1940;t ++ );           //延时 10 ms
      frq = i;                              //低 8 位定时值加 1,周期缩短,频率上升
      if( i%10 == 0)   D2 = ~ D2;}          //若满 0.1 s,警报灯(黄)闪烁
    for( i = 200;i > 0;i -- ) {             //发声频率下降循环
      for( t = 0;t < 1940;t ++ );           //延时 10 ms
      frq = i;                              //低 8 位定时值减 1,周期增长,频率下降
      if( i%10 == 0)   D2 = ~ D2;}}         //若满 0.1 s,警报灯(黄)闪烁
  TR0 = 0;TR1 = 0;                          //T0、T1 停运行
  BUZ = 0;                                  //蜂鸣器端口电平复位取低
  D2 = 1;                                   //警报灯(黄)灭
  EX0 = 1;}                                 //INT0开中(恢复按键功能)
void   open( ) {                            //开锁子函数
  unsigned char   i;                        //定义循环序号 i
  unsigned char   x3[16] = "error ,try again";  //定义显示数组 x3:错,再输入一次
  D0 = 0;D1 = 1;D2 = 1;                     //闭锁灯亮,开锁灯、报警灯暗
  wr1602( x1,0x80);                         //写 1602 第一行:input password
  wr1602( x9,0xc0);                         //1602 第二行显示:空白
  m = 6;                                    //置延时报警时限,60 s 内未键入正确密码,报警
  TR1 = 1;                                  //启动 T1 运行(用于延时报警)
  for( i = 0;i < 4;i ++ ) {                 //输入密码循环,最多 4 次
    input( );                               //调用键入密码子函数
    if( err == 0) {                         //若核对密码正确,则:
      wr1602( x2,0x80);                     //1602 第一行显示:password ok!
      wr1602( x9,0xc0);                     //1602 第二行显示:空白
      TR1 = 0;                              //T1 停运行(停延时报警)
      D0 = 1;D1 = 0;                        //闭锁灯灭,开锁灯亮
      break;}                               //跳出循环
    else {                                  //若核对密码错误
      x3[5] = 0x30 + i + 1;                 //显示数组加入错误次数(i+1)
      wr1602( x3,0x80);                     //1602 第一行显示:error(第 i+1 次),try again
      wr1602( x9,0xc0);}                    //1602 第二行显示:空白
```

```
        if(i==3){                              //若是第 4 次(i+1)输入密码错误
            wr1602(x7,0x80);                   //1602 第一行显示:input fail!
            wr1602(x9,0xc0);                   //1602 第二行显示:空白
            alm();}}}                          //发出警报声
void  set(){                                   //设置子函数
    unsigned char  i,j;                        //定义循环序号 i、j
    unsigned char  b[8];                       //定义新密码存储数组(用于二次核对新密码)
    unsigned char  x3[16]="error ,try again";  //定义显示数组 x3:错,再输入一次
    open();                                    //若按开锁键,调用开锁子函数
    m=60;                                      //置延时报警时限,60 s 内未键入正确密码,报警
    TR1=1;                                     //再次启动 T1 运行(用于延时报警)
    if(err==0){                                //若核对密码正确,则:
        wr1602(x4,0xc0);                       //1602 第二行显示:set new password(设置新密码)
        input();                               //调用键入密码子函数
        for(i=0;i<8;i++)                       //转存循环
            b[i]=p[i];                         //转存第一次新密码
        wr1602(x5,0x80);                       //1602 第一行显示:input again
        wr1602(x9,0xc0);                       //1602 第二行显示:空白
        for(i=0;i<3;i++){                      //输入密码循环,最多 3 次
            input();                           //调用键入密码子函数
            err=0;                             //先设核对正确,err=0
            for(j=0;j<8;j++)                   //核对新密码循环
                if(b[j]!=p[j])  err=1;         //若二次密码有误,置核对错误 err=1
            if(err==0){                        //若核对二次密码正确,则:
                WRNB(b,8,0x50);                //写入新密码
                wr1602(x6,0x80);               //1602 第一行显示:new password ok!
                wr1602(x9,0xc0);               //1602 第二行显示:空白
                TR1=0;                         //T1 停运行(停延时报警)
                break;}                        //跳出循环
            else  {                            //若核对密码错误
                x3[5]=0x30+i+1;                //显示数组加入错误次数(i+1)
                wr1602(x3,0x80);               //1602 第一行显示:error ,try again
                wr1602(x9,0xc0);}              //1602 第二行显示:空白
            if(i==2){                          //若是第 3 次输入密码错误
                wr1602(x7,0x80);               //1602 第一行显示:input fail!
                wr1602(x9,0xc0);               //1602 第二行显示:空白
                alm();}}}}                     //发出警报声
void  clos(){                                  //闭锁子函数
```

```
    D0 = 1;D1 = 1;D2 = 1;                    //闭锁灯、开锁灯、报警灯暗
    wr1602(x9,0x80);                         //1602 第一行显示:全空白
    wr1602(x9,0xc0);                         //1602 第二行显示:全空白
    BUZ = 0;}                                //停嘟声
void   reset( ) {                            //复位子函数
    unsigned char  i;                        //定义循环序号 i
    D0 = 1;D1 = 1;D2 = 1;                    //闭锁灯、开锁灯、报警灯暗
    wr1602(x9,0x80);                         //1602 第一行显示:全空白
    wr1602(x9,0xc0);                         //1602 第二行显示:全空白
    TR1 = 1;                                 //启动 T1 运行(用于延时报警)
    m = 1;                                   //置 10 s 报警时限
    while(n!=15);                            //等待清除键按下(10 s 内不按下,报警)
    if(n ==15) {                             //若清除键按下
      f = 0;                                 //键闭合标志清零
      m = 3;                                 //重置报警时限,30 s 内未键入正确复位密码,报警
      TR1 = 1;                               //再次启动 T1 运行(用于延时报警)
      err = 0;                               //先设核对正确,err = 0
      for(i = 0;i < 8;i ++ ){                //依次读 8 位复位密码
        while(f == 0);                       //等待键入密码(键闭合中断)
        f = 0;                               //清键闭合标志
        if(wd[i]!=n) {err = 1;               //键序号与复位密码比较,若有误,置错误标志
          wr1602(x11,0x80);                  //1602 第一行显示:error
          D0 = 0;                            //闭锁灯亮
          alm( );                            //发出警报声
          break;}}                           //跳出键入复位密码循环
      if(err ==0){                           //若 8 位键入密码无错
        TR1 = 0;                             //T1 停运行(停延时报警)
        D0 = 1;D1 = 0;                       //闭锁灯灭,开锁灯亮
        WRNB(fst,8,0x50);                    //写入初始密码
        wr1602(x13,0x80);                    //1602 第一行显示:reset ok!
        wr1602(x14,0xc0);}}}                 //1602 第二行显示:12345678
void   main( ){                              //主函数
    unsigned int  t;                         //定义延时参数 t
    TMOD = 0x11;                             //置 T0、T1 定时器方式 1
    TH1 = 0x3c;TL1 = 0xb0;                   //置 T1 定时 50 ms 初值
    IT0 = 1;                                 //INT0 边沿触发
    IP = 0x02;                               //T0 高优先级
    IE = 0x8b;                               //INT0、T0、T1 开中
```

```
      E = 0;                                    //使能端 E 低电平,1602 准备
      init1602( );                              //1602 初始化设置
      D0 = 0;D1 = 1;D2 = 1;                      //闭锁灯亮,开锁灯、报警灯暗
      while(1){                                 //无限循环
        P1 = 0x0f;                              //发出键状态搜索信号:置行线低电平、列线高电平

        for( t = 0;t < 2000;t ++ );             //延时 10 ms,并等待INT0中断
        if( f == 1) {f = 0;                     //若有键闭合标志,清键闭合标志
          switch(n){                            //根据闭合键编号,调用相应功能子函数
            case10: open( );break;              //若按开锁键,调用开锁子函数
            case12: set( );break;               //若按设置键,调用设置子函数
            case13: clos( );break;              //若按关闭键,调用闭锁子函数
            case14: reset( );break;             //若按复位键,调用复位子函数
            default: ;}}}}                       //此外,不处理
void   t1( )   interrupt 3 {                     //T1 中断函数(50 ms 定时中断)
  TH1 = 0x3c;TL1 = 0xb0;                         //重置 T1 定时 50 ms 初值
  if( ++ms50 == 200){                            //50 ms 计数器加 1,满 10 s
    ms50 = 0;                                    //50 ms 计数器清零
    if( ++s10 == m){                             //10 秒计数器加 1,若达超时计数值
      TR1 = 0;                                   //T1 停运行
      alm( );}}}                                  //发出警报声
void   int0( )   interrupt 0{                    //外中断 0 中断函数(键闭合中断)
  unsigned int   t;                              //定义延时参数 t
  for( t = 0;t < 2000;t ++ );                    //延时约 10 ms 消抖
  if(P1 != 0x0f)   {f = 1;                       //若列线电平仍有变化,确认有键闭合,置键闭合标志
    n = k_scan( );                               //调用键扫描子函数,读存闭合键序号
    P1 = 0x0f;                                   //再次发键状态搜索信号(P1 已在上句改变状态)
    while( P1 != 0x0f){                          //等待闭合键释放(确保一次按键不重复中断)
      BUZ = ~ BUZ ;                              //按键按下发嘟声
      for( t = 0;t < 50;t ++ );}                 //延时
    BUZ = 0;}}                                    //停嘟声
void   t0( )   interrupt 1 {                     //T0 中断函数(警报声中断)
  TH0 = 0xfe;                                     //重置 T0 定时高 8 位
  TL0 = frq;                                      //重置 T0 定时低 8 位(在警报子函数中不断升降)
  BUZ = !BUZ;}                                    //蜂鸣器端口电平取反发声
```

本例 Keil C51 调试和 Proteus 仿真见实验 28。

【复习思考题】

8.8 按键开关为什么有去抖动问题? 如何消除?

8.9 键盘与 CPU 的连接方式如何分类？各有什么特点？

8.10 例 8-9 汇编程序中第一条指令为什么用"ORL P1，#07H"而不用"MOV P1，#07H"？

8.11 试述矩阵式键盘判别键闭合的方法，有什么问题？

8.4 实 验 操 作

实验 19 74LS377 并行扩展输出 3 位 LED 数码管静态显示

74LS377 并行扩展 3 位 LED 数码管静态显示电路和程序已在例 8-2 给出。

1. Keil 调试

（1）按实验 1 所述步骤，编译链接（注意输入源程序时，需将 3 位字段码转换子程序插入，否则出错），语法纠错，并进入调试状态。

（2）汇编程序打开存储器窗口，在 Memory#1 页 Address 编辑框内键入显示数存放首地址"d：0x30"；C51 程序打开变量观测窗口，在 Locals 页中先获取数组 b 的存储单元首地址 0x08，在 Memory#1 页 Address 编辑框内键入 b[ ] 存放首地址"d：0x08"。

在 Memory#2、3、4 窗口 Address 编辑框内分别键入百、十、个位 74377 口地址"x：0xdfff"、"x：0xbfff"、"x：0x7fff"。

（3）全速运行后，可看到：汇编程序在 Memory#1 页 30H、31H、32H，C51 程序在 08H、09H、0AH，已经存放了显示数 567 转换后的显示字段码：92、82、F8。

在 Memory#2、3、4 窗口 0xdfff、0xbfff、0x7fff 中也已经分别存放了上述显示字段码。

（4）改变显示数数值（注意 a≤999），重新编译链接、全速运行，转换结果随之改变。

2. Proteus 虚拟仿真

（1）按实验 1 所述 Proteus 仿真步骤，打开 Proteus 软件，按表 8-8 选择和放置元器件，并连接线路，画出 Proteus 仿真电路如图 8-29 所示。

表 8-8 74LS377 并行扩展 3 位 LED 数码管静态显示 Proteus 仿真电路元器件

名称	编号	大 类	子 类	型号/标称值	数量
80C51	U1	Microprocessor Ics	80C51 family	AT89C51	1
74LS373	U2 ~ U4	TTL 74LS series		74LS373	3
74LS02	U5	TTL 74LS series		74LS02	1
数码管		Optoelectronics	7 - Segment Displays	7SEG - COM - AN - GRN	3

需要说明的是，图 8-29 Proteus 仿真电路并未用到图 8-2 电路中的 74LS377，而是用 74LS373 和**或非门** 74L02 组合替代 74LS377，其原因已在第 5 章实验 9 中说明，组合替代后，

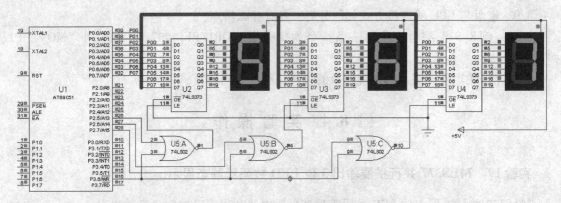

图 8-29   74LS377 并行扩展 3 位 LED 静态显示 Proteus 仿真电路

控制程序不变，功能不变。编者建议，读者在实际电路应用时，仍用 74LS377，而不用 74LS373，377 用于扩展并行输出，性价比更高。

（2）鼠标左键双击 Proteus 仿真电路中 AT89C51，装入 Keil 调试后自动生成的 Hex 文件。

（3）鼠标左键单击全速运行按钮，虚拟电路中 3 个数码管会显示程序中给出的显示数值。

（4）改变程序中显示数数值（注意 a≤999），重新 Keil 编译链接，生成新的 Hex 文件，再次装入虚拟电路 AT89C51 中，全速运行，显示结果会随之改变。

（5）终止程序运行，可按停止按钮。

实验 20   74LS164 串行扩展输出 3 位 LED 数码管静态显示

74LS164 串行扩展 3 位 LED 数码管静态显示电路和程序已在例 8-3 给出。

1. Keil 调试

（1）按实验 1 所述步骤，编译链接（注意输入源程序时，需将 3 位字段码转换子程序插入，否则出错），语法纠错，并进入调试状态。

（2）汇编程序打开存储器窗口，在 Memory#1 页 Address 编辑框内键入显示数存放首地址 "d：0x30"；C51 程序打开变量观测窗口，在 Locals 页中先获取数组 b 的存储单元首地址 0x08，在 Memory#1 页 Address 编辑框内键入 b[ ] 存放首地址 "d：0x08"。

（3）打开串行口对话窗口（主菜单"Peripherals"→"Serial"），以便观察串行缓存寄存器 SBUF 中的数据。

（4）汇编程序在 3 条"CLR   TI"处分别设置断点；C51 程序在"TI=0；"语句处设置断点。鼠标左键 3 次单击全速运行图标按键，可看到串行口对话窗口 SBUF 中的数据依次变为 A4、B0、99，表明程序依次串行发送个、十、百位显示字段码。

同时看到：汇编程序在 Memory#1 页 30H、31H、32H；C51 程序在 Memory#1 页 08H、09H、0AH 存储单元，已经存放了显示数 432 转换后的显示字段码：99、B0、A4。

（5）改变显示数数值（注意 a≤999），重新编译链接、全速运行，转换结果随之改变。

2. Proteus 仿真

（1）按实验 1 所述 Proteus 仿真步骤，打开 Proteus 软件，按表 8-9 选择和放置元器件，并连接线路，画出 Proteus 仿真电路如图 8-30 所示。其中，7SEG – MPX1 – CC 数码管引脚排列次序依次为 abcdefgDp，最右边引脚为 COM。

表 8-9 74LS164 串行扩展 3 位静态显示 Proteus 仿真电路元器件

名称	编号	大类	子类	型号/标称值	数量
80C51	U1	Microprocessor Ics	80C51 family	AT89C51	1
74LS164	U2 ~ U4	TTL 74LS series		74LS164	3
数码管		Optoelectronics	7 – Segment Displays	7SEG – COM – AN – GRN	3
电阻	R1、R2	Resistors	Chip Resistor 1/8W 5%	220 Ω	2

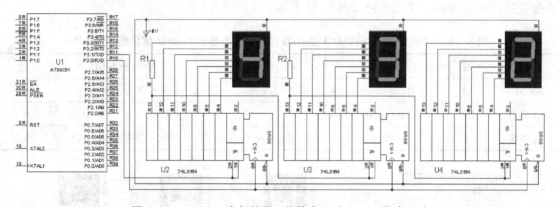

图 8-30 74LS164 串行扩展 3 位静态显示 Proteus 仿真电路

需要说明的是，共阳顺序字段码中，a 是低位，但由于 80C51 串行发送/接收的帧格式均为低位在前高位在后，164 接收后，Q0 ~ Q7 输出的位次序与原来相反。因此，将 Q7 ~ Q0 与数码管 abcdefgDp 连接，正好使字段码数据与数码管笔段相符。

（2）鼠标左键双击 Proteus 仿真电路中 AT89C51，装入 Keil 调试后自动生成的 Hex 文件。

（3）鼠标左键单击全速运行按钮，虚拟电路中 3 个数码管会显示程序中给出的显示数值。

（4）改变程序中显示数数值（注意 a ≤ 999），重新 Keil 编译链接，生成新的 Hex 文件，再次装入虚拟电路 AT89C51 中，全速运行，显示结果会随之改变。

（5）终止程序运行，可按停止按钮。

实验 21　CC4511 BCD 码驱动 3 位 LED 数码管静态显示

CC4511 BCD 码驱动 3 位 LED 数码管静态显示电路和程序已在例 8-4 给出。

1. Keil 调试

（1）按实验 1 所述步骤，编译链接（汇编程序须将延时 0.5 秒子程序插入），语法纠错，并进入调试状态。

（2）打开 P1 对话窗口（主菜单"Peripherals"→"I/O – Port"→"Port1"），以便观察 P1 口中数据的变化。

（3）鼠标左键单击单步运行图标"⏭"，可看到 P1 口依次输出个、十、百位控制码（包括显示位选通码和显示数字 BCD 码）。

（4）运行至延时程序或语句（汇编程序宜执行过程单步"⏮"）段，可看到 P1.7 在"1"、"0"间循环，表明显示闪烁。

2. Proteus 仿真

（1）按实验 1 所述 Proteus 仿真步骤，打开 Proteus 软件，按表 8–10 选择和放置元器件，并连接线路，画出 Proteus 仿真电路如图 8–31 所示。

表 8–10　CC4511 BCD 码驱动 3 位 LED 数码管静态显示 Proteus 仿真电路元器件

名称	编号	大类	子类	型号/标称值	数量
80C51	U1	Microprocessor Ics	80C51 family	AT89C51	1
CC4511	U2 ~ U4	CMOS 4000 series		4511	3
数码管		Optoelectronics	7 – Segment Displays	7SEG – COM – CAT – GRN	3

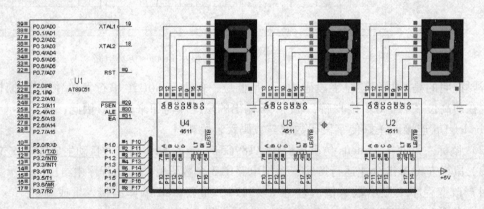

图 8–31　CC 4511 驱动 3 位静态显示 Proteus 仿真电路

（2）鼠标左键双击 Proteus 仿真电路中 AT89C51，装入 Keil 调试后自动生成的 Hex 文件。

（3）鼠标左键单击全速运行按钮，虚拟电路中 3 个数码管会显示程序中给出的显示数值，并不断闪烁。

（4）改变程序中变量显示数值，重新 Keil 编译链接，生成新的 Hex 文件，再次装入虚拟电路 AT89C51 中，全速运行，显示结果会随之改变。

（5）终止程序运行，可按停止按钮。

实验 22 74LS138 译码选通 8 位 LED 数码管动态显示

74LS138 译码选通 8 位 LED 数码管动态显示电路和程序已在例 8-5 给出。

1. Keil 调试

（1）按实验 1 所述步骤，编译链接（汇编程序需将数据移动子程序 DMOV 插入），语法纠错，并进入调试状态。

（2）打开 P1 对话窗口（主菜单 "Peripherals" → "I/O - Port" → "Port1"），以便观察 P1 口中 3 位编码信号的变化；打开串行口对话窗口（主菜单 "Peripherals" → "Serial"），以便观察串行缓冲寄存器 SBUF 中的段码数据。

（3）在延时子程序（汇编）或语句（C51）设置断点。

（4）鼠标左键不断单击全速运行图标 " 📑↓ "，可看到 P1 对话窗口中 P1.2 ~ P1.0 三位编码信号按 **000→111** 依次变化，表明位码扫描输出，并不断循环；同时看到串行对话窗口 SBUF 中的数据按程序要求显示的 8 位数字的相应段码：DA、FC、60、F2、F6、FE、E0、BE（20139876），依次变化，并不断循环。

2. Proteus 仿真

（1）按实验 1 所述 Proteus 仿真步骤，打开 Proteus 软件，按表 8-11 选择和放置元器件，并连接线路，画出 Proteus 仿真电路如图 8-32 所示。

表 8-11 74LS138 选通 8 位 LED 数码管动态显示 Proteus 仿真电路元器件

名称	编号	大类	子类	型号/标称值	数量
80C51	U1	Microprocessor Ics	80C51 family	AT89C51	1
74LS164	U2	TTL 74LS series		74LS164	1
74LS138	U3	TTL 74LS series		74LS138	1
数码显示屏		Optoelectronics	7 - Segment Displays	7SEG - MPX8 - CC - BLUE	1

（2）鼠标左键双击 Proteus 仿真电路中 AT89C51，装入 Keil 调试后自动生成的 Hex 文件。

（3）鼠标左键单击全速运行按钮，虚拟电路中数码显示屏会显示程序中给出的显示数值。

（4）终止程序运行，可按停止按钮。

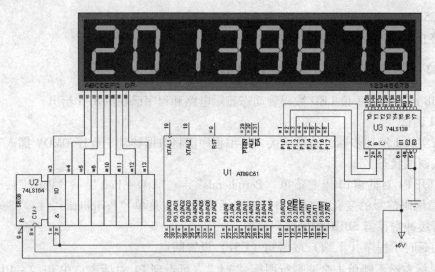

图 8-32　74LS138 选通 8 位共阴型 LED 数码管动态显示 Proteus 仿真电路

实验 23　74LS595 串行选通 8 位 LED 数码管动态显示

74LS595 串行选通 8 位 LED 数码管动态显示电路和程序已在例 8-6 给出。

1. Keil 调试

（1）按实验 1 所述步骤，编译链接（汇编程序需将数据移动子程序 DMOV 插入），语法纠错，并进入调试状态。

（2）打开串行口对话窗口（主菜单 "Peripherals" → "Serial"），以便观察串行缓冲寄存器 SBUF 中的段码数据。

（3）在程序两处 "CLR　TI"（汇编）或 "TI = 0"（C51）设置断点。

（4）鼠标左键不断单击全速运行图标 "≣↓"，可看到串行对话窗口 SBUF 中的数据按程序要求显示的 8 位数字，先位码后相应字段码的次序依次变化，表明位码、段码串行输出，并不断循环。

2. Proteus 仿真

（1）按实验 1 所述 Proteus 仿真步骤，打开 Proteus 软件，按表 8-12 选择和放置元器件，并连接线路，画出 Proteus 仿真电路如图 8-33 所示。

表 8-12　74LS595 串行选通 8 位 LED 数码管动态显示 Proteus 仿真电路元器件

名称	编号	大类	子类	型号/标称值	数量
80C51	U1	Microprocessor Ics	80C51 family	AT89C51	1
74LS595	U2、U3	TTL 74LS series		74LS595	2
数码显示屏		Optoelectronics	7 – Segment Displays	7SEG – MPX8 – CC – BLUE	1

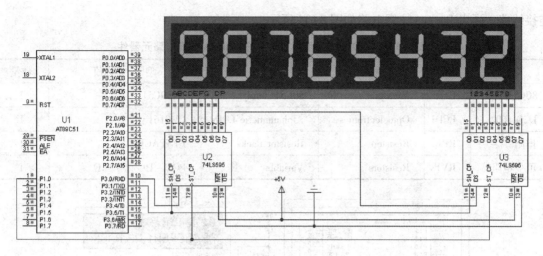

图 8-33 74LS595 串行选通 8 位 LED 动态显示 Proteus 仿真电路

（2）鼠标左键双击 Proteus 仿真电路中 AT89C51，装入 Keil 调试后自动生成的 Hex 文件。

（3）鼠标左键单击全速运行按钮，虚拟电路中数码显示屏会显示程序中给出的显示数值。

（4）终止程序运行，可按停止按钮。

实验 24　LCD1602 显示屏显示字符

LCD1602 显示屏显示字符电路和程序已在例 8-7 给出。

1. Keil 调试

（1）按实验 1 所述步骤，编译链接（汇编程序需将数据移动子程序 DMOV 插入），语法纠错，并进入调试状态。本例 Keil 调试，过程冗长，比较繁琐，意义不大，一般仅生成 Hex 文件即可。

但若有耐心，可仔细观测程序运行过程：在相应的控制端 P1.0（使能端 E）、P1.1（读/写控制端 $R/\overline{W}$）、P1.2（寄存器选择端 RS）信号作用下，写入 P1 口（1602 D0 ~ D7）的命令和数据（即 1602 显示内容）。

（2）打开 P0、P1 对话窗口（主菜单 "Peripherals" → "I/O - Port" → "Port0"、"Port1"），以便观察 P1.0、P1.1、P1.2 的信号状态和写入 P1 口中的命令和数据。

（3）汇编程序在并行数据输入子程序 DIN 中 "CLR　E" 处，或 C51 程序在并行数据输入子函数 din1602 中 "E = 0" 处，设置断点。

（4）鼠标左键不断单击全速运行图标 "⬛↓"，可看到 P1.0、P1.1、P1.2 的信号状态和写入 P1 口中的命令和数据。

2. Proteus 仿真

（1）按实验 1 所述 Proteus 仿真步骤，打开 Proteus 软件，按表 8-13 选择和放置元器件，并连接线路，画出 Proteus 仿真电路如图 8-34 所示。

表 8-13 LCD1602 显示屏显示字符 Proteus 仿真电路元器件

名称	编号	大类	子类	型号/标称值	数量
80C51	U1	Microprocessor Ics	80C51 family	AT89C51	1
LCD 1602	LCD1	Optoelectronics	Alphanumeric LCDs	LM016L	1
排阻	RP1	Resistors	Resistor Packs	RESPACK – 8	1
可变电阻器	RV1	Resistors	Variable	POT – HG 型 10 kΩ	1

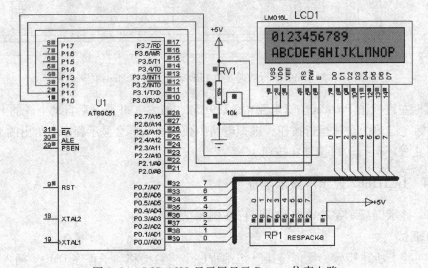

图 8-34 LCD 1602 显示屏显示 Proteus 仿真电路

（2）鼠标左键双击 Proteus 仿真电路中 AT89C51，装入 Keil 调试后自动生成的 Hex 文件。

（3）鼠标左键单击全速运行按钮，虚拟电路中数码显示屏会显示程序中给出的显示数值。

（4）汇编程序改变程序中显示数表 TAB1、TAB2，C51 程序改变程序中数组 x[16]、y[16] 中的显示字符，重新 Keil 编译链接，生成新的 Hex 文件，再次装入虚拟电路 AT89C51 中，全速运行，显示结果会随之改变。

（5）终止程序运行，可按停止按钮。

实验 25 LCD12864 显示屏显示汉字

LCD12864 显示屏显示汉字电路和程序已在例 8-8 给出。

1. Keil 调试

按实验 1 所述步骤，编译链接（汇编程序需将数据移动子程序 DMOV 插入），语法纠错，并进入调试状态。本例 Keil 调试，过程冗长，比较繁琐，意义不大，一般仅生成 Hex 文件即可。

2. Proteus 仿真

（1）按实验 1 所述 Proteus 仿真步骤，打开 Proteus 软件，按表 8-14 选择和放置元器件，并连接线路，画出 Proteus 仿真电路如图 8-35 所示。

表 8-14　LCD12864 显示屏显示汉字 Proteus 仿真电路元器件

名称	编号	大类	子类	型号/标称值	数量
80C51	U1	Microprocessor Ics	80C51 family	AT89C51	1
LCD 12864	LCD1	Optoelectronics	Graphical LCDs	AMPIRE128×64	1
排阻	RP1	Resistors	Resistor Packs	RESPACK – 8	1
可变电阻器	RV1	Resistors	Variable	POT – HG 型 10 kΩ	1

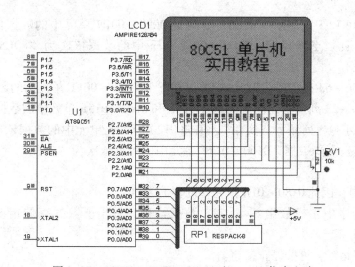

图 8-35　AMPIRE 12864 LCD 显示 Proteus 仿真电路

（2）鼠标左键双击 Proteus 仿真电路中 AT89C51，装入 Keil 调试后自动生成的 Hex 文件。

（3）鼠标左键单击全速运行按钮，AMPIRE128×64 显示屏显示，如图 8-35 所示。

（4）按暂停键，鼠标左键单击主菜单"Debug"，弹出下拉子菜单，选中（打钩）"KS0108B LCD Controller 1 RAM – LCD1"和"KS0108B LCD Controller 2 RAM – LCD1"），可打开 AMPIRE128×64 片内显示数据 RAM，如图 8-36 所示。

其中，"Controller 1 RAM"存储了左半屏字模点阵数据，"Controller 2 RAM"存储了右半屏字模点阵数据。

左半屏第 0、1 页空白，因此"Controller 1 RAM"0000 ~ 0070 单元中的数据为 00。

第 2、3 页第 0 ~ 15 列空白，因此 0080 ~ 008F 和 00C0 ~ 00CF 单元中的数据为 00。

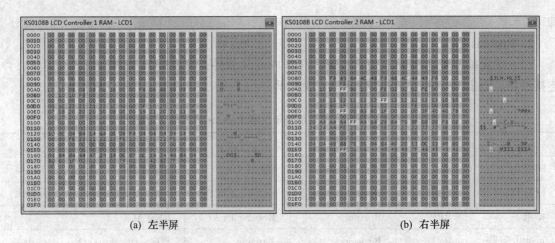

(a) 左半屏 (b) 右半屏

图 8-36　AMPIRE 12864 LCD 显示屏内 RAM 数据

第 2、3 页第 16~55 列显示"80C51",因此 0090~00B7 单元中的数据依次为"80C51"字模上半部(第 2 页)点阵数据,00D0~00F7 单元中的数据依次为"80C51"字模下半部(第 3 页)点阵数据。

第 2、3 页第 56~63 列空白,因此 00B8~00BF 和 00F8~00FF 单元中的数据为 00。

第 4、5 页第 0~23 列空白,因此 0100~011F 和 0140~015F 单元中的数据为 00。

第 4、5 页第 24~63 列显示"实用",因此 0120~013F 单元中的数据依次为"实用"字模上半部(第 4 页)点阵数据,0160~017F 单元中的数据依次为"实用"字模下半部(第 5 页)点阵数据。

第 6、7 页空白,因此 0180~01ff 单元中的数据为 00。

读者可对照程序中字模数组 z[ ][32] 数据辨析,右半屏数据存储情况分析与左半屏类同。

(5)终止程序运行,可按停止按钮。

实验 26　74HC148 编码输入 8 位按键状态

74HC148 编码输入 8 位按键状态电路和程序已在例 8-10 给出。

1. Keil 调试

本例因牵涉外部电路信号,Keil 调试无法全面反映调试状态。因此,仅按实验 1 所述步骤编译链接,语法纠错,自动生成 Hex 文件。

2. Proteus 仿真

(1)按实验 1 所述 Proteus 仿真步骤,打开 Proteus 软件,按表 8-15 选择和放置元器件,并连接线路,画出 Proteus 仿真电路如图 8-37 所示。

表 8-15　74HC148 编码输入 8 位按键状态 Proteus 仿真电路元器件

名称	编号	大类	子类	型号/标称值	数量
80C51	U1	Microprocessor Ics	80C51 family	AT89C51	1
74LS148	U2	TTL 74LS series		74LS148	1
数码管		Optoelectronics	7 – Segment Displays	7SEG – MPX1 – CA	1
按键	K0 ~ K7	Switches & Relays	Switches	BUTTON	8
排阻	RP1	Resistors	Resistor Packs	RESPACK – 8	1

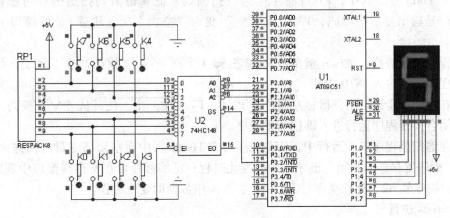

图 8-37　74HC148 编码输入 8 位按键状态 Proteus 仿真电路

（2）鼠标左键双击 Proteus 仿真电路中 AT89C51，装入 Keil 调试后自动生成的 Hex 文件。

（3）鼠标左键单击全速运行按钮，虚拟电路中数码管显示"一"。鼠标左键单击任一按键盖帽"▭"（BUTTON 按键有两种运行功能：有锁运行和无锁运行。作有锁运行时，鼠标左键单击按键图形中小红圆点，单击第一次闭锁，第二次开锁。作无锁运行时，鼠标左键单击按键图形中键盖帽"▭"，单击一次，键闭合后弹开一次，不闭锁），数码管显示该键序号，延时 1 秒后熄灭，仍显示"一"。再次鼠标左键单击任一按键盖帽，数码管显示该键序号，延时 1 秒后熄灭，仍显示"一"。

需要说明的是，鼠标左键单击 K7 时，仿真电路未显示该键序号，原因是属于 Proteus 的 bug。根据 74HC148 功能表（表 8-7），148 输入端 $\bar{I}_0 \sim \bar{I}_7$ 有信号输入时，$\overline{GS} = 0$、EO = 1（包括 $\bar{I}_7$）。但 Proteus ISIS 仿真电路中的 148 在 $\bar{I}_0 \sim \bar{I}_6$ 有信号输入时均正常，在 $\bar{I}_7$ 有信号输入时，却不正常：$\overline{GS} = 1$、EO = 0，因而 AT89C51 未产生中断，也就未显示 $\bar{I}_7$ 序号。但是，实际电路证明，74HC148 编码器扩展外中断，$\bar{I}_7$ 输入信号有效。编者认为，Proteus 软件仍有不足之处，其元器件库仍在不断扩充发展和完善之中，并非 74HC148 编码器不能用于扩展外中断。

（4）终止程序运行，可按停止按钮。

实验 27 4 × 4 矩阵式键盘

4 × 4 矩阵式键盘电路和程序已在例 8−11 给出。

1. Keil 调试

本例因牵涉外部键盘信号及因此而产生的中断信号，Keil 调试无法全面反映调试状态。因此，一般可按实验 1 所述步骤编译链接，语法纠错，自动生成 Hex 文件。也可按下列步骤操作。

（1）打开 P1、P2、P3 对话窗口（主菜单"Peripherals"→"I/O − Port"→"Port1"、"Port2"、"Port3"）。其中，P1 口高 4 位为行扫描码，低 4 位为列扫描码（可模拟按键闭合）；P2 口是输出显示字段码；P3.2 从"√"变为"空白"（下跳变），可模拟引发 INT0 中断。

（2）程序单步运行，鼠标左键单击 P3.2 引脚（下面一行），模拟产生下跳变，触发 INT0 中断，使程序运行进入 INT0 中断。

（3）在中断单步运行中，鼠标左键单击 P1.0 ~ P1.3 中一个，使其从"√"变为"空白"，模拟按键闭合，使程序运行进入键扫描子程序。

（4）在键扫描程序单步运行中，C51 程序可在 Locals 页中观察局部变量行扫描序数 i、行扫描码 s、列码寄存器 k 和闭合键序号 n 的变化过程；汇编程序可在寄存器窗口中观察行扫描码 B、行扫描序号 R2、列扫描序号 R1 和累加器 A 中数据的变化过程。

2. Proteus 仿真

（1）按实验 1 所述 Proteus 仿真步骤，打开 Proteus 软件，按表 8−16 选择和放置元器件，并连接线路，画出 Proteus 仿真电路如图 8−38 所示。

表 8−16 4 × 4 矩阵式键盘 Proteus 仿真电路元器件

名称	编号	大类	子类	型号/标称值	数量
80C51	U1	Microprocessor Ics	80C51 family	AT89C51	1
74LS21	U2	TTL 74LS series		74LS21	1
数码管		Optoelectronics	7 − Segment Displays	7SEG − MPX1 − CA	1
按键	K0 ~ K15	Switches & Relays	Switches	BUTTON	16

（2）左键双击 Proteus 仿真电路中 AT89C51，装入 Keil 调试后自动生成的 Hex 文件。

（3）鼠标左键单击全速运行按钮，数码管显示无键闭合状态标志"—"。

（4）鼠标左键单击 K0 ~ K15 中任一键（使其瞬间闭合。BUTTON 按键操作方法见上例），数码管显示该键序号；再次单击另一键，数码管显示随之改变。

（5）终止程序运行，可按停止按钮。

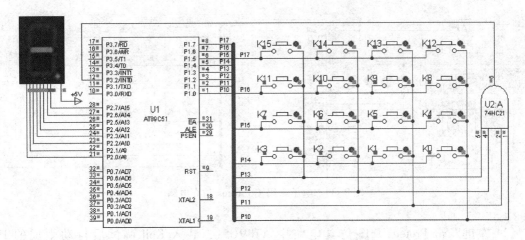

图 8-38   4×4 矩阵式键盘中断扫描 Proteus 仿真电路

实验 28   电子密码锁

电子密码锁电路和程序已在例 8-12 给出。

1. Keil 调试

本例因牵涉外围元器件信号，Keil 调试无法全面反映调试状态，意义不大。好在已有许多子函数在先前实例中被证实有效，但调试时必须插入，编译链接，语法纠错，自动生成 Hex 文件。

2. Proteus 仿真

（1）按实验 1 所述 Proteus 仿真步骤，打开 Proteus 软件，按表 8-17 选择和放置元器件，并连接线路，画出 Proteus 仿真电路如图 8-39 所示。

表 8-17   电子密码锁 Proteus 仿真电路元器件

名称	编号	大类	子类	型号/标称值	数量
80C51	U1	Microprocessor Ics	80C51 family	AT89C51	1
74LS21	U2	TTL 74LS series		74LS21	1
AT24C02	U3	Memory Ics		AT24C02	1
LCD 1602	LCD1	Optoelectronics	Alphanumeric LCDs	LM016L	1
按键	K0 ~ K15	Switches & Relays	Switches	BUTTON	16
发光二极管	VD0 ~ VD2	Optoelectronics	LEDs	Yellow	3
排阻	RP1	Resistors	Resistor Packs	RESPACK – 8	1
电阻	R1、R2	Resistors	Chip Resistor 1/8W 5%	10 kΩ	2
蜂鸣器	LS1	Speakers & Sounders		SOUNDER	1

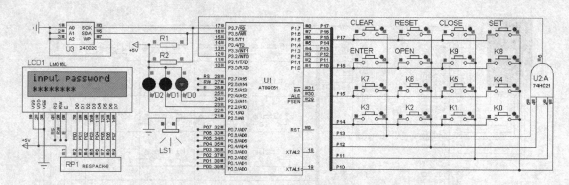

图 8-39　电子密码锁 Proteus 仿真电路

（2）左键双击 Proteus ISIS 仿真电路中 AT89C51，装入 Keil 调试后自动生成的 Hex 文件。

（3）按 8.3.3 节电子密码锁功能设计要求，可逐条验证开锁、设置、复位、闭锁、显示、嘟声、亮灯、出错和超时报警等功能，此处不再重复。

需要说明的是，本例初始密码为 12345678，已录入电子密码锁仿真 DSN 文件随带的 AT24C02 片内 ERROM 50H 中，打开 AT24C02 片内 Memory（左键单击暂停按钮"▐▐"，然后左键单击主菜单"Debug"→"I2C Memory Internal Memory - U3"），可看到该 AT24C02 片内 Memory 0x50~0x57 区域已存有该初始密码：01、02、03、04、05、06、07、08。设置新的密码后，可再次打开 AT24C02 片内 Memory，查看写入 AT24C02 的新密码。但是，关闭 Proteus 软件时，并不能一并将新密码留存，必须左键单击主菜单"File"→"Save Design"保存，才能实际保存新密码。这样，下次启动 Proteus 软件，打开电子密码锁仿真 DSN 文件，随带的 AT24C02 片内 ERROM 50H 中，就是新密码了，否则还是原密码。

需要注意的是，BUTTON 按键有两种运行功能：有锁运行和无锁运行。作有锁运行时，鼠标左键单击按键图形中小红圆点，单击第一次闭锁，第二次开锁。作无锁运行时，鼠标左键单击按键图形中键盖帽"⊏⊐"，单击一次，键闭合后弹开一次，不闭锁。本例为键盘中断扫描，能及时响应无锁键运行，但按键不能闭锁。

（4）终止程序运行，可按停止按钮。

习　　题

8.1　按下列要求编制 LED 数码管 8 段字段码表：

（1）共阴顺序小数点亮（a 低位）；　　　　（2）共阴逆序小数点亮（a 高位）；

（3）共阳逆序小数点暗（a 高位）；　　　　（4）共阳逆序小数点亮（a 高位）。

8.2　试编制下列不规则英文字母 AbCdEFHLPUy 共阴顺序小数点暗的字段码。

8.3 已知单个 LED 数码管显示电路如图 8-40 所示，要求循环显示数字 0~9，试编程并 Proteus 仿真。

8.4 在图 4-15 所示模拟交通灯电路基础上，绿灯加上限行时间显示。P2 口输出纵向绿灯时间显示，P2.0~P2.6 分别控制数码管七段段码；P3 口输出横向绿灯时间显示，P3.0~P3.6 分别控制数码管七段段码，数码管选用共阳绿色七段数码管，如图 8-41 所示。换灯时间分别改为：

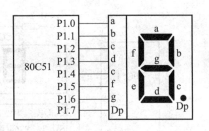

图 8-40 单个数码管显示电路

绿灯 9 s（最后 2 s 快闪），黄灯 3 s，红灯 12 s，反复循环，试编制显示程序并 Proteus 仿真。

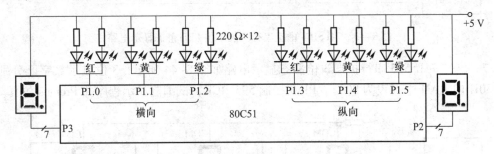

图 8-41 带限行时间显示的模拟交通灯电路

8.5 已知 CC4094（功能表 7-5）串行扩展 3 位静态显示电路如图 8-42 所示，3 位显示数字已分别存在 32H~30H 内 RAM 中（设为 809），小数点固定在第二位，试编制显示程序并 Proteus 仿真。

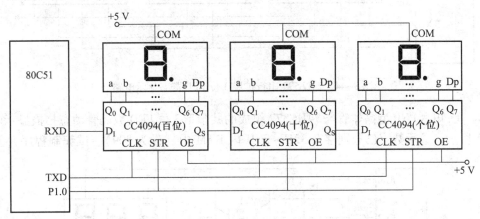

图 8-42 CC4094 串行扩展 3 位 LED 静态显示电路

8.6 已知 74HC164 虚拟串行扩展 3 位静态显示电路如图 8-43 所示，3 位显示数字已分别存在 32H~30H 内 RAM 中（设为 809），P1.0 虚拟串行输出 3 位显示字段码，P1.1 发送虚拟 CLK 脉冲，试编制显示程序并 Proteus 仿真。

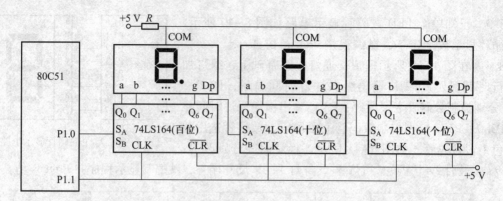

图 8-43 74LS164 虚拟串行扩展 3 位 LED 静态显示电路

8.7 已知 74LS595 串行扩展 3 位静态显示电路如图 8-44 所示，3 位显示数字已分别存在 32H~30H 内 RAM 中（设为 809），P1.0 控制 595 RCK，试编制显示程序并 Proteus 仿真。

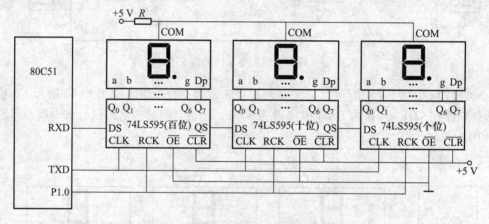

图 8-44 74LS595 串行扩展 3 位 LED 静态显示电路

8.8 已知由 PNP 型晶体管与 74HC377 组成的共阳型 3 位 LED 数码管动态扫描显示电路如图 8-45 所示，显示数字已分别存在 32H~30H 内 RAM 中（设为 809），试编制程序并 Proteus 仿真。

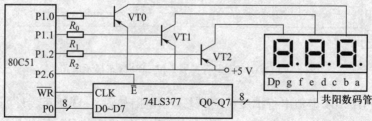

图 8-45 PNP 晶体管选通 3 位共阳型数码管动态显示电路

8.9　已知 4 位共阴型 LED 动态显示电路如图 8-46 所示，由 CC4511 输出段码，74LS139 输出位码，80C51 P1.3 控制小数点。139 为双 2-4 译码器，内部有 2 个独立的 2-4 线译码器（本题用一个），能将 2 位编码信号译为 4 种位码信号，A、B 为编码信号输入端（A 为低位）；$\overline{Y_0} \sim \overline{Y_3}$ 为译码信号输出端；门控端 $\overline{E} = 1$，禁止译码，输出全 **1**；$\overline{E} = 0$，译码有效，有效端输出低电平，用于 4 位共阴型 LED 数码管片选。80C51 P1.0、P1.1 与 139 A、B 端连接，P1.2 与门控端 $\overline{E}$ 连接。CC4511 为 BCD 码译码驱动电路（功能表 8-2），译码后转换为 7 位段码信号，与数码管笔段相应端连接，4511 消隐控制端 $\overline{BI}$、灯测试端 $\overline{LT}$ 接 +5 V，输入信号锁存端 $\overline{LE}$ 接地，始终有效。设显示数字已分别存在 33H ~ 30H 内 RAM 中（设为 5678），试编制程序并 Proteus 仿真。

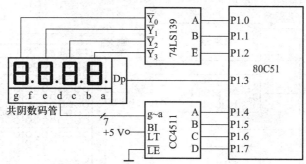

图 8-46　74LS139 选通 4 位共阴 LED 数码管动态显示电路

8.10　已知 8 位 LED 数码管滚动显示电路如图 8-47 所示，要求 K 断开时，从左到右滚动循环显示 "0987654321"（只显示 8 位）；K 闭合时，从右到左滚动循环显示，试编制程序并 Proteus 仿真。

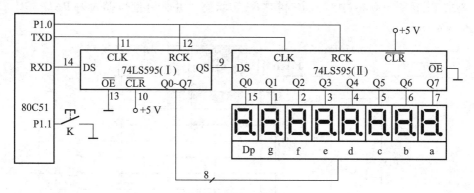

图 8-47　8 位 LED 数码管滚动显示电路

8.11　已知 LCD1602 显示屏电路如图 8-10 所示，要求第一行显示 "AT89C51 --LCD1602"，第二行显示 "Test -- Program ---"，试编制程序并 Proteus 仿真。

8.12　已知 LCD 12864 显示屏电路如图 8–20 所示，要求在 LCD 12864 显示屏第 2 字行显示"上海电子信息"（居中），第 3 字行显示"职业技术学院"（居中），其余空白，试编制程序并 Proteus 仿真。

8.13　已知共阴型 16×16 点阵显示电路如图 8–48 所示。80C51 P1.0～P1.3 与 74LS154（功能表 7–18）译码输入端 ABCD（A 为低位）连接；片选端 E1、E2 接地，译码输出端 Y0～Y15 控制列扫描输出（低电平有效）。80C51 TXD 与 2 片 74LS 164 移位脉冲输入端 CLK 连接；RXD 与 74LS 164（Ⅰ）串行输入端 S_A、S_B 连接，Q7 端与 74LS 164（Ⅱ）串行输入端 S_A、S_B 连接，16 位列码数据依次串行发送；2 片 74LS 164 并行输出端 Q0～Q7 与 16×16 点阵显示屏行控制端连接（高电平有效）。要求 16×16 点阵依次显示汉字："单"、"片"、"机"，并循环不断，试编制循环扫描显示子程序并 Proteus 仿真。

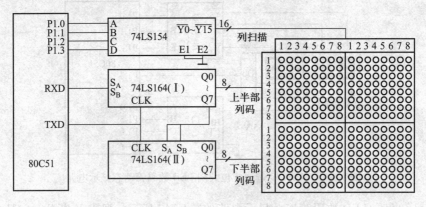

图 8–48　16×16 点阵显示电路

8.14　已知电路如图 8–49 所示，10 kΩ×8 和 0.1 μF×8 为 RC 滤波消抖电路，$f_{OSC}=6$ MHz，要求 T1 每隔 100 ms 中断，定时扫描按键状态，并将键信号存入内 RAM 30H，试编制程序并 Proteus 仿真。

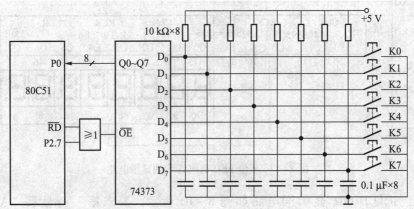

图 8–49　按键与并行扩展 I/O 口连接电路

8.15　已知74HC165（功能表 7－6）与 80C51 组成的串行输入 8 位键状态信号电路如图 8-50 所示，K0～K7 键状态数据从 165 并行口输入，80C51 P1 口输出驱动发光二极管，以亮暗表示 K0～K7 键状态，试编制程序并 Proteus 仿真。

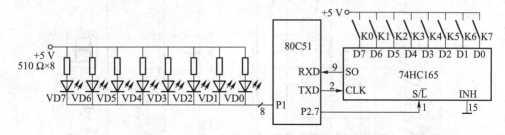

图 8-50　74HC165 并入串出 8 位键状态电路

8.16　已知键控灯电路如图 8-51 所示。K0～K3 为无锁按键，要求按以下 4 种不同方式分别键控 VD0～VD3，试编制循环扫描显示子程序并 Proteus 仿真。

① K0 按下，VD0 亮；K0 释放，VD0 暗；

② K1 按下，VD1 亮；K1 释放，VD1 延时 2 s 后暗；

③ K2 按下，VD2 不亮；K2 释放，VD2 亮，并延时 2 s 后暗；

④ K3 按第一次，VD3 亮，并继续保持；按第二次，VD3 才暗。

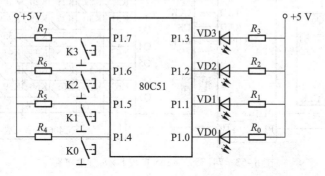

图 8-51　无锁按键不同方式键控灯电路

8.17　已知按键扩展 Shift 功能电路如图 8-52 所示，该电路是在图 8-24 电路基础上，增加一键（与 P2.3 连接）作为 Shift 键。Shift 键未闭合时，按下 K0～K7，P1 口输出显示相应键编号；Shift 键闭合时，按下 K0～K7，P1 口输出显示相应键编号 +8，试编制循环扫描显示子程序并 Proteus 仿真。

8.18　已知扩展 8×8 键盘电路如图 8-53 所示。80C51 串行口控制 74HC595 "串入并出"，输出行线扫描信号；P1.1～P1.3 虚拟串行控制 74HC165 "并入串出"，输入列线键状态信号；列线信号同时接上拉电阻（为简洁图面，图中未画出），并接到 8 输入端与门 CC4068 的 8 个输入端，与门输出端与 80C51 $\overline{\text{INT0}}$ 连接；P1.4～P1.6 虚拟串行控制另两片 74HC595，驱动两位 LED 数码管，输出显示闭合键编号。试编制程序并 Keil 调试和 Proteus 仿真。

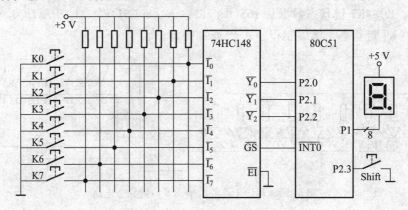

图 8-52 按键扩展 Shift 功能电路

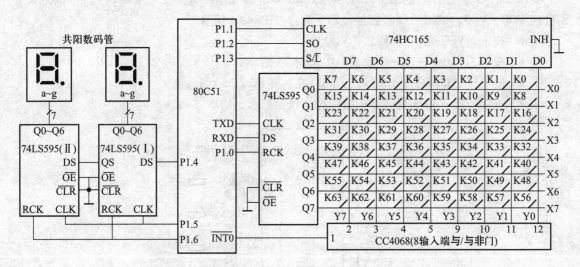

图 8-53 74LS595 + 165 扩展 8×8 键盘电路

第 9 章

A-D转换和D-A转换

9.1　A-D转换接口电路

在单片机应用系统中，常需要将检测到的连续变化的模拟量，如电压、温度、压力、流量、速度等转换成数字信号，才能输入到单片微机中进行处理。然后再将处理结果的数字量转换成模拟量输出，实现对被控对象的控制。将模拟量转换成数字量的过程称为 A-D转换；将数字量转换成模拟量的过程称为 D-A转换。

随着单片机技术的发展，有许多增强型的 80C51 单片机已经在片内集成了多路 A-D转换通道，大大简化了连接电路和编程工作。本节主要介绍芯片内无 A-D转换电路的 80C51 系列单片机与 A-D芯片的接口技术。

9.1.1　A-D转换的基本概念

设 D 为 N 位二进制数字量，U_A 为电压模拟量，U_{REF} 为参考电压，无论 A-D或 D-A，其转换关系为

$$U_A = D \times U_{REF}/2^N \quad （其中：D = D_0 \times 2^0 + D_1 \times 2^1 + \cdots + D_{N-1} \times 2^{N-1}） \tag{9-1}$$

例如，有一个 8 位 A-D或 D-A转换器，数字量是 00H~FFH，U_{REF} 为 5 V，相应的模拟量为 0~5 V。

A-D转换的功能是把模拟量电压转换为 N 位数字量，其工作原理已在数字电子技术课程中讲过，本书不再赘述，仅对 A-D转换器的主要性能指标和 A-D转换器分类作简单介绍。

1. A-D转换器的主要性能指标

（1）转换精度。转换精度通常用分辨率和量化误差来描述。

① 分辨率。分辨率 = $U_{REF}/2^N$，它表示输出数字量变化一个相邻数码所需输入模拟电压的变化量，其中 N 为 A-D转换的位数，N 越大，分辨率越高，习惯上常以 A-D转换位数表示。例如，一个 8 位 A-D转换器的分辨率为满刻度电压的 $1/2^8 = 1/256$，若满刻度电压（基准电压）为 5 V，则该 A-D转换器能分辨 5 V/256 ≈ 20 mV 的电压变化。

② 量化误差。量化误差是指零点和满度校准后，在整个转换范围内的最大误差。通常以相对误差形式出现，并以 LSB（Least Significant Bit，数字量最小有效位所表示的模拟量）为单位。如上述 8 位 A-D转换器基准电压为 5 V 时，1 LSB ≈ 20 mV，其量化误差若为 ±1 LSB/2 ≈ ±10 mV。

（2）转换时间。指 A－D 转换器完成一次 A－D 转换所需时间。转换时间越短，适应输入信号快速变化能力越强。当 A－D 转换的模拟量变化较快时就需选择转换时间短的 A－D 转换器，否则会引起较大误差。

2. A－D 转换器分类

A－D 转换器的种类很多，按转换原理形式可分为逐次逼近式、双积分式和 V/F 变换式；按信号传输形式可分为并行 A－D 和串行 A－D。

（1）逐次逼近式。逐次逼近式属直接式 A－D 转换器，其原理可理解为将输入模拟量逐次与 $U_{REF}/2$、$U_{REF}/4$、$U_{REF}/8$、$\cdots$、$U_{REF}/2^{N-1}$ 比较，模拟量大于比较值取 **1**（并减去比较值），否则取 **0**。逐次逼近式 A－D 转换器转换精度较高，速度较快，价格适中，是目前种类最多、应用最广的 A－D 转换器，典型的 8 位逐次逼近式 A－D 芯片有 ADC0809。

（2）双积分式。双积分式是一种间接式 A－D 转换器，其原理是将输入模拟量和基准量通过积分器积分，转换为时间，再对时间计数，计数值即为数字量。优点是转换精度高，缺点是转换时间较长，一般要 40 ~ 50 ms，适用于转换速度不快的场合。典型芯片有 MC14433 和 ICL7109。

（3）V－F 变换式。V－F 变换器也是一种间接式 A－D 转换器，其原理是将模拟量转换为频率信号，再对频率信号计数，转换为数字量。其特点是转换精度高，抗干扰性强，便于长距离传送，价廉，但转换速度偏低。

本节主要讨论性价比较高，在单片机应用系统中应用较广泛的 8 位并行 A－D 芯片 ADC0809、8 位串行 A－D 芯片 ADC0832 的应用。

9.1.2   并行 ADC0809 及其接口电路

1. ADC0808/0809 简介

ADC0808/0809 是美国国家半导体公司生产的 8 通道 8 位 CMOS 逐次逼近式 A－D 转换器，图 9-1 和图 9-2 分别为其引脚图和片内逻辑框图。

（1）IN0 ~ IN7：8 路模拟信号输入端。

（2）ADDA、ADDB、ADDC：3 位地址码输入端（A 为低位）。地址编码 000 ~ 111 用于选择 IN0 ~ IN7 八路模拟信号通道 A－D 转换。

（3）CLK：外部时钟输入端，允许范围：10 ~ 1280 kHz。0808/0809 A－D 转换时间与 CLK 有固定关系，转换一次需 64 个时钟周期，时钟频率高，转换速度快。

（4）D0 ~ D7：A－D 转换结果数字量输出端。

（5）OE：A－D 转换结果输出允许控制端。OE ＝ **1** 时，允许将 A－D 转换结果从 D0 ~ D7 端输出。

（6）ALE：地址锁存允许信号输入端。ALE ＝ **1** 时，锁存 ADDC、B、A 端（A 为低位）输入的 3 位地址，根据地址编码选择 IN0 ~ IN7 中的一路通道进行 A－D 转换（注意 0809 ALE 与 80C51 ALE 的区别）。

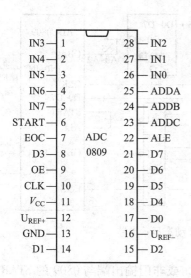

图 9-1　ADC0808/0809 引脚图

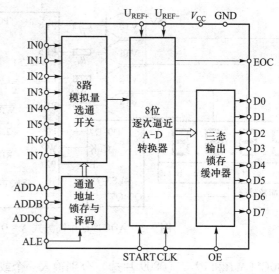

图 9-2　ADC0808/0809 片内逻辑框图

（7）START：启动 A – D 转换信号输入端。当 START 端输入一个正脉冲时，立即启动 0809 进行 A – D 转换。

（8）EOC：A – D 转换结束信号输出端。当启动 0808/0809 A – D 转换后，EOC 输出低电平；转换结束后，EOC 输出高电平，表示可以读取 A – D 转换结果。

（9）U_{REF+}、U_{REF-}：正负基准电压输入端。基准电压的典型值为 +5 V，可与电源电压（+5 V）相连，但电源电压往往有一定波动，将影响 A – D 精度。因此，精度要求较高时，可用高稳定度基准电源输入。当模拟信号电压较低时，基准电压也可取低于 5 V 的数值。

（10）V_{CC}：正电源电压（+5 V）。GND：接地端。

2. 典型应用电路

ADC0808/0809 A – D 转换可有三种工作方式：中断方式、查询方式和延时等待方式。图 9-3 所示为中断方式 A – D 转换并 4 位动态显示电路。电路分成两部分：右半部分是传统经典的 ADC0808/0809 A – D 转换电路，左半部分是为了验证和观测 A – D 效果而添加的显示电路。说明如下。

（1）A – D 转换电路

80C51 ALE 信号固定为 CPU 时钟频率的 1/6，若 f_{osc} = 6 MHz，则 1/6 为 1 MHz，正好用于 0809 CLK（此时 A – D 转换时间为 64 μs）。因此，80C51 ALE 信号除用于 74LS373 锁存低 8 位地址外，还与 0809 CLK 端连接，用于 0809 A – D 转换的时钟信号。但若 f_{osc} = 12 MHz，则 1/6 为 2 MHz，超出 0809 最高工作频率，就需要用分频器分频了。

8 路模拟信号从 IN0 ~ IN7 输入，74LS373 锁存的低 8 位地址中的最低 3 位 Q2 ~ Q0 与 0809 三位地址码输入端 ADDC、ADDB、ADDA（A 为低位）连接，当 0809 ALE 信号有效时，锁存当前转换通道的 3 位地址码（注意 0809 ALE 与 80C51 ALE 的区别）。

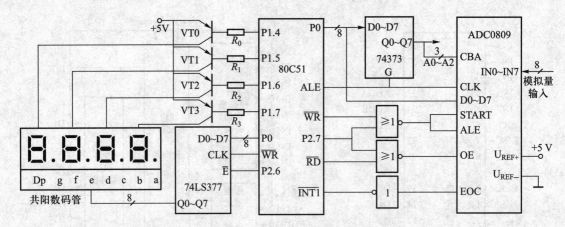

图 9-3　ADC0809 中断方式 A-D 转换并动态显示电路

80C51 $\overline{WR}$ 和 P2.7（0809 片选）分别输入一个**或非门**，**或非门**输出端与 0809 的 START 和 ALE 连接。当写外 RAM 7FF8H ~ 7FFFH 时，使 $\overline{WR}$ 和 P2.7 均有效，**或非**后，全 0 出 1，产生高电平，从而使 0809 的 START 和 ALE 有效。START 有效，将启动 0809 A-D 转换；ALE 有效，将锁定 0809 当前转换通道的 3 位地址码（7FF8H ~ 7FFFH 分别对应 8 路模拟输入通道的地址）。

80C51 的 $\overline{RD}$ 端与 P2.7（0809 片选）分别输入另一个**或非门**，**或非门**输出端与 0809 OE 端连接。当读外 RAM 7FF×H 时，使 $\overline{RD}$ 和 P2.7 均有效，**或非**后，全 0 出 1，产生高电平，从而使 0809 OE 有效，0809 再将 A-D 转换结果从 D0 ~ D7 输出，0809 D0 ~ D7 直接与 80C51 数据总线 P0 连接。

0809 EOC 端通过一个反相器与 80C51 $\overline{INT1}$ 连接，A-D 转换结束后，EOC 输出高电平，反相后，触发 $\overline{INT1}$ 中断。

0809 基准电压输入端 U_{REF+} 接 +5 V，U_{REF-} 接地。

需要说明的是，有的教材认为，右半部分电路太繁杂，这种观点其实有点偏颇。早期的单片机最小应用系统几乎都是 8031 + 2764 + 373，是并行扩展。需要 A-D 转换时，通常应用并行 A-D 芯片 ADC0809，电路中 74373 本属于最小系统的，利用了原有的数据总线、地址总线和读写控制线（$\overline{RD}$、$\overline{WR}$），还利用了 ALE 信号作为 0809 CLK，仅增加了 2 个**或非门**和一个反相器（用一片 7402 就可解决），单独占用 I/O 端线只有一条，不失为并行 A-D 最佳线路。学习这一"传统经典"电路及其应用，有利于进一步理解 80C51 读写外设和 0809 A-D 转换过程。

（2）显示电路

显示电路部分充分利用并行扩展总线，字段码由 P0 口并行输出，经 74LS377 锁存后，低电平驱动共阳型数码管显示。按图 9-3，74LS377 口地址为 0xbfff（P2.6 = **0**，**1011 1111 1111 1111**B = bfffH）。

位码驱动由 P1.4 ~ P1.7 轮流选通，某一位低电平时，连接的 PNP 晶体管导通，选通相应显示位。由晶体管作字位驱动的特点是：LED 数码管位驱动电流大，亮度高。若晶体管 β 足够大，则 80C51 I/O 端口的激励电流会很小，有利于 CPU 工作稳定。且晶体管为 PNP 型，基极经限流电阻 $R_0 \sim R_2$ 接 P1.0 ~ P1.2，低电平驱动输出。

需要说明的是，80C51 输出高电平与输出低电平时的驱动能力是不同的。输出高电平时，拉电流较小；输出低电平时，灌电流较大。因此，通常采用低电平有效输出控制。而且，80C51 复位时，P0 ~ P3 均复位为 FFH，高电平驱动会引起误触发（当然误触发显示问题不大，但若误触发其他执行元件就可能造成误动作）。

【例 9-1】按图 9-3 所示电路，$f_{osc} = 6$ MHz，对 8 路输入信号 A - D 转换，并依次输出，循环显示。第 1 位显示 A - D 通道号，加小数点以示分隔区别；后 3 位为 A - D 转换值，单位为 V，试编制程序。

解：（1）汇编程序

```
              ORG     0000H              ;复位地址
              LJMP    MAIN               ;转主程序
              ORG     0013H              ;INT1中断子程序入口地址
              LJMP    PINT1              ;转INT1中断子程序
MAIN:   MOV     SP,#50H            ;主程序。置堆栈
              SETB    IT1                ;置INT1边沿触发方式
              MOV     IP,#04H            ;INT1高优先级
              MOV     IE,#84H            ;INT1开中
MN1:    MOV     R1,#30H            ;置数据区首址
              MOV     DPTR,#7FF8H        ;置0809通道0地址
              MOVX    @DPTR,A            ;启动0通道A-D
              JB      EX1,$              ;等待8通道A-D结束(结束后在INT1中断中置EX1=0)
              MOV     R2,#0              ;8通道A-D结束,置显示通道循环初值
MN2:    LCALL   DISP               ;显示一路通道A-D值
              INC     R2                 ;指向下一显示A-D通道
              CJNE    R2,#8,MN2          ;判8通道显示完否? 未完继续
              SJMP    MN1                ;8通道显示完,启动下一轮8通道A-D
;INT1中断服务子程序
PINT1:  PUSH    ACC                ;保护现场
              PUSH    PSW                ;
              MOVX    A,@DPTR            ;读A-D值
              MOV     @R1,A              ;存A-D值
```

	INC	DPTR	;修正通道地址
	INC	R1	;修正数据区间址
	MOVX	@ DPTR,A	;启动下一通道 A-D
	CJNE	R1,#38H,GRET	;判8通道 A-D 完否? 未完转中断返回(继续 A-D)
	CLR	EX1	;8路 A-D 完毕,$\overline{INT1}$关中
GRET:	POP	PSW	;恢复现场
	POP	ACC	;
	RETI		;中断返回

;显示子程序

DISP:	MOV	A,R2	;读通道序号
	MOV	40H,A	;通道序号存#0 位显示数据区
	ADD	A,#30H	;通道序号 + A-D 数据区首址 = 当前显示通道 A-D 值存储地址
	MOV	R1,A	;当前显示通道 A-D 值存储单元地址→R1
	LCALL	CHAG	;A-D 值转换为显示数字
	LCALL	COOD	;显示数字转换为字段码
	LCALL	SCAN	;扫描显示
	RET		;一通道显示完毕,子程序返回

;A-D 值转换为显示数字子程序

CHAG:	MOV	A,@ R1	;读 A-D 转换值
	MOV	B,#51	;置除数 51(255/51 = 5 V)
	DIV	AB	;除以 51,取出 A-D 值整数位
	MOV	41H,A	;存整数位显示数字(#1 位)
	MOV	R0,#42H	;置十分位显示数字寄存间址
CG1:	MOV	@ R0,#0	;显示数字寄存器清零
	MOV	A,#10	;置乘数 10
	MUL	AB	;余数(<51)乘 10(有可能超出 255)
	XCH	A,B	;高 8 位(最大为 1)→A,低 8 位→B
	JZ	CG2	;高 8 位为 0,转直接除以 51
	MOV	@ R0,#5	;高 8 位为 1,显示数字暂上 5
	INC	B	;低 8 位加 1(256 - 51 ×5 = 1)
CG2:	XCH	A,B	;低 8 位→A
	MOV	B,#51	;置除数 51
	DIV	AB	;除以 51
	ADD	A,@ R0	;商 + 原暂存值
	MOV	@ R0,A	;回存显示数字
	INC	R0	;指向下一位
	CJNE	R0,#44H,CG1	;判百分位转换完否? 未完返回转换

	DEC	R0	;百分位转换完,恢复 R0 原值 43H
	XCH	A,B	;再读余数,4 舍 5 入
	CJNE	A,#26,CG3	;与中值(51÷2=25.5≈26)比较,在 C 中产生判断标志
CG3:	JC	CRET	;C=1,余数小于 26,舍,转子程序返回
CG4:	MOV	A,@R0	;C=0,余数大于等于 26,进位。读原显示数字
	INC	A	;显示数字加 1
	MOV	@R0,A	;回存
	CJNE	A,#10,CG5	;再判进位后的显示数字大于等于 10 否?
CG5:	JC	CRET	;C=1,显示数字小于 10,转子程序返回
	MOV	@R0,#0	;C=0,显示数字大于等于 10,本位清零,上一位进位
	DEC	R0	;指向上一位
	SJMP	CG4	;返回上一位进位
CRET:	RET		;子程序返回

;显示数字转换为字段码子程序

	MOV	DPTR,#TAB	;置共阴字段码表首地址
COOD:	MOV	R0,#40H	;置#0 位显示寄存器地址
CD1:	MOV	A,@R0	;读一位显示数字
	MOVC	A,@A+DPTR	;取显示字段码
	CJNE	R0,#42H,CD2	;显示位地址与 42H 比较,在 C 中产生判断标志
CD2:	JNC	CD3	;C=0,显示位地址≥42H(后 2 位),不需加小数点,转
	ANL	A,#7FH	;C=1,显示位地址<42H(前 2 位),需加小数点
CD3:	MOV	@R0,A	;回存显示字段码
	INC	R0	;指向下一位显示数字
	CJNE	R0,#44H,CD1	;判取 4 位字段码完成否? 未完继续
	RET		;4 位字段码取完,子程序返回

;扫描显示子程序

SCAN:	MOV	R4,#50	;置扫描显示循环次数
	MOV	DPTR,#0BFFFH	;置 74377 口地址
SN1:	MOV	R3,#11100000B	;置扫描显示字位码初值(P1.4=0 有效)
	MOV	R0,#40H	;置#0 位显示字段码地址
SN2:	MOV	A,@R0	;读一位显示字段码
	MOVX	@DPTR,A	;输出显示字段码
	MOV	A,P1	;读 P1
	ANL	A,#0FH	;保留低 4 位,清零高 4 位
	ORL	A,R3	;加入显示字位码(低 4 位保持不变)
	MOV	P1,A	;字位码输出 P1 口(P1 低 4 位保持不变)
	LCALL	DY2ms	;调用延时 2ms 子程序

```
        MOV    P1,#0FFH        ;显示暗
        MOV    A,R3            ;再读显示字位码
        ORL    A,#0FH          ;低4位置全1,高4位不变
        RL     A               ;循环左移,字位码(0有效)指向下一位
        ANL    A,#0F0H         ;保留高4位,清零低4位
        MOV    R3,A            ;回存显示字位码
        INC    R0              ;指向下一位显示字段码(间址)
        CJNE   R0,#44H,SN2     ;判4位扫描显示完否? 未完继续
        DJNZ   R4,SN1          ;4位扫描显示完,判50次循环显示完否? 未完继续
        RET                    ;50次循环显示完,子程序返回
DY2ms:  …                      ;延时2ms子程序。略,见例8-5,调试时需插入
TAB:    DB 0C0H,0F9H,0A4H,0B0H,99H,92H,82H,0F8H,80H,90H;  共阳字段码表
        END
```

(2) C51 程序

```
#include <reg51.h>              //包含访问 sfr 库函数 reg51.h
#include <absacc.h>             //包含绝对地址访问库函数 absacc.h
unsigned char i;               //定义 A－D 通道序号 i(全局变量)
unsigned char a[8];            //定义 A－D 转换值存储数组 a[8]
unsigned char b[4];            //定义显示数字数组 b[4]
unsigned char code c[10] = {   //定义共阳字段码数组,并赋值
  0xc0,0xf9,0xa4,0xb0,0x99,0x92,0x82,0xf8,0x80,0x90};
void chag(unsigned char r[],d){ //显示数转换为3位显示数字子函数
                                //形参:显示数 d,显示数字数组 r[]
    unsigned int s = d;        //定义整型变量 s,并将显示数 d 转换为整型
     //因为(s%51*10)有可能大于255,超出字符型数据值域,会出错
    r[1] = s/51;               //取出整数位数字
    s = s%51*10;               //取出余数,并扩大10倍
    r[2] = s/51;               //取出十分位数字
    s = s%51*10;               //取出余数的余数,并扩大10倍
    r[3] = s/51;               //取出百分位数字
    if((s%51)>25){             //千分位四舍五入,若千分位过半
      r[3] = r[3]+1;           //百分位加1
      if(r[3]>9){r[3]=0;       //百分位加1后,若百分位大于9,百分位清零
      r[2] = r[2]+1;           //十分位加1
      if(r[2]>9){r[2]=0;       //十分位加1后,若十分位大于9,十分位清零
      r[1] = r[1]+1;}}}}       //整数位加1
void disp(unsigned char i){    //扫描显示子函数,形参:通道序号 i
```

```
    unsigned char j,n;                              //定义扫描循环次数 j、显示字位码 n
    unsigned int   t;                               //定义延时参数 t
    chag(b,a[i]);                                   //调用转换显示字段码子函数
    b[0] = i;                                       //第 0 位赋值 A - D 通道号
    for(j = 0;j < 50;j ++) {                        //每一通道循环显示 50 次
      for(n = 0;n < 4;n ++) {                       //4 位扫描显示
        if (n > 1)   XBYTE[0xbfff] = c[b[n]];       //输出字段码,后 2 位不带小数点
        else   XBYTE[0xbfff] = c[b[n]]&0x7f;        //输出字段码,前 2 位带小数点
        P1 = ~(0x10 << n);                          //输出字位码(移至显示位并取反,0 有效)
        for (t = 0;t < 350;t ++);                   //延时约 2 ms
        P1 = 0xff;}}}                               //关断字位驱动
void    main () {                                   //主函数
    IT1 = 1;                                        //INT1 边沿触发
    IP = 0x04;                                      //INT1 高优先级
    EA = 1;                                         //CPU 开中
    while(1) {i = 0;                                //无限循环(A - D 并显示),置 A - D 通道序号 0
      XBYTE[0x7ff8 + i] = i;                        //启动通道 0 A - D
      EX1 = 1;                                      //INT1 开中
      while(EX1 ! = 0);                             //等待 8 通道 A - D 结束(最后在 INT1 中断中置 EX1 = 0)
      for(i = 0;i < 8;i ++) disp (i);}}             //8 通道循环显示
void    int1 ()    interrupt 2 {                    //INT1 中断函数
    a[i] = XBYTE[0x7ff8 + i];                       //读 A - D 转换值,并存入数组 a
    i ++;                                           //指向下一 A - D 通道
    if (i == 8)   EX1 = 0;                          //若 8 路通道 A - D 完成,INT1 禁中
    XBYTE[0x7ff8 + i] = i;}                         //8 路通道 A - D 未完,启动下一通道 A - D
```

需要说明的是,在显示数转换为显示数字子程序中,满量程 A - D 值 FFH(255)对应 U_{REF+}(5 V),显示时需将 A - D 值按比例变换:255→500。变换方法为:(A - D 值 ÷255)× 500 =(A - D 值 ÷51)×100 V。在变换过程中,数值会超出一字节(大于 255)。因此,C51 程序先将原来定义于字符型变量的 A - D 值转换为整型变量,然后进行 255→500 的数值变换,以免出错。汇编程序巧妙利用变换后高 8 位数值最大为 1(总数值≤510)的特征,避免采用二字节除法子程序,从而简化了变换程序。

本例 Keil C51 调试和 Proteus 仿真见实验 29。

ADC0808/0809 A - D 转换电路还可采用查询方式和延时等待方式。

查询方式时,0809 EOC 端可不必通过反相器与 INT0 或 INT1 相连,直接与 80C51 P1 口或 P3 口中任一端线相连,不断查询 EOC 电平,当 EOC 高电平时,表示 0809 A - D 完成,即可读

0809 A‑D 值。

延时等待方式时，0809 EOC 端可不必与 80C51 相连，而是根据时钟频率计算出 A‑D 转换时间，每路每次需 64 个时钟周期，80C51 一机周发出 2 次 ALE 信号，因此需要 32 个机器周期，略微延长后直接读 A‑D 转换值。

此外，ADC0808/0809 A‑D 转换电路还可采用虚拟 CLK 控制 A‑D。所谓虚拟 CLK，是用某一通用 I/O 端线，模拟 CLK 输出脉冲信号。但是，由于 ADC0808 属于并行 A‑D 芯片，必须占用一个 8 位 I/O 口。因此采用虚拟 CLK 将占用较多 I/O 端线，程序更复杂。真正能简化电路的是采用串行 A‑D 芯片。

限于篇幅，对于查询方式、延时等待方式和虚拟 CLK 控制 A‑D，均留给读者在习题中完成（见与本书配套并可免费下载的"仿真练习 60 例"练习 50、练习 51 和练习 52）。

9.1.3　串行 ADC0832 及其接口电路

A‑D 转换除应用并行 A‑D 芯片外，还可用串行 A‑D 芯片。串行 A‑D 可大大减少 I/O 端线的消耗。

1. ADC0832 简介

ADC0832 是美国国家半导体公司产品，8 位串行 A‑D 转换器，单电源供电，功耗低（15 mW），体积小，转换速度较快（250 kHz 时转换时间 32 μs）。

（1）引脚功能

图 9‑4 为 ADC0832 引脚图。

CH0、CH1：模拟信号输入端（双通道）。

DI：串行数据信号输入端。

DO：串行数据信号输出端。

CLK：时钟信号输入端，低于 600 kHz。

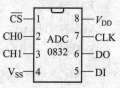

图 9‑4　ADC0832 引脚图

$\overline{CS}$：片选端，低电平有效。

V_{DD}：电源端，同时兼任 U_{REF}。

V_{SS}：接地端。

（2）工作时序

图 9‑5 为 ADC0832 串行 A‑D 转换工作时序，从图中看出，其工作时序分为两个阶段：第一阶段为起始和通道配置，由 CPU 发送，从 ADC0832 DI 端输入；第二阶段为 A‑D 转换数据输出，由 ADC0832 从 DO 端输出，CPU 接收。

① 起始和通道配置

该阶段由 4 个时钟组成。在片选 $\overline{CS}$ 满足条件（完成从高到低的跳变）后，第 1 个时钟脉冲的上升沿，测得 DI =1，即启动 ADC0832；第 2、3 个时钟上升沿输入 A‑D 通道地址选择：**00** 和 **01** 为差分输入，**10** 和 **11** 为单端输入，如表 9-1 所示；第 3 个时钟下降沿，DI 关断；第

4 个时钟是 ADC0832 使多路转换器选定的通道稳定，DO 脱离高阻状态。

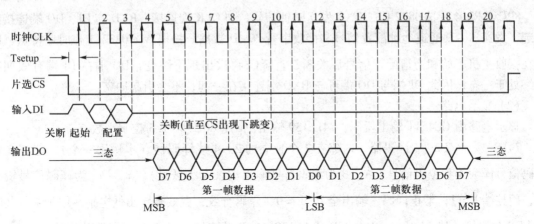

图 9-5　ADC0832 串行 A/D 转换工作时序

表 9-1　ADC0832 通道选择

编码	通道选择	
	CH0	CH1
00	+	−
01	−	+
10	+	
11		+

② A–D 转换数据串行输出

ADC0832 输出的 A–D 转换数据分为两帧：第一帧从高位（MSB）到低位（LSB），第二帧从低位到高位，两帧数据合用一个最低位，共需要 15 个时钟。

2. 典型应用电路

ADC0832 串行 A–D 电路如图 9-6 所示，电路分为以下两部分。

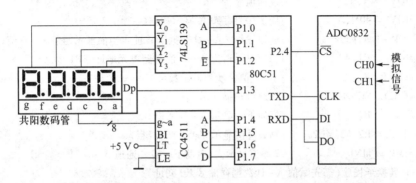

图 9-6　ADC0832 串行 A–D（TXD 输出 CLK）并动态显示电路

（1）A－D 转换电路

80C51 P2.4 片选 0832 $\overline{\text{CS}}$；TXD 发送时钟信号，与 CLK 端连接；RXD 与 DI、DO 端连接在一起，发送 A－D 通道地址配置信号和接收串行 A－D 数据。根据 ADC0832 工作时序特点，DI 端在接收主机起始和通道配置信号后关断，直至 $\overline{\text{CS}}$ 再次出现下跳变，DO 端在 DI 端有效期间始终处于三态，因此 DI 端与 DO 端可与 RXD 端连接在一起，不会引起冲突。

（2）显示电路

显示电路由 CC4511 输出段码，74LS139 输出位码，80C51 P1.3 控制小数点。

74LS139 为双 2－4 译码器，内部有 2 个独立的 2－4 线译码器（本例用一个），能将 2 位编码信号译为 4 种位码信号，A、B 为编码信号输入端（A 为低位）；$\overline{Y_0} \sim \overline{Y_3}$ 为译码信号输出端；门控端 $\overline{E}=1$，禁止译码，输出全 1；$\overline{E}=0$，译码有效，有效端输出低电平，用于 4 位共阴型 LED 数码管片选。80C51 P1.0、P1.1 与 139 A、B 端连接，P1.2 与门控端 $\overline{E}$ 连接。

CC4511 为 BCD 码译码驱动电路（功能表 8-2），译码后转换为 7 位段码信号，与数码管笔段相应端连接，4511 消隐控制端 $\overline{\text{BI}}$、灯测试端 $\overline{\text{LT}}$ 接 +5 V，输入信号锁存端 $\overline{\text{LE}}$ 接地，始终有效。

【例 9-2】按图 9-6 所示电路，$f_{\text{osc}}=12\,\text{MHz}$，对 2 路输入信号 A－D 转换，并依次输出显示，第 1 位显示 A－D 通道号，加小数点以示分隔区别；后 3 位为 A－D 转换值，单位为 V，试编制程序。

解：（1）汇编程序

```
          CS     EQU  P2.4        ;伪指令,定义 CS 等值 P2.4
MAIN:     MOV    SP,#50H          ;主程序。置堆栈
          MOV    SCON,#00H        ;置串口方式 0,禁止接收
          CLR    ES               ;串口禁中
MN1:      MOV    R0,#30H          ;置 A－D 数据存储区间址
          LCALL  AD0832           ;0832 A－D 转换
          MOV    R2,#0            ;A－D 结束,置显示通道循环初值
MN2:      MOV    A,R2             ;读通道序号
          MOV    40H,A            ;通道序号存#0 位显示数据区
          ADD    A,#30H           ;通道序号 +A－D 数据区首址 = 当前显示通道 A－D 值存储地址
          MOV    R1,A             ;当前显示通道 A－D 值存储单元地址→R1
          LCALL  CHAG             ;A－D 值转换为显示数字
          LCALL  SCAN             ;一通道扫描显示
          INC    R2               ;指向下一显示 A－D 通道
          CJNE   R2,#2,MN2        ;判 2 通道显示完否? 未完继续
          SJMP   MN1              ;2 通道显示完,启动下一轮 2 通道 A－D
;0832 A－D 转换子程序(需先赋值 A－D 数据存储区 R0 间址)
AD0832:   MOV    A,#03H           ;置 CH0 通道地址配置
```

	SETB	F0	;置 CH0 通道标志
AD0：	CLR	CS	;片选 0832
	MOV	SBUF,A	;启动 A – D
	JNB	TI, $	;串行发送启动及通道配置信号
	CLR	TI	;清发送中断标志
	SETB	REN	;允许(启动)串行接收
	JNB	RI, $	;接收第一字节
	CLR	REN	;禁止接收
	CLR	RI	;清接收中断标志
	MOV	A,SBUF	;读第一字节数据
	MOV	B,A	;暂存
	SETB	REN	;再次启动串行接收
	JNB	RI, $	;接收第二字节
	CLR	REN	;禁止接收
	CLR	RI	;清接收中断标志
	SETB	CS	;清 0832 片选
	MOV	A,SBUF	;读第二字节数据
	ANL	A,#07H	;第二字节屏蔽高 5 位,保留低 3 位
	ANL	B,#0F8H	;第一字节屏蔽低 3 位
	ORL	A,B	;组合
	RL	A	;左移一位
	SWAP	A	;高低 4 位互换,组成正确的 A – D 数据
	MOV	@ R0,A	;存 A – D 数据
	INC	R0	;指向下一存储单元
	MOV	A,#07H	;置 CH1 通道地址配置
	CPL	F0	;通道标志取反
	JNB	F0,AD0	;判两通道 A – D 完毕否? 未完(F0 =**0**)继续
	RET		;两通道 A – D 完毕,子程序返回
CHAG：	…		;A – D 值转换为显示数字子程序,略,见例 9-1,Keil C 调试时需插入

;扫描显示子程序

SCAN：	MOV	R4, #50	;置扫描显示循环次数
SN1：	MOV	R3,#0	;置字位编码初值(包含片选 139)
	MOV	R0, #40H	;置#0 位显示数字间址
SN2：	MOV	A,@ R0	;读显示数字(BCD 码)
	SWAP	A	;显示数字转至高 4 位
	ORL	A,R3	;与字位编码组合(包含字位编码和 BCD 码)
	MOV	P1,A	;送 P1 口显示
	CJNE	R3,#2,SN3	;字位编码与 2 比较,在 C 中产生判断标志
SN3：	JNC	SN4	;C =**0**,显示位序号≥2,不需加小数点,转

```
        SETB    P1.3                    ;C＝1,显示位序号＜2,加小数点
SN4:    LCALL   DY2ms                   ;延时2ms
        SETB    P1.2                    ;2ms延时结束,停显示(139输出三态)
        INC     R3                      ;指向下一位字位编码
        INC     R0                      ;指向下一位显示数字
        CJNE    R0,#44H,SN2             ;判4位扫描显示完否? 未完继续
        DJNZ    R4,SN1                  ;4位扫描显示完,判50次循环显示完否? 未完继续
        RET                             ;50次循环扫描显示完,子程序返回
DY2ms:  …                               ;延时2ms子程序。略,见例8-5,Keil C调试时需插入
        END
```

(2) C51程序

```
#include  ＜reg51.h＞                    //包含访问sfr库函数reg51.h
#include  ＜intrins.h＞                  //包含内联函数intrins.h
sbit   CS = P2^4;                       //定义CS为P2.4(片选0832)
sbit   Dp = P1^3;                       //定义Dp为P1.3(小数点驱动输出端)
sbit   E = P1^2;                        //定义E为P1.2(139译码允许端)
unsigned char   a[2];                   //定义A－D转换值存储数组a[2]
unsigned char   b[4];                   //定义显示数字存储数组b[4]
void chag (unsigned char   r[],d);      //显示数转换为显示数字子函数。见例9-1
void disp_BCD(unsigned char  i){        //输出BCD码扫描显示子函数。形参:通道序号i
  unsigned char j,n;                    //定义扫描循环次数j、显示字位码n
  unsigned int   t;                     //定义延时参数t
  chag(b,a[i]);                         //调用转换显示字段码子函数
  b[0] = i;                             //第0位赋值A－D通道号
  for(j=0;j<50;j++) {                   //每一通道循环显示50次
    for(n=0;n<4;n++) {                  //4位扫描显示
      P1 = (b[n]<<4)|n;                 //输出显示(显示数左移至高4位,E＝0,低2位加入位码)
      if (n<2)  Dp = 1;                 //前2位带小数点
      else  Dp = 0;                     //后2位不带小数点
      for (t=0;t<350;t++);             //延时约2ms
      E = 1;}}}                         //关显示
void main () {                          //主函数
  unsigned char  i;                     //定义通道序号i
  unsigned char  c[2] = {0x03,0x07};    //定义A－D通道地址配置数组c并赋值
  SCON = 0;                             //置串口方式0,禁止接收
  ES = 0;                               //串口禁中
  while(1) {                            //无限循环(A－D并显示)
    for(i=0;i<2;i++) {                  //两通道依次A－D并显示
```

```
CS = 0;                          //片选 0832
SBUF = c[i];                     //串行发送 A - D 通道地址配置
while (TI ==0);                  //等待串行发送完毕
TI = 0;                          //清发送中断标志
REN = 1;                         //启动串行接收
while (RI ==0);                  //等待串行接收第一字节完毕
REN = 0;                         //接收完毕,禁止接收
RI = 0;                          //清接收中断标志
a[i] = SBUF&0xf8;                //读第一字节 A - D 数值,并屏蔽低 3 位
REN = 1;                         //再次启动串行接收
while (RI ==0);                  //等待串行接收第二字节完毕
REN = 0;                         //接收完毕,禁止接收
RI = 0;                          //清接收中断标志
CS = 1;                          //清 0832 片选
a[i] = a[i]|(SBUF&0x07);         //第二字节屏蔽高 5 位,并与第一字节(低 5 位)组合(或)
a[i] = _crol_(a[i],5);           //循环左移 5 位,组成正确 A - D 数值
disp_BCD (i);|||                 //扫描显示
```

说明:80C51 串行口发送和接收数据次序均为先低位后高位,启动和通道配置信号:
03H = **00000011**B,80C51 发送时先发低位,次序为:**11000000**,ADC0832 接收的第 1 个 "**1**"
为启动信号,紧跟着的 "**10**" 为通道配置信号 CH0,再后面的一个 "**0**" 为稳定位(对应于第
4 个 CLK)。稳定位后,ADC0832 串行输出 A - D 数据 D7D6D5D4(对应最后 4 位 "**0000**")。
由于 80C51 尚未允许串行接收(REN =**0**),因此丢失,直至 80C51 允许串行接收(REN =**1**),
80C51 TXD 端再次发出 CLK 脉冲,接收数据从 D3 开始,至 80C51 SBUF 装满,接收第一字节
的 8 位数据如图 9-7(a)所示(注意先接收低位 D3);再次启动串行接收后,第二字节从上
次未接收 D5 开始,其数据如图 9-7(b)所示;组合后的 8 位数据如图 9-7(c)所示;C51
程序循环左移 5 位、汇编程序循环左移 1 位再高低 4 位互换后的 8 位数据如图 9-7(d)所示。

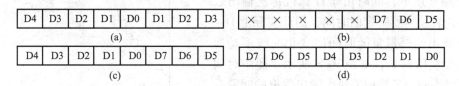

图 9-7　例 9-2 串行接收数据及变换过程

本例 Keil C51 调试和 Proteus 仿真见实验 30。

若 80C51 串行口用于串行通信,也可用 P0 ~ P3 口中其他端口虚拟 CLK 时钟脉冲,实现串
行 A - D。限于篇幅,留给读者在习题中完成(见与本书配套并可免费下载的 "仿真练习 60
例" 练习 53)。

【复习思考题】

9.1 什么叫 A－D 转换？为什么要进行 A－D 转换？

9.2 一个 8 位 A－D 转换器的分辨率是多少？若基准电压为 5 V，该 A－D 转换器能分辨的最小电压变化是多少？10 位和 12 位呢？

9.3 在图 9-3 电路应用的汇编程序中，启动 A－D 转换指令"MOV DPTR,#7FF8H"和"MOVX @ DPTR,A"两条指令中包含哪些信息？具体作用是什么？

9.4 启动 0809 A/D 转换汇编指令"MOVX @ DPTR,A"中，A 中的数据是什么？A 中数据写到 0809 哪个寄存器中？

9.5 图 9-6 中，ADC0832 数据输入输出端 DI、DO 端连接在一起，会不会引起冲突？

9.6 编制程序时，如何将 A－D 值按比例变换：255→500？

9.2 D－A 转换接口电路

将数字量转换成模拟量的过程称为 D－A 转换。D－A 转换是单片机应用系统后向通道的典型接口技术。根据被控装置的特点，一般要求应用系统输出模拟量，例如：电动执行机构，直流电动机等。但单片机输出的是数字量，这就需要将数字量通过 D－A 转换成相应的模拟量。本节主要讨论 80C51 单片机与 D－A 转换器的接口技术。

9.2.1 D－A 转换的基本概念

1. 基本概念

D－A 转换的基本原理是应用电阻解码网络，将 N 位数字量逐位转换为模拟量并求和，从而实现将 N 位数字量转换为相应的模拟量。数字量 D 与模拟量 U_A 的关系仍按式（9-1）。

由于数字量不是连续的，其转换后的模拟量自然也不是连续的，同时由于计算机每次输出数据和 D－A 转换需要一定的时间，因此实际上 D－A 转换器输出的模拟量随时间的变化曲线不是连续的，而是呈阶梯状，如图 9-8 所示。图中时间坐标的最小分度 ΔT 是相邻两次输出数据的间隔时间，模拟量坐标的最小分度是 1 LSB。但若 ΔT 很短，1 LSB 也很小，曲线的台阶就很密，则模拟量曲线仍然可以看做是连续的。

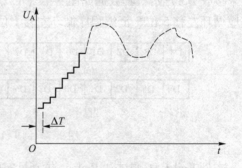

图 9-8 D－A 转换器输出的模拟量曲线示意图

2. 主要性能指标

（1）分辨率。其定义是当输入数字量发生单位数码变化（即 1 LSB）时，所对应的输出模拟量的变化量。即：分辨率 = 模拟输出满量程值/2^N，其中 N 是数字量位数。

分辨率也可用相对值表示：相对分辨率 $=1/2^N$。

D－A转换的位数越多，分辨率越高。例如，8位D－A，其相对分辨率为 $1/256 \approx 0.004$。因此，实际使用中，常用数字输入信号的有效位数给出分辨率。例如DAC0832的分辨率为8位。

（2）线性度。通常用非线性误差的大小表示D－A转换的线性度。

（3）转换精度。转换精度以最大静态转换误差的形式给出。这个转换误差应该包含非线性误差、比例系数误差以及漂移误差等综合误差。

应该指出，精度与分辨率是两个不同的概念。精度是指转换后所得的实际值对于理想值的接近程度；而分辨率是指能够对转换结果发生影响的最小输入量。对于分辨很高的D－A转换器，并不一定具有很高的精度。

（4）建立时间。指当D－A转换器的输入数据发生变化后，输出模拟量达到稳定数值即进入规定的精度范围内所需要的时间。该指标表明了D－A转换器转换速度的快慢。

（5）温度系数。在满刻度输出的条件下，温度每升高1℃，输出变化的百分数。该项指标表明了温度变化对D－A转换精度的影响。

9.2.2　DAC0832及其接口电路

DAC0832是8位D－A芯片，与DAC0830、DAC0831同属于DAC0830系列D－A芯片，美国国家半导体公司产品，是目前国内应用较广的8位D－A芯片（请特别注意ADC0832与DAC0832的区别）。

1. DAC0832简介

DAC0832是8位D－A芯片（注意：不要与ADC0832混淆），图9-9为其引脚图，图9-10为其逻辑框图。

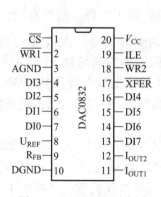

图9-9　DAC0832引脚图

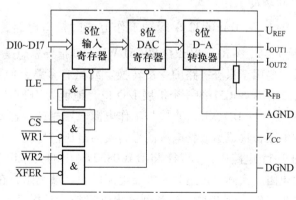

图9-10　DAC0832逻辑框图

（1）引脚功能

DI0～DI7：8位数据输入端。

ILE：输入数据允许锁存信号，高电平有效。

$\overline{CS}$：片选端，低电平有效。

$\overline{WR1}$：输入寄存器写选通信号，低电平有效。

$\overline{WR2}$：DAC 寄存器写选通信号，低电平有效。

$\overline{XFER}$：数据传送信号，低电平有效。

I_{OUT1}、I_{OUT2}：电流输出端。当输入数据为全 **0** 时，$I_{OUT1} = 0$；当输入数据为全 **1** 时，I_{OUT1} 为最大值，$I_{OUT1} + I_{OUT2} =$ 常数。

R_{FB}：反馈电流输入端，内部接有反馈电阻 15 kΩ。

U_{REF}：基准电压输入端。

V_{CC}：正电源端；AGND：模拟地；DGND：数字地。

（2）工作方式

从图 9–10 可以看出，在 DAC0832 内部有两个寄存器：输入寄存器和 DAC 寄存器。输入信号要经过这两个寄存器，才能进入 D – A 转换器进行 D – A 转换。而控制这两个寄存器的控制信号有 5 个：输入寄存器由 ILE、$\overline{CS}$、$\overline{WR1}$ 控制；DAC 寄存器由 $\overline{WR2}$、$\overline{XFER}$ 控制。因此，用软件指令控制这 5 个控制端，可实现三种工作方式：直通工作方式（不选通）、单缓冲工作方式（一次选通）和双缓冲工作方式（分二次选通）。

① 直通工作方式

直通工作方式是将两个寄存器的 5 个控制信号均预置为有效，两个寄存器都开通，处于数据直接接收状态，只要数字信号送到数据输入端 DI0 ~ DI7，就立即进入 D – A 转换器进行转换，这种方式主要用于不带微机的电路中。

② 单缓冲工作方式

图 9–11 为 DAC0832 单缓冲工作方式时接口电路，其中 ILE 接正电源，始终有效，$\overline{CS}$、$\overline{XFER}$ 接 P2.7，$\overline{WR1}$、$\overline{WR2}$ 接 80C51 $\overline{WR}$，其指导思想是 5 个控制端由 CPU 一次选通。这种工作方式主要用于只有一路 D – A 转换，或虽有多路，但不要求同步输出的场合。图 9–11 中，DAC0832 作为 80C51 的一个扩展 I/O 口，地址为 7FFFH。80C51 输出的数字量从 P0 口输入到 DAC0832 DI0 ~ DI7，U_{REF} 直接与工作电源电压相连，若要提高基准电压精度，可另接高精度稳定电源电压，集成运放将电流信号转换为电压信号。

图 9–11 电路中，μA741 将 DAC0832 输出的模拟电流信号转换为电压信号。R_P 为调满量程可变电阻。实际上是运算放大器电路的负反馈电阻，在 DAC0832 内部 R_{FB} 端与 I_{OUT1} 端接有负反馈电阻，R_P 与其串联。注意到输出锯齿波为负极性，若需要正极性锯齿波。基准电压 U_{REF} 可取 – 5 V。

上述电路称为单极性输出，单极性输出的 u_O 正负极性由 U_{REF} 的极性确定。当 U_{REF} 的极性为正值，u_O 为负；当 U_{REF} 极性为负时，u_O 为正。若要实现双极性输出，可按图 9–12 电路连接。

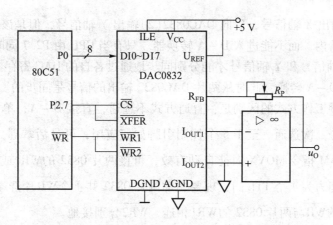

图 9-11 DAC0832 单缓冲工作方式时接口电路

③ 双缓冲工作方式

在多路 D-A 转换情况下，若要求同步
输出，必须采用双缓冲工作方式。例如智能
示波器，要求同步输出 X 轴信号和 Y 轴信
号，若采用单缓冲方式，X 轴信号和 Y 轴信
号只能先后输出，不能同步，会形成光点偏
移。图 9-13（a）为双缓冲工作方式时接口
电路。图 9-13（b）为该电路的逻辑框图。
P2.5 选通 DAC0832(1)的输入寄存器。P2.6

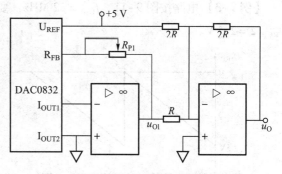

图 9-12 DAC0832 双极性电压输出电路

选通 DAC0832(2)的输入寄存器，P2.7 同时选通两片 DAC0832 的 DAC 寄存器。工作时 CPU

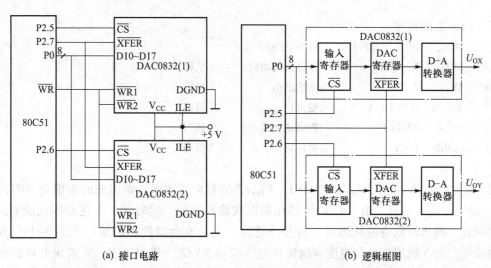

(a) 接口电路　　　　　　　　　　　　　　(b) 逻辑框图

图 9-13 DAC0832 双缓冲工作方式时接口电路

先向 DAC0832(1)输出 X 轴信号，后向 DAC0832(2)输出 Y 轴信号，但是该两信号均只能锁存在各自的输入寄存器内，而不能进入 D－A 转换器。只有当 CPU 由 P2.7 同时选通两片 0832 的 DAC 寄存器时，X 轴信号和 Y 轴信号才能分别同步地通过各自的 DAC 寄存器进入各自的 D－A 转换器，同时进行 D－A 转换，此时从两片 DAC0832 输出的信号是同步的。

综上所述，三种工作方式的区别是：直通方式不选通，直接 D－A；单缓冲方式，一次选通；双缓冲方式，分二次选通。至于 5 个控制引脚如何应用，可灵活掌握。80C51 的 $\overline{WR}$ 信号在 CPU 执行写外 RAM 指令 MOVX 时能自动有效，可接两片 0832 的 $\overline{WR1}$ 或 $\overline{WR2}$，但 $\overline{WR}$ 属 P3 口第二功能，负载能力为 4 个 TTL 门，现要驱动两片 0832 共 4 个 $\overline{WR}$ 片选端门，显然不适当。因此，宜用 80C51 的 $\overline{WR}$ 与两片 0832 的 $\overline{WR1}$ 相连，$\overline{WR2}$ 分别接地。

2. 应用实例

【例 9-3】电路按图 9-11，$f_{OSC}=12\text{ MHz}$，要求输出如图 9-14（a）所示锯齿波，幅度为 $U_{REF}/2=2.5\text{ V}$。

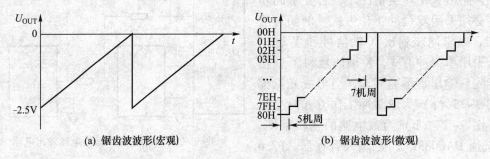

| (a) 锯齿波波形(宏观) | (b) 锯齿波波形(微观) |

图 9-14　输出锯齿波波形

解：（1）汇编程序

```
MAIN: MOV    DPTR,#7FFFH    ;置 DAC0832 地址;
LOP1: MOV    R7,#80H        ;置锯齿波幅值;        1 机周
LOP2: MOV    A,R7           ;读输出值;           1 机周
      MOVX   @DPTR,A        ;输出;               2 机周
      DJNZ   R7,LOP2        ;判周期结束否?        2 机周
      SJMP   LOP1           ;循环输出;            2 机周
      END
```

说明：U_{REF} 值为 +5 V，对应于 100H，$U_{REF}/2$ 值对应于 80H，锯齿波的幅值为 80H，存于 R7 中。每次输出后递减。由于 CPU 控制相邻两次输出需要一定时间，上述程序间隔时间为 5 机周，因此，输出的锯齿波从微观上看并不连续，而是有台阶的锯齿波。如图 9-14（b）所示，台阶平台为 5 机周，台阶高度 = 满量程电压$/2^8 = 5\text{ V}/2^8 = 0.0195\text{ V}$，从宏观上看相当于一个连续的锯齿波。如图 9-14（a）所示。

（2）C51 程序

```
#include <reg51.h>              //包含访问 sfr 库函数 reg51.h
#include <absacc.h>             //包含绝对地址访问库函数 absacc.h
void main(){                    //主函数
    unsigned char i;            //定义无符号字符型变量 i(循环序数兼输出减一)
    while(1){                    //反复循环,不断输出锯齿波
        for(i=0;i<128;i++)      //循环,输出一个锯齿波
            XBYTE[0x7fff] = (0x80-i);}}    //输出值依次减一
```

本例 Keil C51 调试和 Proteus 仿真见实验 31。

需要说明的是，上述汇编程序与 C51 程序运行输出的锯齿波周期是不一样的。汇编程序根据计算为 643 机器周期，若晶振取 12 MHz（1 μs/机周），Proteus 虚拟仿真调试中示波器锯齿波周期约 0.65 ms，与理论计算相符。C51 程序因需 Keil C51 编译器编译转换为汇编程序，因此无法理论计算锯齿波周期（若要计算，可根据编译后的汇编程序计算），从示波器锯齿波周期上看，C51 程序产生的锯齿波周期明显大于汇编程序产生的锯齿波周期（C51 约 1.3 ms）。此例说明：C51 程序的实时控制性能劣于汇编程序，在要求较高的场合，可能不能满足需要。

【复习思考题】

9.7　什么叫 D－A 转换？基本原理是什么？若 D＝65H，U_{REF}＝5V，求 D－A 转换后输出电压多少？

9.8　什么叫单缓冲和双缓冲工作方式？各有什么功能？

9.3　实　验　操　作

实验 29　ADC0808 中断方式 A－D（ALE 输出 CLK）

ADC0808 中断方式 A－D（ALE 输出 CLK）电路和程序已在例 9-1 给出。

1. Keil 调试

本例因涉及接口元件 0809 及模拟输入信号，Keil 软件调试无法得到 A－D 值。因此，仅按实验 1 所述步骤，编译链接，语法纠错，自动生成 Hex 文件。

C51 程序可打开变量观察窗口，在 Watch#1 页中设置全局变量 a 和 b，获取数组 a（A－D 转换值）和数组 b（显示数字）的首地址分别为 0x08 和 0x10（用于在 Proteus 虚拟仿真中观测 A－D 转换值和显示数字）。

2. Proteus 仿真

（1）按实验 1 所述 Proteus 仿真步骤，打开 Proteus 软件，按表 9-2 选择和放置元器件，并连接线路，画出 Proteus 仿真电路如图 9-15 所示，有关问题说明如下。

表 9-2 ADC0808 中断方式 A-D（ALE 输出 CLK）Proteus 仿真电路元器件

名称	编号	大类	子类	型号/标称值	数量
80C51	U1	Microprocessor Ics	80C51 family	AT89C51	1
74LS373	U2、U5	TTL 74LS series		74LS373	2
74LS02	U3	TTL 74LS series		74LS02	1
ADC0808	U4	Data Converters		ADC0808	1
晶体管	VT0～VT3	Transistors	Bipolar	2N5771	4
数码显示屏		Optoelectronics	7 - Segment Displays	7SEG - MPX4-CA	1
电阻		Resistors	Chip Resistor 1/8W 5%	1 kΩ、10 kΩ	11

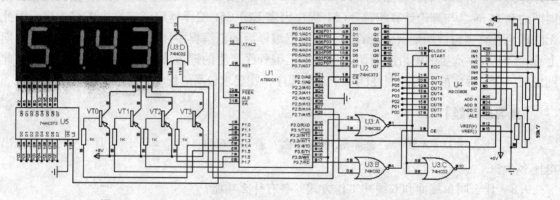

图 9-15 ADC0808 中断方式 A-D（ALE 输出 CLK）Proteus 仿真电路

① 由于 Proteus 中的 0809 不起作用，因此用 0808 替代。且注意，0808 引脚 OUT8（编号 17）是 LSB，OUT1（编号 21）是 MSB，即 0808 输出端 OUT1～OUT8 对应数据端 D7～D0，数据相位反。

② 图 9-3 电路中的 74LS377 在图 9-15 电路中用 74LS373 和 74LS02 组合替代的原因已在第 5 章实验 9 中说明，此处不再赘述。组合替代后，控制程序不变，功能不变。编者建议读者在实际电路应用时，仍用 74LS377，而不用 74LS373，377 用于扩展并行输出，性价比更高。

③ 为产生 8 路模拟输入信号，在 Proteus 虚拟电路中，用 7 个 10 kΩ 电阻分压，产生 8 种电压信号，理论计算值依次为：5 V、4.2857 V、3.5714 V、2.8571 V、2.1429 V、1.4286 V、0.7143 V 和 0。对应 16 进制数依次为：FF、DA、B6、92、6D、49、25 和 0，作为 8 通道 A-D 输入信号。

（2）鼠标左键双击 Proteus 仿真电路中 AT89C51，装入 Keil 调试后自动生成的 Hex 文件。同时在"Advanced Properties"选项中，选择"Simulate Program Fetches"，并选 Yes（原因是在默认"Enable trace logging"情况下，80C51 ALE 端产生的 CLK 信号对 0808 不起作用）；而且，

需注意"Clock Frequency"设置栏中的频率不要大于 6 MHz（否则需分频）；鼠标左键单击〈OK〉按钮。

（3）全速运行，显示屏依次显示并循环不断：0.5.00、1.4.27、2.3.57、3.2.86、4.2.14、5.1.43、6.0.73 和 7.0.00，并循环不断。其中，第 0 位显示数字为 A－D 通道号，加小数点以示分隔区别；后 3 位为 A－D 转换值，单位（V）。该 8 通道 A－D 转换值与先前说明③中的理论计算数据相当吻合。

（4）按暂停键，打开 80C51 片内 RAM（主菜单"Debug"→"80C51 CPU"→"Internal（IDATA）Memory－U1"），C51 程序看 08H、汇编程序看 30H 为首地址的连续 8 个存储单元内已分别存储了 8 通道对应的 16 进制 A－D 值：FF、DA、B6、92、6D、49、25、00，与先前说明③中的理论计算数据相同；以 10H 为首地址的 4 个连续存储单元内已分别存储了当前显示的通道序号及其 A－D 转换值。

16 进制 A－D 值与显示值的换算关系说明如下：例如，图 9-15 中显示值 5.1.43。是第 5 通道，A－D 值为 1.43。80C51 片内 RAM 08H 中的 16 进制 A－D 值为 49，49H＝73，（73/255）×5＝1.4314，与显示值 1.43 相符。

（5）按停止键，鼠标右键单击 10 kΩ 电阻网络中任一电阻，弹出右键菜单，选择"Edit Properties"鼠标左键单击，再弹出元件编辑对话框，修改电阻元件标称值（例如 20 kΩ），鼠标左键单击〈OK〉按钮。先理论计算修改后的分压值，然后重新全速运行，观察 A－D 后的显示值与理论计算值是否相符。

实验 30 ADC0832 串行 A－D（TXD 输出 CLK）

ADC0832 串行 A－D（TXD 输出 CLK）电路和程序已在例 9-2 给出。

1. Keil 调试

本例因涉及接口元件 0832 及模拟输入信号，Keil 软件调试无法得到 A－D 值。因此，仅按实验 1 所述步骤，编译链接，语法纠错，自动生成 Hex 文件。

注意输入源程序时，需将显示数转换为显示数字子函数 chag（见例 9-1）插入，否则 Keil 调试将显示出错。

C51 程序可打开变量观察窗口，在 Watch#1 页中设置全局变量 a 和 b，获取数组 a（A－D 转换值）和数组 b（显示数字）的首地址分别为 0x08 和 0x10（用于在 Proteus 虚拟仿真中观测 A－D 转换值和显示数字）。

2. Proteus 仿真

（1）按实验 1 所述 Proteus 仿真步骤，打开 Proteus 软件，按表 9-3 选择和放置元器件。连接线路，画出 Proteus 仿真电路如图 9-16 所示。

（2）鼠标左键双击 Proteus 仿真电路中 AT89C51，装入 Keil 调试后自动生成的 Hex 文件。

（3）鼠标左键单击全速运行按钮，显示屏依次显示两通道串行 A－D 值。例如：0.4.00、1.2.00（本例原始数据）。其中，第 0 位为串行 A－D 通道序号，第 1~3 位为串行 A－D 值。

表9–3   ADC0832 串行 A－D（TXD 输出 CLK）Proteus 仿真电路元器件

名称	编号	大类	子类	型号/标称值	数量
80C51	U1	Microprocessor Ics	80C51 family	AT89C51	1
ADC0832	U2	Data Converters		ADC0832	1
74LS139	U3	TTL 74LS series		74LS139	1
CC4511	U4	CMOS 4000 series		4511	1
滑动变阻器		Resistors	Variable	POT－HG 型 10kΩ	2
数码显示屏		Optoelectronics	7－Segment Displays	7SEG－MPX4-CC	1
电压表		左侧辅工具栏	虚拟仪表（图标☑）	DC VOLTMETER	1
电压探针		左侧辅工具栏	电压探针（图标✎）		1

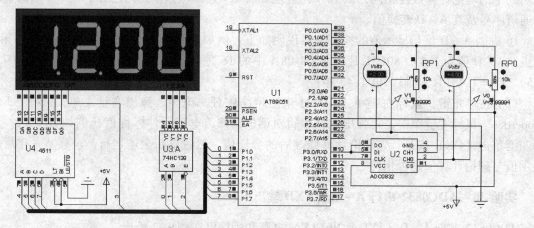

图9–16   ADC0832 串行 A－D（TXD 输出 CLK）Proteus 仿真电路

（4）按暂停按钮，打开 80C51 片内 RAM（主菜单"Debug"→"80C51 CPU"→"Internal（IDATA）Memory－U1"），汇编程序看 30H、31H，C51 程序看 08H、09H（A－D 转换值数组 a 首地址，可在 Keil 软件调试时，在变量观察窗口 Watch#1 页中设置 a 和 b 获得），依次存放了两通道串行 A－D 值（16 进制数：CC、66）；0AH～0DH（显示数字数组 b 首地址）依次存放了即时显示通道的中 A－D 转换数字（00、04、00、00 或 01、02、00、00，与按暂停按钮瞬时操作有关）。

（5）分别调节两分压可变电阻，串行 A－D 显示值随之改变。

（6）终止程序运行，可按停止按钮。

实验 31   DAC0832 输出连续锯齿波

DAC0832 输出连续锯齿波电路和程序已在例9–3 给出。

1. Keil 调试

本例因涉及接口元件 DAC0832 及运放 μA741，Keil 软件调试无法得到模拟输出信号，但可观察 P0 口相应的数字输出信号和锯齿波微观小平台的时间。

按实验 1 所述步骤,编译链接,语法纠错,进入调试状态后,打开存储器窗口,在 Memory#2 页 Address 编辑框内键入 0832 口地址 "x:0x7fff";在 "MOVX @DPTR,A"(汇编)或 "XBYTE[0x7fff]=(0x80-i)"(C51)指令行设置断点。然后鼠标左键不断单击全速运行图标,可看到存储器窗口,在 Memory#2 页 0x7fff 存储单元内的数据从峰值逐一递减:80→7F→7E→7D→ … →02→01→00,表明 CPU 输出给 DAC0832 D-A 转换的数字信号逐一递减。同时,可看到寄存器窗口中 sec 值的变化,递减每次间隔时间:汇编程序是 5 μs,C51 程序是 10 μs ($f_{osc} = 12\ MHz$),表明了锯齿波微观小平台的时间,也表明了汇编和 C51 程序实时控制性能的差别。

2. Proteus 仿真

(1)按实验 1 所述 Proteus 仿真步骤,打开 Proteus 软件,按表 9-4 选择和放置元器件。连接线路,画出 Proteus 仿真电路如图 9-17 所示。

表 9-4 DAC0832 输出连续锯齿波 Proteus 仿真电路元器件

名称	编号	大类	子类	型号/标称值	数量
80C51	U1	Microprocessor Ics	80C51 family	AT89C51	1
DAC0832	U2	Data Converters		DAC0832	1
集成运放	U3	Operational Amplifiers		741	1
滑动变阻器	RP1	Resistors	Variable	POT-HG	2
示波器		左侧辅工具栏	虚拟仪表(图标☑)	OSCILLOSCOPE	1

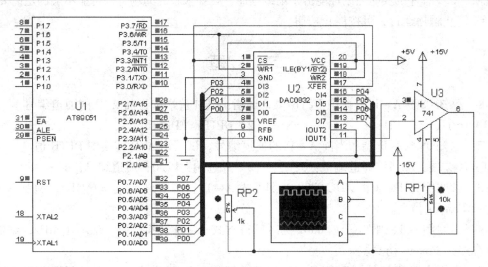

图 9-17 DAC0832 D-A 输出连续锯齿波 Proteus 虚拟仿真电路

(2)鼠标左键双击 Proteus 仿真电路中 AT89C51,装入 Keil 调试后自动生成的 Hex 文件。

（3）全速运行后，示波器跳出所求锯齿波，如图 9–18 所示。示波器 Y 轴（幅度）可选 0.2 V/格，X 轴（时间）可选 0.1 ms/格。

(a) 汇编程序输出波形　　　　　　　　　　(b) C51程序输出波形

图 9–18　Proteus 虚拟仿真 0832 D – A 转换输出锯齿波波形

我们看到：在同一设置条件下，用汇编程序和用 C51 程序虚拟仿真得出的锯齿波，幅度相同，约 12 格半（0.2 V/格 × 12.5 格 = 2.5 V），而周期是不一样的。汇编程序根据理论计算为 643 机器周期，若晶振取 12 MHz（1 μs/机周），则周期为 0.643 ms；观测示波器锯齿波周期约 6.5 格（0.65 ms），与理论计算相符。C51 程序因需 Keil C51 编译器编译转换为汇编程序，因此无法理论计算锯齿波周期（若要计算，可根据编译后的汇编程序计算），从示波器锯齿波周期上看，C51 程序产生的锯齿波周期明显大于汇编程序产生的锯齿波周期，C51 约 13 格（1.3 ms）。此事说明：C51 程序的实时控制性能劣于汇编程序，在要求较高的场合，可能不能满足需要。

（4）终止程序运行，可按停止按钮。

习　题

9.1　已知 0809 A – D 转换中 DPTR 值，试指出其片选端和当前 A/D 的通道编号。

（1）DPTR = DFF9H；　　　　　　　　　　（2）DPTR = FDFFH。

9.2　已知 0809 片选端和当前 A – D 的通道编号，试写出 A/D 转换中 DPTR 值。

（1）片选端：P2.4；通道编号：0；　　（2）片选端：P2.0；通道编号：6。

9.3　参照例 9–1，画出 ADC 0809 查询方式 A – D 转换电路，f_{osc} = 6 MHz，编制 A – D 转换程序并 Proteus 仿真。

9.4　参照例 9–1，画出 ADC 0809 延时等待方式 A – D 转换电路，f_{osc} = 6 MHz，编制 A – D 转换程序并 Proteus 仿真。

9.5　采用虚拟 CLK 控制 0809 A – D 转换电路如图 9–19 所示，f_{osc} = 6 MHz，对 8 路输入信号 A – D 转换，并依次输出，循环显示。第 1 位显示 A – D 通道号，加小数点以示分隔区别；后 3 位为 A – D 转换值，单位（V），试编制 A – D 转换程序并 Proteus 仿真。

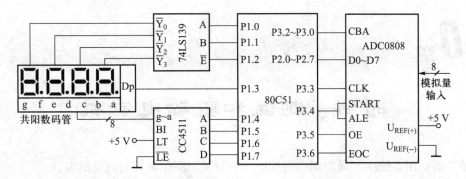

图 9-19　虚拟 CLK 控制 0808 A - D 转换并动态显示电路

9.6　采用虚拟 CLK 控制 ADC0832 串行 A - D 转换电路如图 9-20 所示，$f_{OSC} = 6\,MHz$，对 2 路输入信号 A - D 转换，并依次输出，循环显示。第 1 位显示 A - D 通道号，加小数点以示分隔区别；后 3 位为 A - D 转换值，单位为 V，试编制 A - D 转换程序并 Proteus 仿真。

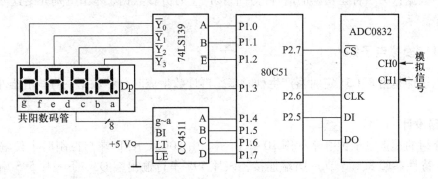

图 9-20　ADC0832 串行 A - D（虚拟 CLK）并动态显示电路

9.7　根据下列已知条件，试求 D/A 转换后输出电压 U_A。

（1）$D = 80H$，$U_{REF} = 5\,V$，$N = 8$；　　　（2）$D = 345H$，$U_{REF} = 3\,V$，$N = 12$。

9.8　已知 0832 D - A 单缓冲电路如图 9-11 所示，要求输出图 9-21 所示连续锯齿波，其峰值对应 FFH，$f_{OSC} = 6\,MHz$，试编制程序，计算锯齿波周期 T（$0 \rightarrow t_1 \rightarrow t_2$），并 Proteus 仿真。

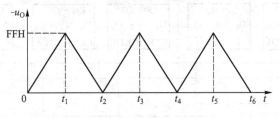

图 9-21　连续锯齿波波形

第**10**章

时钟、测温和驱动电动机

在单片机应用系统中，最常用的测控电路有时钟、测温和控制电动机等。

10.1 时 钟

一般，产生时分秒数据的方式有两种：一种是由 80C51 定时器产生秒时基，再由程序计数生成时分秒数据；另一种是由实时时钟芯片直接产生时分秒数据。本节分别介绍这两种方式的电路和程序。

10.1.1 模拟电子钟

模拟电子钟是由 80C51 定时器产生秒时基，再计数生成时分秒数据，与显示器件组成模拟电子钟。

1. 电路设计

本节介绍的模拟电子钟电路如图 10-1 所示。由 80C51 RXD 端与控制时十位输出显示的 74HC595（特性参阅 8.1.3 节）D_S 端连接，该片 595 串行输出端 Q_S 与下一片 595 串行输入端 D_S 端连接，595 并行输出端 Q0 ~ Q7 与数码管笔段 a ~ g、Dp 端连接，依次输出 6 位时分秒数据；80C51 TXD 端与 6 片 595 CLK 端连接，串行输出时钟脉冲，控制 595 串行移位；80C51 P1.6 与 6 片 595 RCK 端连接，控制输出触发 595 片内缓冲寄存器中数据进入输出寄存器的正

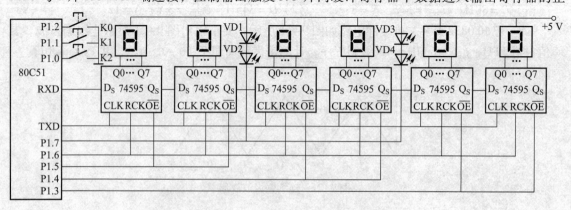

图 10-1 由 80C51 定时器产生秒时基的模拟电子钟

脉冲;80C51 P1.5、P1.4、P1.3 分别与时、分、秒 595 输出允许端$\overline{\text{OE}}$端连接,控制 6 片 595 输出显示;80C51 P1.7 与 2 组发光二极管(共 4 个)连接,控制秒闪烁;80C51 P1.2~P1.0 与 K0~K2 连接,控制时钟时分秒校正。

2. 程序设计

【例 10-1】 设 $f_{osc}=6$ MHz,按图 10-1 电路,要求开机显示 0 时 0 分 0 秒,随后开始计时运行,2 组发光二极管秒闪烁(亮暗各 500 ms)。同时要求 K0、K1 和 K2 具有时钟校正功能,其控制过程为:按下 K0(带锁),进入时钟修正;首先,时数据(包括时十位、时个位)快速闪烁(亮暗各 131 ms);按一次 K1(不带锁),被修正数据(快速闪烁)按时、分、秒(同时包括十位、个位)次序右移(循环往复);按一次 K2(不带锁),被修正数据整体加 1(最大值不超过时钟规定值,超过复 0);时钟修正期间,计时继续运行;释放 K0,退出时钟修正。

解:秒时基产生:由 T0 定时器方式 2 定时 500 μs。对 500 μs 计数 2000 次,可得到 1 s 时基;再对 1 s 计数 60 次,可得 1 分;对 1 分计数 60 次,可得 1 小时;对 1 小时计数 24 次,可得 1 天。

$T0_{初值}=2^8-500$ μs$/2$ μs$=256-250=6$。因此,TH0 = TL0 = 06H。

时钟修正位闪烁控制:由 T1 定时器方式 1,不需设置和重装定时初值,最大定时可达 131 ms,正好用于时钟修正位闪烁。

(1)汇编程序

```
            K0    EQU   P1.0      ;伪指令,定义 K0(时钟修正标志键)等值 P1.0
            K1    EQU   P1.1      ;伪指令,定义 K1(修正移位键)等值 P1.1
            K2    EQU   P1.2      ;伪指令,定义 K2(修正加 1 键)等值 P1.2
            OEs   EQU   P1.3      ;伪指令,定义 OEs(秒输出控制端)等值 P1.3
            OEm   EQU   P1.4      ;伪指令,定义 OEm(分输出控制端)等值 P1.4
            OEh   EQU   P1.5      ;伪指令,定义 OEh(时输出控制端)等值 P1.5
            RCK   EQU   P1.6      ;伪指令,定义 RCK(输出锁存控制端)等值 P1.6
            LED   EQU   P1.7      ;伪指令,定义 LED(秒闪烁控制端)等值 P1.7
            ORG   0000H           ;复位地址
            LJMP  MAIN            ;转主程序
            ORG   000BH           ;T0 中断入口地址
            LJMP  LT0             ;转 T0 中断子程序
            ORG   001BH           ;T1 中断入口地址
            LJMP  LT1             ;转 T1 中断子程序
    MAIN:   MOV   SP,#50H          ;主程序。置堆栈
            MOV   TMOD,#12H        ;置 T0 定时器方式 2,T1 定时器方式 1
            MOV   SCON,#0          ;置串口方式 0
            MOV   TH0,#06H         ;置 T0 定时 0.5 ms 初值(fosc = 6 MHz)
```

```
                MOV    TL0,#06H         ;
                MOV    IP,#02H          ;置 T0 高优先级
                MOV    R0,#30H          ;置 500 µs、100 ms、秒、分、时计数器间址首址
                CLR    A                ;A 清零
        MN1：   MOV    @R0,A            ;500 µs、100 ms、秒、分、时计数器循环清零
                INC    R0               ;间址指向下一计数器
                CJNE   R0,#36H,MN1      ;判计数器清零完成否？未完继续
                MOV    P1,#0C7H         ;秒闪烁暗,键输入端置输入态
                SETB   TR0              ;T0 运行
                MOV    IE,#8AH          ;T0、T1 开中,串行禁中
                LCALL  DISP             ;595 允许输出,初始显示 0
                MOV    R2,#0            ;时钟修正位序号清零
        MN3：   JB     K0, $            ;等待时钟修正键按下
                LCALL  KEY              ;时钟修正键按下,调用时钟修正键处理子程序
                SJMP   MN3              ;返回循环
        ;T0 中断函数(500 µs 中断)
        LT0：   PUSH   ACC              ;保护现场
                PUSH   PSW              ;保护现场
                MOV    R0,#30H          ;置 500 µs、100 ms、秒、分、时计数器间址首址
                INC    @R0              ;500 µs 计数器计数加 1
                JNB    K0,LT01          ;若时钟修正键未释放,转判 100 ms
                CLR    TR1              ;若时钟修正键已释放,T1 停运行
                MOV    R2,#0            ;时钟修正位序号清零
                CLR    OEh              ;时显示不闪烁
                CLR    OEm              ;分显示不闪烁
                CLR    OEs              ;秒显示不闪烁
                MOV    R2,#0            ;时钟修正位序号清零
        LT01：  CJNE   @R0,#200,LT02    ;判 100 ms 满否?
        LT02：  JC     LT09             ;未满 100 ms,转中断返回
                MOV    @R0,#0           ;满 100 ms,500 µs 计数器清零
                INC    R0               ;间址指向 100 ms 计数器
                INC    @R0              ;100 ms 计数器计数加 1
                CJNE   @R0,#5,LT03      ;判 0.5 s 到否? 不是 0.5 s,转判 1 s 满否
                CPL    LED              ;0.5 s 到,秒闪烁亮
        LT03：  CJNE   @R0,#10,LT04     ;判 1 s 满否?
        LT04：  JC     LT09             ;未满 1 s,转中断返回
                MOV    @R0,#0           ;满 1 s,100 ms 计数器清零
                CPL    LED              ;秒闪烁亮
```

	INC	R0	;间址指向秒计数器
	INC	@ R0	;秒计数器加 1
	CJNE	@ R0,#60,LT05	;判 60 s 满否?
LT05：	JC	LT08	;未满 60 s,转刷新显示
	MOV	@ R0,#0	;满 60 s,秒计数器清零
	INC	R0	;间址指向分计数器
	INC	@ R0	;分计数器加 1
	CJNE	@ R0,#60,LT06	;判 60 min 满否?
LT06：	JC	LT08	;未满 60 min,转刷新显示
	MOV	@ R0,#0	;满 60 min,分计数器清零
	INC	R0	;间址指向时计数器
	INC	@ R0	;时计数器加 1
	CJNE	@ R0,#24,LT07	;判 24 h 满否?
LT07：	JC	LT08	;未满 24 h,转刷新显示
	MOV	@ R0,#0	;满 24 h,时计数器清零
LT08：	LCALL	DISP	;刷新显示
LT09：	POP	PSW	;恢复现场
	POP	ACC	;恢复现场
	RETI		;中断返回

;T1 中断函数(修正位闪烁中断)

LT1：	CJNE	R2,#0,LT11	;若修正位序号不为 0,转判分闪烁
	CPL	OEh	;修正位序号为 0,时显示闪烁
	CLR	OEm	;分显示不闪烁
	CLR	OEs	;秒显示不闪烁
	SJMP	LT14	;转中断返回
LT11：	CJNE	R2,#1,LT12	;若修正位序号不为 1,转判秒闪烁
	CPL	OEm	;修正位序号为 1,分显示闪烁
	CLR	OEh	;时显示不闪烁
	CLR	OEs	;秒显示不闪烁
	SJMP	LT14	;转中断返回
LT12：	CJNE	R2,#2,LT13	;若修正位序号不为 2,转中断返回
	CPL	OEs	;修正位序号为 2,秒显示闪烁
	CLR	OEm	;分显示不闪烁
	CLR	OEh	;时显示不闪烁
	SJMP	LT14	;转中断返回
LT13：	CLR	OEs	;秒显示不闪烁
	CLR	OEm	;分显示不闪烁
	CLR	OEh	;时显示不闪烁

| LT14: | RETI | | ;中断返回 |
| | | | |

;秒分时字段码转换并串发显示子程序

DISP:	MOV	DPTR,#TAB	;置共阳逆序字段码表首址
	MOV	R0,#32H	;置秒、分、时计数器间址首址
	MOV	R1,#40H	;置显示字段码存储单元间址首址
DP0:	MOV	A,@ R0	;读显示数
	MOV	B,#10	;置除数
	DIV	AB	;除以 10,十位显示数字→A,个位显示字字→B
	XCH	A,B	;交换。个位显示数字→A,十位显示字字→B
	MOVC	A,@ A + DPTR	;读相应显示字段码
	MOV	@ R1,A	;存个位显示字段码
	INC	R1	;间址指向下一显示字段码存储单元
	MOV	A,B	;取十位显示字字
	MOVC	A,@ A + DPTR	;读相应显示字段码
	MOV	@ R1,A	;存十位显示字段码
	INC	R0	;间址指向下一秒分时计数器存储单元
	INC	R1	;间址指向下一显示字段码存储单元
	CJNE	R0,#35H,DP0	;判秒、分、时字段码转换完成否？未完继续
	MOV	R1,#40H	;置显示字段码存储单元间址首址
DP1:	MOV	SBUF,@ R1	;串行发送一帧显示数据
	JNB	TI, $	;等待一帧数据串发完毕
	CLR	TI	;清串发中断标志
	INC	R1	;间址指向下一显示字段码存储单元
	CJNE	R1,#46H,DP1	;判秒分时 6 位字段码串发显示完成否？未完继续
	CLR	RCK	;发送 595 移位输出脉冲
	SETB	RCK	;595 RCK 脉冲上升沿有效
	RET		;串发显示完毕,子程序返回
TAB:	DB	03H,9FH,25H,0DH,99H,49H,41H,1FH,01H,09H	;共阳逆序字段码表

;时钟修正键处理子函数

KEY:	SETB	TR1	;时钟修正键按下,T1 运行(用于修正位闪烁)
	JB	K1,KY1	;若移位键未按下,转
	JNB	K1, $	;若移位键按下,等待移位键释放
	INC	R2	;移位键释放后,修正位序号加 1
	CJNE	R2,#3,KY0	;判修正位序号超限否？并在 C 中产生判断标志
KY0:	JC	KY1	;若修正位序号未超限,转判加 1 键
	MOV	R2,#0	;修正位序号超限,时钟修正位序号复 0
KY1:	JB	K2,KY4	;若加 1 键未按下,转子程序返回
	JNB	K2, $	;若加 1 键按下,等待加 1 键释放

	CJNE	R2,#0,KY2	;若修正位序号不为 0,转判分修正
	MOV	R0,#34H	;修正位序号为 0,置时计数器间址
	INC	@ R0	;时计数器加 1
	CJNE	@ R0,#24,KY4	;判时计数器超限否? 未超限,转子程序返回
	MOV	@ R0,#0	;时计数器超限,复 0
	SJMP	KY4	;转子程序返回
KY2:	CJNE	R2,#1,KY3	;若修正位序号不为 1,转判秒修正
	MOV	R0,#33H	;置分计数器间址
	INC	@ R0	;分计数器加 1
	CJNE	@ R0,#60,KY4	;判分计数器超限否? 未超限,转子程序返回
	MOV	@ R0,#0	;分计数器超限,复 0
	SJMP	KY4	;转子程序返回
KY3:	CJNE	R2,#2,KY4	;若修正位序号不为 2,转子程序返回
	MOV	R0,#32H	;秒修正。置秒计数器间址
	INC	@ R0	;秒计数器加 1
	CJNE	@ R0,#60,KY4	;判秒计数器超限否? 未超限,转子程序返回
	MOV	@ R0,#0	;秒计数器超限,复 0
KY4:	RET		;子程序返回
	END		

（2）C51 程序

```
#include < reg51. h >              //包含访问 sfr 库函数 reg51. h
sbit   K0 = P1^0;                 //定义 K0 为 P1.0(时钟修正标志键)
sbit   K1 = P1^1;                 //定义 K1 为 P1.1(修正移位键)
sbit   K2 = P1^2;                 //定义 K2 为 P1.2(修正加 1 键)
sbit   OEs = P1^3;                //定义 OEs 为 P1.3(秒输出控制端,0 有效)
sbit   OEm = P1^4;                //定义 OEm 为 P1.4(分输出控制端,0 有效)
sbit   OEh = P1^5;                //定义 OEh 为 P1.5(时输出控制端,0 有效)
sbit   RCK = P1^6;                //定义 RCK 为 P1.6(输出锁存控制端,上升沿有效)
sbit   LED = P1^7;                //定义 LED 为 P1.7(秒闪烁控制端,0 有效)
unsigned int   ms05 = 0;          //定义 0. 5 ms 计数器 ms05,并清零
unsigned char   h = 0, m = 0, s = 0;  //定义时分秒计数器 h、m、s,并清零
unsigned char n = 0;              //定义时钟修正位序号 n
unsigned char   code   c[10] = {  //定义共阳逆序字段码数组,并赋值
  0x03,0x9f,0x25,0x0d,0x99,0x49,0x41,0x1f,0x01,0x09};
void disp6 ( ){                   //6 位显示子函数
  unsigned char   i;              //定义序号变量 i
  unsigned char   a[6];           //定义时分秒数组 a[6]
  a[5] = c[h/10];a[4] = c[h%10];  //取出时显示字段码
```

```
    a[3] = c[m/10];a[2] = c[m%10];      //取出分显示字段码
    a[1] = c[s/10];a[0] = c[s%10];      //取出秒显示字段码
    for (i = 0;i < 6;i ++){             //6 位显示字段码依次串行输出
        SBUF = a[i];                    //串行发送一帧数据
        while (TI ==0);TI = 0;}         //等待一帧数据串行发送完毕,完毕后 TI 清零
    RCK = 0;RCK = 1;}                   //595 RCK 端输入触发正脉冲
void  key(){                            //时钟修正键处理子函数
    TR1 = 1;                            //时钟修正键按下,T1 运行(用于修正位闪烁)
    if (K1 ==0){                        //若移位键按下,则
        while (K1 ==0);                 //等待移位键释放
        n ++;                           //移位键释放后,修正位序号加 1
        if (n ==3) n = 0;}              //若序号超限,复 0
    if (K2 ==0){                        //若加 1 键按下,则
        while (K2 ==0);                 //等待加 1 键释放
        switch (n){                     //switch 散转,根据修正位序号修正时分秒
            case 0:{h ++;               //时计数器加 1
                if (h ==24)  h = 0;break;}  //若时计数器超限,复 0,跳出加 1 循环
            case 1:{m ++;               //分计数器加 1
                if (m ==60)  m = 0;break;}  //若分计数器超限,复 0,跳出加 1 循环
            case 2:{s ++;               //秒计数器加 1
                if (s ==60) s = 0;break;}}  //若秒计数器超限,复 0,跳出加 1 循环
        disp6 ();}}                     //刷新显示
void main (){                           //主函数
    TMOD = 0x12;                        //置 T0 定时器方式 2,T1 定时器方式 1(定时 131 ms)
    SCON = 0;                           //置串口方式 0
    TH0 = TL0 = 0x06;                   //置 T0 定时 0.5 ms 初值(f_osc = 6 MHz)
    IP = 0x02;                          //置 T0 高优先级
    TR0 = 1;                            //T0 运行
    IE = 0x8a;                          //T0、T1 开中,串行禁中
    P1 = 0xc7;                          //秒闪烁暗,键输入端置输入态
    disp6 ();                           //初始显示 0
    while (1) {                         //无限循环
        while (K0 ==1);                 //等待时钟修正键按下
        if (K0 ==0)  key();}}           //时钟修正键按下,调用时钟修正键处理子函数
void  t0()    interrupt 1{              //T0 中断函数(0.5 ms 中断)
    ms05 ++;                            //0.5 ms 计数器加 1
    if (K0 ==1) {TR1 = 0;               //若时钟修正键已释放,T1 停运行
        OEh = 0;OEm = 0;OEs = 0;        //时分秒显示停闪烁
```

```
      n = 0;}                        //修正位序号 n 清零
  if (ms05 == 1000)  LED = !LED;    //0.5 s 到,秒闪烁亮
  if (ms05 == 2000)  {LED = !LED;   //1 s 到,秒闪烁暗
    ms05 = 0;                       //0.5 ms 计数器清零
    if (++s == 60) {s = 0;          //秒计数器加 1,满 60 s,秒计数器清零
      if (++m == 60) {m = 0;        //分计数器加 1,满 60 m,分计数器清零
        if (++h == 24)  h = 0;}}    //时计数器加 1,满 24 h,时计数器清零
    disp6 ();}}                     //满 1 s,刷新显示
void  t1()  interrupt 3{            //T1 中断函数(修正位闪烁中断)
  switch (n) {                      //switch 散转,根据修正位序号闪烁
    case 0:{OEh = !OEh;OEm = 0;OEs = 0;break;}    //时显示闪烁
    case 1:{OEm = !OEm;OEh = 0;OEs = 0;break;}    //分显示闪烁
    case 2:{OEs = !OEs;OEh = 0;OEm = 0;break;}}}  //秒显示闪烁
```

本例中 Keil C51 调试和 Proteus 仿真见实验 32。

10.1.2　DS1302 实时时钟

实时时钟是单片机控制系统常见的课题。若采用单片机片内定时/计数器,一方面需要占用宝贵的硬件资源;另一方面,停电、关机等因素又使得计时不连续,复位时需要重新初始化和校时。采用外接实时时钟芯片,则能很好地解决上述问题。

用于单片机控制的实时时钟芯片很多。目前,性价比较高、应用较广的是美国 DALLAS 公司推出的 DS1302,该芯片是一种高性能、低功耗、带有 RAM 的实时时钟电路,采用 32.768 kHz 晶振,可对年、月、日、星期、时、分、秒进行计时,具有闰年补偿功能。工作电压为 2.5 ~ 5.5 V,可为掉电保护电源提供可编程的涓细电流充电功能;采用三线接口与 CPU 进行串行数据传输,并可采用突发方式一次传送多个字节的时钟信号或 RAM 数据。

1. DS1302 简介

(1) 引脚功能

图 10-2 (a) 为 DS1302 芯片引脚图,图 10-2 (b) 为 DS1302 与 80C51 连接接口电路。

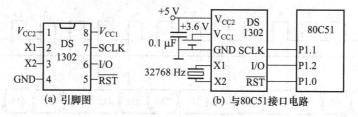

(a) 引脚图　　(b) 与80C51接口电路

图 10-2　DS1302 时钟电路

V_{CC1} 和 V_{CC2}:电源端。当 V_{CC2} 大于 (V_{CC1} + 0.2 V) 时,由 V_{CC2} 供电;当 V_{CC2} 小于 V_{CC1} 时,由 V_{CC1} 供电。一般,V_{CC2} 为主电源,接 +5 V 电源;V_{CC1} 为备用电源,可外接 3.6 V 锂电池。

GND：接地端。

X1 和 X2：外接 32 768 Hz 晶振。

I/O：串行数据输入/输出端。

SCLK：时钟脉冲信号输入端。

$\overline{\text{RST}}$：复位/片选端。$\overline{\text{RST}} = \mathbf{0}$，DS1302 复位；$\overline{\text{RST}} = \mathbf{1}$，允许对 DS1302 操作：写入操作控制字，读写时钟数据或 RAM 数据。

（2）操作控制字

操作控制字实际上是一个地址，有着固定的结构，其中包含了操作对象和操作命令，如表 10-1 所示。

D7：操作使能位。**1** 有效，允许操作；**0** 无效，禁止操作。因此，操作时 D7 必须为 **1**。

D6：操作数据区选择位。**1** 选择操作 RAM，**0** 选择操作时钟。

D5 ~ D1：被操作单元 A4 ~ A0 位地址，与其余各位共同组成操作单元 8 位地址信号，即操作控制字。

D0：读写选择位。**1** 表示进行读操作，**0** 表示进行写操作。因此，读操作单元地址（控制字）均为奇数，写操作单元地址（控制字）均为偶数。

表 10-1　DS1302 操作控制字

位编号	D7	D6	D5	D4	D3	D2	D1	D0
功能	**1**	RAM/$\overline{\text{CK}}$	A4	A3	A2	A1	A0	RD/$\overline{\text{WR}}$

读写 DS1302 首先要写入操作控制字。

（3）读写时序

图 10-3 为 DS1302 读写时序，其串行数据传输的顺序与 80C51 串行口相同，无论输入输出，均从低位→高位。图 10-3 中，控制字最低位"RD/$\overline{\text{WR}}$"最先串出，待最后操作使能位"**1**"串出后，紧接着下一个 SCLK 脉冲就是数据读写。写 DS1302 是上升沿触发，读 DS1302 是下降沿触发。

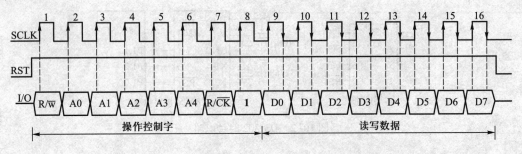

图 10-3　DS1302 读写时序

（4）寄存器

DS1302 内部共有 12 个寄存器：控制寄存器、时钟寄存器、充电寄存器、突发寄存器和 RAM 等。有关事项说明如下。

① 时钟寄存器

DS1302 的时钟寄存器如表 10-2 中所示，有年、星期、月、日、时、分、秒等日历时钟单元。寄存器读单元地址与写单元地址分开，读时用单数（81H ~ 8DH），写时用双数（80H ~ 8CH）。需要注意的是，数据格式为 BCD 码。

表 10-2　DS1302 寄存器

寄存器名称	寄存器地址（控制字）		数据									范围
	读单元	写单元	bit7	bit6	bit5	bit4	bit3	bit2	bit1	bit0		
时钟寄存器	81H	80H	CH		10 秒			秒				00 ~ 59
	83H	82H			10 分			分				00 ~ 59
	85H	84H	$12/\overline{24}$	0	10 时/$(\overline{AM/PM})$		时		时			1 ~ 12/0 ~ 23
	87H	86H	0	0	10 日			日				1 ~ 31
	89H	88H	0	0	0	10 月		月				1 ~ 12
	8BH	8AH	0	0	0	0	0	星期				1 ~ 7
	8DH	8CH			10 年			年				00 ~ 99
写保护	8FH	8EH	WP = 1	0	0		0	0	0	0	0	
充电寄存器	91H	90H			TCS			DS		RS		
时钟突发	BFH	BEH										
RAM	C1H ~ FDH	C0H ~ FCH										
RAM 突发	FFH	FEH										

a. 秒寄存器（80H/81H）中的 bit7 功能特殊，定义为时钟暂停标志 CH。CH = **1**，时钟振荡器停，DS1302 处于低功耗状态；CH = **0**，时钟振荡器运行。

b. 小时寄存器（84H/85H）可有 12 小时模式或 24 小时模式，由 bit7 确定：bit7 = **0**，24 小时模式，此时 bit5 为 20 小时标志位；bit7 = **1**，12 小时模式，此时 bit5 处于 AM/PM 模式：bit5 = **0**，AM（上午）；bit5 = **1**，PM（下午）。

c. 星期寄存器（8BH/8AH）中 bit3 的数据 1 对应星期日，2 ~ 7 对应星期 1 ~ 星期 6。

DS1302 在第一次加电后，必须进行初始化操作。初始化后就可以按正常方法调整时间。

② 写保护

写保护寄存器（8EH/8FH）中，bit7 为写保护位 WP，当 WP = 1 且其余各位均为 0 时，禁止写 DS1302，保护各寄存器数据不被改写，防止误操作。WP = 0，允许写 DS1302。

③ 充电寄存器

图 10-4 为 DS1302 内部引脚#1 与引脚#8（两个电源）之间的连接电路，由 TCS、DS 和 RS 控制或选择电路中各个开关。表 10-2 中，充电寄存器的高 4 位为涓流充电选择位 TCS，只有两种选择：TCS = **1010**，选择涓流充电，充电开关闭合；TCS 为其他数值，禁止充电，充电开关断开。低 4 位中，DS 为充电电路中串接二极管（作用是降压）选择：DS = **01**，串接一个二极管；DS = **10**，串接两个二极管；DS 为 **00** 或 **11**，开关均断开禁止充电（与 TCS 无关）；RS 为充电电路中串接电阻（作用是限流）选择：RS = **00**，禁用充电功能（与 TCS 无关）；RS = **01**、**10** 和 **11** 时，串接电阻分别为 2 kΩ、4 kΩ 和 8 kΩ。

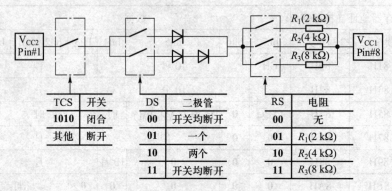

图 10-4　DS1302 充电方式示意图

④ RAM

DS1302 内部有 31 字节 8 位 RAM，因其有备用电源，供电连续有保障，因此可将一些需要保护的数据存入其中。RAM 地址范围为 C0H ~ FDH，其中奇数为读操作，偶数为写操作。

⑤ 突发操作

DS1302 每次读写一个字节，均要先写入操作控制字，比较繁琐。突发操作用于连续读写，分为时钟突发（Clock Burst）和 RAM 突发（RAM Burst），可一次性顺序读写多字节时钟数据或 RAM 数据。时钟突发控制字为 BEH（写）/BFH（读），RAM 突发控制字为 FEH（写）/FFH（读）。需要注意的是，突发写时钟必须一次性写满 8 字节时钟数据（包括写保护寄存器），若少写一个字节，将出错。但突发读时钟可只读 7 字节时钟数据。

2. 读写子程序

读写 DS1302 可以编制几个通用的子程序，在应用程序中调用。前提是定义 3 个引脚的位标识符，例如：时钟端 SCLK、数据端 IO 和复位/片选端 RST。

（1）写 8 位数据

```
void   Wr8b (unsigned char   d){          //写 8 位数据子函数。形参:写入数据 d
    unsigned char   i;                    //定义循环序数 i
    SCLK = 0;                             //时钟端清零,时钟准备
```

```
            for (i = 0;i < 8;i ++ ){        //循环发送 8 位数据
                IO = d&0x01;                //数据端取出最低位(只有两种:0 或 1)
                SCLK = 1;                   //时钟上升沿,发送一位数据(即 IO 中的位数据)
                d >>= 1;                    //数据右移一位(准备下一位)
                SCLK = 0;}}                 //时钟端复位
```

汇编程序：写入数据需先存 A。

```
Wr8b: MOV    R2,#8            ;写 8 位数据子程序。置写入数据位数 8
      CLR    SCLK            ;时钟端清零,时钟准备
Wr1:  RRC    A               ;移出发送位数据至 C(发送数据在 A 中)
      MOV    IO,C            ;发送位数据送至数据端 IO
      SETB   SCLK            ;时钟上升沿,发送一位数据(即 IO 中的位数据)
      CLR    SCLK            ;时钟端复位
      DJNZ   R2,Wr1          ;判 8 位数据发送完否？未完继续
      RET                    ;8 位数据发送完,子程序返回
```

（2）读 8 位数据（C51 需事先定义 ACC7 为 ACC.7）

```
unsigned char  Rd8b (){          //读 8 位数据子函数
    unsigned char  i;            //定义循环序数 i
    IO = 1;                      //数据端置输入态
    for (i = 0;i < 8;i ++ ){     //循环读 8 位数据
        ACC >>= 1;              //数据右移一位,最高位准备接收一位数据
        ACC7 = IO;             //读入数据端 IO 值→ACC.7
        SCLK = 1;              //时钟端置1,时钟准备
        SCLK = 0;}             //时钟下降沿,完成接收(实际是指向下一位数据)
    return   ACC;}              //返回读出数据
```

汇编程序：读出数据存 A。

```
Rd8b: MOV    R2,#8            ;读 8 位数据子程序。置读入数据位数 8
      SETB   IO              ;数据端置输入态
Rd1:  MOV    C,IO            ;从数据端 IO 读入一位数据
      RRC    A               ;移入 A 中
      SETB   SCLK            ;时钟端置1,时钟准备
      CLR    SCLK            ;时钟下降沿,完成接收(实际是指向下一位数据)
      DJNZ   R2,Rd1          ;判 8 位数据接收完否？未完继续
      RET                    ;8 位数据接收完,子程序返回
```

（3）命令读一字节

"命令读一字节"与"读 8 位数据"有什么区别呢？DS1302 读写操作均要先写入命令控制字（被操作单元地址），"命令读一字节"完成一次读操作，需先写入地址，再读出该地址单元内存储的数据。而"读 8 位数据"是单纯的读 8 位数据操作，不涉及具体存储单元，被

"命令读一字节"调用读出 8 位数据。

```
unsigned char  Cmd_Rd(unsigned char  c){    //命令读一字节子函数。形参:读出单元地址 c
    unsigned char  d;                        //定义 8 位数据返回值 d
    RST = 1;                                 //片选有效
    Wr8b(c);                                 //写读出单元地址
    d = Rd8b();                              //读出数据存 d
    RST = 0;                                 //RST 复位
    return  d;}                              //返回读出数据
```

汇编程序:读出单元地址需先存 A,读出后数据存 A。

```
CRd: SETB    RST                  ;命令读一字节子程序。片选有效
     LCALL  Wr8b                  ;写读出单元地址(在 A 中)
     LCALL  Rd8b                  ;读一字节数据(在 A 中)
     CLR    RST                   ;RST 复位
     RET                          ;子程序返回
```

(4) 命令写一字节

"命令写一字节"与"写 8 位数据"有什么区别呢?"命令写一字节"完成一次写操作,需先写入操作单元地址,再写入该地址单元内存储的数据。而"写 8 位数据"是单纯的写 8 位数据操作,不涉及具体存储单元,被"命令写一字节"调用写入 8 位数据。

```
void   Cmd_Wr(unsigned char  c,d){    //命令写一字节子函数。形参:写入单元地址 c、写入数据 d
    RST = 1;                          //片选有效
    Wr8b(c);                          //写入单元地址(实参 c)
    Wr8b(d);                          //写入单元数据(实参 d)
    RST = 0;}                         //RST 复位
```

汇编程序:写入单元地址需先存 A,写入数据需先存 B。

```
CWr: SETB    RST                  ;命令写一字节子程序。片选有效
     LCALL  Wr8b                  ;写入单元地址(在 A 中)
     MOV    A,B                   ;写入数据存 A
     LCALL  Wr8b                  ;写数据(在 A 中)
     CLR    RST                   ;RST 复位
     RET                          ;子程序返回
```

(5) 突发写时钟

DS1302 中的"突发"(Burst)操作就是连续读写,可一次性顺序读写多字节时钟数据或 RAM 数据。

```
void   Bst_Wr(unsigned char  t[]){    //突发写时钟子函数。形参:时钟初始化数据数组 t[]
    unsigned char  i;                 //定义循环序数 i
    RST = 1;                          //片选有效
    Wr8b(0xbe);                       //写入突发写时钟控制字 0xbe
```

```
    for (i = 0;i < 8;i ++ )                //循环。依次连续写入8字节时钟数据
    Wr8b(t[i]);                            //写入时钟数据t[i]
    RST = 0;}                              //8字节时钟数据写完,RST复位
```

汇编程序:写时钟数据在 TAB 表中。

```
BWr:  MOV   R3,#0              ;突发写时钟子程序。突发写时钟字节计数器清零
      MOV   DPTR,#TAB          ;置突发写时钟数据表首址
      SETB  RST                ;片选有效
      MOV   A,#0BEH            ;置突发写时钟控制字
      LCALL Wr8b               ;写入突发写时钟控制字
BW1:  MOV   A,R3               ;读突发写字节序号
      MOVC  A,@ A + DPTR       ;读突发写时钟数据
      LCALL Wr8b               ;依次写入突发写时钟数据
      INC   R3                 ;修改突发写字节序号
      CJNE  R3,#8,BW1          ;判突发写时钟数据写完否? 未完继续
      CLR   RST                ;写完,RST复位
      RET                      ;子程序返回
```

TAB:DB 58H,47H,13H,01H,09H,06H,12H,0; 12年9月1日13时47分58秒,周6

(6) 突发读时钟

```
void  Bst_Rd(unsigned char  t[]){      //突发读时钟子函数。形参:时钟读出数据存储数组t[]
  unsigned char  i;                    //定义循环序数i
  RST = 1;                             //片选有效
  Wr8b(0xbf);                          //写入突发读时钟控制字0xbf
  for (i = 0;i < 7;i ++ )              //循环。依次读出7字节时钟数据
  t[i] = Rd8b();                       //读出时钟数据,并存t[i]
  RST = 0;}                            //7字节时钟数据读完,RST复位
```

汇编程序:时钟读出数据存@ R1 (R1 = 30H)。

```
BRd:  MOV   R1,#30H            ;突发读时钟子程序。置突发读时钟数据首地址
      SETB  RST                ;片选有效
      MOV   A,#0BFH            ;置突发读时钟控制字
      LCALL Wr8b               ;写入突发读时钟控制字
BR1:  LCALL Rd8b               ;依次读突发时钟数据
      MOV   @ R1,A             ;存突发时钟数据
      INC   R1                 ;指向下一存储单元
      CJNE  R1,#37H,BR1        ;判突发读时钟数据写完否? 未完继续
      CLR   RST                ;读完,RST复位
      RET                      ;子程序返回
```

3. 应用实例

【例10-2】已知时钟 DS1302 并 1602 液晶显示电路如图 10-5 所示,要求 1602 第一行显示 PC 机即时时间的年月日和周日,第二行显示时分秒,试编制 C51 程序。

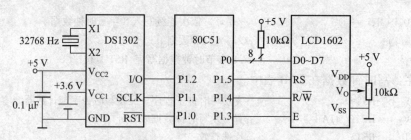

图 10-5　DS1302 时钟并 1602 液晶屏显示电路

解：（1）汇编程序

RST	EQU	P1.0	;伪指令,定义 RST(1302 复位/片选端)等值 P1.0
SCLK	EQU	P1.1	;伪指令,定义 SCLK(1302 时钟端)等值 P1.1
IO	EQU	P1.2	;伪指令,定义 IO(1302 数据端)等值 P1.2
E	EQU	P1.3	;伪指令,定义 E(1602 使能片选端)等值 P1.3
RW	EQU	P1.4	;伪指令,定义 RW(1602 读/写控制端)等值 P1.4
RS	EQU	P1.5	;伪指令,定义 RS(1602 寄存器选择端)等值 P1.5

```
;主程序
MAIN:   CLR     E                ;1602 使能端 E 低电平,1602 准备
        LCALL   INIT             ;1602 初始化设置。
MN1:    LCALL   BRd              ;突发读时钟即时值。读出数据存@ R1(30H)
        LCALL   DAT              ;时钟数据转换为 ASCII 码。@ R1(30H)→@ R0(40H)
        MOV     DPTR,#TAB1       ;置第 1 行显示数据表首地址
        LCALL   STOR             ;置第 1 行显示格式
        LCALL   Year             ;置第 1 行显示数据
        MOV     A,#80H           ;置 1602 显示地址:第 1 行第 1 列
        LCALL   W1602            ;显示数 ASCII 码写入 1602
        MOV     DPTR,#TAB2       ;置第 2 行显示数据表首地址
        LCALL   STOR             ;置第 2 行显示格式
        LCALL   Hour             ;置第 2 行显示数据
        MOV     A,#0C0H          ;置 1602 显示地址:第 2 行第一列
        LCALL   W1602            ;显示数 ASCII 码写入 1602
        SJMP    MN1              ;返回循环
;时钟数据转换为 ASCII 码子程序(7 字节时钟 BCD 码数据@ R1→14 字节 ASCII 码@ R0)
DAT:    MOV     R0,#40H          ;置时钟 ASCII 码存储单元间址首址
        MOV     R1,#36H          ;置突发读时钟数据(年)间址首址
DT1:    MOV     A,@ R1           ;读一字节时钟 BCD 码数据
        MOV     B,#16            ;置除数 16
        DIV     AB               ;时钟数据除以 16
        ADD     A,#30H           ;转换为 ASCII 码
```

MOV	@R0,A	;存十位 ASCII 码
INC	R0	;指向下一显示数字间址
MOV	A,B	;读个位显示数字
ADD	A,#30H	;转换为 ASCII 码
MOV	@R0,A	;存个位 ASCII 码
INC	R0	;指向下一 ASCII 码存储单元间址
DEC	R1	;指向下一时钟 BCD 码数据间址
CJNE	R1,#2FH,DT1	;判 7 字节时钟数据转换存储单元完否？未完继续
RET		;字节转换完毕,子程序返回

TAB1: DB "2","0","0","0"," −","0","0"," −","0","0"," −","W","e","e","k","0"
;第 1 行显示格式

TAB2: DB "0","0",":","0","0",":","0","0"," −"," −"," −"," −"," −"," −"," −"," −"
;第 2 行显示格式

;显示格式(存@R0 首址 30H)子程序。格式数据 TAB,先将 TAB 地址→DPTR

STOR:	MOV	R2,#0	;置循环序号初值 0
	MOV	R0,#30H	;置格式数据存储单元间址初值
SR1:	MOV	A,R2	;读循环序号(数据序号)
	MOVC	A,@A+DPTR	;读一个数据
	MOV	@R0,A	;存一个数据
	INC	R0	;修改格式数据存储单元间址
	INC	R2	;修改循环序号
	CJNE	R2,#10H,SR1	;判 16 个数据存储完否？未完继续
	RET		;16 个数据存储完毕,子程序返回

;置第 1 行显示数据(年月日周日)子程序。读出单元@R0(40H),写入单元@R1(30H)

Year:	MOV	R0,#40H	;置年数据读出单元间址初值
	MOV	R1,#32H	;置年数据写入单元间址初值
Yr1:	MOV	A,@R0	;读年数据
	MOV	@R1,A	;存年数据
	INC	R1	;修改年数据写入单元间址
	INC	R0	;修改年数据读出单元间址
	CJNE	R0,#42H,Yr1	;判 2 个年数据存储转换完否？未完继续
Month:	MOV	R0,#44H	;置月数据读出单元间址初值
	MOV	R1,#35H	;置月数据写入单元间址初值
Mh1:	MOV	A,@R0	;读月数据
	MOV	@R1,A	;存月数据
	INC	R1	;修改月数据写入单元间址
	INC	R0	;修改月数据读出单元间址
	CJNE	R0,#46H,Mh1	;判 2 个月数据存储转换完否？未完继续

Day:	MOV	R0,#46H	;置日数据读出单元间址初值
	MOV	R1,#38H	;置日数据写入单元间址初值
Day1:	MOV	A,@R0	;读日数据
	MOV	@R1,A	;存日数据
	INC	R1	;修改日数据写入单元间址
	INC	R0	;修改日数据读出单元间址
	CJNE	R0,#48H,Day1	;判2个日数据存储转换完否？未完继续
Week:	MOV	R0,#43H	;置周日数据读出单元间址
	MOV	R1,#3FH	;置周日数据写入单元间址
	MOV	A,@R0	;读周日数据
	CJNE	A,#1,Wk1	;若周日数据不为1(星期日)
	MOV	A,#7	;若周日数据为1(星期日),改为7
	SJMP	Wk2	;分支返回
Wk1:	DEC	A	;其余周日数据减1
Wk2:	MOV	@R1,A	;存周日数据
	RET		;年月日周日数据存储完毕,子程序返回

;置第2行显示数据(时分秒)子程序。读出单元@R0(40H),写入单元@R1(30H)

Hour:	MOV	R0,#48H	;置时数据读出单元间址初值
	MOV	R1,#30H	;置时数据写入单元间址初值
Hor1:	MOV	A,@R0	;读时数据
	MOV	@R1,A	;存时数据
	INC	R1	;修改时数据写入单元间址
	INC	R0	;修改时数据读出单元间址
	CJNE	R0,#4AH,Hor1	;判2个时数据存储转换完否？未完继续
Minute:	MOV	R0,#4AH	;置分数据读出单元间址初值
	MOV	R1,#33H	;置分数据写入单元间址初值
Mit1:	MOV	A,@R0	;读分数据
	MOV	@R1,A	;存分数据
	INC	R1	;修改分数据写入单元间址
	INC	R0	;修改分数据读出单元间址
	CJNE	R0,#4CH,Mit1	;判2个分数据存储转换完否？未完继续
Second:	MOV	R0,#4CH	;置秒数据读出单元间址初值
	MOV	R1,#36H	;置秒数据写入单元间址初值
Sed1:	MOV	A,@R0	;读秒数据
	MOV	@R1,A	;存秒数据
	INC	R1	;修改秒数据写入单元间址
	INC	R0	;修改秒数据读出单元间址
	CJNE	R0,#4EH,Sed1	;判2个秒数据存储转换完否？未完继续

```
          RET                        ;时分秒数据存储完毕,子程序返回
;写1602子程序。显示地址→A,16个显示数据(ASCII码)→@ R0(30H)
W1602: CLR    RS                     ;写指令寄存器
         LCALL  DIN                   ;显示地址(在 A 中)写入1602
         LCALL  DY2ms                 ;延时 2 ms
         SETB   RS                    ;写数据寄存器,准备输入一行显示数据
         MOV    R0,#30H               ;置显示数据存储单元初始地址
W1:      MOV    A,@ R0                ;取显示数据
         LCALL  DIN                   ;显示数据 ASCII 码写入1602
         LCALL  DY2ms                 ;延时 2 ms
         INC    R0                    ;指向下一显示数据
         CJNE   R0,#40H,W1            ;判16个显示数据写完否? 未完继续
         RET
DIN:     …                           ;并行数据(预置 A 中)输入子程序。略,见例8-7
INIT:    …                           ;1602初始化子程序。略,见例8-7
DY2ms:   …                           ;延时 2 ms 子程序。略,见例8-5
BRd:     …                           ;突发读时钟子程序。略,见前文
Wr8b:    …                           ;写8位数据子程序。略,见前文
Rd8b:    …                           ;读8位数据子程序。略,见前文
         END
```

（2）C51程序

```
#include < reg51.h >                  //包含访问 sfr 库函数 reg51.h
sbit   RST = P1^0;                    //定义 RST 为 P1.0(1302 复位/片选端)
sbit   SCLK = P1^1;                   //定义 SCLK 为 P1.1(1302 时钟端)
sbit   IO = P1^2;                     //定义 IO 为 P1.2(1302 数据端)
sbit   E = P1^3;                      //定义 E 为 P1.3(1602 使能片选端)
sbit   RW = P1^4;                     //定义 RW 为 P1.4(1602 读/写控制端)
sbit   RS = P1^5;                     //定义 RS 为 P1.5(1602 寄存器选择端)
sbit   ACC7 = ACC^7;                  //定义 ACC7 为累加器 A 第7位 ACC.7
void   Wr8b (unsigned char   d);      //1302 写8位数据子函数。见前文
unsigned char   Rd8b ();              //1302 读8位数据子函数。见前文
void   Bst_Rd(unsigned char   t[ ]);  //1302 突发读时钟子函数。形参 t[ ]。见前文
void   din1602(unsigned char   x);    //1602 并行数据输入子函数。见例8-7
void   init1602( );                   //1602 初始化设置子函数。见例8-7
void   wr1602(unsigned char d[ ],a);  //写1602子函数。见例8-7
void   chag (unsigned char y[ ],unsigned char h[ ],unsigned char b[ ]){   //时钟数据转换显示数字函数
     //形参:1602第一行显示数组 y[ ](年月日)、第二行显示数组 h[ ](时分秒)、时钟数据数组 b[ ]
     y[2] = (0x30 + b[6]/16);         //年十位数转换为年显示 ASCII 码(除以16为高8位)
```

```
    y[3] = (0x30 + b[6]%16);           //年个位数转换为年显示 ASCII 码(除以 16 的余数为低 8 位)
    y[5] = (0x30 + b[4]/16);           //月十位数转换为月显示 ASCII 码(加 30 是转换为 ASCII 码)
    y[6] = (0x30 + b[4]%16);           //月个位数转换为月显示 ASCII 码
    y[8] = (0x30 + b[3]/16);           //日十位数转换为日显示 ASCII 码
    y[9] = (0x30 + b[3]%16);           //日个位数转换为日显示 ASCII 码
    if (b[5] == 1)  y[15] = 7 + 0x30;  //若周日数据为 1,转换为星期 7(日)
    else  y[15] = b[5] - 1 + 0x30;     //否则,周日数据减 1。2~7 对应星期 1~星期 6
    h[0] = (0x30 + b[2]/16);           //时十位数转换为时显示 ASCII 码
    h[1] = (0x30 + b[2]%16);           //时个位数转换为时显示 ASCII 码
    h[3] = (0x30 + b[1]/16);           //分十位数转换为分显示 ASCII 码
    h[4] = (0x30 + b[1]%16);           //分个位数转换为分显示 ASCII 码
    h[6] = (0x30 + b[0]/16);           //秒十位数转换为秒显示 ASCII 码
    h[7] = (0x30 + b[0]%16);}          //秒个位数转换为秒显示 ASCII 码
void main() {                          //主函数
    unsigned char b[7];                //定义时钟数据数组 b,内存秒分时日月周年即时读出值
    unsigned char y[] = "2000 - 00 - 00 - Week0";
                                       //定义 1602 第一行年月日数组 y:20×× - ×× - ×× - Week×
    unsigned char h[] = "00:00:00 -------- ";
                                       //定义 1602 第二行时分秒数组 h:×× : ×× : ×× --------
    E = 0;                             //LCD1602 使能端 E 低电平,准备
    init1602();                        //1602 初始化设置
    while(1) {                         //无限循环(读时钟并显示)
    Bst_Rd(b);                         //突发读时钟即时值
    chag (y,h,b);                      //时钟数据转换显示数子函数
    wr1602(y, 0x80);                   //写 1602 第一行数据
    wr1602(h, 0xc0);}}                 //写 1602 第二行数据
```

需要说明的是,DS1302 中的周日数据与我们习惯用的星期序数不一致。例如,1302 星期日序数为 1,星期六序数为 7。因此,显示程序中做了修正。

本例中 Keil C51 调试和 Proteus 仿真见实验 33。限于篇幅,具有校时功能和 LED 显示的 DS1302 时钟,均留给读者在习题中完成(见与本书配套并可免费下载的"仿真练习 60 例"练习 55、练习 56 和练习 57)。

10.2   DS18B20 测温

测温、控温是单片机控制系统常见的课题。首先要测温,然后才是控温。测温的元件和方法很多,本节介绍性价比较高的 DS18B20 "1 - Wire" 单总线测温电路及其控制程序。

1. DS18B20 简介

DS18B20 是美国 DALLAS 公司生产的 "1 - Wire" 单总线测温器件,体积小,线路简单,

不需要温度传感器、A – D 转换器和其他外围元件，可直接读取温度数字值。与外部通信只有一条线，即数据输入输出端 DQ（需外接上拉电阻）。测温范围为 $-55°C \sim +125°C$，最高分辨率 12 位，最长周期 750 ms，还可设置上下限温度告警。

（1）内部组织结构

DS18B20 主要由 64 位 ROM、温度传感器、高速缓存器和配置寄存器组成。

① 64 位 ROM。由生产厂商刻录固定编码，用于芯片识别和检测。

② 温度传感器。是 DS18B20 核心部分，可完成对温度的测量和记录。

③ 高速缓存器。由 9 字节 RAM 和 3 字节 E^2PROM 组成。

a. E^2PROM。第 1、2 字节存放高温上限值 TH 和低温下限值 TL；第 3 字节存放配置寄存器中的信息。

b. RAM。第 1、2 字节存放测温值低 8 位和高 8 位；第 3、4 字节分别存放高温限值 TH 和低温限值 TL；第 5 字节是配置寄存器；第 6 ~ 8 字节保留；第 9 字节为前 8 字节的 CRC 校验码，如表 10-3 所示。RAM 数据在上电复位时被刷新。

表 10–3 DS18B20 RAM 数据内容

字节编号	1	2	3	4	5	6	7	8	9
数据内容	温度低 8 位	温度高 8 位	高温限值 TH	低温限值 TL	配置寄存器	保留			CRC 校验值
初始数据	50	05	FF	FF	7F				P

其中，第 1、2 字节温度值数据格式如表 10-4 所示，初始数据为 0x0550（表示 85℃）。

表 10–4 DS18B20 温度值数据格式

温度数据高 8 位								温度数据低 8 位							
D15	D14	D13	D12	D11	D10	D9	D8	D7	D6	D5	D4	D3	D2	D1	D0
S	S	S	S	S	2^6	2^5	2^4	2^3	2^2	2^1	2^0	2^{-1}	2^{-2}	2^{-3}	2^{-4}
温度值符号位（0 正 1 负）					温度值整数位（$-55°C \sim +125°C$）							温度值小数位（$2^{-4} = 0.0625$）			

④ 配置寄存器。即高速缓存器 RAM 第 5 字节，该字节 D6、D5 位为 R0、R1，可编程设定测温分辨率，如表 10-5 所示。一般来说，温度惯性都比较大，若不要求快速测温，可选 12 位（默认值）分辨率；若希望快速测温，可选 9 位分辨率。

表 10–5 DS18B20 测温分辨率设定

R1	R0	分辨率	最大转换时间/ms
0	**0**	9 位	93.75
0	**1**	10 位	187.5
1	**0**	11 位	375
1	**1**	12 位	750

（2）操作步骤和操作指令

根据 DS18B20 的通讯协议，主机（单片机）对 DS18B20 操作需分以下 3 步。

① 复位（每次必须）。复位操作要求主机将数据线先下拉 480~960 μs，后释放 15~60 μs，待 DS18B20 发出 60~240 μs 的低电平应答脉冲，表示复位成功，复位时序图如图 10-6 所示。

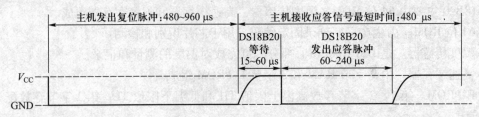

图 10-6　DS18B20 复位时序图

② 发送 ROM 操作指令。

③ 发送 RAM 操作指令。ROM 和 RAM 操作指令如表 10-6 所示。

表 10-6　DS18B20 主要操作指令

功　能	代码	说　明
读 ROM	0x33	只有一片 DS18B20 时，允许读 DS18B20 ROM 中的 64 位编码
匹配 ROM	0x55	有多片 DS18B20 时，片选编码符合条件的 DS18B20
跳过 ROM	0xcc	只有一片 DS18B20 时，不核对 64 位编码，直接向其发出操作命令
搜索 ROM	0xf0	确定总线上 DS18B20 的片数及其 64 位识别编码
报警搜索	0xec	执行后只有温度超过设定值上限或下限的片子才做出响应
写 RAM	0x4e	向 DS18B20 RAM 写上、下限温度数据和测温精度要求（3 字节）
读 RAM	0xbe	读 DS18B20 RAM 中 9 字节数据
复制 RAM	0x48	将 DS18B20 RAM 中第 3、4 字节 TH 和 TL 值复制到 EEPROM 中
复制 E^2PROM	0xb8	将 DS18B20 E2PROM 中 TH 和 TL 值复制到 RAM 第 3、4 字节中
温度转换	0x44	启动 DS18B20 温度转换，结果存入 DS18B20 RAM 第 1、2 字节中
读供电方式	0xb4	寄生供电时 DS1820 发送 "0"，外接电源供电 DS1820 发送 "1"

2. 应用实例

DS18B20 测温并动态显示电路如图 10-7 所示，电路分成两部分：左半部分是 DS18B20 测温电路，右半部分是 LED 数码管动态显示电路。

（1）DS18B20 测温电路

DS18B20 是一线式测温元件，与外部通信只有一条线，其输入输出端 DQ 接上拉电阻后，与 80C51 P1.3 连接。

（2）LED 数码管动态显示电路

LED 数码管动态显示电路与例 8-5 中图 8-6（8 位显示）相同，80C51 P1.2 ~ P1.0 与

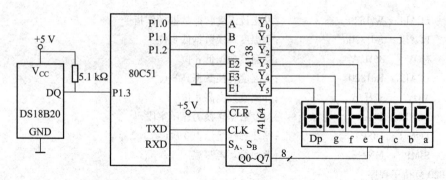

图 10-7 DS18B20 测温并动态显示电路

74LS138 译码输入端 C、B、A（A 为低位）连接；译码输出端$\overline{Y0}$ ~ $\overline{Y5}$（低电平有效）作为位码，选通 6 位共阴型 LED 数码管；138 片选端 E1 接 +5 V，$\overline{E2}$、$\overline{E3}$接地，始终有效；段码驱动由 74LS164"串入并出"，80C51 TXD 端与 164 CLK 连接，RXD 端与 164 S_A、S_B 连接，发送段码数据。

【例 10-3】 已知 DS18B20 测温并动态显示电路如图 10-7 所示，$f_{osc} = 12$ MHz，要求实时测温并显示温度值，最高位显示温度正负，最低位显示摄氏符号"C"，中间 4 位为百、十、个、十分位温度值，小数点固定在个位。

解：（1）汇编程序

	DQ	EQU P1.3	;伪指令,定义 DQ(数据输入输出端)等值 P1.3
MAIN:	MOV	SP,#50H	;主程序。设置堆栈
	MOV	SCON,#0	;置串口方式 0
	CLR	ES	;串口禁中
MN1:	LCALL	Reset	;DS18B20 复位
	JB	DQ, $	;等待 DS18B20 正确复位
	MOV	R5,#40	;置延时参数(80 μs)
	DJNZ	R5, $	;复位后延时稳定
	MOV	A,#0CCH	;置跳过 ROM 操作指令
	LCALL	Wr1820	;发送跳过 ROM 操作指令
	MOV	A,#44H	;置启动温度转换操作指令
	LCALL	Wr1820	;发送启动温度转换操作指令
	LCALL	Reset	;DS18B20 再次复位
	JB	DQ, $	;等待 DS18B20 正确复位
	MOV	R5,#40	;置延时参数(80 μs)
	DJNZ	R5, $	;复位后延时稳定
	MOV	A,#0CCH	;置跳过 ROM 操作指令
	LCALL	Wr1820	;发送跳过 ROM 操作指令
	MOV	A,#0BEH	;置读温度转换数据操作指令

```
        LCALL   Wr1820          ;发送读温度转换数据操作指令
        LCALL   Rd1820          ;读温度转换数据低 8 位
        MOV     36H,A           ;存温度数据低 8 位
        LCALL   Rd1820          ;读温度转换数据高 8 位
        MOV     37H,A           ;存温度数据高 8 位
        LCALL   Chag            ;温度数据转换为显示字段码
        LCALL   DISP            ;循环扫描显示 100 次(约 1.2 s)
        SJMP    MN1             ;返回循环再测温
;DS18B20 复位子程序
Reset:  SETB    DQ              ;数据端拉高,准备
        CLR     DQ              ;数据端拉低,发复位脉冲信号
        MOV     R5,#250         ;置延时参数(500 μs)
        DJNZ    R5,$            ;延时稳定
        SETB    DQ              ;数据端拉高,复位脉冲信号结束
        MOV     R5,#30          ;置延时参数(60 μs)
        DJNZ    R5,$            ;释放延时稳定
        RET                     ;子程序返回
;读 DS18B20 一字节数据子程序(读出数据→A)
Rd1820: MOV     R2,#8           ;置循环次数
Rd1:    CLR     DQ              ;数据端拉低
        CLR     C               ;Cy 清零
        RRC     A               ;数据右移一位,最高位移入 0
        SETB    DQ              ;数据端拉高,置输入态
        JNB     DQ,Rd2          ;若输入数据为 0,A 最高位不变
        ORL     A,#80H          ;若输入数据为 1,A 最高位置 1
Rd2:    MOV     R5,#30          ;置延时参数(60 μs)
        DJNZ    R5,$            ;延时稳定
        DJNZ    R2,Rd1          ;8 bit 数据未读完,继续
        RET                     ;子程序返回
;写 DS18B20 一字节数据子程序(写入数据→A)
Wr1820: MOV     R2,#8           ;置循环次数
Wr1:    CLR     DQ              ;数据端拉低
        RRC     A               ;数据右移出一位→Cy
        MOV     DQ,C            ;输出。Cy→DQ
        MOV     R5,#30          ;置延时参数(60 μs)
        DJNZ    R5,$            ;延时稳定
        SETB    DQ              ;数据端拉高
        DJNZ    R2,Wr1          ;8 bit 数据未写完,继续
```

	RET		;子程序返回

;温度数据转换为显示字段码子程序

Chag:	MOV	R0,#30H	;置显示字段码间址首址
	MOV	@R0,#0	;暂置最高显示位消隐字段码(表示正值)
	CLR	F0	;清百位数 0 标志
	MOV	A,37H	;读温度转换数据高 8 位
	ANL	A,#0F8H	;取出高 5 位
	CJNE	A,#0F8H,Cg1	;若温度数据高 5 位不是 11111,温度为正值,转
	MOV	@R0,#02H	;温度为负值,最高显示位置"–"字段码(BCD 码)
	MOV	A,37H	;读温度转换数据高 8 位
	CPL	A	;取反
	MOV	37H,A	;回存
	MOV	A,36H	;读温度转换数据低 8 位
	CPL	A	;取反
	ADD	A,#1	;加 1(补码转换为原码)
	MOV	36H,A	;回存
	JNC	Cg1	;判低 8 位加 1 有无进位? 无进位,转
	MOV	A,37H	;有进位,再读温度转换数据高 8 位
	INC	A	;高 8 位加 1
	MOV	37H,A	;回存
Cg1:	MOV	A,36H	;读温度转换数据低 8 位
	ANL	A,#0F0H	;取出高 4 位(低 4 位全 0)
	SWAP	A	;高低 4 位互换(高 4 位全 0)
	MOV	B,A	;暂存 B
	MOV	A,37H	;读温度转换数据高 8 位
	ANL	A,#0FH	;取出低 4 位(高 4 位全 0)
	SWAP	A	;高低 4 位互换(低 4 位全 0)
	ADD	A,B	;组合为十进制温度整数值
	MOV	B,#100	;置除数 100
	DIV	AB	;除以 100
	MOV	DPTR,#TAB	;置共阴逆序(a 高位)字段码表首址
	MOVC	A,@A+DPTR	;读百位字段码
	INC	R0	;指向百位显示字段码间址
	MOV	@R0,A	;存百位字段码
	CJNE	A,#0FCH,Cg2	;若百位数不为 0,转
	MOV	@R0,#0	;置百位显示消隐字段码
	SETB	F0	;置百位数 0 标志
Cg2:	MOV	A,B	;读除以 100 后的余数

```
        MOV     B,#10              ;置除数 10
        DIV     AB                 ;除以 10
        MOVC    A,@ A + DPTR       ;读十位字段码
        INC     R0                 ;指向十位显示字段码间址
        MOV     @ R0,A             ;存十位字段码
        CJNE    A,#0FCH,Cg3        ;若十位数不为 0,转
        JNB     F0,Cg3             ;若十位数为 0,但百位数不为 0,转
        MOV     @ R0,#0            ;若百、十位数均为 0,置十位显示消隐字段码
Cg3:    MOV     A,B                ;取个位显示数
        MOVC    A,@ A + DPTR       ;读个位字段码
        ORL     A,#01H             ;加小数点
        INC     R0                 ;指向个位显示字段码间址
        MOV     @ R0,A             ;存个位字段码
        MOV     A,36H              ;读温度转换数据低 8 位
        ANL     A,#0FH             ;取出低 4 位
        MOV     DPTR,#TAB1         ;置二进制小数→十进制小数转换首址
        MOVC    A,@ A + DPTR       ;转换相应十进制小数
        MOV     DPTR,#TAB          ;置共阴逆序(a 高位)字段码表首址
        MOVC    A,@ A + DPTR       ;转换为共阴字段码
        INC     R0                 ;指向十分位(即小数位)显示字段码间址
        MOV     @ R0,A             ;存十分位字段码
        INC     R0                 ;指向摄氏温度符号位间址
        MOV     @ R0,#9CH          ;存摄氏温度符号"C"字段码(BCD 码)
        RET                        ;子程序返回
TAB1:   DB  0,1,1,2,3,3,4,4,5,6,6,7,8,8,9,9   ;二进制小数→十进制小数转换表
TAB:    DB  0FCH,60H,0DAH,0F2H,66H            ;共阴逆序(a 高位)字段码
        DB  0B6H,0BEH,0E0H,0FEH,0F6H;
;循环扫描显示 100 次子程序
DISP:   MOV     R2,#100            ;置扫描显示循环次数 100
DP1:    MOV     R0,#30H            ;置初始显示位字段码地址(兼循环序号)
DP2:    MOV     A,#0F8H            ;置初始显示位码
        ORL     A,R0               ;组合成当前显示位码(低 3 位)
        MOV     B,A                ;暂存 B
        MOV     A,P1               ;读 P1 口
        ANL     A,#0F8H            ;屏蔽高 5 位
        ORL     A,B                ;与低 3 位位码组合(P1 高 5 位保持不变)
        MOV     P1,A               ;输出显示位码
        MOV     A,@ R0             ;读相应显示位字段码
```

```
        MOV     SBUF,A              ;串行发送字段码
        JNB     TI, $               ;等待一字节串行发送完毕
        CLR     TI                  ;一字节串行发送完毕,清发送中断标志
        LCALL   DY2ms               ;延时约 2 ms
        INC     R0                  ;指向下一显示位
        CJNE    R0,#36H,DP2         ;判 8 位显示循环完否? 未完继续
        DJNZ    R2,DP1              ;8 位显示完,判 100 次扫描循环完否? 未完继续
        RET                         ;子程序返回
DY2ms:  …                           ;延时 2 ms 子程序。见例 8-5,Keil C 调试时需插入
        END
```

(2) C51 程序

```
#include < reg51. h >                //包含访问 sfr 库函数 reg51. h
sbit DQ = P1^3;                      //定义 DS18B20 DQ 端与 80C51 连接端口
unsigned char a[6];                  //定义显示字段码数组 a
unsigned char   code   b[] = {       //定义温度二进制小数 D3～D0→十进制小数转换数组 b
  0,1,1,2,3,3,4,4,5,6,6,7,8,8,9,9};  //D3～D0 数据 0000～1111 转换为 1 位十进制小数
unsigned char   code   c[10] = {     //定义共阴逆序(a 是高位)字段码数组
  0xfc,0x60,0xda,0xf2,0x66,0xb6,0xbe,0xe0,0xfe,0xf6};
void delay (unsigned char i){        //延时子函数,形参 i
  while (i --);}                      //递减延时
void   reset1820 (){                 //DS18B20 复位子函数
  DQ = 1;                            //数据端拉高
  DQ = 0;                            //数据端拉低,发复位脉冲信号
  delay (80);                        //延时大于 480 μs
  DQ = 1;                            //数据端拉高,复位脉冲信号结束
  delay (9);}                        //延时大于 60 μs
unsigned char   rd1820 (){           //读 DS18B20 一字节子函数
  unsigned char   i, d = 0;          //定义循环序数 i,读 DS18B20 数据 d
  for (i = 0;i < 8;i ++){            //循环,读 DS18B20
    DQ = 0;                          //数据端拉低
    d >>= 1;                         //数据右移一位
    DQ = 1;                          //数据端拉高
    if (DQ)   d |= 0x80;             //若 DS18B20 数据为 1,或入数据 d
    delay (9);}                      //延时大于 60 μs
  return   d;}                       //返回读出数据
void   wr1820 (unsigned char   d){   //写 DS18B20 一字节子函数,形参:写入数据 d
  unsigned char   i;                 //定义循环序数 i
  for (i = 0;i < 8;i ++){            //循环,写 DS18B20
```

```
        DQ = 0;                                    //数据端拉低
        DQ = d&0x01;                               //发送一位数据(最低位)
        delay (9);                                 //延时大于 60 μs
        DQ = 1;                                    //数据端拉高
        d >>= 1;}}                                 //数据右移一位
void    chag (unsigned char x[ ],unsigned char y[ ]){   //温度数据转换为显示字段码子函数
                                                   //形参:温度数据数组 x[ ],显示字段码数组 y[ ]
        y[0] = 0;                                  //最高显示位暂先置消隐(表示正值)字段码
        if ((x[1]&0xf8) ==0xf8){                   //若温度数据高 5 位为 11111,温度为负值,则:
        x[1] =~ x[1];                              //高 8 位取反
        x[0] =~ x[0] +1;                           //低 8 位取反加 1(补码转换为原码)
        if (x[0] ==0)   x[1] = x[1] +1;            //若低 8 位为 0(进位),高 8 位再加 1
        y[0] = 0x02;}                              //最高显示位置负号(" - ")字段码(BCD 码)
        y[4] = b[x[0]&0x0f];                       //取出温度数据小数位,先查表转换为十进制小数
        y[4] = c[y[4]];                            //再转换为显示字段码
        x[1] = (x[1]&0x0f) <<4;                    //取出高 8 位温度数据中低 4 位,并左移至高 4 位
        x[0] = (x[0]&0xf0) >>4;                    //取出低 8 位温度数据中高 4 位,并右移至低 4 位
        x[0] = x[0]|x[1];                          //组合(或)形成温度整数值
        y[1] = x[0]/100;                           //取出温度整数数据百位数字
        y[2] = (x[0]%100)/10;                      //取出温度整数数据十位数字
        y[3] = c[x[0]%10]|0x01;                    //取出温度整数数据个位数字,转换为显示字段码并加小数点
        if (y[1]! =0)   y[1] = c[y[1]];            //若百位数字不是 0,百位转换为相应显示字段码,否则消隐
        if ((y[1]! =0)|(y[2]! =0))                 //若百、十位数字中有一个不是 0
            y[2] = c[y[2]];                        //十位转换为相应显示字段码,否则消隐
        y[5] = 0x9c;}                              //最低显示位置摄氏温度符号"C"字段码(BCD 码)
void    disp (unsigned char  n){                  //循环扫描显示 n 次子函数
        unsigned char  i,j;                        //定义循环序数 i、j
        for (j =0;j < n;j ++ ){                    //循环显示 n 次
            for (i =0;i <6;i ++){                  //6 位依次输出
            P1 = (P1&0xf8) + i;                    //输出显示位码
            SBUF = a[i];                           //输出相应位显示字段码
            while (TI ==0);                        //等待一字节串行发送完毕
            TI = 0;                                //一字节串行发送完毕,清发送中断标志
            delay (250);}}}                        //延时约 1.5 ms
void   main (){                                   //主函数
        unsigned char t[2];                        //定义 DS18B20 温度数据数组 t
        SCON = 0;                                  //置串口方式 0
```

```
    ES = 0;                          //串口禁中
    while (1) {                      //无限循环:测温→扫描显示 100 次(约 0.9 s)→再测温
      reset1820 ();                  //DS18B20 复位
      if (DQ ==0){                   //若 DS18B20 正确复位,则:
        delay (12);                  //延时大于 80 μs,等待 DS18B20 复位释放过程结束
        wr1820 (0xcc);               //发跳过 ROM 操作指令
        wr1820 (0x44);               //发启动温度转换操作指令
        reset1820 ();                //DS18B20 再次复位
        delay (12);                  //延时大于 80 μs,等待 DS18B20 复位释放过程结束
        wr1820 (0xcc);               //发跳过 ROM 操作指令
        wr1820 (0xbe);               //发读温度转换数据操作指令
        t[0] = rd1820 ();            //读温度转换数据低 8 位
        t[1] = rd1820 ();            //读温度转换数据高 8 位
        chag (t,a);}                 //温度数据 t[]转换为显示字段码 a[]
      disp(100);}}                   //循环扫描显示 100 次(约 0.9 s)
```

本例中 Keil C51 调试和 Proteus 仿真见实验 34。

10.3　驱动电动机

10.3.1　驱动步进电动机

步进电动机是一种数控电动机,对其发出一个脉冲信号,电动机就转动一个角度,可以通过控制脉冲个数来控制角位移量,控制脉冲信号频率来控制电动机转动的速度和加速度,控制脉冲的正负极性来控制电动机的正反转,控制脉冲的激励方式来控制电动机的机械特性。近年来,随着微控制器的广泛应用,步进电动机的应用也越来越广泛。

驱动步进电动机转动需要较大电流,单片机负载能力有限,而且电流脉冲边沿需有一定要求。因此,一般需用功率集成电路作为单片机驱动接口,例如 L298 和 ULN2003 等。

1. 四相步进电动机激励方式和驱动电路

(1) 激励方式

四相步进电动机有 4 组线圈,通常采用单极性激励方式,即 4 个线圈中电流始终单向流动,不改变方向。设 4 组线圈分别为 A、B、C、D,常用的激励方式如表 10-7 所示。

(2) 驱动电路 ULN2003 简介

四相步进电动机因通常采用单极性激励方式,不需改变驱动电流流向,因此可用 ULN2003 作为驱动接口电路。

表 10-7　四相步进电动机驱动控制数据

驱动模式	通电绕组	二进制数	驱动数据	驱动模式	通电绕组	二进制数	驱动数据
		DCBA	D7 ~ D0			DCBA	D7 ~ D0
单 4 拍	A	0001	0x01	8 拍	A	0001	0x01
	B	0010	0x02		AB	0011	0x03
	C	0100	0x04		B	0010	0x02
	D	1000	0x08		BC	0110	0x06
双 4 拍	AB	0011	0x03		C	0100	0x04
	BC	0110	0x06		CD	1100	0x0c
	CD	1100	0x0c		D	1000	0x08
	DA	1001	0x09		DA	1001	0x09

ULN2003 内部结构和引脚图如图 10-8 所示，有 7 组达林顿管（复合晶体管），输入电压兼容 TTL 或 COMS 电平，输出端灌电流可达 500 mA，并能承受 50 V 高电压，可外接步进电动机驱动电源 Vs（例如 12 V），且并联了续流二极管，可消除电动机线圈通断切换时产生的反电势副作用，适用于驱动电感性负载。

（3）典型应用电路

四相步进电动机典型应用电路如图 10-9 所示，80C51 P1.0 ~ P1.3 作为 4 组线圈驱动控制端口，分别接 UN2003 输入端 In1 ~ In4；P1.6、P1.7 分别接 Kp（正转）、Kn（反转）控制按钮；ULN2003 输出端 Out1 ~ Out4 分别接步进电动机 4 组线圈 ABCD；公共端接步进电动机额定电压 Vs。

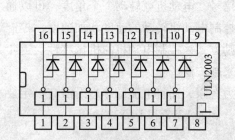

图 10-8　ULN2003 内部结构和引脚图

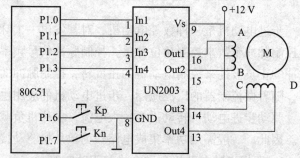

图 10-9　四相步进电动机驱动电路

【例 10-4】已知单片机控制驱动四相步进电动机电路如图 10-9 所示，要求按表 10-7 中 8 拍激励方式，按下 Kp 为正转（顺时针），按下 Kn 反转（逆时针），编制驱动程序。

解：（1）汇编程序

```
MAIN：  ANL    P1,#0C0H      ;清 P1 口低 4 位数据,P1.6、P1.7 置输入态
MN0：   MOV    A,P1          ;读 P1 口数据
```

```
          ANL    A,#0C0H              ;取出 P1.6、P1.7 键状态
          CJNE   A,#80H,MN1           ;不是 Kp(正转)单独按下,转判反转键
          MOV    DPTR,#TABP           ;Kp 单独按下,置正转控制字表首址
          LCALL  TURN                 ;调用电动机驱动子程序
          SJMP   MN0                  ;电动机驱动子程序执行完毕,返回循环
MN1:      CJNE   A,#40H,MAIN          ;不是 Kn(反转键)单独按下,转返回循环
          MOV    DPTR,#TABN           ;Kn 单独按下,置正转控制字表首址
          LCALL  TURN                 ;调用电动机驱动子程序
          SJMP   MN0                  ;电动机驱动子程序执行完毕,返回循环
TABP:     DB     0C1H,0C3H,0C2H,0C6H,0C4H,0CCH,0C8H,0C9H    ;正转控制字表
TABN:     DB     0C9H,0C8H,0CCH,0C4H,0C6H,0C2H,0C3H,0C1H    ;反转控制字表
;电动机 8 拍驱动循环子程序(正反转取决于控制字)
TURN:     MOV    R0,#0                ;置控制字初始序号
TN1:      MOV    A,R0                 ;读控制字序号
          MOVC   A,@A+DPTR            ;读控制字
          MOV    B,A                  ;暂存控制字
          MOV    A,P1                 ;读 P1 口数据
          ANL    A,#0C0H              ;清 P1 口数据低 4 位
          ORL    A,B                  ;控制字组合
          MOV    P1,A                 ;输出控制字
          LCALL  Dy60ms               ;延时 60 ms
          INC    R0                   ;指向下一控制字序号
          CJNE   R0,#8,TN1            ;判 8 拍控制完否? 未完继续
          RET                         ;8 拍控制完毕,转初始循环
Dy60ms:   MOV    R6,#60               ;延时 60 ms 子程序($f_{osc}$ =6 MHz)。置外循环次数
Dy61:     MOV    R7,#250              ;置内循环次数
Dy62:     DJNZ   R7,Dy62              ;2 机周 ×250 ×2 μs/机周 =1000 μs =1 ms
          DJNZ   R6,Dy61              ;1 ms ×60 =60 ms
          RET                         ;
          END
```

(2) C51 程序

```
#include <reg51.h>                //包含访问 sfr 库函数 reg51.h
sbit   Kp = P1^6;                 //定义 Kp 为 P1.6(正转按键)
sbit   Kn = P1^7;                 //定义 Kn 为 P1.7(反转按键)
void main(){                      //主函数
    unsigned char i;              //定义循环序数 i
    unsigned int t;               //定义延时参数 t
    unsigned char  r[8] = {       //定义 8 拍驱动数组,并赋值
```

```
        0xc1,0xc3,0xc2,0xc6,0xc4,0xcc,0xc8,0xc9;
    P1 = 0xc0;                          //清 P1 口低 4 位数据
    while(1){                           //无限循环执行下列语句
      if((Kp==0)&(Kn!=0)){             //若正转键单独按下(正反转按键互锁)
        for(i=0;i<8;i++){              //循环正转
          P1 = (P1&0xc0)|r[i];          //依次输出正转控制字
          for(t=0;t<6000;t++);}}       //约延时 60 ms(fosc = 6 MHz)
      else  if((Kn==0)&(Kp!=0)){       //若反转键单独按下(正反转按键互锁)
        for(i=7;i<8;i--){              //循环反转
          P1 = (P1&0xc0)|r[i];          //依次输出反转控制字
          for(t=0;t<6000;t++);}}       //约延时 60 ms(fosc = 6 MHz)
      else P1& = 0xc0;}}               //否则,停转
```

本例 Keil C51 调试和 Proteus 仿真见实验 35。

说明:(1)程序中 8 拍驱动数组将表 10-7 中 8 拍驱动数据高 4 位从 "0" 改为 "c" 的原因是始终保持 P1.6、P1.7 输入态。

(2)步进电动机每拍驱动之间需有一定延时,调节延时时间,可调节步进电动机转速。但若延时时间过少、激励脉冲频率过高,步进电动机来不及响应,将发生丢步或堵转。

2. 二相步进电动机激励方式和驱动电路

(1)激励方式

二相步进电动机有 2 组线圈,通常采用双极性激励方式,即 2 个线圈中电流需改变方向。设二相步进电动机 2 组线圈分别为 AA′、BB′,则常用的激励方式分别如表 10-8 所示。

表 10-8　二相步进电动机驱动控制数据

驱动模式	通电模式	二进制数 B′BA′A	驱动数据 D7 ~ D0	驱动模式	通电模式	二进制数 B′BA′A	驱动数据 D7 ~ D0
4 拍	AB	0101	0x05	8 拍	AB	0101	0x05
					A	0001	0x01
	AB′	1001	0x09		AB′	1001	0x09
					B′	1000	0x08
	A′B′	1010	0x0a		A′B′	1010	0x0a
					A′	0010	0x02
	A′B	0110	0x06		A′B	0110	0x06
					B	0100	0x04

(2)驱动电路 L298 简介

二相步进电动机需改变线圈中驱动电流流向,因此不能用 ULN2003 作为驱动接口电路,

需用具有 H 桥电路结构的功率集成电路作为驱动接口。

L298 是一种高电压大电流驱动芯片，响应频率高，有两组 H 桥，正好驱动二相步进电动机 2 组线圈。图 10-10 为其内部结构和引脚图，In1、In2 和 In3、In4 分别为 A 组和 B 组 H 桥电路控制输入端；Out1、Out2 和 Out3、Out4 为两组 H 桥电路输出端；ENa、ENb 为两组 H 桥电路使能端，低电平禁止输出；SNa、SNb 为两组 H 桥电路电流反馈端，不用时可以直接接地；V_{CC} 为 L298 内部电路电源，接 +5 V；V_S 为驱动电源，取步进电动机额定电源电压；GND 为接地端。

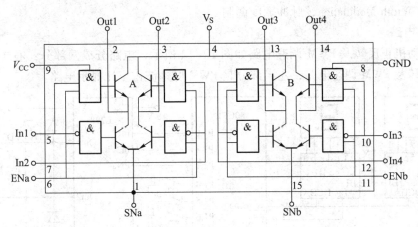

图 10-10   L298 内部结构和引脚图

（3）典型应用电路

设计二相步进电动机驱动电路如图 10-11 所示，80C51 P1.0 ~ P1.3 作为驱动控制端口，与 L298 A、B 两组 H 桥电路控制输入端 In1、In2 和 In3、In4 分别连接；P1.6、P1.7 分别接 Kp（正转）、Kn（反转）控制按钮；L298 使能端 ENa、ENb 接高电平，始终有效；电流反馈端 SNa、SNb 直接接地；4 个输出端 Out1 ~ Out4 分别接步进电动机 2 组线圈 AA′、BB′；因 L298 内部无续流二极管，外接 8 个二极管消除反电势影响；V_S 接步进电动机额定电压。

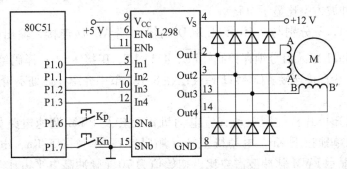

图 10-11   二相步进电动机驱动电路

图 10-11 所示二相步进电动机电路的驱动程序与图 10-9 所示四相步进电动机电路的驱动
程序相似，只需将四相步进电动机的 8 拍驱动数组更换为表 10-8 中二相步进电动机的 8 拍驱
动数组，就可实现二相步进电动机的正反向运转（Proteus 仿真见与本书配套并可免费下载的
"仿真练习 60 例"练习 60）。

10.3.2 直流电动机正反转及 PWM 调速

由单片机控制功率集成电路 L298，并驱动直流电动机正反转，同时还可发出 PWM 脉冲波
调速（Pulse Width Modulation，脉冲宽度调制）。

1. 应用电路

直流电动机正反转及 PWM 调速电路如图 10-12 所示，电路分成两部分：右半部分是直流
电动机正反转及 PWM 调速电路，左半部分是 PWM 脉冲波占空比显示电路。

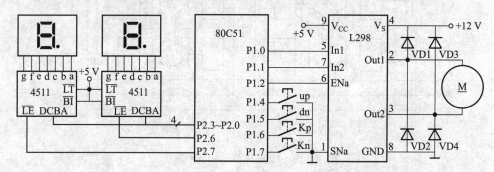

图 10-12 直流电动机驱动并 PWM 调速电路

（1）直流电动机正反转及 PWM 调速电路

80C51 P1.4 ~ P1.7 分别与加速键 up、减速键 dn、正转键 Kp、反转键 Kn 连接；P1.0、
P1.1 与 L298 控制输入端 In1、In2 连接，作为驱动直流电动机正反转控制端口；P1.2 与使能
端 ENa 连接，控制 L298a 组 H 桥输出 PWM 脉冲；L298 输出端 Out1、Out2 接直流电动机；
VD1 ~ VD4 为续流二极管，消除直流电动机线圈反电势影响。

（2）PWM 脉冲波占空比显示电路

80C51 P2.0 ~ P2.3 分别与 2 片 4511 BCD 码输入端 ABCD 连接，输出显示段码；P2.6、
P2.7 分别接 2 片 4511 输入信号锁存控制端 $\overline{\text{LE}}$；4511 $\overline{\text{LT}}$、$\overline{\text{BI}}$ 接 +5 V；译码笔段输出端 abcdefg
与共阴数码管笔段端直接连接。CC4511 特性已在 8.1.2 节中介绍，此处不再赘述。

2. 驱动程序

【例 10-5】已知单片机控制驱动直流电动机正反转及 PWM 调速电路如图 10-12 所示，
$f_{osc} = 6$ MHz。要求单独按下 Kp，电动机正转（顺时针）；单独按下 Kn，电动机反转（逆时
针）。两位数码管显示 PWM 脉冲波占空比，初始值为 70（脉冲高电平占比 70%）。按一次加
速键 up，占空比加 1；按住不放，快速加 1；最大值 100（显示 00）。按一次减速键 up，占空

比减 1；按住不放，快速减 1；最小值 20。试编制驱动程序。

解：将 T0 用作定时器方式 2（定时初值能自动装填）。设脉冲周期为 200 机周，占空比为 w，高电平脉宽 2w 机周，定时初值 TH0 = 256 − 2w；低电平脉宽（200 − 2w）机周，定时初值 TH0 = 256 − (200 − 2w) = 56 + 2w。定时初值装在 TH0 中，方式 2 每次从 TH0→TL0，自动装填恢复。因此，在输出脉冲高电平时，置 TH0 低电平脉宽定时初值；在输出脉冲低电平时，置 TH0 高电平脉宽定时初值。

（1）汇编程序

In1	EQU	P1.0	;伪指令,定义 In1(a 组 H 桥正转控制输入端)等值 P1.0
In2	EQU	P1.1	;伪指令,定义 In2(a 组 H 桥反转控制输入端)等值 P1.1
ENa	EQU	P1.2	;伪指令,定义 ENa(a 组 H 桥使能端)等值 P1.2
up	EQU	P1.4	;伪指令,定义 up(加速按键)等值 P1.4
dn	EQU	P1.5	;伪指令,定义 dn(减速按键)等值 P1.5
Kp	EQU	P1.6	;伪指令,定义 Kp(正转按键)等值 P1.6
Kn	EQU	P1.7	;伪指令,定义 Kn(反转按键)等值 P1.7
LE1	EQU	P2.6	;伪指令,定义 LE1(个位 BCD 码锁存控制)等值 P2.6
LE2	EQU	P2.7	;伪指令,定义 LE2(十位 BCD 码锁存控制)等值 P2.7
Puls	BIT	20H	;伪指令,定义 Puls(脉冲电平标志)等值 20H(位地址)
ORG	0000H		;复位地址
LJMP	MAIN		;转主程序
ORG	000BH		;T0 中断入口地址
LJMP	LT0		;转 T0 中断子程序

```
;主程序
MAIN:   MOV    SP,#50H       ;设置堆栈
        MOV    TMOD,#10H     ;置 T0 定时器方式 2
        MOV    IP,#02H       ;置 T0 为高优先级
        MOV    IE,#82H       ;T0 开中
        MOV    R4,#70        ;置初始脉冲高电平宽度(占空比 70%)
        CLR    Puls          ;脉冲电平标志清零
        MOV    TH0,#116      ;置 T0 定时高 8 位初值(高电平 140 机周)
        MOV    TL0,#196      ;置 T0 定时低 8 位初值(低电平 60 机周)
        SETB   TR0           ;T0 开中
        LCALL  Disp          ;脉冲宽度显示
MN1:    MOV    A,P1          ;读 P1 口
        ANL    A,#30H        ;取出 P1.5、P1.4(加/减速键值)
        CJNE   A,#20H,MN3    ;若不是加速键单独按下,转判减速键
        LCALL  Kup           ;加速键单独按下,调用加速子程序
        SJMP   MN1           ;返回无限循环
MN3:    CJNE   A,#10H,MN1    ;若不是减速键单独按下,转返回无限循环
```

```
            LCALL   Kdn                 ;减速键单独按下,调用减速子程序
            SJMP    MN1                 ;返回无限循环
;T0 中断子程序
LT0:        PUSH    ACC                 ;保护现场
            PUSH    PSW                 ;保护现场
            CJNE    R4,#100,LT01        ;判脉冲宽度达上限 100 否? 未达,转
LT00:       MOV     R4,#100             ;脉冲宽度等于上限 100,保持不变
            SETB    Puls                ;置脉冲电平标志
            MOV     TH0,#56             ;置定时高 8 位初值(w = 100)
            SJMP    LT04                ;转电机运行
LT01:       JNC     LT00                ;脉冲宽度大于上限 100,转保持 100
            CPL     Puls                ;脉冲宽度小于上限,脉冲电平标志取反
LT02:       MOV     A,R4                ;读脉冲宽度
            CLR     C                   ;Cy 清零
            RLC     A                   ;A 带 Cy 右移,生成 2w(脉冲宽度×2)
            JB      Puls,LT03           ;若脉冲电平标志为 1,转
            ADD     A,#56               ;脉冲电平标志为 0,加修正值生成(56 + 2w)
            MOV     TH0,A               ;存定时初值高 8 位(低电平脉宽)
            SJMP    LT04                ;转电机运行
LT03:       MOV     B,A                 ;若脉冲标志为 1,暂存 2w
            CLR     A                   ;A 清零
            CLR     C                   ;Cy 清零
            SUBB    A,B                 ;生成(256 − 2w)
            MOV     TH0,A               ;存定时初值高 8 位(高电平脉宽)
LT04:       LCALL   TURN                ;电机运行
LT05:       POP     PSW                 ;恢复现场
            POP     ACC                 ;恢复现场
            RETI                        ;中断子程序返回
;电机运行子程序
TURN:       MOV     A,P1                ;读 P1 口
            ANL     A,#0C0H             ;取出高 2 位(正/反转键值)
            CJNE    A,#80H,TN1          ;若不是正转键单独按下,转判反转键
            JNB     Puls,TN2            ;正转键单独按下,若脉冲电平标志为 0,转停转
            SETB    ENa                 ;脉冲电平标志为 1,置 L298 a 组使能端有效
            SETB    In1                 ;L298 a 组输出正转激励脉冲
            CLR     In2                 ;L298 a 组反转输入端清零
            RET                         ;子程序返回
TN1:        CJNE    A,#40H,TN2          ;若不是反转键单独按下,转停转返回
```

	JNB	Puls,TN2	;反转键单独按下,若脉冲电平标志为 **0**,转停转
	SETB	ENa	;脉冲电平标志为 **1**,置 L298 a 组使能端有效
	SETB	In2	;L298 a 组输出反转激励脉冲
	CLR	In1	;L298 a 组正转输入端清零
	RET		;子程序返回
TN2:	CLR	ENa	;若脉冲标志为 **0**,L298 a 组停止输出
	RET		;子程序返回

;加速键子程序

Kup:	MOV	R3,#0	;长按钮计数器清零
	INC	R4	;按下加速键,脉冲宽度加 1
	CJNE	R4,#100,Kup0	;判脉冲宽度达上限 100 否?
Kup0:	JC	Kup1	;脉冲宽度小于上限 100,转
	MOV	R4,#100	;脉冲宽度大于等于上限 100,置脉冲宽度 100
	LCALL	Disp	;脉冲宽度显示
	RET		;子程序返回
Kup1:	LCALL	Dy60ms	;延时 60 ms($f_{osc}=6$ MHz)
Kup2:	LCALL	Disp	;脉冲宽度显示
	JB	up,Kup4	;若加速键未持续按下,转子程序返回
	LCALL	Dy30ms	;加速键持续按下,延时 30 ms($f_{osc}=6$ MHz)
	INC	R3	;长按钮计数器加 1
	CJNE	R3,#10,Kup2	;若长按钮计数器不满 0.3 s,转判加速键是否持续按下
	INC	R4	;长按钮计数器满 0.3 s,脉冲宽度加 1
	DEC	R3	;长按钮计数器保持临界状态 9
	CJNE	R4,#100,Kup3	;再判脉冲宽度达上限 100 否?
Kup3:	JC	Kup2	;脉冲宽度小于上限 100,转显示并判加速键是否持续按下
	MOV	R4,#100	;脉冲宽度大于等于上限 100,置脉冲宽度 100
	LCALL	Disp	;脉冲宽度显示
Kup4:	RET		;子程序返回

;减速键子程序

Kdn:	MOV	R3,#0	;长按钮计数器清零
	DEC	R4	;按下减速键,脉冲宽度减 1
	CJNE	R4,#20,Kdn1	;判脉冲宽度等于下限 20 否? 不等,转
Kdn0:	MOV	R4,#20	;脉冲宽度小于等于下限 20,置脉冲宽度 20
	LCALL	Disp	;脉冲宽度显示
	RET		;子程序返回
Kdn1:	JC	Kdn0	;脉冲宽度小于下限 20,转
	LCALL	Dy60ms	;延时 60 ms($f_{osc}=6$ MHz)
Kdn2:	LCALL	Disp	;脉冲宽度大于下限 20,脉冲宽度显示

```
        JB      dn,Kdn5         ;若减速键未持续按下,转子程序返回
        LCALL   Dy30ms          ;减速键持续按下,延时 30 ms(f_osc = 6 MHz)
        INC     R3              ;长按钮计数器加 1
        CJNE    R3,#10,Kdn2     ;若长按钮计数器不满 0.3 s,转判减速键是否持续按下
        DEC     R4              ;长按钮计数器满 0.3 s,脉冲宽度减 1
        DEC     R3              ;长按钮计数器保持临界状态 9
        CJNE    R4,#20,Kdn3     ;再判脉冲宽度等于下限 20 否? 不等,转
        SJMP    Kdn4            ;脉冲宽度等于下限 20,转脉冲宽度显示
Kdn3:   JNC     Kdn2            ;脉冲宽度大于下限 20,转显示并判减速键是否持续按下
        MOV     R4,#20          ;脉冲宽度小于下限 20,置脉冲宽度 20
Kdn4:   LCALL   Disp            ;脉冲宽度显示
Kdn5:   RET                     ;子程序返回
;显示子程序
DISP:   CJNE    R4,#100,DP1     ;若脉冲宽度不是 100,转
        MOV     A,P2            ;是 100,读 P2 口
        ANL     A,#30H          ;P1.5、P1.4 不变,其余 0(选通 2 位显示 0)
        MOV     P2,A            ;P2 口输出显示 00
        RET                     ;子程序返回
DP1:    MOV     A,R4            ;脉冲宽度不是 100,读脉冲宽度
        MOV     B,#10           ;置除数 10
        DIV     AB              ;除以 10(十位段码→A,个位段码→B)
        ANL     A,#6FH          ;低 6 位不变,高 2 位清零
        ORL     A,#40H          ;低 6 位不变,P1.7 = 0(选通十位显示),P1.6 = 1
        MOV     P2,A            ;选通十位显示
        SETB    P1.7            ;锁存十位显示
        MOV     A,B             ;读个位段码
        ANL     A,#6FH          ;低 6 位不变,高 2 位清零
        ORL     A,#80H          ;低 6 位不变,P1.6 = 0(选通个位显示),P1.7 = 1
        MOV     P2,A            ;选通个位显示
        SETB    P1.6            ;锁存个位显示
        RET                     ;子程序返回
Dy60ms: …                       ;延时 60 ms 子程序。见例 10-4,Keil C 调试时需插入
Dy30ms: MOV     R6,#30          ;延时 30 ms 子程序(f_osc = 6 MHz)。置外循环次数
Dy31:   MOV     R7,#250         ;置内循环次数
Dy32:   DJNZ    R7,Dy32         ;250 × 2 机周 = 500 机周
        DJNZ    R6,Dy31         ;500 机周 × 30 × 2 μs/机周 = 30000 μs = 30 ms
        RET                     ;子程序返回
        END
```

（2）C51 程序

```
#include < reg51. h >                    //包含访问 sfr 库函数 reg51. h
sbit   In1 = P1^0;                       //定义 In1 为 P1.0(a 组 H 桥正转控制输入端)
sbit   In2 = P1^1;                       //定义 In2 为 P1.1(a 组 H 桥反转控制输入端)
sbit   ENa = P1^2;                       //定义 ENa 为 P1.2(a 组 H 桥使能端)
sbit   up = P1^4;                        //定义 up 为 P1.4(加速按键)
sbit   dn = P1^5;                        //定义 dn 为 P1.5(减速按键)
sbit   Kp = P1^6;                        //定义 Kp 为 P1.6(正转按键)
sbit   Kn = P1^7;                        //定义 Kn 为 P1.7(反转按键)
sbit   LE1 = P2^6;                       //定义 LE1 为 P2.6(个位 BCD 码锁存控制)
sbit   LE2 = P2^7;                       //定义 LE2 为 P2.7(十位 BCD 码锁存控制)
bit    p = 0;                            //定义激励脉冲电平标志,并赋值(低电平标志)
unsigned char  w = 70;                   //定义激励脉冲宽度 w,并赋初值
void   disp ( ){                         //显示子函数
  if ( w == 100) {                       //若脉冲宽度为 100,显示 00 代表 100
    P2 = P2&0xf0;                        //P2 口低 4 位输出 BCD 段码
    LE2 = 0;LE2 = 1;                     //十位锁存并显示
    LE1 = 0;LE1 = 1;}                    //个位锁存并显示
  else {                                 //若脉冲宽度不是 100,则正常显示
    P2 = ( P2&0xf0) | ( w/10);           //P2 口输出十位 BCD 段码
    LE2 = 0;LE2 = 1;                     //十位锁存并显示
    P2 = ( P2&0xf0) | ( w% 10);          //P2 口输出个位 BCD 段码
    LE1 = 0;LE1 = 1;}}                   //个位锁存并显示
void   k_up ( ) {                        //加速键子函数
  unsigned char  n = 0;                  //定义长按钮计数器 n
  unsigned int  t;                       //定义延时参数 t
  if ( w < 100)   {w ++ ;                //若脉冲宽度未达上限,脉冲宽度加 1
    disp ( );}                           //脉冲宽度刷新显示
  for ( t = 0;t < 6000;t ++ );           //延时 60 ms(f_osc = 6 MHz)
  while ( ( up == 0)&( w < 100)) {       //若加速键持续按下且脉宽小于 100,则
    for ( t = 0;t < 3000;t ++ );         //延时 30 ms(f_osc = 6 MHz)
    n ++ ;                               //长按钮计数器加 1
    if ( n == 10) {                      //若长按钮时间等于 0.3 s
      n = 9;                             //长按钮计数器保持临界状态
      if ( w < 100) {w ++ ;              //若脉冲宽度未达上限,脉冲宽度加 1
        disp ( );}}}}                    //脉冲宽度刷新显示
void   k_dn ( ) {                        //减速键子函数
  unsigned char  n = 0;                  //定义长按钮计数器 n
```

```
    unsigned int  t;                              //定义延时参数 t
    if ( w > 20)  { w -- ;                        //若脉冲宽度未达下限,脉冲宽度减 1
      disp ( ) ; }                                //脉冲宽度刷新显示
    for ( t = 0 ; t < 6000 ; t ++ ) ;            //延时 60 ms(f_OSC = 6 MHz)
    while ( ( dn == 0) & ( w > 20)) {            //若减速键持续按下且脉宽大于 20,则
      for ( t = 0 ; t < 3000 ; t ++ ) ;          //延时 30 ms(f_OSC = 6 MHz)
      n ++ ;                                       //长按钮计数器加 1
      if ( n == 10) {                             //若长按钮时间等于 0.3 s
        n = 9 ;                                    //长按钮计数器保持临界状态
        if ( w > 20)  { w -- ;                    //若脉冲宽度高于下限,脉冲宽度减 1
          disp ( ) ; } } } }                       //脉冲宽度刷新显示
void  turn ( ) {                                  //电动机运行子函数
  if ( ( Kp == 0) & ( Kn ! = 0)) {               //若正转键单独按下(正反转按键互锁),则
    if ( p == 1) { ENa = 1 ;                      //若脉冲标志为高电平,置 L298 a 组使能端有效
      In1 = 1 ; In2 = 0 ; }                       //L298 a 组输出正转激励脉冲
    else  ENa = 0 ; }                             //若脉冲电平标志为低电平,L298 a 组停止输出
  if ( ( Kn == 0) & ( Kp ! = 0)) {               //若反转键单独按下(正反转按键互锁),则
    if ( p == 1) { ENa = 1 ;                      //若脉冲标志为高电平,置 L298 a 组使能端有效
      In1 = 0 ; In2 = 1 ; }                       //L298 a 组输出反转激励脉冲
    else  ENa = 0 ; }                             //若脉冲电平标志为低电平,L298 a 组停止输出
  if ( ( ( Kp == 0) & ( Kn == 0)) | ( ( Kp ! = 0) & ( Kn ! = 0)))   //若正、反转键均按下或均未按下,停转
    ENa = 0 ; }                                   //L298 a 组停止输出
void  main( ) {                                   //主函数
  TMOD = 0x10 ;                                   //置 T0 定时器方式 2
  TH0 = 256 - 2 * w ;                             //置 T0 定时高 8 位初值(高电平宽度 140 机周)
  TL0 = 56 + 2 * w ;                              //置 T0 定时低 8 位初值(低电平宽度 60 机周)
  IP = 0x02 ;                                      //置 T0 为高优先级
  IE = 0x82 ;                                      //T0 开中
  TR0 = 1 ;                                        //T0 运行
  disp ( ) ;                                       //脉冲宽度显示
  while(1) {                                       //无限循环
    if ( ( up == 0) & ( dn ! = 0))  k_up ( ) ;    //若加速键按下,调用加速键子函数
    if ( ( up ! = 0) & ( dn == 0))  k_dn ( ) ; } }  //若减速键按下,调用减速键子函数
void  t0 ( )  interrupt 1 {                       //T0 中断函数
  if ( w >= 100)  { p = 1 ;                        //若脉冲宽度已达上限,脉冲电平标志置高电平
    TH0 = 56 ; }                                   //置定时高 8 位初值 w = 100
  else  { p = ~ p ;                                //否则,脉冲电平标志取反
    if ( p == 0)   TH0 = 56 + 2 * w ;             //若脉冲标志为 0,置定时高 8 位初值(低电平宽度)
```

else TH0 = 256 – 2 * w;   //否则,置定时高 8 位初值(高电平宽度)

turn ( );   //电动机运行

本例中 Keil C51 调试和 Proteus 仿真见实验 36。

10.4 实 验 操 作

实验 32　模拟电子钟（80C51 定时器产生秒时基）

模拟电子钟（80C51 定时器产生秒时基）电路和程序已在例 10-1 给出。

1. Keil 调试

本题 Keil 调试同上例。因涉及串行口外围元件，在 Keil 软件调试中无法得到外围元件的有效信号。因此，仅在 Keil 中，按实验 1 所述步骤，编译链接，语法纠错，自动生成 Hex 文件。

若有耐心，可观察秒、分数据的变化。汇编程序打开存储器窗口，在 Memory#1 页 Address 编辑框内键入 "d:0x30"；C51 程序打开变量观察窗口，在 Watch#1 页设置全局变量 s、m（参阅图 2-30），并将其数据形式设置为十进制数。全速运行，汇编程序可看到存储器窗口 Memory#1 页 32H（秒）、33H（分）单元，C51 程序可看到 Watch#1 页设置全局变量 s（秒）、m（分）单元：秒单元中的数据飞速进位变化，满 60 进位分单元。

2. Proteus 仿真

（1）按实验 1 所述 Proteus 仿真步骤，打开 Proteus 软件，按表 10-9 选择和放置元器件，并连接线路，画出 Proteus 仿真电路如图 10-13 所示。

表 10-9　模拟电子钟（80C51 定时器产生秒时基）Proteus 仿真电路元器件

名称	编号	大类	子类	型号/标称值	数量
80C51	U1	Microprocessor Ics	80C51 family	AT89C51	1
74HC595	U2 ~ U7	TTL 74HC series		74HC595	6
发光二极管	VD1 ~ VD4	Optoelectronics	LEDs	绿	4
数码管		Optoelectronics	7 – Segment Displays	7SEG – MPX1 – CA	6
按键	K0 ~ K2	Switches & Relays	Switches	BUTTON	3

（2）鼠标左键双击 Proteus 仿真电路中 AT89C51，装入 Keil 调试后自动生成的 Hex 文件。

（3）全速运行后，6 位 LED 显示 00：00：00，然后计时运行，4 个发光二极管秒闪烁。

（4）按下 K0（锁定），进入时钟修正。

① 首先 2 位时数据快速闪烁，表示时数据允许修正。此时每按一次 K2（鼠标左键单击键图形中键盖帽 "▭"，单击一次，键闭合后弹开一次，不闭锁），时显示数加 1，但不超过最

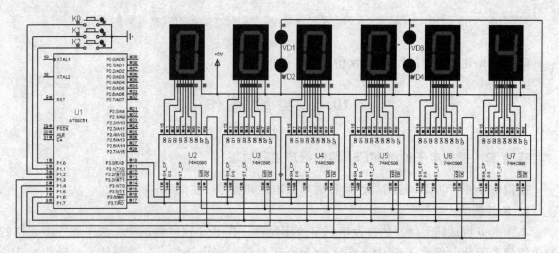

图 10-13　模拟电子钟（由 80C51 定时器产生秒时基）Proteus 仿真电路

大值 23，超过时复 **0**。

②若按一次 K1（不闭锁，方法同 K2），被修正位（快速闪烁）移至分数据位，每按一次 K2，分显示数加 1，但不超过最大值 59，超过时复位 **0**。

③再按一次 K1（不闭锁，方法同 K2），被修正位（快速闪烁）移至秒数据位，每按一次 K2，秒显示数加 1，但不超过最大值 59，超过时复位 **0**。

④再按一次 K1，回复到时数据修正（继续按 K1，重复上述①～③过程）。

⑤释放 K0，退出时钟修正，恢复正常计时显示。

（5）终止程序运行，可按停止按钮。

实验 33　开机显示 PC 机时间的 1302 时钟（LCD1602 显示）

时钟 1302（LCD1602 显示）电路和程序已在例 10-2 给出。

1. Keil 调试

本题涉及外围元件 DS1302 和 LCD1602，在 Keil 软件调试中无法得到外围元件的有效信号。因此，仅在 Keil 中，按实验 1 所述步骤，编译链接，语法纠错，自动生成 Hex 文件。

需要注意的是，引用前文和例 8-7 中的子程序（函数）必须插入，否则 Keil 调试将显示出错。好在其中 3 个子函数已经前例实践中验证，其余子函数可分别 Keil 调试。

2. Proteus 仿真

（1）按实验 1 所述 Proteus 仿真步骤，打开 Proteus 软件，按表 10-10 选择和放置元器件，并连接线路，画出 Proteus 仿真电路如图 10-14 所示。

（2）鼠标左键双击 Proteus 仿真电路中 AT89C51，装入 Keil 调试后自动生成的 Hex 文件。

（3）全速运行后，1602 显示实时时钟，初始值 PC 机即时时间，并随后不断更新实时数值。

表 10-10 时钟 1302（LCD1602 显示）Proteus 仿真电路元器件

名称	编号	大类	子类	型号/标称值	数量
80C51	U1	Microprocessor Ics	80C51 family	AT89C51	1
DS1302	U2	Microprocessor Ics	All Sub Categories	DS1302	1
LCD 1602	LCD1	Optoelectronics	Alphanumeric LCDs	LM016L	1
排阻	RP1	Resistors	Resistor Packs	RESPACK－8	1
石英晶体	X1	Miscellaneous	CRYSTAL	32768Hz	1

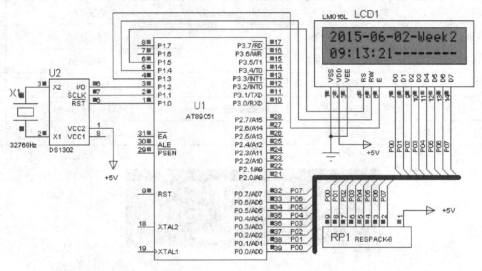

图 10-14 DS1302 时钟开机显示 PC 机时间并 1602 液晶屏显示 Proteus 仿真电路

（4）鼠标右键单击 DS1302，弹出右键子菜单，鼠标指向最后一行 DS1302，跳出下拉式子菜单，左键单击"Clock－U2"；或鼠标左键单击主菜单"Debug"→"DS1302"→"Clock－U2"，跳出 DS1302 内部时钟寄存器显示框，框内显示实时时钟数据。

（5）按暂停按钮，打开 80C51 片内 RAM（主菜单"Debug"→"80C51 CPU"→"Internal (IDATA) Memory－U1"），C51 程序可看到 08H～0EH、0FH～1EH 和 20H～2FH 中，已经依次存放了时钟数据数组 b[ ]、第一行年月日数组 y[ ] 和第二行时分秒数组 h[ ] 的即时数据。

（6）终止程序运行，可按停止按钮。

实验 34 DS18B20 测温

DS18B20 测温并动态显示电路和程序已在例 10-3 给出。

1. Keil 调试

实时测温因涉及外围元器件 DS18B20 和显示电路，无法进行全面软件调试，只能按实验 1

所述步骤，编译链接，语法纠错，自动生成 Hex 文件。或者，将每个子函数分段调试。可重点察看延时子函数延时时间、温度数据转换为显示字段码子函数（需先设置温度数据）、循环扫描显示 n 次子函数等功能。

2. Proteus 仿真

（1）按实验 1 所述 Proteus 仿真步骤，打开 Proteus 软件，按表 10-11 选择和放置元器件，并连接线路，画出 Proteus 仿真电路如图 10-15 所示。

表 10-11　DS18B20 测温并动态显示 Proteus 仿真电路元器件

名称	编号	大类	子类	型号/标称值	数量
80C51	U1	Microprocessor Ics	80C51 family	AT89C51	1
74LS138	U2	TTL 74LS series		74LS138	1
74LS164	U3	TTL 74LS series		74LS164	1
DS18B20	U4	Data Converters		DS18B20	1
数码显示屏		Optoelectronics	7 – Segment Displays	7SEG – MPX6 – CC	1
电阻	R1	Resistors		Chip Resistor 1/8W 5% 5.1kΩ	1

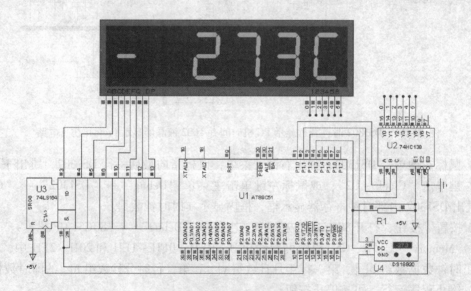

图 10-15　DS18B20 测温并显示 Proteus 仿真电路

（2）鼠标左键双击 Proteus 仿真电路中 AT89C51，装入 Keil 调试后自动生成的 Hex 文件。

（3）全速运行后，6 位 LED 先瞬间显示"85.0C"，然后显示"-27.3C"。

（4）停止运行，鼠标右键单击 DS18B20，弹出右键菜单，选择"Edit Properties"，打开元件特性编辑对话框，在"Current Value"框内改变温度设置值。再次全速运行后，温度显示值随之改变。

（5）暂停运行，鼠标左键单击主菜单"Debug"，弹出下拉式子菜单，打开 DS18B20 片内 RAM（主菜单 Debug→DS18×××Temp Sensor→Scratch RAM–U5），可看到第 1、2 字节温度数据"4B FE"，如图 10-16 所示。

低 8 位 4B（**0100 1011**），高 8 位 FE（**1111 1110**），其中高 5 位为 **11111**，表明温度为负值（补码）。剩余 11 位温度数据为 **110 0100 1011**，转换为原码（取反加 1）：

图 10-16　DS18B20 片内 RAM 数据

001 1011 0101。前 7 位为温度整数值 1BH，转换为十进制数即 27；后 4 位二进制小数"**0101**"，转换为十进制小数 0.3125≈0.3。因此，温度显示值：–27.3C。

（6）读者可设置各种正负温度值，观察电路虚拟仿真运行情况。还可修改 DS18B20 复位子函数中各段延时时间，分析其对 DS18B20 复位操作的影响。

（7）终止程序运行，可按停止按钮。

实验 35　驱动四相步进电动机

驱动四相步进电动机电路和程序已在例 10-3 给出。

1. Keil 调试

按实验 1 所述步骤，编译链接，语法纠错，自动生成 Hex 文件。

因涉及外围驱动电路 ULN2003 和步进电动机，无法进行全面软件调试。但可看一下 P1 口输出的正反转控制字。

（1）在延时程序处设置断点（设置方法参阅 2.1.2 节。汇编程序在"LCALL Dy60ms"、C51 程序在"for（t=0;t<10000;t++）"语句行）。

（2）打开 P1 对话窗口（主菜单"Peripherals"→"I/O–Port"→"Port1"）。先设置正转键（P1.6）单独按下（鼠标左键点击 P1.6 下面一格，使"√"变为"空白"）。鼠标左键单击全速运行图标，P1 对话窗口上面一行显示正转第一拍控制字"0xc1"。继续不断单击全速运行图标，P1 对话窗口依次输出正转控制字"0xc3，0xc2，0xc6，0xc4，0xcc，0xc8，0xc9"，并循环不断。

（3）再设置反转键（P1.7）单独按下（鼠标左键点击 P1.7 下面一格，使"√"变为"空白"，注意 P1.6 需"√"），鼠标左键不断单击全速运行图标，P1 对话窗口依次输出反转控制字"0xc9，0xc8，0xcc，0xc4，0xc6，0xc2，0xc3，0xc1"，并循环不断。

（4）然后设置正反转键均按下和均不按下，鼠标左键不断单击全速运行图标，P1 对话窗口始终输出停转控制字"0xc0"。

2. Proteus 仿真

（1）按实验 1 所述 Proteus 仿真步骤，打开 Proteus 软件，按表 10-12 选择和放置元器件，并连接线路，画出 Proteus 仿真电路如图 10-17 所示。

表 10-12　驱动四相步进电动机 Proteus 仿真电路元器件

名称	编号	大类	子类	型号/标称值	数量
80C51	U1	Microprocessor Ics	80C51 family	AT89C51	1
ULN2003A	U2	Analog Ics	Miscellaneous	ULN2003A	1
四相步进电动机		Electromechanical		MOTOR – STEPPER	1
按键	Kp、Kn	Switches & Relays	Switches	BUTTON	2
示波器		左侧辅工具栏	虚拟仪表（图标🖳）	OSCILLOSCOPE	1

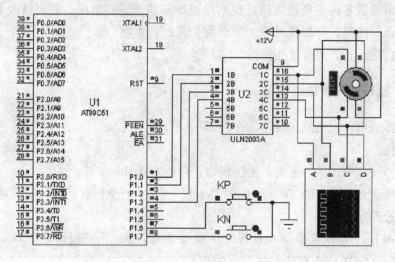

图 10-17　驱动四相步进电动机 Proteus 仿真电路

（2）鼠标左键双击 Proteus 仿真电路中 AT89C51，装入 Keil 调试后自动生成的 Hex 文件。

（3）全速运行后，单独按下 Kp 键（鼠标左键单击右侧小红点，键盖帽"⌐⌐"按下，锁定），步进电动机顺时针正转；释放 Kp 键，单独按下 Kn 键，步进电动机逆时针反转。若同时按下 Kp、Kn 键，则电动机不转。

（4）打开示波器（主菜单"Debug"→"Digital Oscilloscope"），可看到步进电动机 ABCD 4 相激励电流波形，如图 10-18 所示（说明：图中 A 相电流波形似乎不够挺拔，这是 Proteus 的问题，不是电路或程序的问题。可将原接示波器 A 相的 2003 输出端 1C 改接 BCD 中任一相显示加一证明）。

（5）修改程序中步进电动机每拍间隙（延时）时间，可调节步进电动机转速。

（6）终止程序运行，可按停止按钮。

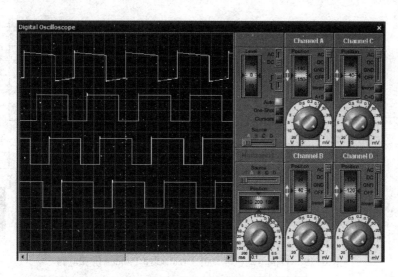

图 10-18　四相步进电动机驱动电流波形

实验 36　直流电动机正反转及 PWM 调速

直流电动机正反转及 PWM 调速电路和程序已在例 10-5 给出。

1. Keil 调试

因涉及外围驱动电路 L298 和直流电动机，无法进行全面软件调试。仅可从 P1 口操作正/反转键（P1.6、P1.7）观察正/反转（P1.0、P1.1）和使能端（P1.2）控制状态，从 P1 口操作加/减速键（P1.4、P1.5）观察 P2 口 PWM 显示 BCD 码（P2.3～P2.0），意义不大，本节不予详述，有兴趣的读者可参照上例调试方法步骤看一看。一般按实验 1 所述步骤，编译链接，语法纠错，自动生成 Hex 文件。

2. Proteus 仿真

（1）按实验 1 所述 Proteus 仿真步骤，打开 Proteus 软件，按表 10-13 选择和放置元器件，并连接线路，画出 Proteus 仿真电路如图 10-19 所示。

表 10-13　直流电动机正反转及 PWM 调速 Proteus 仿真电路元器件

名称	编号	大类	子类	型号/标称值	数量
80C51	U1	Microprocessor Ics	80C51 family	AT89C51	1
L298	U2	Analog Ics	Miscellaneous	L298	1
CC4511	U3、U4	CMOS 4000 series		4511	2
数码管		Optoelectronics	7 - Segment Displays	7SEG - MPX1 - CC	2
直流电动机		Electromechanical		MOTOR - DC	1
按键		Switches & Relays	Switches	BUTTON	4
示波器		左侧辅工具栏	虚拟仪表（图标🖰）	OSCILLOSCOPE	1

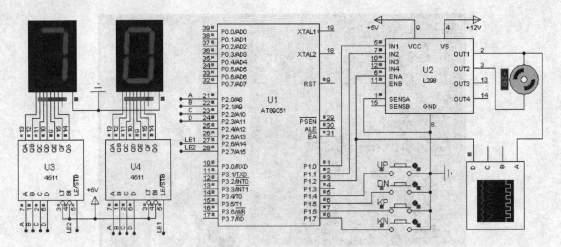

图 10-19　直流电动机驱动并 PWM 调速 Proteus 仿真电路

（2）鼠标左键双击 Proteus 仿真电路中 AT89C51，装入 Keil 调试后自动生成的 Hex 文件。

（3）全速运行后，两位数码管显示 PWM 初值 70。

（4）单独按下 Kp 键（鼠标左键单击右侧小红点，键盖帽"▭"按下，锁定），直流电动机正转（顺时针）。打开示波器（主菜单"Debug"→"Digital Oscilloscope"），可看到 80C51 P1.2 输出至 L298 Ena 端的激励脉冲波形和 L298 Out1 输出至电动机端的激励电流波形，如图 10-20 所示。

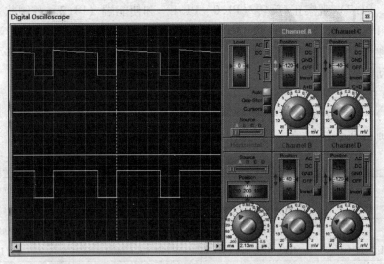

图 10-20　占空比 70% 时直流电动机驱动波形

（5）按一下加速键 up（不锁定），两位数码管显示占空比加 1。按住不放，快速加 1。最大值 100（显示 **00**）。与此同时，直流电动机转速加快；示波器显示波形的占空比也增大。占空比显示 90 时，如图 10-21 所示。占空比显示 100（显示 **00**）时，波形变为一条直线。

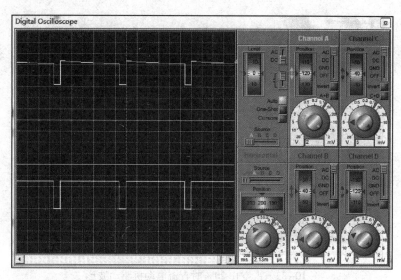

图 10-21 占空比 90% 时直流电动机驱动波形

（6）按一下减速键 dn（不锁定），两位数码管显示占空比减 1。按住不放，快速减 1。最小值 20。与此同时，直流电动机转速减慢；示波器显示波形的占空比也减小。占空比显示 50 和 20 时，分别如图 10-22、图 10-23 所示。

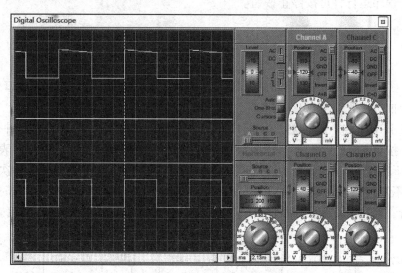

图 10-22 占空比 50% 时直流电动机驱动波形

（7）释放 Kp 键，电动机慢慢停下来。单独按下 Kn 键（不锁定），直流电动机反转（逆时针）。示波器中 80C51 P1.2 输出至 L298 Ena 端的激励脉冲波形与正转时相同，但 L298 Out1 输出至电动机端的激励电流波形与正转时反相。

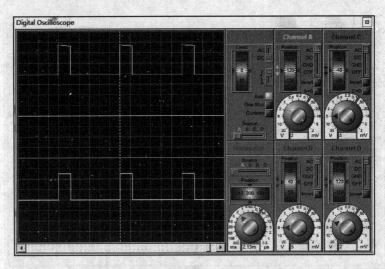

图 10-23 占空比 20%时直流电动机驱动波形

需要说明的是，观察 Proteus 中的直流电动机转向和转速，应看电动机左侧绿色转速表的正负号和数值，而电动机转动图形容易产生错觉。

（8）若同时按下 Kp、Kn，则电动机不转。

（9）终止程序运行，可按停止按钮。

习　题

10.1　在图 10-5 所示时钟电路的基础上，加入 3 个时钟修正按键：K0（修正）、K1（移位）和 K2（加 1），分别与 80C51 P2.7、P2.5 和 P2.3 连接，如图 10-24 所示。要求开机显示 2012 年 1 月 1 日 13 时 47 分 58 秒，星期日（7），且要求 K0、K1 和 K2 具有时钟校正功能，其控制过程为：按下 K0（带锁），进入时钟修正；首先年数据（12）快速闪烁，表示可被修正；按一次 K1（不带锁），被修正位（快速闪烁）按年、周、月、日、时、分、秒次序循环往复；按一次 K2（不带锁），被修正位加 1（最大值不超过时钟规定值，超过复 0）；时钟修正期间，计时继续运行；释放 K0，退出时钟修正。试编制程序并 Keil 调试和 Proteus 仿真。

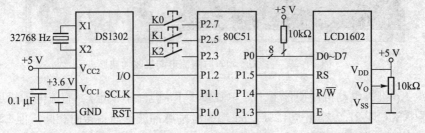

图 10-24 具有校时功能的 DS1302 时钟并 1602 液晶显示电路

10.2 已知时钟 DS1302 并 LED 数码管显示电路如图 10-25 所示，左半部分是时钟 DS1302 读写控制电路，右半部分是 LED 数码管动态显示电路。要求开机即能直接显示 PC 机时分秒数据，时分秒数据间用小数点分隔，其中秒数据闪烁（亮 600 ms，暗 400 ms），并随时不断更新，试编制 A – D 转换程序，并 Proteus 仿真。

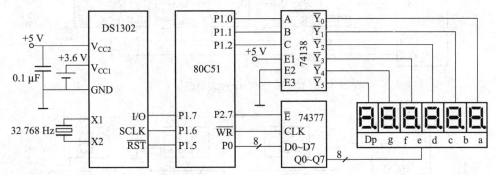

图 10 25 开机显示 PC 机时分秒的 1302 时钟并 LED 数码管显示电路

10.3 已知时钟 1302 并 LED 6 位显示电路如图 10-26 所示，要求实时显示时分秒（中间用小数点分隔），秒数据闪烁。3 个按键作用：K0（修正）、K1（移位）、K2（加 1）。其控制过程为：按下 K0（带锁），进入时钟修正；按一次 K1（不带锁），被修正位（快速闪烁）向右移一位（循环往复）；按一次 K2（不带锁），被修正位加 1（最大值不超过时钟规定值，超过复 0）；释放 K0，退出时钟修正。试编制程序并 Keil 调试和 Proteus 仿真。

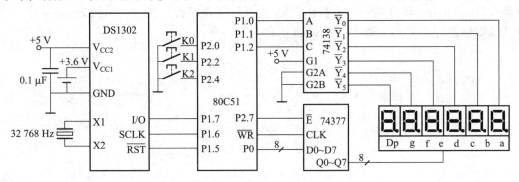

图 10-26 带校正时分秒功能的 1302 时钟并 LED 数码管显示电路

10.4 已知 99.9 s 秒表电路如图 10-27 所示，设 $f_{osc} = 6$ MHz，要求一键三用：按第一次，秒表运行计时，最大计时 99.9 s，超过复 0。按第二次，秒表停运行，但保持最后显示秒数。按第三次，秒表清零。试编制程序并 Keil 调试和 Proteus 仿真。

10.5 已知能预置初值的倒计时秒表电路如图 10-28 所示，设 $f_{osc} = 6$ MHz，要求 K0 为秒表倒计时启动键；K1 可锁，用于启动/关闭初值设置；K2 为上升键，按一次，设置值加 1，按住不放，快速加 1；K3 为下降键，操作方法同 K2。试编制程序并 Keil 调试和 Proteus 仿真。

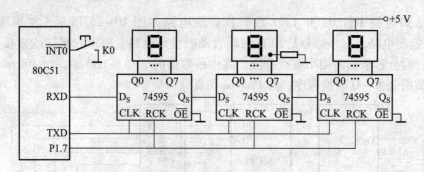

图 10-27 99.9 s 秒表电路

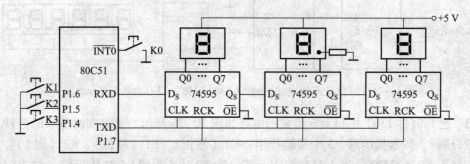

图 10-28 能预置初值的倒计时秒表电路

10.6 二相步进电动机电路如图 10-11 所示,采用具有 H 桥结构的功率集成电路 L298 作为驱动接口,Kp 为正转(顺时针)按钮,Kn 为反转(逆时针)按钮,试按表 10-8 中 8 拍激励方式编制驱动程序并 Keil 调试和 Proteus 仿真。

附　　录

附录 A　ASCII 码表

ASCII 码（American Standed Code for Information Interchange，美国信息交换标准代码）。

ASCII 码编码表

$b_6b_5b_4$ / $b_3b_2b_1b_0$	000	001	010	011	100	101	110	111
0000	NUL（空）	DLE（数据链换码）	SP（空格）	0	@	P	、	p
0001	SOH（标题开始）	DC1（设备控制1）	！	1	A	Q	a	q
0010	STX（正文结束）	DC2（设备控制2）	"	2	B	R	b	r
0011	ETX（本文结束）	DC3（设备控制3）	#	3	C	S	c	s
0100	EOT（传输结果）	DC4（设备控制4）	$	4	D	T	d	t
0101	ENQ（询问）	NAK（否定）	%	5	E	U	e	u
0110	ACK（承认）	SYN（空转同步）	&	6	F	V	f	v
0111	BEL（报警铃声）	ETB（传送结束）	'	7	G	W	g	w
1000	BS（退一格）	CAN（作废）	(	8	H	X	h	x
1001	HT（横向列表）	EM（纸尽）	)	9	I	Y	i	y
1010	LF（换行）	SUB（减）	*	:	J	Z	j	z
1011	VT（垂直制表）	ESC（换码）	+	;	K	[	k	{
1100	FF（走纸控制）	FS（文字分隔符）	,	<	L	\	l		
1101	CR（回车）	GS（组分隔符）	－	=	M	]	m	}
1110	SO（移位输出）	RS（记录分隔符）	.	>	N	Ω(2)	n	~
1111	SI（移位输入）	US（单元分隔符）	/	?	O	—(1)	o	DEL（作废）

注：（1）、（2）符号取决于使用这种代码的机器。（1）还可表示为"←"；（2）还可表示为"↑"。

附录 B 仿真练习 60 例目录

参 考 文 献

[1] 何立民 . MCS-51 系列单片机应用系统设计 [M]. 1 版 . 北京：北京航空航天大学出版社，1990.

[2] 何立民 . 单片机应用技术选编 [M]. 1 版 . 北京：北京航空航天大学出版社，1990.

[3] 李华 . MCS-51 单片机实用接口技术 [M]. 1 版 . 北京：北京航空航天大学出版社，1990.

[4] 陈宝江 . MCS 单片机应用系统实用指南 [M]. 1 版 . 北京：机械工业出版社，1997.

[5] 马忠梅 . 单片机的 C 语言应用程序设计 [M]. 3 版 . 北京：北京航空航天大学出版社，2005.

[6] 陈涛 . 单片机应用及 C51 程序设计 [M]. 2 版 . 北京：机械工业出版社，2010.

[7] 张志良 . 单片机原理与控制技术 [M]. 1 版 . 北京：机械工业出版社，2001.

[8] 张志良 . 单片机原理与控制技术 [M]. 2 版 . 北京：机械工业出版社，2005.

[9] 张志良 . 单片机原理与控制技术 [M]. 3 版 . 北京：机械工业出版社，2013.

[10] 张志良 . 单片机学习指导及习题解答 [M]. 1 版 . 北京：机械工业出版社，2005.

[11] 张志良 . 单片机学习指导及习题解答 [M]. 2 版 . 北京：机械工业出版社，2013.

[12] 张志良 . 单片机应用项目式教程 [M]. 1 版 . 北京：机械工业出版社，2014.

[13] 张志良 . 80C51 单片机实验实训 100 例 [M]. 1 版 . 北京：北京航空航天大学出版社，2015.

[14] 张志良 . 80C51 单片机 Proteus 仿真设计实例教程 [M]. 1 版 . 北京：清华大学出版社，2016.

[15] 张志良 . 数字电子技术基础 [M]. 1 版 . 北京：机械工业出版社，2007.

[16] 张志良 . 数字电子学习指导与习题解答 [M]. 1 版 . 北京：机械工业出版社，2007.

[17] 张志良 . 模拟电子技术基础 [M]. 1 版 . 北京：机械工业出版社，2006.

[18] 张志良 . 模拟电子学习指导与习题解答 [M]. 1 版 . 北京：机械工业出版社，2006.

[19] 张志良 . 电子技术基础 [M]. 1 版 . 北京：机械工业出版社，2009.

[20] 张志良 . 电工基础 [M]. 1 版 . 北京：机械工业出版社，2010.

[21] 张志良 . 电工基础学习指导与习题解答 [M]. 1 版 . 北京：机械工业出版社，2010.

[22] 张志良 . 计算机电路基础 [M]. 1 版 . 北京：机械工业出版社，2011.

[23] 张志良 . 计算机电路基础学习指导及习题解答 [M]. 1 版 . 北京：机械工业出版社，2011.

与本书配套的数字课程资源使用说明

与本书配套的数字课程资源发布在高等教育出版社易课程网站，请登录网站后开始课程学习。

1. 用户注册：访问 http://abook. hep. com. cn，点击"注册"，在注册页面完善用户名、密码、姓名及电子邮箱等信息后，点击"确定"完成注册。

2. 登录充值：已注册用户点击"登录"，输入用户名和密码即可进入"我的课程"界面；点击右上方"充值"图标，输入教材封底标签上的明码和密码，点击"确定"完成课程充值。

3. 课程学习：在"我的课程"列表中选择已充值的数字课程，点击"进入课程"即可开始课程学习。

账号自登录之日起一年内有效，过期作废。

使用本账号如有任何问题，请发邮件至：wangyf2@ hep. com. cn